기출의 파급효과

과탐 영역
물리학 Ⅰ (하)

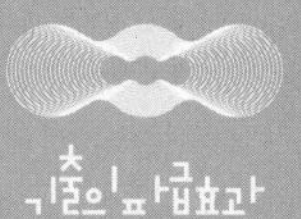

orbibooks

물리학 I (하)
기출의 파급효과

물리학 I (하)

저자의 말

안녕하세요. 기출의 파급효과 물리학Ⅰ의 저자 허성우, 정진우입니다. 집필한 지 5년째가 된 물리학Ⅰ 교재입니다.
지난 4년간 너무 과분한 사랑을 받았음에 감사드리고, 올해 교재를 기대해 주신 분들께 너무나도 감사한 마음입니다.
바로 교재 소개를 해 보겠습니다.

저희는 다음과 같은 교재를 만들었습니다.

1. 물리학Ⅰ 기출을 푸는 데 필요한 모든 개념과 실전개념, 도구와 태도를 담았습니다.

수능 물리학Ⅰ의 성격에 정확히 맞게끔, 실력과 점수 향상을 위한 도구와 태도를 모두 담았습니다. 이 교재를
소화한다면 물리학Ⅰ의 기본 개념과 실전 개념과 태도를 정리할 수 있습니다.
원리의 깊은 이해를 바탕으로 실전적 도구들을 더하여 실력을 완성하는 것을 추구합니다. 따라서 실전 개념서지만 그
어떤 교재보다 교과서의 기본 원리를 바탕으로 자세하게 설명되어 있으며, 더욱 깊은 이해를 위해서 필요하다면
순서를 재구성하여 교재를 설계하였습니다. 학습 효율을 높이기 위해 실전적인 개념이나 실전적 도구들은 따로
정리하여 편하게 학습할 수 있도록 하였습니다.

각 챕터의 칼럼, 예제, 예제의 해설과 분석을 통해 학습하신 내용을 유제를 통해 점검하시면 더욱 큰 학습 효과를
기대할 수 있습니다.

2. 필연적인 사고 과정의 가이드라인을 상세히 제시합니다.

올해 치러질 수능을 대비하기 위해서는 모든 문항에 적용되는 기본에 충실한 굵직한 실력을 키우셔야 합니다. 이를
위해 본 책은 문항 출제 의도 파악과 기본기에 충실하게 설계되었습니다. 물리학Ⅰ 학습에서 많은 학생들에게 가장 큰
걸림돌이 되는 부분입니다. "어떻게/왜 이렇게 풀었지?" 그 필연성의 가이드라인을 담았습니다.

3. 수능/평가원/교육청 주요 488문항을 선별하여 수록하였습니다.

이 책에는 예제, 유제에 수능/평가원/교육청 주요 기출문항을 수록하였습니다. 예제는 도구와 태도를 바로바로
확인하기 좋은 문항들로, 가장 중요한 기출문제들을 선별하여 수록하였습니다. 본문과 함께 있는 예제들은 물리학Ⅰ
교재의 경우 (상) 77문제, (하) 107문제입니다.

예제에 있는 문제 수만으로 부족함을 느끼실 분들을 위해 기출에 대한 태도와 도구를 체화시키기 위해 유제를 충분히
넣었습니다. 유제는 예제에 넣기에는 우선순위가 밀렸으나 꼭 수록할 필요성이 있는 주요 문항들을 선별하여
수록하였습니다. 유제의 경우, 물리학Ⅰ 교재의 경우 (상) 128문제, (하) 166문제입니다.

본문 속 예제뿐만 아니라 유제들도 단순 단원별로 분리된 것이 아니라 기출에 대한 태도와 도구를 기준으로
분리되었습니다.

4. 해설이 학생 중심적이고 또 실전적입니다.

물리학Ⅰ의 과목 특성상, 해설을 쓰는 사람 입장에서 쓰기 편한 풀이와, 학생 입장에서 문항을 맞닥뜨렸을 때 좋은
풀이가 다른 경우가 많습니다. 교재의 해설을 쓸 때 번거로움과 어려움을 감수하고서라도, 학생 입장에서의 최고의
풀이를 수록하려고 노력했습니다. 그 해설을 할 수밖에 없는 필연적 이유와 함께, 시험장에서 풀 수 있는 일관적이고
현실적이며 실전적인 풀이를 수록하였습니다.

이 책의 해설은 다른 책과 달리, 처음 문제를 보고 문제의 방향성을 잡는 것부터 시작해서, 넘버링을 통해 단계를
나누어 정리되어 있습니다. 예제와 유제의 해설 모두 실전적이고 학생 중심적으로 작성되어 있으며, 예제의 경우
해설을 정말 자세하게 작성했습니다. 예제와 유제의 해설까지 꼼꼼히 학습하신다면 생각의 틀이 올바로 잡힐 것입니다.

예제 해설과 유제 해설은 단계별로 분리되어 있어 가독성이 좋아 이해가 더욱 쉽습니다. 문제에서 필요한 태도와
도구들을 어떻게 쓰는지 과외처럼 매우 자세히 알려줍니다. 유제는 칼럼과 예시들을 잘 학습했다면 무리 없이 풀 수
있는 수준입니다.

물리학Ⅰ 50점, 아직 늦지 않았습니다. 한 번쯤 더 봐야 할 기출, 기출의 파급효과와 함께 합시다.

파급의 기출효과

cafe.naver.com/spreadeffect
파급의 기출효과 NAVER 카페

기출의 파급효과 시리즈는 기출 분석서입니다. 기출의 파급효과 시리즈는 국어, 수학, 영어, 물리학 1, 화학 1, 생명과학 1, 지구과학 1, 사회·문화가 예정되어 있습니다.

준킬러 이상 기출에서 얻어갈 수 있는 '꼭 필요한 도구와 태도'를 정리합니다.

'꼭 필요한 도구와 태도' 체화를 위해 관련도가 높은 준킬러 이상 기출을 바로바로 보여주며 체화 속도를 높입니다. 단 시간 내에 점수를 극대화할 수 있도록 교재가 설계되었습니다.

학습하시다 질문이 생기신다면 '파급의 기출효과' 카페에서 질문을 할 수 있습니다.

교재 인증을 하시면 질문 게시판을 이용하실 수 있습니다.

기출의 파급효과 팀 소속 오르비 저자분들이 올리시는 학습자료를 받아보실 수 있습니다.
위 저자 분들의 컨텐츠 질문 답변도 교재 인증 시 가능합니다.

더 궁금하시다면 https://cafe.naver.com/spreadeffect/15에서 확인하시면 됩니다.

모킹버드

mockingbird.co.kr
수능 대비 온라인 문제은행

모킹버드는 수능 대비에 초점을 맞춘 문제은행 서비스입니다. AI 문항 추천 알고리즘을 통해 이용자의 학습에 최적화된 맞춤형 모의고사를 제공하여 효율적인 수능 성적향상을 목표로 합니다. **수학, 과탐을 서비스 중입니다.**

문항 제작과 검수에 기출의 파급효과 팀뿐만 아니라 지인선 님을 포함한 시대/강대/메가 컨텐츠 팀에서 근무하였고 여러 문항 공모전에서 수상한 이력이 있는 여러 문항 제작자들이 함께 하였습니다.
웹 개발과 알고리즘 개발에는 서울대 컴공, 카이스트 전산학부 출신 개발자들이 참여하였습니다.

모킹버드를 통해 싸고 맛좋은 실모를 온라인으로 뽑아 풀어보고,
AI 문항 추천 알고리즘 기술의 도움을 받아 학습 효율을 극대화해보세요.
가입만 해도 기출은 무제한 무료 이용 가능하고, 자작 실모 1회도 무료로 제공됩니다.

memo

06

열역학

06 열역학

열역학 과정에 대한 정량적인 해석보다는, 정성적으로 상황을 판단할 수 있는지를 평가하는 문제가 더 빈도 높게 출제된다. 즉, 복잡한 숫자와 문자를 포함한 식 계산이나 방정식 풀이보다 단순 대소 비교 또는 증가/감소의 판단과 같은 정성적인 해석이 중요하다는 것이다. 따라서 가급적 식에 치중하기보다는 식과 그래프를 병행하는 연습이 중요하고, 다양한 상황에서 압력-부피 그래프를 스스로 그려보는 연습이 중요하다.

그리고 열역학 법칙과 과정을 이해하고 있는 것뿐만 아니라, 이를 적용해서 **열기관 그래프를 해석하는 능력**이 최근 평가원 문제 풀이에 있어서 중요하다.

마지막으로 본문을 들어가기에 앞서, 열역학이 어려운 학생들을 위해 열역학 문제 풀이의 행동 강령을 제시할 테니 참고하길 바란다. (당장에 무슨 말인지 이해하기 힘들다면, 열역학 단원을 한 번 공부하고 나서 다시 읽어주길 바란다.)

☞ 열역학 행동 강령

1. 열 출입 유무를 확인한다. (가장 중요)

① 열 출입이 없으면 단열 과정이다.
→ 단열 압축은 온도 증가, 단열 팽창은 온도 감소를 이용해 문제를 해결한다.

② 열 출입이 있다면, 어떤 과정에서 열을 흡수하고 방출하는지를 꼭 확인한다.
→ 이후 열역학 제1법칙$(Q = \Delta U + W)$을 활용하여 문제를 해결한다.

2. 부피의 증감을 확인한다.

기체의 부피가 일정하면 등적 과정, 부피가 커지면 외부에 일을 한 것, 부피가 작아지면 외부로부터 일을 받은 것이다. 왜 압력이 아닌 부피를 먼저 확인하냐면, 추상적인 압력에 비해 부피는 상상하거나 찾기 쉽기 때문이다.

우선 기초적인 용어들을 정리하고 시작하자.

매우 중요한 개념들이 담겨 있으므로 꼼꼼히 학습해주길 바란다.

이상 기체

분자의 부피를 무시할 수 있고, 충돌 시에 에너지 손실이 없는 기체이다.

퍼텐셜 에너지가 없어서, 이상 기체 분자의 역학적 에너지는 운동 에너지(E_K)와 같다.

온도(T)

물리학1에서 온도는 대부분 절대 온도(T)를 기준으로 하며, 이상 기체 분자들의 **평균 운동 에너지는 절대 온도에 비례한다.**

압력(P)

압력(P)은 기체에 의해 접촉면에 수직으로 가해지는 힘의 크기(F)를 단면적(A)으로 나눈 값으로 정의한다. 즉, $P = \dfrac{F}{A}$ 이다. 또한 압력은 방향을 갖는 벡터량이 아닌 크기만을 나타내는 스칼라량이다.

내부 에너지(U)

내부 에너지란, 모든 기체 분자의 운동 에너지와 퍼텐셜 에너지의 총합을 뜻한다.

우리가 문제에서 접하는 이상 기체는 퍼텐셜 에너지가 없기 때문에 내부 에너지(U)는 모든 기체 분자의 운동 에너지의 총합이다. 이상 기체 분자 1개의 평균 운동 에너지($\overline{E_K}$)는 절대 온도(T)에 비례하므로, 우리는 이상 기체의 내부 에너지(U)가 기체 분자 수(N)와 **절대 온도(T)에 비례함**을 알 수 있다.

즉 $U = N\overline{E_K} \propto NT$이고, 기체 분자 수가 일정할 때 내부 에너지 변화량 $\Delta U \propto \Delta T$이다.

일

기체에 열을 가하면 온도나 부피에 변화가 일어나는데, 이때 기체가 **팽창**하면 기체가 **외부에 일을 한 것**이고, 기체가 **수축**하면 **외부로부터 일을 받은 것**이다.

기체가 외부에 하거나 외부로부터 받은 일(W)은 그림처럼 $P-V$ **그래프의 밑면적**과 같다. 따라서 문제에서 일과 관련된 조건이 제시된다면, 우리는 $P-V$ **그래프의 밑면적**을 떠올릴 수 있다.

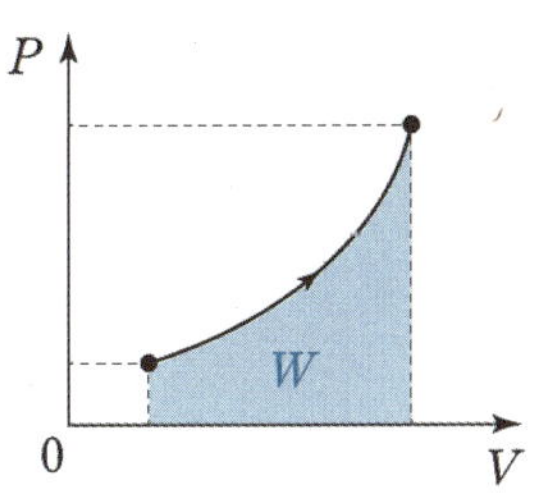

▎압력과 힘의 관계

본격적으로 열역학 과정을 배우기에 앞서, 헷갈리기 쉬운 개념인 압력과 힘의 관계를 정리하고 시작하자.

앞서 간단히 정리한 내용을 보면, $P = \dfrac{F}{A}$에 따라 압력은 힘의 크기를 단면적으로 나눈 값으로 물리학1에서 가장 중요한 개념인 '힘'과 연결되는 것을 알 수 있다.

따라서 문제에서 기체의 압력에 관해 물었을 때 어떻게 구해야 할지 바로 생각이 나지 않는다면, 힘(특히 힘의 평형)과 관련된 개념을 묻는 문제일 수도 있다는 것을 생각해 낼 수 있어야 한다.

그러기 위해 열역학 문제에 자주 등장하는, **힘의 평형** 상태를 암시하는 조건에 대해 알아보자.

① 피스톤이 정지해 있을 때

피스톤이 정지해 있는 상태는 피스톤의 가속도가 0으로 유지되는 상태이므로, 피스톤은 힘의 평형 상태에 있다.

② 피스톤이 '서서히[1]' 이동할 때 (준평형 과정)

물리학1에서 피스톤이 '서서히' 이동한다는 조건은 마치 정지 상태로 보일 정도로 아주 천천히 움직이는 '준평형 과정'을 뜻한다. 따라서 우리는 서서히 움직이는 피스톤의 운동을 등속 운동이자 가속도가 0인 운동으로 받아들이자.

즉, 피스톤이 서서히 움직이는 경우도 마치 정지한 상태와 마찬가지로 힘의 평형이 성립하는 것으로 봐도 좋다는 것이다. 단, 이는 힘의 평형일 뿐이므로, **외부 힘이 변함에 따라 기체의 압력도 충분히 변할 수 있다.**
'서서히'가 등장한다고 언제나 등압 과정은 아니라는 걸 명심하자!

③ 부피가 '서서히' 증가/감소할 때

부피가 서서히 변화하는 상황은 피스톤(혹은 금속판)이 천천히 이동하는 상황과 똑같은 상황이다.

정리하면 다음과 같다.

> 피스톤이 정지해 있거나 '서서히(혹은, 천천히) 이동'한다면, **피스톤의 힘의 평형**을 생각하자.

---

1) 간혹 '천천히'라는 표현이 나오기도 한다.

주의하자! 기체의 압력과 기체가 가하는 힘을 동일시하는 오류를 범하면 큰일난다. $F = PA$에서 기체가 접촉면에 작용하는 힘의 크기는 압력뿐만 아니라 접촉면의 면적에도 비례한다는 사실을 잊지 말자.

다시 한 번 강조하겠다. 기체의 압력과 기체가 가하는 힘은 다르다. 헷갈리지 않게 주의하자.

다음 예제를 풀며 개념이 제대로 들어왔는지 점검해보자.

연습 문항

그림은 면적이 서로 다른 두 피스톤이 막대로 연결되어 정지해 있는 모습을 나타낸 것이다. 다음 물음에 답하시오. (단, 대기압과 중력, 모든 마찰은 무시한다.)

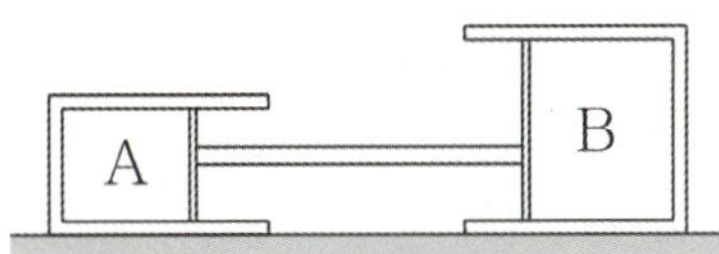

1. 기체 A와 B가 각 피스톤에 가하는 힘의 크기를 비교하시오.

2. 기체 A와 B의 압력의 크기를 비교하시오.

---

1. 피스톤이 정지해 있으므로 힘의 평형을 이룬 상태임을 알 수 있다. 따라서 기체 A, B가 각 피스톤에 가하는 힘의 크기는 서로 같다.

2. 힘이 작용하는 면적이 A보다 B가 크므로, 압력의 크기는 A가 B보다 크다.

만약 기체 A와 기체 B의 압력의 크기가 같다고 생각하였다면, 앞 페이지들을 다시 읽어보며 기체의 압력과 힘의 관계를 완벽히 숙지하도록 하자.

▎열역학 법칙

1. 보일-샤를의 법칙

보일의 법칙은 온도(T)와 기체의 양(N)이 일정한 상태에서 용기의 부피(V)와 용기 내 기체의 압력(P)이 반비례한다는, 즉 PV가 일정하다는 법칙이다.

샤를의 법칙은 압력(P)과 기체의 양(N)이 일정한 상태에서, 이상 기체의 절대 온도(T)가 변할 때 기체의 부피(V)는 절대 온도(T)에 비례하여 팽창 또는 수축한다는 법칙이다.

따라서 두 법칙을 종합하면 양이 일정한 이상 기체에 대하여 $\dfrac{PV}{T}$은 항상 일정함을 알 수 있고, 다음과 같은 결론이 나온다.

> 일정한 양의 이상 기체에서는 항상 $PV \propto T$가 성립한다.

2. 열역학 제1법칙

기체의 내부 에너지 변화량(ΔU), 기체가 흡수하거나 방출한 열량(Q), 그리고 기체가 외부로부터 받거나 외부에 한 일(W) 사이에는 다음과 같은 관계가 성립한다.

$$Q = \Delta U + W$$

이때 Q, ΔU, W의 부호는 다음과 같이 정리한다.

구분	(+)	(−)
Q	기체가 열을 흡수할 때	기체가 열을 방출할 때
ΔU	기체의 내부 에너지가 증가할 때	기체의 내부 에너지가 감소할 때
W	기체가 외부에 일을 할 때	기체가 외부로부터 일을 받을 때

일(W)의 부호가 음(−)일 때 기체는 외부로부터 일을 받은 것이지만, 문제 풀이의 상황에 따라서 기체가 외부에 음(−)의 일을 했다고 보는 관점이 더 편할 때가 있다.

※ **열역학 제2법칙**은 자연 현상이 특정한 방향으로 일어난다는 법칙이다. 대부분의 자연 현상은 무질서도가 증가하는 방향으로 일어난다. 대표적인 예시로는 고온의 기체와 저온의 기체의 경계에 열전달이 잘되는 금속판이 있을 경우, 고온에서 저온으로 열이 이동해 온도가 같아지는 **열평형 현상**이 있다.

열역학 과정

1. 등압 과정

기체의 압력이 일정하게 유지되면서 기체의 부피와 온도가 변하는 과정이다.

압력(P)이 일정한 상황에서 기체가 하거나 받은 일(W)은, 아래 그림과 같이 $P-V$ 그래프의 밑면적을 보면 직사각형의 넓이이므로 부피 변화량(ΔV)에 비례한다.

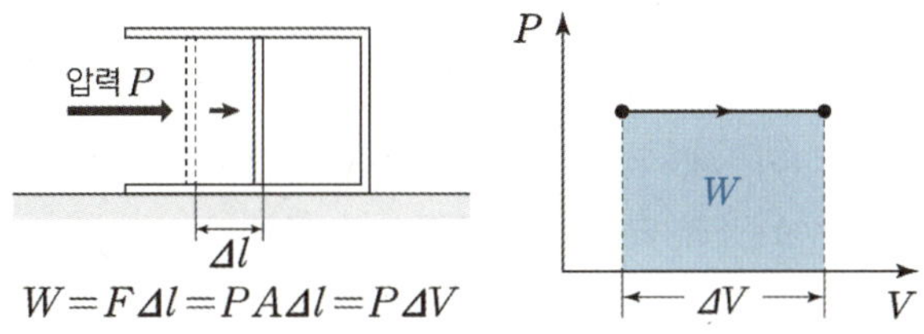

또한 보일-샤를 법칙에 따른 $\Delta U \propto \Delta T \propto \Delta(PV)$에서 압력이 일정한 상황이므로 ΔU도 ΔV에 비례한다.

따라서 열역학 제1법칙에 따라 $Q = \Delta U + W$에서 기체가 흡수하거나 방출한 열량(Q)도 부피 변화량(ΔV)에 비례함을 알 수 있고, 이를 통해 **이들의 부호가 모두 같다**는 사실을 알 수 있다.

예를 들어 등압 과정 중 부피가 증가하는 등압 팽창 상황($\Delta V > 0$)이 주어진다면, 기체는 열을 흡수하고($Q > 0$) 기체의 내부 에너지는 증가($\Delta U > 0$)하며, 기체가 외부에 일을 하는 것($W > 0$)을 알 수 있다.

반대로 생각하면 등압 과정에서 기체가 열을 흡수($Q > 0$)했다면 기체의 내부 에너지는 증가($\Delta U > 0$)한 것이고, 기체가 외부에 일을 했으므로($W > 0$) 등압 팽창 과정($\Delta V > 0$)임을 알 수 있다.

다시 말해, 등압 과정에서 Q, ΔU, W의 **부호 중 하나를 알면 나머지 부호를 모두 결정**할 수 있는 것이다.

정리하면 다음과 같다. 외우자.

등압 과정에서 Q, ΔU, W는 모두 ΔV에 비례하고, 이들의 부호는 항상 같다.			
Q	ΔU	W	ΔV
$(+)$	$(+)$	$(+)$	$(+)$
$(-)$	$(-)$	$(-)$	$(-)$

기체의 부피가 일정하게 유지되면서 기체의 압력과 온도가 변하는 과정이다.

기체의 부피가 변하지 않으므로 아래 그림과 같이 $P-V$ 그래프의 밑면적이 0이다. 즉 기체가 외부에 하거나 외부로부터 받은 일이 0이다.

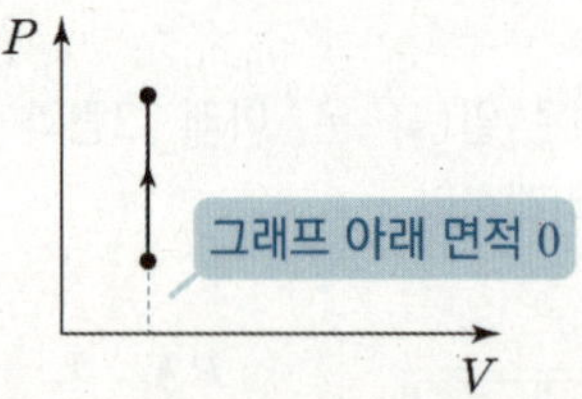

따라서 열역학 제1법칙 공식 $Q = \Delta U + W$에 $W = 0$을 대입하면, 등적 과정에서 기체가 흡수하거나 방출한 열량(Q)은 기체의 내부 에너지 변화량(ΔU)과 같다는 것을 알 수 있다.

$$Q = \Delta U$$

보일-샤를 법칙에 따른 $\Delta U \propto \Delta T \propto \Delta(PV)$에서 이번엔 부피($V$)가 일정한 상황이므로 ΔU와 ΔT가 ΔP에 비례함을 알 수 있고, 여기에 $Q = \Delta U$를 대입하면 Q도 ΔP에 비례함을 알 수 있다.

따라서 등적 과정 역시 Q, ΔU, ΔP의 부호가 같으므로, 이들 중 하나의 부호만 알면 나머지의 부호도 쉽게 찾을 수 있다.

예를 들어 등적 과정 중 온도가 낮아지는 등적 냉각 과정을 생각하자.
온도가 감소한다는 것은 기체의 내부 에너지가 감소한다는 것이므로, 이를 통해 기체의 압력도 감소한다는 것과 기체가 열량을 방출한다는 것을 알 수 있다.

정리하면 다음과 같다. 그러나, 앞서 알아본 등압 과정과 혼동하기 쉬우므로 외울 필요까지는 없다.
충분히 이해하는 것만으로도 빠르게 판단할 수 있기 때문이다.

등적 과정에서 Q, ΔU는 모두 ΔP에 비례하고, 이들의 부호는 항상 같다.

기체의 온도가 일정하게 유지되면서 기체의 부피와 압력이 변하는 과정이다.

기체의 온도가 변하지 않으므로 **기체의 내부 에너지가 변하지 않는다.**

열역학 제1법칙 공식 $Q = \Delta U + W$ 에 $\Delta U = 0$ 을 대입하면, 등온 과정에서 기체가 흡수하거나 방출한 열량(Q)은
기체가 외부로부터 받거나 외부에 한 일(W)과 같다는 것을 알 수 있다.

등온 팽창 과정에서는 부피가 증가하므로, $P-V$ 그래프에서 무조건 $W > 0$ 이다.
즉 $Q > 0$ 이 되어 기체는 **열을 흡수**한다. 반대로 **등온 압축**의 경우 무조건 $W < 0$, $Q < 0$ 이므로
기체는 **열을 방출**한다.

열기관의 순환 그래프 유형의 문제를 풀 때, 등온 과정에서의 열 출입을 알아내야 하는 경우가 상당히 많다. 그러니
여기서 **등온 팽창은 열 흡수, 등온 압축은 열 방출**을 꼭 기억하고 넘어가자.

다음은 등온 과정을 그래프로 나타낸 것이다.

보일-샤를의 법칙에 따라 $PV \propto T$ 에서 온도(T)가 일정하므로, 압력(P)과 부피(V)가 반비례함을 알 수 있다.
따라서 $P-V$ 그래프 위에 온도가 같은 점들을 쭉 이으면 다음과 같이 등온선이 나타난다.
등온 과정에서는 기체의 상태가 다음 그림과 같이 특정한 등온선상에서만 움직인다.

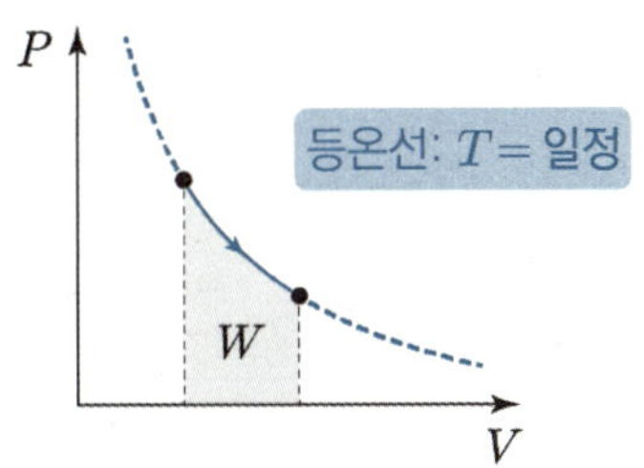

이때도 다른 열역학 과정과 마찬가지로 $P-V$ 그래프의 밑면적이 기체가 하거나 받은 일이다.
위 그림은 예시로 등온 과정 중 부피가 팽창하는 등온 팽창을 그린 것이다. 당연히 이때 기체는 열을 흡수한다.

정리하면 다음과 같다.

> 등온 과정에서 $Q = W$ 이고, 압력(P)과 부피(V)는 반비례한다.
> 기체는 **등온 팽창** 과정에서 **열을 흡수**하고, **등온 압축** 과정에서는 **열을 방출**한다.

4. 단열 과정

기체에 열 출입이 없는 상태에서 압력과 부피, 온도가 변하는 과정이다.

기체가 흡수하거나 방출한 열량(Q)이 없으므로, 열역학 제1법칙 공식 $Q = \Delta U + W$에 $Q = 0$을 대입하면 $\Delta U = -W$임을 알 수 있다.

$$\Delta U = -W$$

다시 말해 기체가 외부로부터 받은 일이 기체의 내부 에너지 증가량과 같고, 기체가 외부에 한 일이 기체의 내부 에너지 감소량과 같다는 것이다.

압력과 부피의 증감이 서로 반대인 점은 등온 과정과 비슷하지만, 단열 과정은 등온 과정과 달리 온도가 변한다는 차이점이 있다.

단열 상태에서 기체의 부피가 증가하는 **단열 팽창** 과정에선 **온도가 감소**하고, 단열 상태에서 기체의 부피가 감소하는 **단열 압축** 과정에선 **온도가 증가**한다.

다음은 단열 압축 과정에서 기체의 온도가 T_1에서 T_2로 증가하는 상황을 그래프로 표현한 것이다.

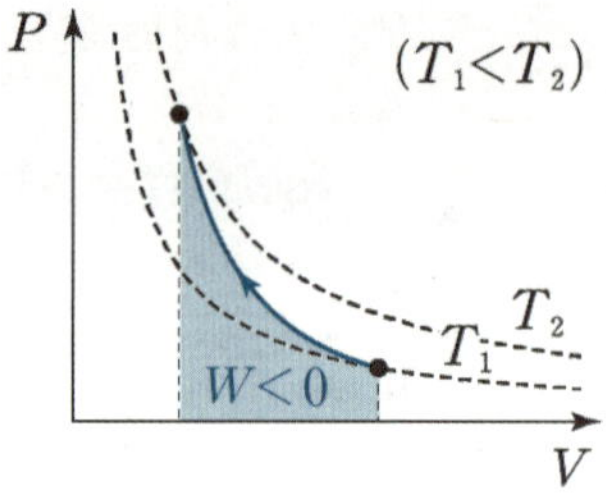

부피 감소와 함께 압력이 증가했고, 부피가 감소했으므로 기체는 일을 받은 것을 알 수 있다.

정리하면 다음과 같다.

> 단열 과정에서 $\Delta U = -W$이고, 압력(P)과 부피(V)의 증감은 서로 반대이다.
> 기체는 **단열 팽창** 과정에서 **온도가 감소**하고, **단열 압축** 과정에서는 **온도가 증가**한다.

그림 (가)와 같이 열전달이 잘되는 고정된 금속판에 의해 분리된 실린더에 같은 양의 동일한 이상 기체 A와 B가 열평형 상태에 있다. A, B의 부피와 압력은 같다. 그림 (나)는 (가)에서 B에 열량 Q를 가했더니 A의 부피가 서서히 증가하여 피스톤이 정지한 모습을 나타낸 것이다.

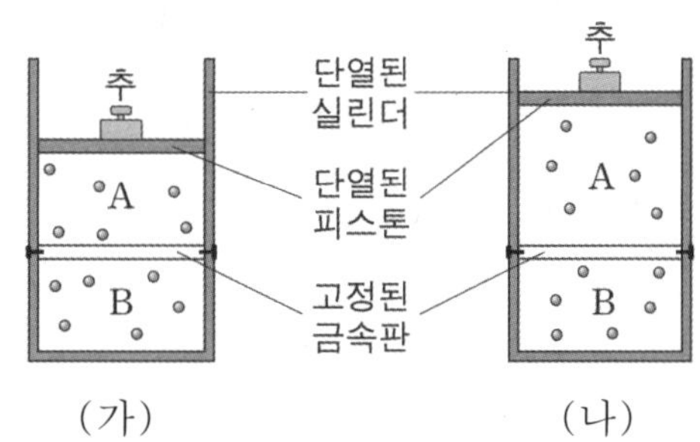

이에 대한 설명으로 옳은 것만을 <보기>에서 있는 대로 고른 것은? (단, 피스톤의 질량, 실린더와 피스톤 사이의 마찰, 금속판이 흡수한 열량은 무시한다.)

〈 보 기 〉

ㄱ. (나)에서 기체의 압력은 A가 B보다 작다.

ㄴ. (나)에서 기체의 내부 에너지는 A가 B보다 크다.

ㄷ. (가)에서 (나)로 되는 과정에서 A가 흡수한 열량은 $\frac{1}{2}Q$보다 크다.

0. 문제 상황 파악하기

기체 A와 B 사이에 열전달이 잘되는 금속판이 있고 A, B의 양이 같으므로,
(나)에서 A와 B의 온도 및 내부 에너지는 같을 것이다. (ㄴ 틀림)

1. 보일-샤를의 법칙 이용하기

$PV \propto T$임을 이용하면, A와 B의 온도는 같은데 기체의 부피는 A가 B보다 더 큰 것을 통해,
기체의 압력은 A가 B보다 작은 것을 알 수 있다. (ㄱ 맞음)

2. 열역학 제1법칙 이용하기

2-1) 수식적 해석

A, B 전체를 하나의 계로 보면 $Q = \Delta U_\mathrm{A} + \Delta U_\mathrm{B} + W$이다.

이때 A와 B의 온도 변화량이 같으므로 $\Delta U_\mathrm{A} = \Delta U_\mathrm{B}$이므로, $\Delta U_\mathrm{A} = \dfrac{1}{2}Q - \dfrac{1}{2}W$이다.

따라서 (가)에서 (나)로 되는 과정에서 A가 흡수한 열량은 $\dfrac{Q}{2} + \dfrac{W}{2}$임을 알 수 있다. (ㄷ 맞음)

2-2) 직관적 해석

A와 B를 하나의 계로 보면 받은 열량의 합은 Q이다.
A와 B의 내부 에너지 증가량이 U로 같을 때,
A가 외부에 W만큼 일을 한다고 생각하면 받은 열량 Q를 A와 B가 각각 $U + W$와 U로 나눠 가진 셈이다.

따라서 A는 전체가 받은 열량의 절반인 $\dfrac{1}{2}Q$보다 많은 열량을 흡수한 것을 알 수 있다. (ㄷ 맞음)

정답 : ㄱ, ㄷ

그림 (가)는 이상 기체 A가 들어 있는 실린더에서 피스톤이 정지해 있는 모습을, (나)는 (가)의 A에 열량 Q를 가하여 피스톤이 이동해 정지한 모습을, (다)는 (나)의 A에 일 W를 하여 피스톤을 이동시킨 후 고정한 모습을 나타낸 것이다. A의 압력은 (가)→(나) 과정에서 일정하고, A의 부피는 (가)와 (다)에서 같다.

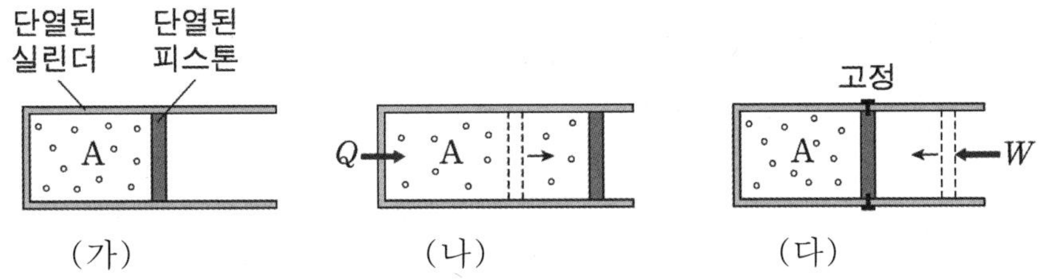

이에 대한 설명으로 옳은 것만을 <보기>에서 있는 대로 고른 것은? (단, 피스톤의 마찰은 무시한다.)

〈보 기〉

ㄱ. A의 온도는 (가)에서가 (다)에서보다 낮다.
ㄴ. (나)→(다)과정에서 A의 압력은 일정하다.
ㄷ. (가)→(나)과정에서 A가 한 일은 (나)→(다)과정에서 A의 내부 에너지 변화량과 같다.

0. 문제 상황 파악하기

(가)→(나) 과정은 A의 압력이 일정하다고 하였으므로 등압 팽창인 상황이다. (나)→(다) 과정은 단열된 기체에 일을 해서 압축시킨 단열 압축의 상황이다.

연속된 열역학 과정은 한 번에 생각하기 어려우므로, **그래프**를 이용해서 상황을 이해할 수 있다..
(가)에서와 (다)에서 A의 부피가 같으므로, $P-V$ 그래프에 (가)→(나)→(다) 전체 열역학 과정을 나타내면 다음과 같을 것이다.

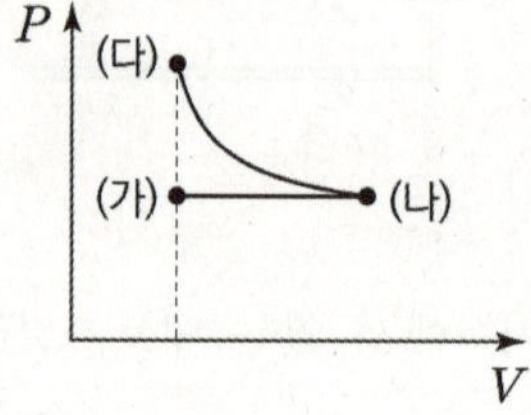

1. 〈보기〉 판단하기

그래프에서 압력과 부피의 곱(PV)을 비교하면, A의 온도는 (가)에서가 (다)에서보다 낮다. **(ㄱ 맞음)**

[※ 혹은 등압 팽창인 (가)→(나) 과정과 단열 압축인 (나)→(다) 과정 모두 기체의 온도가 증가하는 과정이므로 (가)의 온도보다 (다)의 온도가 더 큼을 그래프 없이도 알 수 있다.]

(나)→(다) 과정은 단열 압축 과정이므로, A의 압력은 증가한다. **(ㄴ 틀림)**

또한 (나)→(다) 과정은 단열 압축 과정이므로 내부 에너지 증가량은 기체가 받은 일과 같은데, 전체 과정의 $P-V$ 그래프를 보면 (가)→(나) 과정에서 A가 한 일(직선의 밑넓이)보다 (나)→(다) 과정에서 기체가 받은 일(곡선의 밑넓이)이 더 크다.

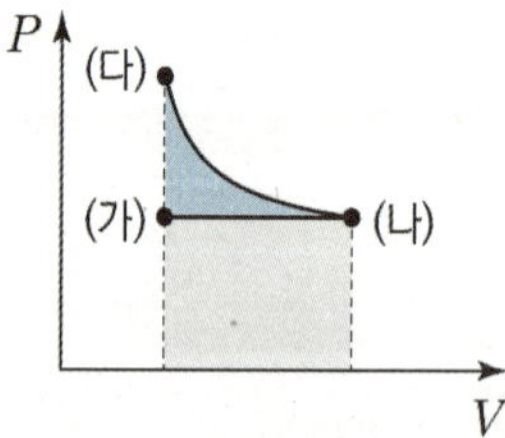

따라서 (가)→(나) 과정에서 A가 한 일은 (나)→(다) 과정에서 A의 내부 에너지 변화량보다 작다. **(ㄷ 틀림)**

정답 : ㄱ

그림 (가)와 같이 피스톤과 금속판으로 나누어진 상자 내부에 같은 양의 동일한 이상 기체 A, B, C가 같은 부피로 들어 있고, 피스톤은 정지해 있다. 그림 (나)는 (가)의 A에 열량 Q를 가했을 때 피스톤이 서서히 이동해 정지한 모습을 나타낸 것이다.

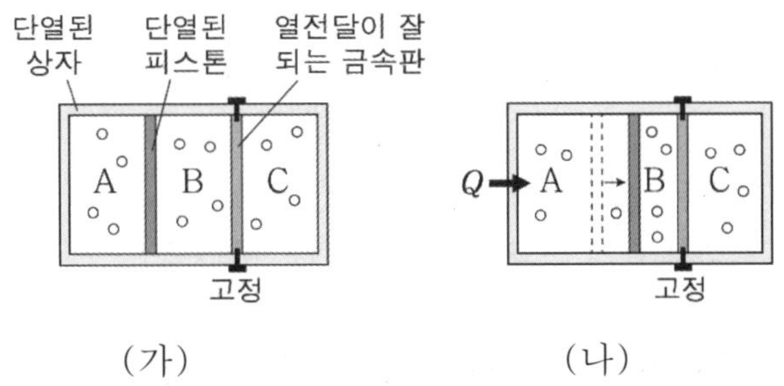

이에 대한 옳은 설명만을 <보기>에서 있는 대로 고른 것은? (단, 피스톤의 마찰, 금속판이 흡수한 열량은 무시한다.)

〈보 기〉

ㄱ. A의 온도는 (나)에서가 (가)에서보다 높다.
ㄴ. (가)→(나) 과정에서 A가 한 일은 Q이다.
ㄷ. (나)에서 B와 C의 압력은 같다.

0. 문제 상황 파악하기

(가)의 A에 열량 Q를 가했을 때 피스톤이 서서히 이동해 정지했으므로,
움직이는 피스톤 기준으로 힘의 평형이 성립한다.

1. 힘의 평형 이용하기

B와 C를 하나의 계로 묶으면 마치 단열 압축이 일어난 상황과 같은데, 이때 온도와 압력이 증가한다.

A와 B의 경계에 있는 피스톤은 힘의 평형 상태에 있으므로,
B의 압력과 A의 압력이 같아서 A의 압력도 증가함을 알 수 있다.

A의 부피가 증가함은 그림을 통해 알 수 있고, 결론적으로 A는 압력과 부피가 모두 증가했다.

$PV \propto T$이므로, (가)에서 (나)로 변할 때 A의 온도가 증가했음을 알 수 있다. (ㄱ 맞음)

2. 열역학 제1법칙 이용하기

$Q = \Delta U + W$에서, 앞서 A의 온도가 증가했음을 알았으므로 $\Delta U > 0$이다.
따라서 A가 한 일(W)은 Q보다 작음을 알 수 있다. (ㄴ 틀림)

3. 보일-샤를의 법칙 이용하기

B와 C 사이에 열전달이 잘되는 금속판이 있으므로 (나)에서 둘의 온도는 같다.

$PV \propto T$인데 B는 부피가 줄었고 C는 그대로이므로, 부피는 $V_B < V_C$이다.
B와 C의 온도는 같으므로, 압력은 B가 C보다 크다. (ㄷ 틀림)

정답 : ㄱ

그림 (가)는 단열된 실린더 내부에 이상 기체가 들어 있는 모습을 나타낸 것이다. 피스톤의 질량은 m이고 단면적은 S이다. 그림 (나)는 (가)의 실린더를 천천히 뒤집었더니 피스톤이 이동하여 기체의 부피가 증가한 채로 정지한 모습을 나타낸 것이다.

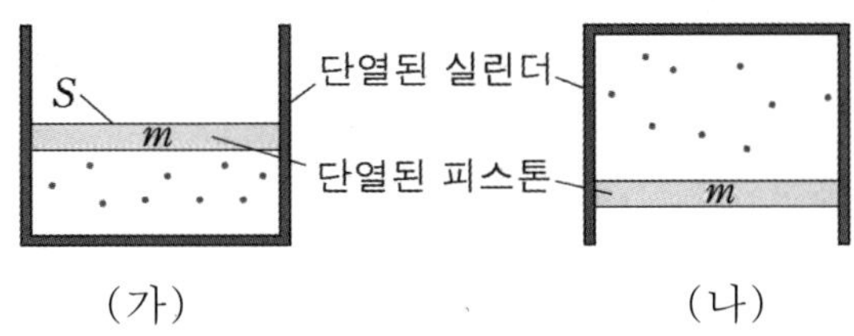

(가)에서 (나)로 변하는 동안, 기체에 대한 옳은 설명만을 <보기>에서 있는 대로 고른 것은? (단, 중력 가속도는 g이고, 대기압은 일정하며 모든 마찰은 무시한다.)

〈보 기〉

ㄱ. 외부로부터 일을 받는다.

ㄴ. 압력이 $\dfrac{mg}{S}$ 만큼 감소한다.

ㄷ. 내부 에너지가 감소한다.

0. 문제 상황 파악하기

피스톤과 실린더가 모두 단열되어 있으므로, 문제를 읽으면서 (가)에서 (나)로의 과정은 단열 팽창 과정이고, (가)와 (나)에서 모두 피스톤이 '정지'해 있다는 포인트를 파악할 수 있어야 한다.

또한 기체의 부피는 증가했으므로 기체는 외부에 일을 했음을 알 수 있다. **(ㄱ 틀림)**

1. 생소한 값에 의미 부여하기

ㄴ 선지에서 $\frac{mg}{S}$라는 값이 등장하는데, 열역학 단원에서는 이렇게 **생소한 값**이 등장할 때 **의미를 부여**하면 문제 풀이가 수월해질 때가 많다.

여기서 $\frac{mg}{S}$는 피스톤의 중력(mg)에서 밑면적(S)을 나눈 값이므로, 우리는 이를 '피스톤이 기체에 작용하는 압력'으로 해석할 수 있다.

기체의 입장에서 상황을 바라보자.

(가)에서 (나)로 변하는 동안 대기압은 변하지 않았고, (가)에서는 피스톤이 $\frac{mg}{S}$의 압력으로 기체를 눌렀지만 (나)에서는 반대로 피스톤이 $\frac{mg}{S}$의 압력으로 대기를 밀어준다.
피스톤이 힘을 가하는 방향이 반대로 변한 것이다.

따라서 기체의 압력은 피스톤이 작용하는 압력의 두 배만큼, 즉 $\frac{2mg}{S}$만큼 감소했음을 알 수 있다. **(ㄴ 틀림)**

2. 단열 팽창 과정의 성질 이용하기

단열 팽창 상황에서는 온도가 감소한다. 따라서 기체의 내부 에너지도 감소한다. **(ㄷ 맞음)**

정답 : ㄷ

그림 (가)의 Ⅰ은 이상 기체가 들어 있는 실린더에 피스톤이 정지해 있는 모습을, Ⅱ는 Ⅰ에서 기체에 열을 서서히 가했을 때 기체가 팽창하여 피스톤이 정지한 모습을, Ⅲ은 Ⅱ에서 피스톤에 모래를 서서히 올려 피스톤이 내려가 정지한 모습을 나타낸 것이다. Ⅰ과 Ⅲ에서 기체의 부피는 같다. 그림 (나)는 (가)의 기체 상태가 변화할 때 압력과 부피를 나타낸 것이다. A, B, C는 각각 Ⅰ, Ⅱ, Ⅲ에서의 기체의 상태 중 하나이다.

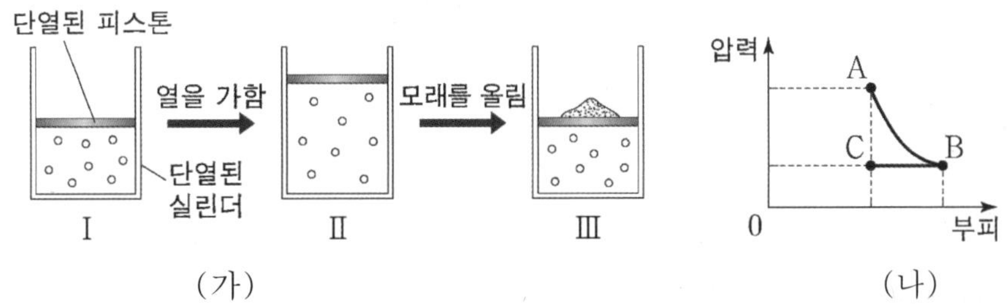

이에 대한 설명으로 옳은 것만을 <보기>에서 있는 대로 고른 것은? (단, 피스톤의 마찰은 무시한다.)

〈 보 기 〉

ㄱ. Ⅰ→Ⅱ 과정에서 기체는 외부에 일을 한다.

ㄴ. 기체의 온도는 Ⅲ에서가 Ⅰ에서보다 높다.

ㄷ. Ⅱ→Ⅲ 과정은 B→C 과정에 해당한다.

0. 문제 상황 파악하기

실린더와 피스톤이 모두 단열되어 있다.

(가)를 보면 Ⅰ→Ⅱ 과정에서는 기체에 열을 가해서 기체가 팽창하는 상황이고,
Ⅱ→Ⅲ 과정은 단열된 기체에 압력을 가한 단열 압축 상황이다.

따라서 (나)와 매칭을 시켜보면, Ⅱ→Ⅲ 과정은 단열 압축의 상황이므로
확실하게 B→A 과정임을 알 수 있다. (ㄷ 틀림)
따라서 Ⅰ은 C, Ⅱ는 B, Ⅲ은 A이다.

또한 (나)를 통해 Ⅰ→Ⅱ 과정이 등압 팽창 과정임을 알 수 있다.

1. 나머지 선지 해결하기

기체의 부피가 증가하므로 기체는 외부에 일을 한다. (ㄱ 맞음)

Ⅰ보다 Ⅱ에서 온도가 높은 것은 그래프 상 PV의 값을 보든 등압 팽창을 이용하든 자명하다.
그런데 Ⅱ에서 Ⅲ으로 갈 때 기체는 단열 압축 과정을 거쳤으므로,
Ⅱ보다 Ⅲ에서 온도가 더 높다. 따라서 기체의 온도는 Ⅰ < Ⅱ < Ⅲ이다. (ㄴ 맞음)

혹은 그냥 그래프 상에서 Ⅰ과 Ⅲ의 온도를 비교할 수도 있다.
PV값을 보면 Ⅰ과 Ⅲ의 V가 같은데 P는 Ⅰ < Ⅲ이므로, 온도 역시 Ⅰ < Ⅲ이다. (ㄴ 맞음)

정답 : ㄱ, ㄴ

앞서 평가원 문제에서 피스톤이 '서서히' 이동한다는 조건은 마치 정지 상태로 보일 정도로 아주 천천히 움직이는 '준평형 과정'을 뜻한다고 배웠다.

따라서 우리는 서서히 움직이는 피스톤의 운동을 가속도가 0인 운동, 즉 힘의 평형 상태를 유지하며 움직이는 운동으로 받아들이기로 했다.

아래 그림과 같이 동일한 부피의 단열된 두 기체 A, B가 피스톤 하나를 두고 맞닿아 있는 상황에서 B에 열을 가했을 때 A의 부피가 서서히 감소하며 단열 압축되는 상황을 생각해보자.

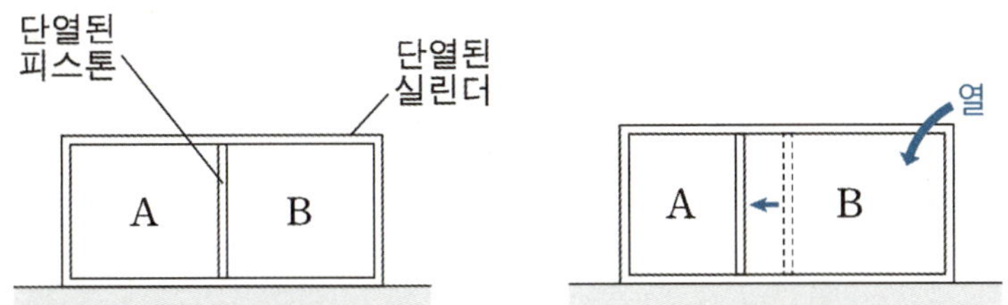

준평형 과정에서 피스톤이 힘의 평형을 유지하기 위해서는, 두 기체의 압력이 서로 같아야만 한다. 다시 말해 A의 단열 압축 과정에서 부피가 감소하는 매 순간마다 A와 B의 압력이 같아야 한다는 말이다.

A의 감소한 부피와 정확히 동일하게 B의 부피가 증가하므로, 아래 그래프와 같이 단열 압축이 일어난 기체 A를 통해 열을 받은 기체 B의 압력과 부피 변화를 알 수 있다.

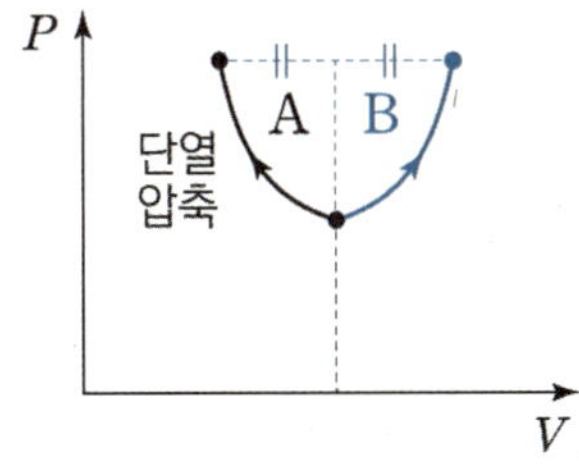

정리하면 다음과 같다.

준평형 과정과 단열 과정이 함께 등장한다면, 힘의 평형 조건을 압력과 연결하여
단열 과정이 일어나는 기체를 통해 나머지 기체의 압력과 부피 변화를 구할 수 있다.

그림 (가)와 같이 이상 기체가 들어 있는 단열 실린더가 단열 피스톤에 의해 A, B로 나누어져 있다. 그림 (나)는 (가)에서 A의 기체에 열량 Q를 가했더니 피스톤이 천천히 이동하여 정지한 모습을 나타낸 것이다.

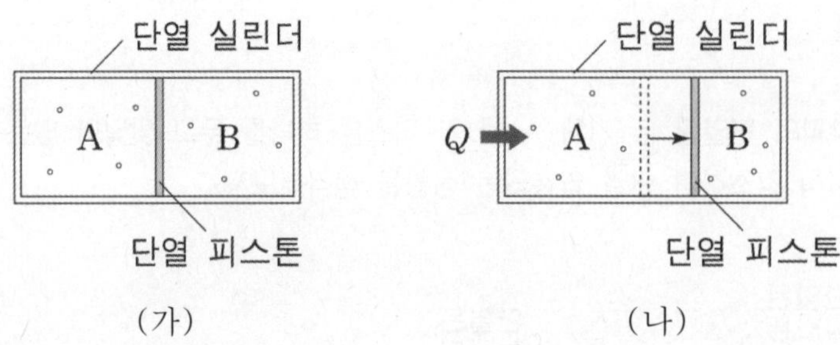

이에 대한 설명으로 옳은 것만을 <보기>에서 있는 대로 고른 것은? (단, 실린더와 피스톤 사이의 마찰은 무시한다.)

<보 기>

ㄱ. A와 B의 기체 내부 에너지 변화량의 합은 Q이다.
ㄴ. B의 기체가 받은 일은 Q보다 작다.
ㄷ. B의 기체는 온도가 증가하였다.

0. 문제 상황 파악하기

A, B가 외부 및 서로 간에 단열되어 있는데 A에 열량 Q를 가한 상황이다.

이때 A와 B를 하나의 계로 본다면 A의 부피와 B의 부피를 합한 값은 변하지 않았으므로 전체 $A+B$가 한 일은 0이다. 따라서 $Q = \Delta U_A + \Delta U_B$이다.

만약 두 기체를 하나의 계로 보지 않는다면 어떻게 생각할 수 있을까?

A에 열역학 제1법칙을 적용하면, $Q = \Delta U_A + W_A$라 할 수 있다.
이때 A가 외부에 한 일(W_A)이 B가 외부로부터 받은 일(W_B)과 크기가 같고, B는 단열 압축되므로 이는 곧 B의 내부 에너지 증가량(ΔU_B)과도 크기가 같다는 결론에 이른다.
따라서 $|W_A| = |W_B| = |\Delta U_B|$이다.

문제 상황에서 $W_A > 0$, $\Delta U_B > 0$이므로 $W_A = \Delta U_B$임을 알 수 있다.
따라서 $Q = \Delta U_A + \Delta U_B$이다. **(ㄱ 맞음)**

1. 준평형 과정의 성질 이용하기

피스톤이 천천히 이동히여 B가 단열 압축된 상황이므로 준평형 과정임을 알 수 있다.

따라서 A의 압력과 B의 압력이 언제나 같고, B의 부피가 줄어든 만큼 A의 부피는 증가하므로 아래와 같이 대략적인 $P-V$ 그래프를 그릴 수 있다. (A와 B의 처음 부피는 문제에 나와 있지 않으므로, 임의로 정해도 된다. 부피의 변화량만 같으면 된다.)

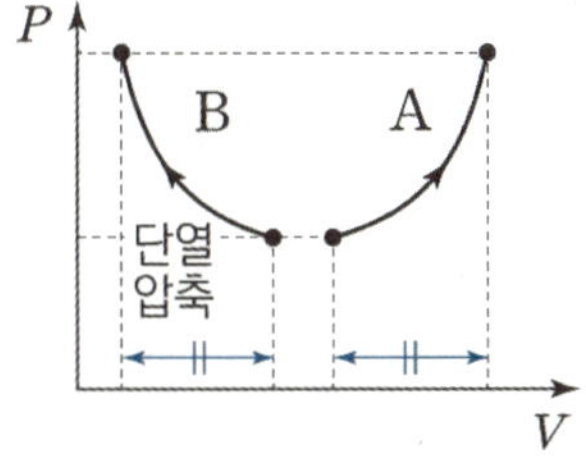

따라서 A의 압력과 부피의 곱(PV)이 증가하므로, A의 온도(T)와 내부 에너지(U_A)도 증가함을 알 수 있다.
$Q = \Delta U_A + W$에서 $\Delta U_A > 0$이므로, B의 기체가 받은 일(W)은 Q보다 작다. **(ㄴ 맞음)**

또한 B는 단열 압축 과정을 겪으므로 온도와 입력이 모두 증가한다. **(ㄷ 맞음)**

정답 : ㄱ, ㄴ, ㄷ

❚ 열기관

열기관은 한 번 순환하는 동안 고온(T_1)의 열원으로부터 열(Q_1)을 흡수하여 일(W)을 하고, 남은 열(Q_2)을 저온(T_2)의 열원으로 방출한 후 **원래의 상태로 다시 돌아오는 장치**이다. 열기관은 최근 평가원 시험에서 굉장히 빈번하게 나오는 유형이니, 꼭 제대로 이해하고 넘어가자.

1. 열효율(e)

열기관의 열효율(e)은 열기관에 공급해준 열(Q_1)에 대한 열기관이 외부에 한 일(W)의 비율로 정의한다.

$$e = \frac{W}{Q_1} = \frac{Q_1 - Q_2}{Q_1} = 1 - \frac{Q_2}{Q_1}$$

앞으로 우리는 문제 상황에서 열기관이 나오면, 전반적인 상황을 이해하기 쉽도록 아래와 같은 그림을 대략적으로 그릴 것이다.

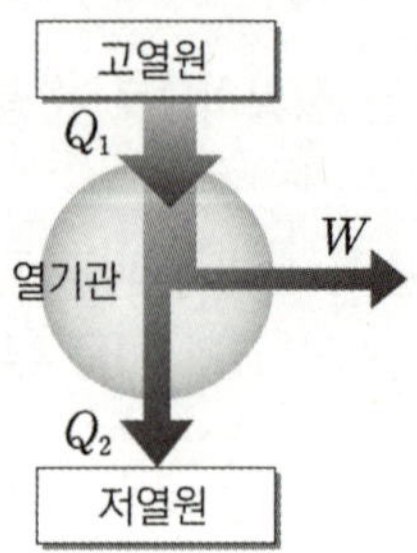

만약 열기관의 열효율이 문제에 주어진 경우, Q_1, W, Q_2의 **비율을 먼저 적으면** 문제 풀이가 수월해진다.

예를 들어 열효율이 0.3인 열기관이 한 번 순환할 때 한 일이 60J일 때, 우리는 아래 그림과 같이 흡수 또는 방출한 열과 일 사이 **비율을 미리 적는다.** 이후 다른 조건을 활용해 **괄호 안에 실제값**을 적는다. 예시의 경우는 한 번 순환할 때 한 일이 60J이므로, 비율 값에 20을 곱한 수를 괄호 안에 적으면 된다.

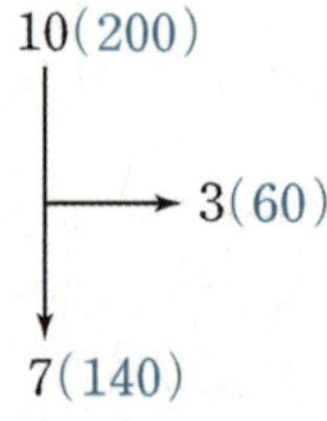

(※ 열역학 제2법칙에 따르면, 열기관이 일을 하는 과정에서 열이 주변의 더 낮은 온도의 계로 흘러갈 수밖에 없으므로 열효율은 절대 1이 될 수 없다.)

2. 열기관이 한 일

열기관이 한 번의 순환 과정에서 한 일(W)은, 기체가 팽창하는 동안 한 일에서 수축하는 동안 받은 일을 뺀 값이다.

따라서 이는 아래 그림과 같이 압력(P)-부피(V) 그래프에서 **열기관의 그래프로 둘러싸인 넓이**와 같다.

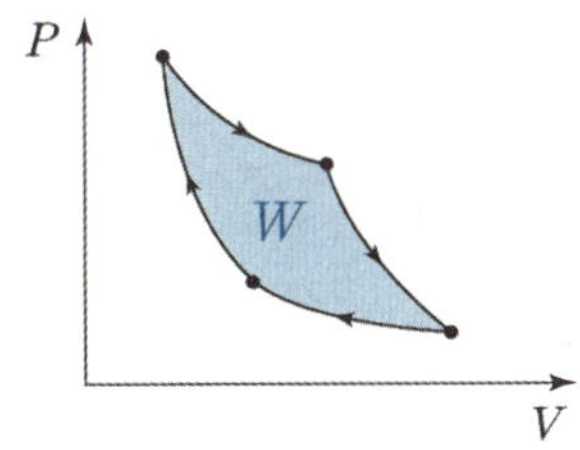

또한, 그래프를 보면 알겠지만 **한 번 순환하는 과정에서 기체의 내부 에너지 변화량의 합이** 0이다.
(처음과 끝이 똑같은 상태이기 때문이다.)

3. 열기관의 순환 과정

열기관의 순환 과정을 볼 때, 언제 열을 흡수하는지와 언제 열을 방출하는지를 헷갈리는 학생들이 많다.
우선 다음과 같은 사실을 기억하자.

> 열기관의 순환 과정 도중, **단열 과정 외에는 언제나 열의 출입이 일어난다.**

그럼 단열 이외의 과정에서 열을 흡수했는지 혹은 방출했는지는 어떻게 알 수 있을까?

바로 $Q = \Delta U + W$를 이용하는 것이다.

$\Delta U \propto \Delta T \propto \Delta(PV)$임을 통해, 압력-부피 그래프에서 열기관 순환 과정의 PV의 값을 확인하면 ΔU의 부호를 결정할 수 있다. 또한 W는 압력-부피 그래프에서 **부피가 증가하는지 감소하는지**를 확인해 부호를 결정할 수 있다.

따라서 압력-부피 그래프에서 Q의 부호를 결정할 수 있고, 열기관이 특정 과정에서 열을 흡수했는지와 방출했는지를 위 과정을 통해 구분할 수 있다. 또한 문제에서 열기관의 순환 과정에 **등압/등적/등온 과정**이 포함된다면, 복잡하게 생각할 것 없이 이들의 내용을 적극적으로 이용하도록 하자.

따라서 우리는 문제에 **열기관 그래프**가 등장할 때, **단열 과정을 제외한 모든 과정**에서 열을 <u>흡수</u>했는지 또는 **방출**했는지 꼭 구분하여 표시해야만 한다.

단열 과정 이외의 과정에서 열 출입을 따지는 걸 습관화하기 위해 노력하자.

그림은 어떤 열기관에서 일정량의 이상 기체가 상태 A→B→C→D→A를 따라 순환하는 동안 기체의 압력과 부피를 나타낸 것이다. A→B와 C→D는 등온 과정, B→C와 D→A는 단열 과정일 때, 각 과정에서 Q, W, ΔU의 부호를 결정하시오.

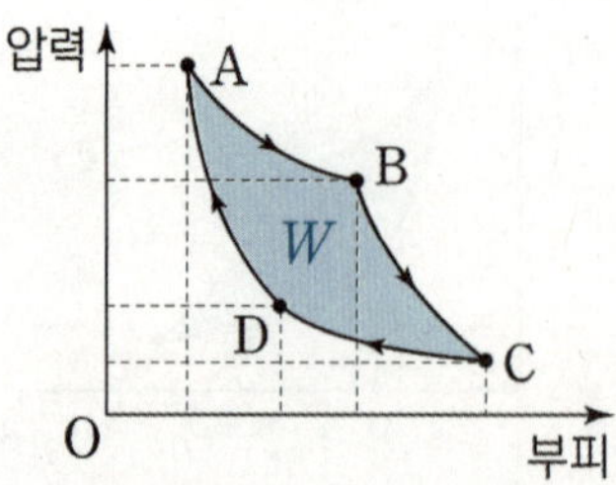

열역학 과정	Q	ΔU	W
A→B			
B→C			
C→D			
D→A			

1. A → B는 등온 팽창 과정이므로, $Q = \Delta U + W$에서 $\Delta U = 0$, $W > 0$이므로 $Q > 0$이다.

2. B → C는 단열 팽창 과정이므로,
   $Q = \Delta U + W$에서 $Q = 0$이다. 단열 팽창에서 $\Delta T < 0$이고 $\Delta U < 0$이므로, $W > 0$이다.
   또는, 기체의 부피가 증가했으므로 기체가 외부에 일을 했다는 것을 알 수 있고
   이를 통해 $W > 0$라는 결론을 바로 얻어낼 수도 있다.

3. C → D는 등온 압축 과정이므로, $Q = \Delta U + W$에서 $\Delta U = 0$, $W < 0$이므로 $Q < 0$이다.

4. D → A는 단열 압축 과정이므로, $Q = \Delta U + W$에서 $Q = 0$이다.
   단열 압축에서 $\Delta T > 0$이고 $\Delta U > 0$이므로, $W < 0$이다.
   또는, 기체의 부피가 감소했으므로 기체가 외부로부터 일을 받았다는 것을 알 수 있고 이를 통해
   $W < 0$이라는 결론을 바로 얻어낼 수도 있다.

열역학 과정	Q	ΔU	W
A → B	+	0	+
B → C	0	−	+
C → D	−	0	−
D → A	0	+	−

(※ 문제에 등장한 열기관은 카르노 기관인데, 이는 열효율이 최대[2]인 이상적인 열기관이다.)

---

2) 열효율이 최대라도 1보다는 작다.

그림은 어떤 열기관에서 일정량의 이상 기체가 상태 A→B→C→D→A를 따라 순환하는 동안 기체의 압력과 부피를, 표는 각 과정에서 기체가 흡수 또는 방출하는 열량을 나타낸 것이다.

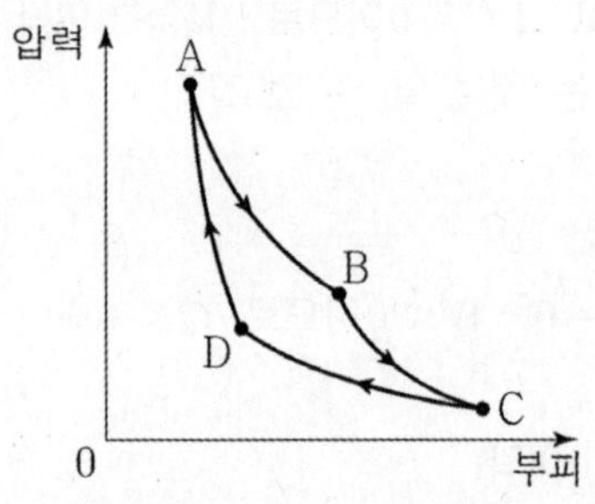

과정	흡수 또는 방출하는 열량(J)
A → B	150
B → C	0
C → D	120
D → A	0

이에 대한 설명으로 옳은 것만을 <보기>에서 있는 대로 고른 것은?

〈 보 기 〉

ㄱ. B→C 과정에서 기체가 한 일은 0이다.
ㄴ. 기체가 한 번 순환하는 동안 한 일은 30 J이다.
ㄷ. 열기관의 열효율은 0.2이다.

0. 문제 상황 파악하기

B→C 과정과 D→A 과정에서 열 출입이 없으므로, 두 과정은 단열 과정임을 알 수 있다.

열기관이 흡수하는 열량은 방출하는 열량보다 항상 더 크므로 A→B 과정은 열을 흡수하는 과정, C→D 과정은 열을 방출하는 과정임을 알 수 있다.

흡수한 열이 150J, 방출한 열이 120J이므로 아래와 같이 대략적인 열기관 모형을 그릴 수 있다.

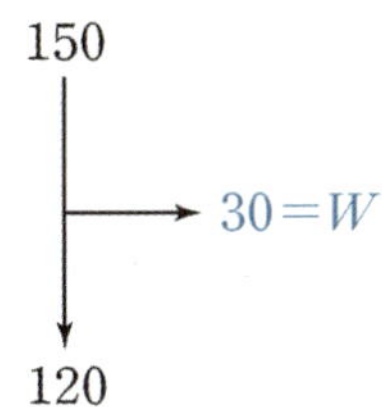

1. 선지 해결하기

그래프를 보면 B→C 과정에서 부피가 증가하므로, 이때 기체는 양의 일을 한다. (ㄱ 틀림)

기체가 한 번 순환하는 동안 흡수하는 열량(Q_1)은 150J, 방출하는 열량(Q_2)은 120J이므로, $Q_1 = W + Q_2$에 의해서 $W = 30$J이다. (ㄴ 맞음)

열효율(e) 공식에 의해 $e = \dfrac{W}{Q_1} = \dfrac{30\text{J}}{150\text{J}} = 0.2$이다. (ㄷ 맞음)

정답 : ㄴ, ㄷ

그림은 열효율이 0.2인 열기관에서 일정량의 이상 기체가 상태 A→B→C→A를 따라 순환하는 동안 기체의 압력과 부피를 나타낸 것이다. A→B 과정은 부피가 일정한 과정이고, B→C 과정은 단열 과정이며, C→A 과정은 등온 과정이다. C→A 과정에서 기체가 외부로부터 받은 일은 160J이다.

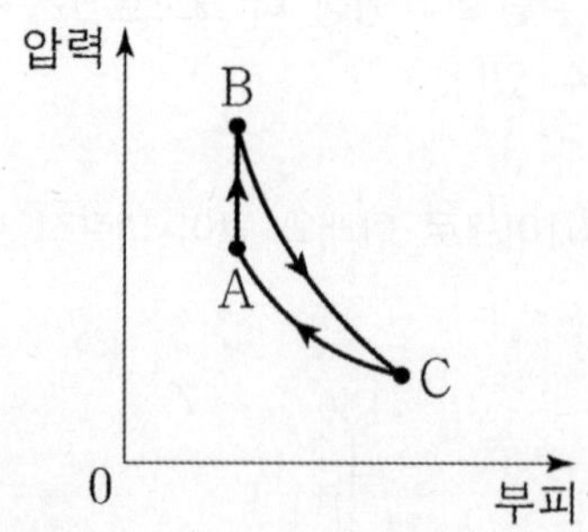

이에 대한 설명으로 옳은 것만을 <보기>에서 있는 대로 고른 것은?

〈보 기〉

ㄱ. 기체의 온도는 B에서가 C에서보다 높다.
ㄴ. A→B 과정에서 기체가 흡수한 열량은 200J이다.
ㄷ. B→C 과정에서 기체가 한 일은 240J이다.

0. 문제 상황 파악하기

C→A 과정은 **등온 압축** 과정이므로, 이때 기체는 외부로부터 **받은 일만큼 열을 방출**한다.
또한 열기관의 순환 과정에서 열을 방출하는 과정은 C→A 밖에 없으므로,
열기관이 한 번 순환할 때 방출하는 열이 160J임을 알 수 있다.

문제 발문을 보면 열효율이 0.2이므로,
이를 이용해 흡수 및 방출한 열과 일 사이 관계를 비율로 나타내면 아래와 같다.

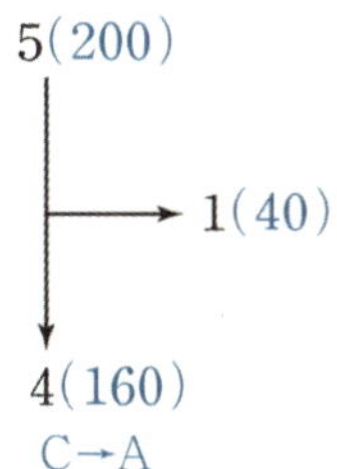

열기관이 한 번 순환할 때 방출하는 열이 160J이므로, 괄호 안을 모두 채울 수 있다.

1. 선지 해결하기

B→C 과정은 단열 팽창 과정이므로, 기체의 온도는 B에서가 C에서보다 높다. **(ㄱ 맞음)**

열기관이 한 번 순환하는 동안 총 200J의 열을 흡수하는데, 순환 과정에서 열을 흡수하는 과정은 A→B
과정밖에 없다. 따라서 A→B 과정에서 기체가 흡수한 열량은 200J이다. **(ㄴ 맞음)**

C→A 과정에서 기체가 받은 일이 160J이고, 열기관의 순환 과정에서 한 일이 40J이므로
그래프에서 넓이의 합을 따져주면 B→C 과정에서 기체가 한 일은 200J이다. **(ㄷ 틀림)**

정답 : ㄱ, ㄴ

그림은 열기관에서 일정량의 이상 기체의 상태가 A→B→C→A를 따라 순환하는 동안 기체의 부피와 절대 온도를 나타낸 것이다. A→B 과정에서 기체는 압력이 P_0으로 일정하고 기체가 흡수하는 열량은 Q_1이다. B→C 과정에서 기체가 방출하는 열량은 Q_2이다.

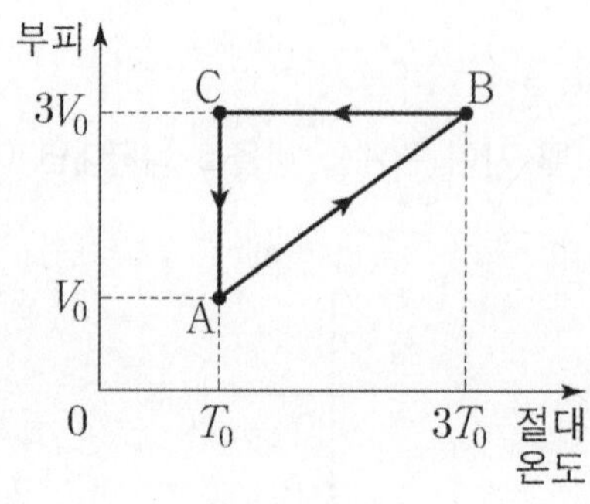

이에 대한 설명으로 옳은 것만을 <보기>에서 있는 대로 고른 것은?

<보 기>

ㄱ. A→B 과정에서 기체의 내부 에너지는 증가한다.

ㄴ. 열기관의 열효율은 $\dfrac{Q_1 - Q_2}{Q_1}$ 보다 작다.

ㄷ. 기체가 한 번 순환하는 동안 한 일은 $\dfrac{2}{3}P_0 V_0$ 보다 크다.

0. 문제 상황 파악하기

이제까지 봤던 $P-V$ 그래프가 그려진 문제 상황과 다르게, $V-T$ 그래프가 등장했다.
이렇게 $P-V$가 아닌 다른 그래프가 나올 경우, 우리는 $P-V$ 그래프로 **전부 변환해야 한다.**
(변환하지 않고 풀 수 있을지라도 평소 보던 그림이 아니면 헷갈리기 쉽기 때문이다.)

우선 그래프를 변환하기 전에, A→B 과정에서 기체의 절대 온도가 증가했으므로 내부 에너지도 증가함을
먼저 확인할 수 있다. **(ㄱ 맞음)**

1. 그래프 변환하기

문제에 주어진 $V-T$ 그래프를 $P-V$ 그래프로 변환하면, 열기관이 순환하는 동안 열을 흡수하는
과정(A→B)과 방출하는 과정(B→C, C→A)을 확인할 수 있다.

따라서 C→A 과정에서 방출하는 열을 α라 하면 아래 그림과 같이 상황을 표현할 수 있고,

열효율은 $1 - \dfrac{Q_2 + \alpha}{Q_1} = \dfrac{Q_1 - Q_2 - \alpha}{Q_1}$ 이므로 $\dfrac{Q_1 - Q_2}{Q_1}$ 보다 작다. **(ㄴ 맞음)**

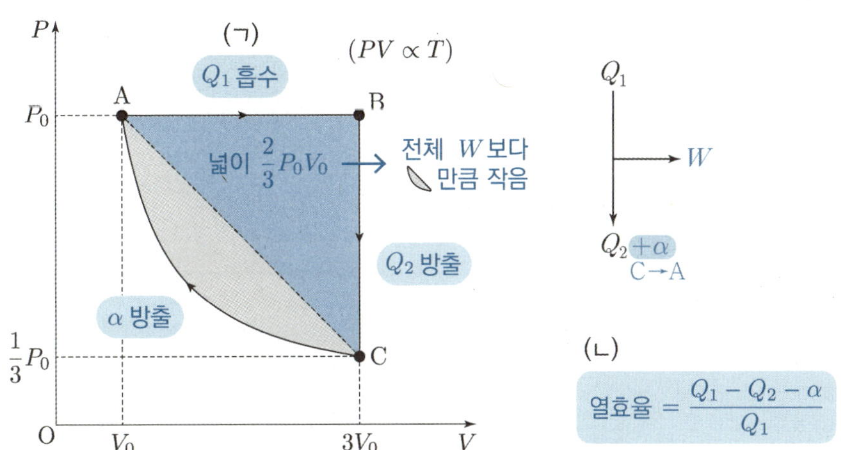

이제 ㄷ을 보면, 열기관이 한 번 순환할 때 기체가 한 일과 $\dfrac{2}{3}P_0V_0$를 비교한다.

이렇게 생소한 비교가 등장할 때는, 둘이 어떤 관계가 있는지 찾는 습관이 중요하다.

$P-V$ 그래프를 살펴보면 기체가 한 일에서 색칠된 부분을 뺀 삼각형의 넓이가 $\dfrac{2}{3}P_0V_0$임을 찾을 수 있다.

따라서 기체가 한 번 순환하는 동안 한 일은 $\dfrac{2}{3}P_0V_0$보다 크다. **(ㄷ 맞음)**

정답 : ㄱ, ㄴ, ㄷ

그림은 열효율이 0.5인 열기관에서 일정량의 이상 기체의 상태가 A→B→C→D→A를 따라 변할 때 기체의 압력과 부피를 나타낸 것이다. A→B, C→D는 각각 압력이 일정한 과정이고, B→C, D→A는 각각 단열 과정이다. A→B 과정에서 기체가 흡수한 열량은 Q이다. 표는 각 과정에서 기체가 외부에 한 일 또는 외부로부터 받은 일을 나타낸 것이다.

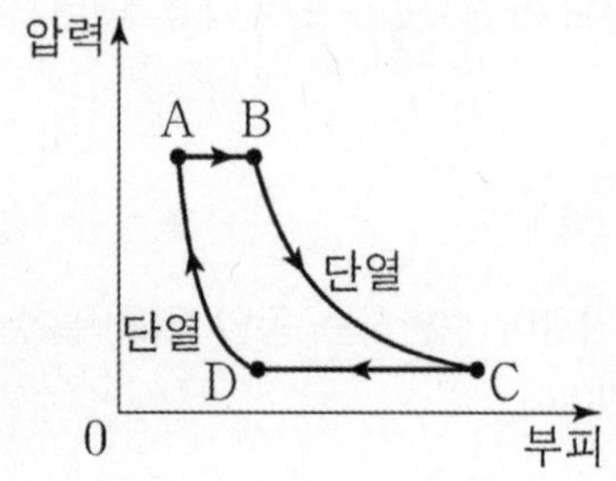

과정	기체가 외부에 한 일 또는 외부로부터 받은 일
A → B	$8W$
B → C	$9W$
C → D	$4W$
D → A	$3W$

이에 대한 설명으로 옳은 것만을 <보기>에서 있는 대로 고른 것은?

―――――――――― 〈보 기〉 ――――――――――

ㄱ. $Q = 20\,W$이다.

ㄴ. 기체의 온도는 A에서가 C에서보다 낮다.

ㄷ. A→B 과정에서 기체의 내부 에너지 증가량은 C→D 과정에서 기체의 내부 에너지 감소량보다 크다.

0. 문제 상황 파악하기

열기관의 순환 그래프와 함께, 각 과정에서 외부와 주고받는 일이 표로 제시되어 있다.
가장 먼저 열 출입을 판단해보자. 단열 과정이 아닌 $A \to B$, $C \to D$ 과정은 열 출입이 반드시 존재한다.

이때 $A \to B$ 과정은 등압 팽창 과정이므로 열을 흡수하는, $C \to D$ 과정은 등압 수축 과정이므로 열을
방출하는 과정임을 알 수 있다. (우리는 이미 등압 과정에서의 열 출입 부호를 배웠다.)

이제 문제에 주어진 표와 열효율이 0.5라는 조건을 이용해보자.
부피가 커지는 $A \to B \to C$ 과정은 일의 부호가 양수, 부피가 줄어드는 $C \to D \to A$ 과정은 일의 부호가
음수임을 알 수 있다. 그러면 전체 $A \to B \to C \to D \to A$ 과정에서 기체가 외부에 한 일은 $10\,W$임을 알 수
있고, 열효율이 0.5임을 활용해 대략적인 상황을 그려보면 다음과 같다.

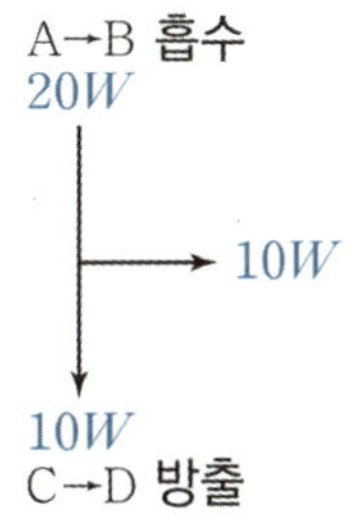

과정	기체가 외부에 한 일 또는 외부로부터 받은 일
$A \to B$	$+ 8\,W$
$B \to C$	$+ 9\,W$
$C \to D$	$- 4\,W$
$D \to A$	$- 3\,W$

따라서 $Q = 20\,W$이다. (**ㄱ 맞음**)

1. 열역학 제1법칙 ($Q = \Delta U + W$) 활용하기

ㄴ 선지는 A와 C에서 기체의 온도를 비교하고 있다.
기체의 온도는 내부 에너지와 비례하므로, $A \to B \to C$ 과정에서 기체의 내부 에너지 변화량을 구하면
A와 C에서 기체의 온도를 비교할 수 있겠다.

$A \to B \to C$ 과정에 대해 열역학 제1법칙을 같이 적용하면, $Q = \Delta U + W$에서 흡수한 열량이 $+ 20\,W$이고
한 일이 $17\,W$이므로 내부 에너지 변화량이 $+ 3\,W$로 양수임을 알 수 있다.
따라서 기체의 온도는 A에서가 C에서보다 낮다. (**ㄴ 맞음**)

ㄷ 선지를 해결하기 위해 $A \to B$, $C \to D$ 과정에 대해 다음과 같이 각각 열역학 제1법칙을 적용하면, 내부
에너지 변화량의 크기는 $A \to B$ 과정($12\,W$)에서가 $C \to D$ 과정($6\,W$)에서보다 큰 것을 알 수 있다. (**ㄷ 맞음**)

$$Q = \Delta U + W$$
$$A \to B : 20 = 12 + 8$$
$$C \to D : 10 = 6 + 4$$

정답 : ㄱ, ㄴ, ㄷ

그림은 열기관에서 일정량의 이상 기체가 상태 $A \rightarrow B \rightarrow C \rightarrow D \rightarrow A$를 따라 순환하는 동안 기체의 압력과 부피를, 표는 각 과정에서 기체가 흡수 또는 방출하는 열량과 기체의 내부 에너지 증가량 또는 감소량을 나타낸 것이다.

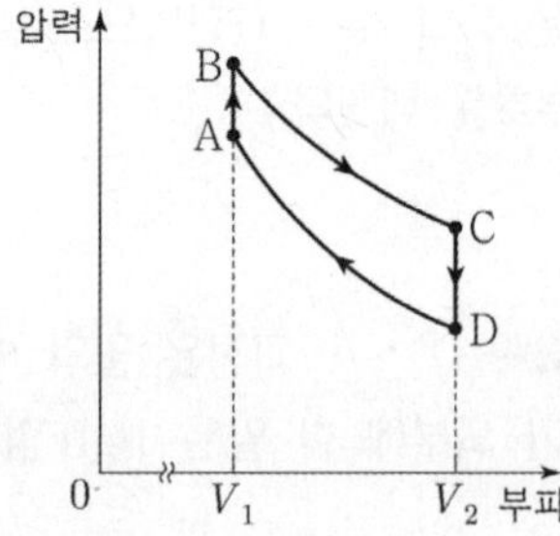

과정	흡수 또는 방출하는 열량(J)	내부 에너지 증가량 또는 감소량(J)
$A \rightarrow B$	50	㉡
$B \rightarrow C$	100	0
$C \rightarrow D$	㉠	120
$D \rightarrow A$	0	㉢

이에 대한 설명으로 옳은 것만을 <보기>에서 있는 대로 고른 것은?

─── 〈보 기〉 ───

ㄱ. ㉠은 120이다.
ㄴ. ㉢ − ㉡ = 20이다.
ㄷ. 열기관의 열효율은 0.2이다.

0. 문제 상황 파악하기

열기관의 순환 그래프와 함께, 각 과정에서 기체가 외부와 주고받는 일이 표로 제시되어 있는데 표에 빈칸이 세 개나 존재한다. 표에서 값들의 부호를 알기 어려우므로, 이럴 때는 0을 가장 먼저 판단하는 것이 중요하다.

가장 먼저 열 출입을 판단해보자. 단열 과정인 $D \rightarrow A$ 과정을 제외한 모든 과정은 열 출입이 반드시 존재한다.

$A \rightarrow B$, $C \rightarrow D$ 과정은 등적 과정(한 일이 0)이므로 $Q = \Delta U$이다. 따라서 이 두 과정은 표의 양쪽 값이 똑같다. 이제 그래프를 통해 $PV \propto T \propto \Delta U$를 확인하면 $A \rightarrow B$ 과정은 $\Delta U > 0$이고, $C \rightarrow D$ 과정은 $\Delta U < 0$임을 알 수 있다. 따라서 ㉠$= -120$이고, ㉡$= +50$이다.[3] **(ㄱ 맞음)**

또한 이를 통해 기체가 $A \rightarrow B$ 과정에서 <u>열을 흡수</u>했고, $C \rightarrow D$ 과정에서 <u>열을 방출</u>한 것을 알 수 있다. 다음으로 표에서 $\Delta U = 0$인 $B \rightarrow C$ 과정은 등온 팽창 과정이므로, 기체가 <u>열을 흡수</u>한 것을 알 수 있다.

즉 기체가 한 번 순환하는 $A \rightarrow B \rightarrow C \rightarrow D \rightarrow A$ 과정 동안, 기체는 $A \rightarrow B$, $B \rightarrow C$ 과정에서는 열을 각각 100J, 50J만큼 흡수했고, $C \rightarrow D$ 과정에서 열을 120J만큼 방출한 것이다.

1. 열기관의 순환에서 $Q_1 = W + Q_2$ 이용하기

기체가 한 번 순환하는 동안, $Q_1 = W + Q_2$에서 흡수한 열(Q_1)은 150J, 방출한 열(Q_2)은 120J이다. 따라서 이를 통해 $W = 30$J임을 알 수 있다. 이를 활용해 대략적인 상황을 그려보면 다음과 같다.

과정	흡수 또는 방출하는 열량(J)	내부 에너지 증가량 또는 감소량(J)
$A \rightarrow B$	$+50$	㉡ $= +50$
$B \rightarrow C$	$+100$ **(등온 팽창)**	0 **(등온)**
$C \rightarrow D$	㉠ $= -120$	-120
$D \rightarrow A$	0 **(단열)**	㉢ $= +70$

기체가 $B \rightarrow C$ 과정에서 외부에 한 일이 100J이므로, 전체 한 일인 $W = 30$J이기 위해서는 $D \rightarrow A$ 과정에서 기체가 외부로부터 받은 일이 70J이어야 한다. $D \rightarrow A$ 과정은 단열 압축 과정이므로, 내부 에너지 증가량과 받은 일의 양이 같다. 따라서 ㉢$= 70$J이고, ㉢$-$㉡$= 20$이다. **(ㄴ 맞음)**

또한, 열기관의 열효율은 $e = \dfrac{W}{Q_1} = \dfrac{30J}{150J} = 0.2$이다. **(ㄷ 맞음)**

정답 : ㄱ, ㄴ, ㄷ

---

3) 표 내부는 절댓값이므로 ㉠은 사실 양수이다. 그렇지만 상황을 이해하기 쉽도록, 해설에서는 부호까지 따져보도록 하겠다.

그림은 열효율이 0.2인 열기관에서 일정량의 이상 기체의 상태가 A→B→C→A를 따라 순환하는 동안 기체의 압력과 부피를 나타낸 것이다. A→B 과정은 압력이 일정한 과정, B→C 과정은 단열 과정, C→A 과정은 등온 과정이다. 표는 각 과정에서 기체가 외부에 한 일 또는 외부로부터 받은 일을 나타낸 것이다.

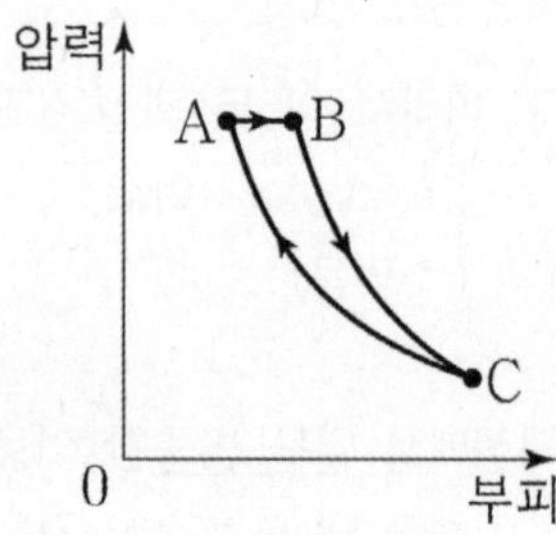

과정	기체가 외부에 한 일 또는 외부로부터 받은 일(J)
A → B	60
B → C	90
C → A	㉠

이에 대한 설명으로 옳은 것만을 <보기>에서 있는 대로 고른 것은?

───────────────── 〈 보 기 〉 ─────────────────

ㄱ. 기체의 온도는 B에서가 C에서보다 높다.

ㄴ. A→B 과정에서 기체가 흡수한 열량은 150J이다.

ㄷ. ㉠은 120이다.

0. 문제 상황 파악하기

열기관의 순환 그래프와 함께, 각 과정에서 기체가 외부와 주고받는 일이 표로 제시되어 있다.

1. 열 출입 판단하기

가장 먼저 열 출입을 판단해보자.

A→B 과정은 등압 팽창 과정이므로 열을 흡수하는 과정이고, C→A 과정은 등온 압축 과정이므로 열을 방출하는 과정이다. 또한 문제 조건을 통해 열효율이 0.2이라는 것과, 표에서 기체가 외부와 주고받은 일을 알 수 있으므로, 이를 이용해 대략적인 열기관 모형을 그려보면 다음과 같다.

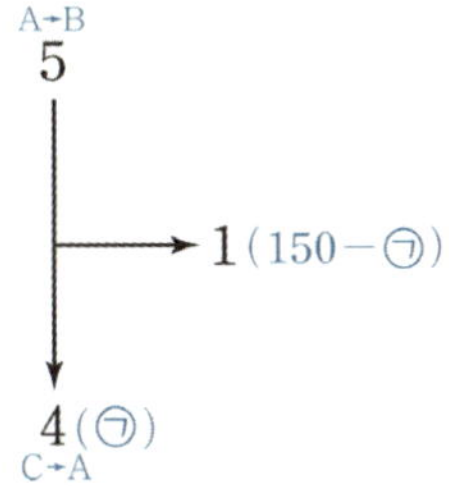

따라서 $(150 - ㉠) : ㉠ = 1 : 4$이므로, $㉠ = 120$임을 알 수 있다. **(ㄷ 맞음)**
또한, B→C 과정은 단열 팽창 과정이므로 이 과정에서 온도가 감소하는 것을 알 수 있다. **(ㄱ 맞음)**

그리고 열기관이 1회 순환하는 동안 기체는 A→B 과정에서만 열을 흡수한다.
따라서 A→B 과정에서 기체가 흡수한 열량은 전체 과정에서 흡수한 열량인 150J이다. **(ㄴ 맞음)**

정답 : ㄱ, ㄴ, ㄷ

다른 풀이) 열기관이 한 번 순환하는 동안 내부 에너지 변화량은 없다.

열기관이 한 번 순환하는 동안 내부 에너지 변화가 0인 것을 활용해서 이 문제를 해결해보자.
C→A 과정이 등온 과정이므로, A→B 과정과 B→C 과정에서 내부 에너지 변화가 같아야 한다.

B→C 과정이 단열 팽창 과정이므로 이때 내부 에너지는 90J만큼 감소한다. 따라서 A→B 과정에서 내부 에너지는 90J만큼 증가해야 하고, $Q = \Delta U + W$에서 A→B 과정 동안 흡수한 열량이 150J임을 알 수 있다.

이제 열효율이 0.2임을 이용해 열기관 모형을 다음과 같이 그리면 문제를 해결할 수 있다.

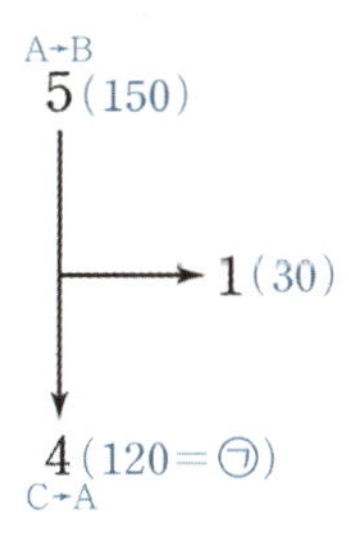

그림은 열효율이 0.25인 열기관에서 일정량의 이상 기체가 상태 A→B→C→D→A를 따라 순환하는 동안 기체의 압력과 부피를 나타낸 것이다. B→C는 등온 과정이고, D→A는 단열 과정이다. 기체가 B→C 과정에서 외부에 한 일은 150J이고, D→A 과정에서 외부로부터 받은 일은 100J이다.

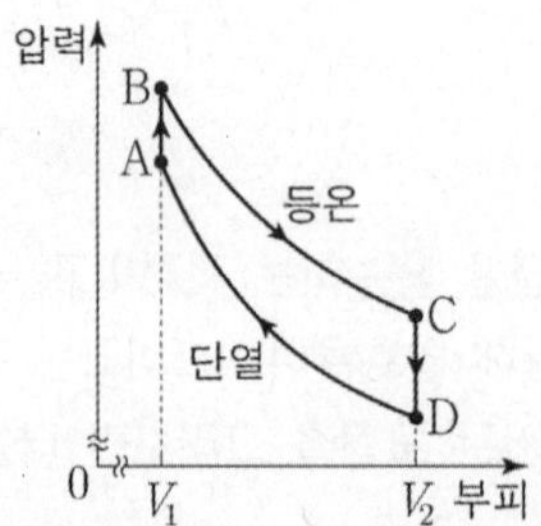

이에 대한 설명으로 옳은 것만을 <보기>에서 있는 대로 고른 것은?

─── 〈보 기〉 ───

ㄱ. 기체의 온도는 A에서가 C에서보다 높다.
ㄴ. A→B 과정에서 기체가 흡수한 열량은 50J이다.
ㄷ. C→D 과정에서 기체의 내부 에너지 감소량은 150J이다.

0. 문제 상황 파악하기

B→C 과정에서 외부에 한 일이 150J이고, D→A 과정에서 외부로부터 받은 일이 100J이므로 한 번 순환하는 동안 열기관이 외부에 한 일은 50J임을 알 수 있다.

이제 열효율이 0.25라 하였으므로, 대략적인 열기관 모형을 다음과 같이 그려볼 수 있겠다.

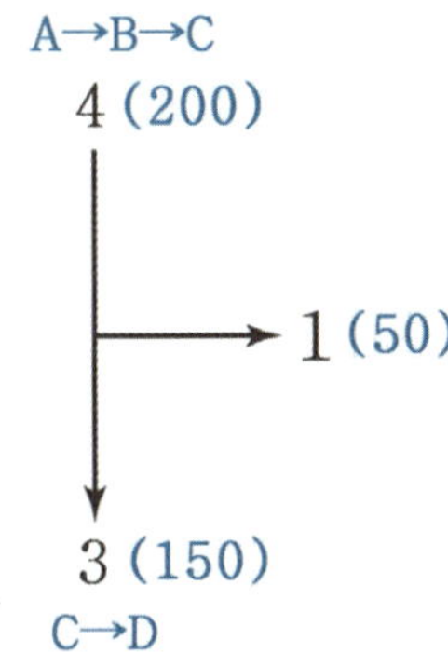

따라서 열기관이 한 번 순환하는 동안 흡수한 총 열량은 200J, 방출한 총 열량은 150J임을 알 수 있다.

A→B 과정에서 부피는 일정한데 압력은 증가하므로, 기체의 온도는 B에서가 A에서보다 높다.
이때 B→C 과정은 등온 과정이므로, 기체의 온도는 A에서가 C에서보다 낮다. **(ㄱ 틀림)**

1. 열 출입 판단하기

이제 열 출입을 판단해보자.

A→B→C 과정은 <u>열을 흡수하는</u> 과정이고, C→D 과정은 <u>열을 방출하는</u> 과정이다.
따라서 열기관이 한 번 순환하는 동안, A→B→C 과정에서는 열량 200J을 흡수하고, C→D 과정에서는 열량 150J을 방출한다.

이때 B→C 과정은 등온 팽창 과정이므로 외부에 한 일 150J이 곧 흡수한 열량과 같다.
따라서 A→B 과정에서 흡수한 열량은 50J이다. **(ㄴ 맞음)**

또한, C→D 과정은 등적 과정이므로 이때 방출한 열량 150J은 내부 에너지 변화량과 같다. **(ㄷ 맞음)**

정답 : ㄴ, ㄷ

그림은 열효율이 0.2인 열기관에서 일정량의 이상 기체가 상태 A→B→C→D→A를 따라 변할 때 기체의 압력과 부피를 나타낸 것이다. A→B와 C→D는 각각 압력이 일정한 과정, B→C는 온도가 일정한 과정, D→A는 단열 과정이다. 표는 각 과정에서 기체가 외부에 한 일 또는 외부로부터 받은 일을 나타낸 것이다.

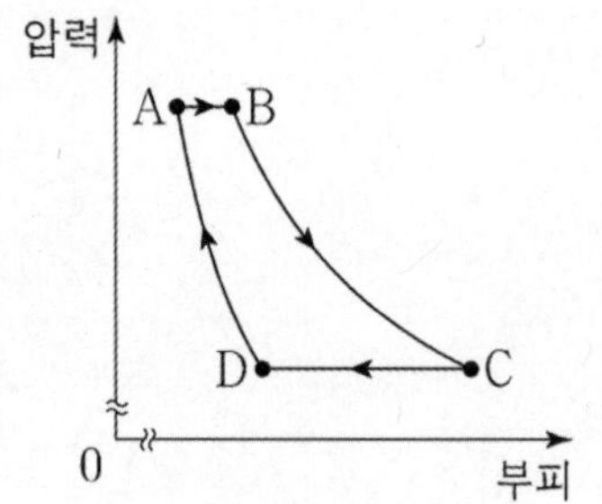

과정	기체가 외부에 한 일 또는 외부로부터 받은 일 (J)
A → B	140
B → C	400
C → D	240
D → A	150

C→D 과정에서 기체의 내부 에너지 감소량은?

① 240J   ② 280J   ③ 320J   ④ 360J   ⑤ 400J

0. 문제 상황 파악하기

기체는 A→B→C 과정에서 외부에 일을 하고, C→D→A 과정에서 외부로부터 일을 받는다.

즉, 전체 과정에서 기체가 외부에 한 일은 150J이다.
열효율이 0.2이므로, 그림과 같이 열기관 모형을 그릴 수 있다.

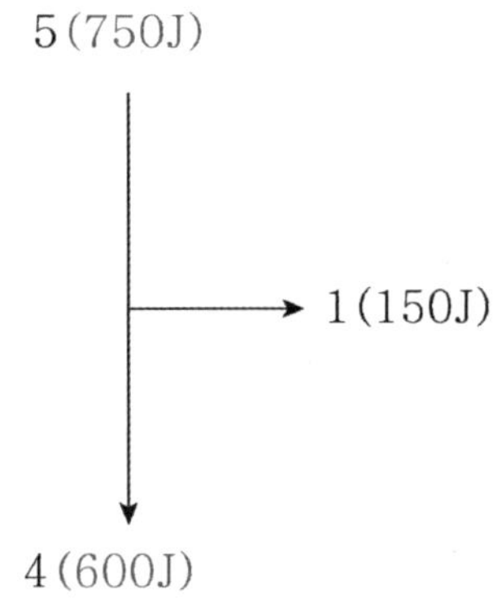

1. C→D 과정 살펴보기

기체가 열을 방출하는 과정은 C→D 과정이다.
이 과정에서 방출한 열량이 600J이므로, $Q=\Delta U+W$에서 $(-600)=\Delta U+(-240)$, $\Delta U=-360J$이다.

정답 : ④

그림은 열기관에서 일정량의 이상 기체가 상태 A→B→C→D→A를 따라 순환하는 동안 기체의 압력과 절대 온도를 나타낸 것이다. A→B는 부피가 일정한 과정, B→C는 압력이 일정한 과정, C→D는 단열 과정, D→A는 등온 과정이다. 표는 각 과정에서 기체가 외부에 한 일 또는 외부로부터 받은 일을 나타낸 것이다. 기체가 흡수하거나 방출한 열량은 A→B 과정과 B→C 과정에서 같다.

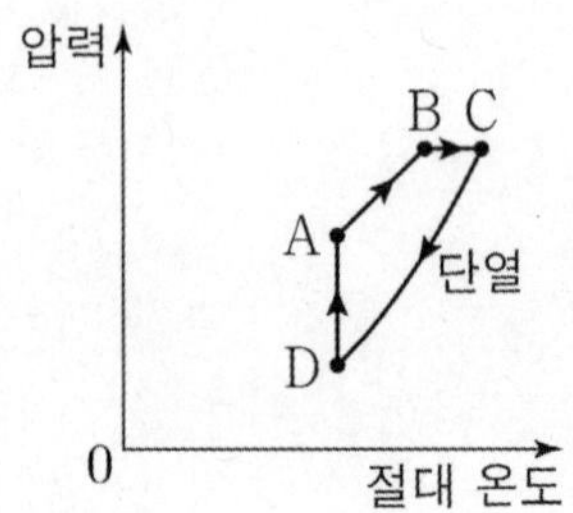

과정	기체가 외부에 한 일 또는 외부로부터 받은 일 (J)
A → B	0
B → C	16
C → D	64
D → A	60

이에 대한 설명으로 옳은 것만을 <보기>에서 있는 대로 고른 것은?

─────────── 〈 보 기 〉 ───────────

ㄱ. 기체의 부피는 A에서가 C에서보다 작다.

ㄴ. B→C 과정에서 기체의 내부 에너지 증가량은 24J이다.

ㄷ. 열기관의 열효율은 0.25이다.

0. 문제 상황 파악하기

A→B는 등적 가열, B→C는 등압 팽창, C→D는 단열 팽창, D→A는 등온 압축 과정이다.
따라서 이를 통해 압력-부피 그래프를 그리면 다음과 같다.

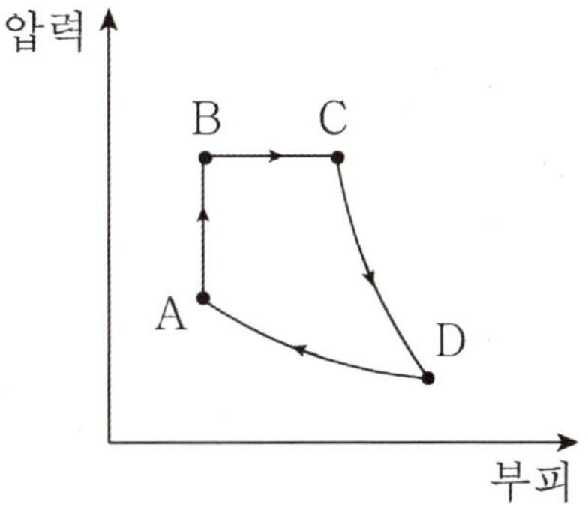

기체의 부피는 A에서가 C에서보다 작다. **(ㄱ 맞음)**

기체는 A→B, B→C 과정에서 열을 흡수하고, D→A 과정에서 열을 방출한다.
기체가 한 번 순환하는 동안 외부에 한 일은 20J, 외부에 방출한 열량은 60J이다. 따라서 기체가 흡수한
열량은 80J이고, 열기관의 열효율은 0.25이다. **(ㄷ 맞음)**

또한 문제 조건에 의해 A→B, B→C 과정에서 같은 열량을 흡수하였으므로 40J씩 열량을 흡수한 것을 알
수 있다.

1. B→C 과정 살펴보기

B→C 과정에 대하여 $Q = \Delta U + W$를 적용하면, $40 = \Delta U + 16$이다.
따라서 B→C 과정에서의 내부 에너지 증가량은 24J이다. **(ㄴ 맞음)**

정답 : ㄱ, ㄴ, ㄷ

01 15학년도 수능 17번

그림 (가)와 (나)는 단열된 실린더에 들어 있는 같은 양의 동일한 이상 기체에, (가)는 부피를, (나)는 압력을 일정하게 유지하면서 각각 동일한 열량 Q를 공급한 모습을 나타낸 것이다. 가열 전 (가)와 (나)에서 기체의 부피와 절대 온도는 각각 V, T로 같고, 가열 후 (나)에서 기체의 부피는 $2V$이다.

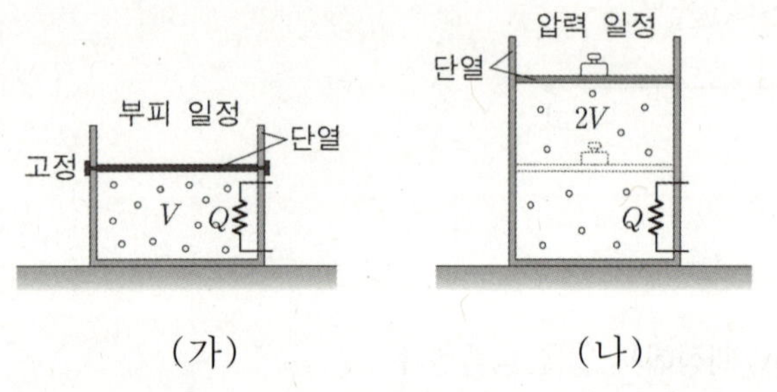

이 과정에 대한 설명으로 옳은 것만을 <보기>에서 있는 대로 고른 것은? (단, 피스톤과 실린더 사이의 마찰은 무시한다.)

―― <보 기> ――

ㄱ. 가열 후 (나)에서 기체의 절대 온도는 T 이다.

ㄴ. 가열 후 기체의 내부 에너지는 (가)에서가 (나)에서보다 크다.

ㄷ. (나)에서 기체가 외부에 한 일은 (가)에서 기체의 내부 에너지 증가량과 같다.

02 16학년도 9월 평가원 18번

그림 (가)와 같이 이상 기체 A는 단열된 실린더에, 이상 기체 B는 실린더를 둘러싼 용기에 담겨 단열된 피스톤에 의해 나누어져 있고, 피스톤은 정지해 있다. 그림 (나)는 (가)에서 용기의 밸브를 열어 B의 압력을 서서히 감소시켰더니 피스톤이 천천히 이동하여 정지한 모습을 나타낸 것이다.

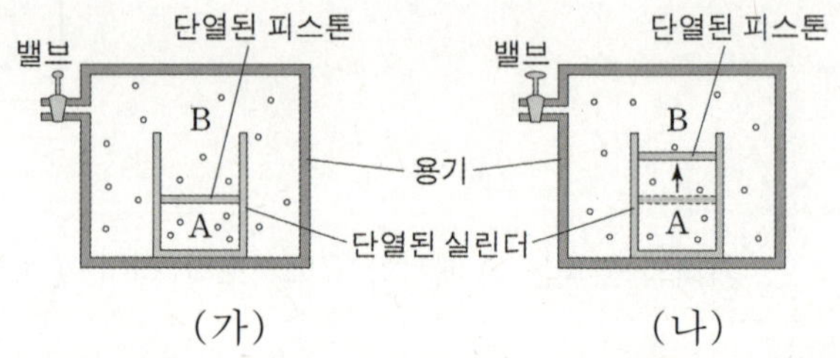

(가)에서 (나)로 변하는 동안, A에 대한 설명으로 옳은 것만을 <보기>에서 있는 대로 고른 것은? (단, 피스톤과 실린더 사이의 마찰은 무시한다.)

―― <보 기> ――

ㄱ. 압력은 일정하다.

ㄴ. 온도는 낮아진다.

ㄷ. 기체 분자의 평균 속력은 작아진다.

그림 (가)는 열효율이 0.2인 열기관이 고열원에서 Q_1의 열을 흡수하여 W의 일을 하고 저열원으로 Q_2의 열을 방출하는 것을 모식적으로 나타낸 것이다. 그림 (나)는 (가)의 열기관의 작동 과정의 일부에 대한 기체의 상태 변화를 압력과 부피의 그래프로 나타낸 것이다. A→B 과정은 등적 과정이고, B→C 과정은 단열 과정이다.

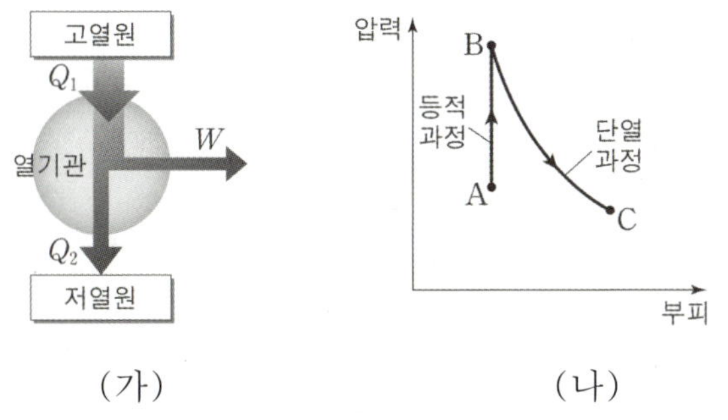

이에 대한 설명으로 옳은 것만을 <보기>에서 있는 대로 고른 것은?

———— <보 기> ————

ㄱ. $Q_2 = 4W$이다.

ㄴ. A→B 과정에서 기체는 열을 흡수한다.

ㄷ. B→C 과정에서 기체가 한 일은 B→C 과정에서 기체의 내부 에너지의 감소량과 같다.

그림 (가)와 (나)는 단열된 실린더에 들어 있는 온도가 T_1인 같은 양의 동일한 이상 기체에, (가)는 열량 Q_0을 공급한 것과 (나)는 일 W_0을 해 준 것을 나타낸 것이다. (가)의 기체는 압력을 일정하게 유지하며 부피가 증가하여 온도가 T_2가 되었고, (나)의 기체는 부피가 감소하여 온도가 T_2가 되었다.

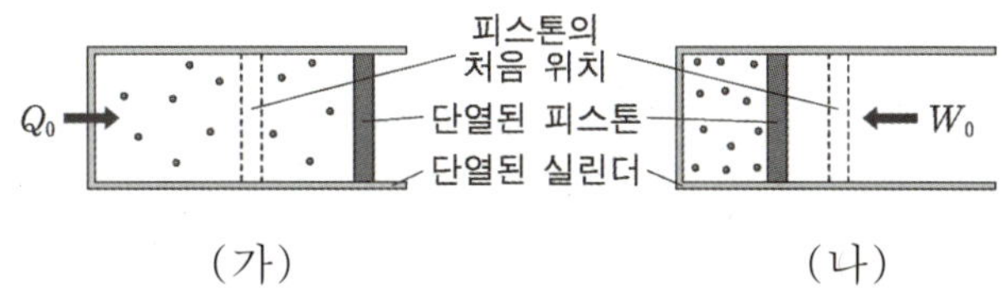

이에 대한 설명으로 옳은 것만을 <보기>에서 있는 대로 고른 것은? (단, 피스톤과 실린더 사이의 마찰은 무시한다.)

———— <보 기> ————

ㄱ. $T_2 > T_1$이다.

ㄴ. (나)의 기체가 받은 W_0은 모두 내부 에너지 변화에 사용되었다.

ㄷ. (가)의 기체가 Q_0을 흡수하는 동안 외부에 한 일은 $Q_0 - W_0$이다.

그림 (가)와 같이 두 개의 단열된 실린더에 이상 기체 A, B가 들어있고, 단면적이 동일한 단열된 두 피스톤이 정지해 있다. 그림 (나)는 (가)의 A에 열량 Q를 공급하였더니 피스톤이 천천히 이동하여 정지한 모습을 나타낸 것이다.

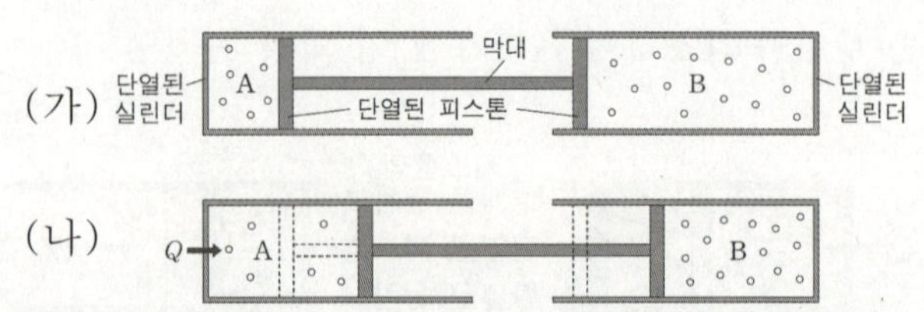

이에 대한 설명으로 옳은 것만을 <보기>에서 있는 대로 고른 것은? (단, 실린더는 고정되어 있고, 피스톤의 마찰은 무시한다.)

———————<보 기>———————

ㄱ. 피스톤이 이동하는 동안 B의 온도는 일정하다.

ㄴ. (나)에서 기체의 압력은 A와 B가 같다.

ㄷ. A의 내부 에너지는 (나)에서가 (가)에서 보다 Q만큼 크다.

그림 (가)와 같이 실린더 안의 동일한 이상 기체 A와 B가 열전달이 잘되는 고정된 금속판에 의해 분리되어 열평형 상태에 있다. A, B의 압력과 부피는 각각 P, V로 같다. 그림 (나)는 (가)에서 피스톤에 힘을 가하여 B의 부피가 감소한 상태로 A와 B가 열평형을 이룬 모습을 나타낸 것이다.

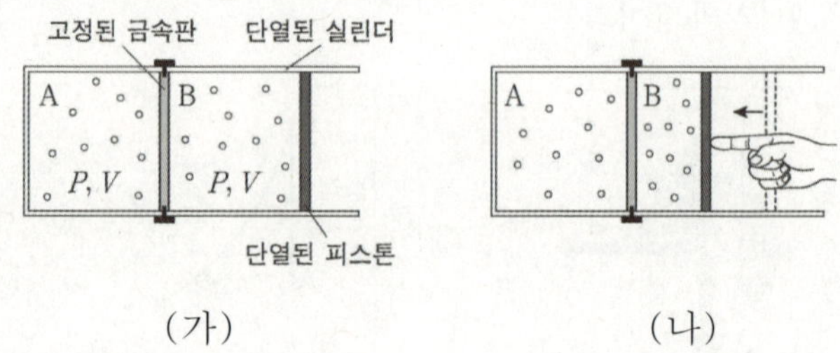

이에 대한 설명으로 옳은 것만을 <보기>에서 있는 대로 고른 것은? (단, 피스톤의 마찰, 금속판이 흡수한 열량은 무시한다.)

———————<보 기>———————

ㄱ. A의 온도는 (가)에서가 (나)에서보다 높다.

ㄴ. (나)에서 기체의 압력은 A가 B보다 작다.

ㄷ. (가)→(나) 과정에서 B가 받은 일은 B의 내부 에너지 증가량과 같다.

그림은 일정량의 이상 기체의 상태가
A→B→C→D→A를 따라 변할 때 압력과 부피를
나타낸 것이다. A→B, C→D는 단열 과정, B→C
는 등압 과정, D→A는 등적 과정이다.

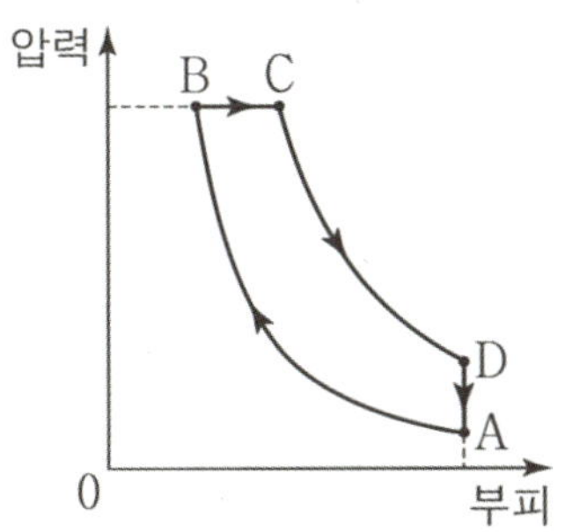

기체에 대한 설명으로 옳은 것만을 <보기>에서 있
는 대로 고른 것은?

─────<보 기>─────

ㄱ. A→B 과정에서 내부 에너지는 증가한다.

ㄴ. B→C 과정에서 흡수한 열량은 D→A 과정
　　에서 방출한 열량보다 크다.

ㄷ. 온도는 C에서가 A에서보다 높다.

그림 (가)와 같이 단열된 실린더와 단열되지 않은 실
린더에 각각 같은 양의 동일한 이상 기체 A, B가 들
어 있고, 단면적이 같은 단열된 두 피스톤이 정지해
있다. B의 온도를 일정하게 유지하면서 A에 열을 공
급하였더니 피스톤이 천천히 이동하여 정지하였다.
그림 (나)는 시간에 따른 A와 B의 온도를 나타낸 것
이다.

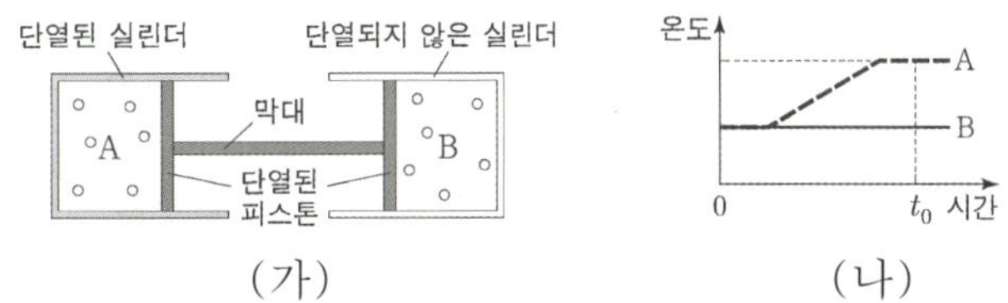

이에 대한 설명으로 옳은 것만을 <보기>에서 있는
대로 고른 것은? (단, 실린더는 고정되어 있고, 피스
톤의 마찰은 무시한다.)

─────<보 기>─────

ㄱ. t_0일 때, 내부 에너지는 A가 B보다 크다.

ㄴ. t_0일 때, 부피는 B가 A보다 크다.

ㄷ. A의 온도가 높아지는 동안 B는 열을 방출
　　한다.

그림과 같이 이상 기체가 들어 있는 용기와 실린더가 피스톤에 의해 A, B, C 세 부분으로 나누어져 있다. 피스톤 P는 고정핀에 의해 고정되어 있고, 피스톤 Q는 정지해 있다. A, B에서 온도는 같고, 압력은 A에서가 B에서보다 작다. 이후, 고정핀을 제거하였다.

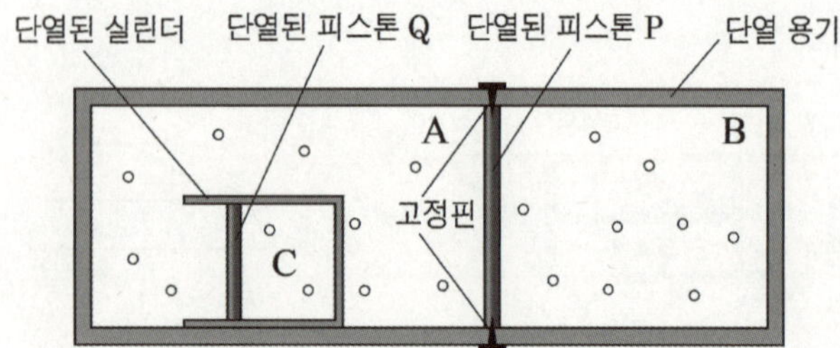

이에 대한 설명으로 옳은 것만을 <보기>에서 있는 대로 고른 것은? (단, 단열 용기를 통한 기체 분자의 이동은 없고, 피스톤의 마찰은 무시한다.)

<보 기>

ㄱ. 고정핀을 제거하기 전 기체의 압력은 A, C에서 같다.

ㄴ. 고정핀을 제거한 후 P가 움직이는 동안 B에서 기체의 온도는 감소한다.

ㄷ. 고정핀을 제거한 후 Q가 움직이는 동안 C에서 기체의 내부 에너지는 증가한다.

그림은 열기관에서 일정량의 이상 기체의 상태가 A→B→C→D→A를 따라 변할 때 기체의 압력과 부피를, 표는 각 과정에서 기체가 외부에 한 일 또는 외부로부터 받은 일을 나타낸 것이다. 기체는 A→B 과정에서 250J의 열량을 흡수하고, B→C 과정과 D→A 과정은 열 출입이 없는 단열 과정이다.

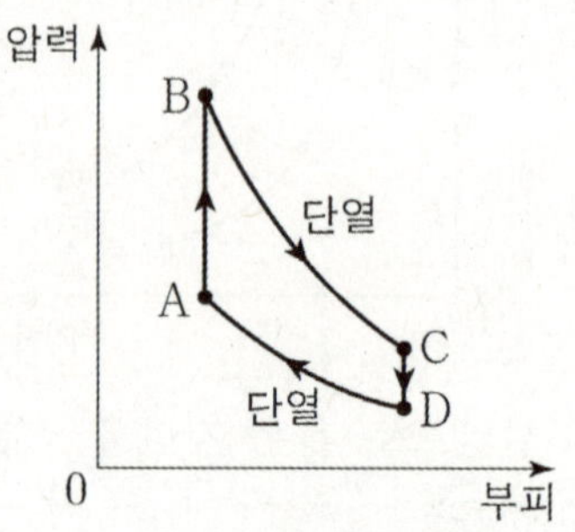

과정	외부에 한 일 또는 외부로부터 받은 일(J)
A→B	0
B→C	100
C→D	0
D→A	50

이에 대한 설명으로 옳은 것만을 <보기>에서 있는 대로 고른 것은?

<보 기>

ㄱ. B→C 과정에서 기체의 온도가 감소한다.

ㄴ. C→D 과정에서 기체가 방출한 열량은 150J이다.

ㄷ. 열기관의 열효율은 0.4이다.

11

그림은 열효율이 0.3인 열기관에서 일정량의 이상 기체가 상태 A→B→C→D→A를 따라 순환하는 동안 기체의 압력과 부피를, 표는 각 과정에서 기체가 흡수 또는 방출하는 열량을 나타낸 것이다.

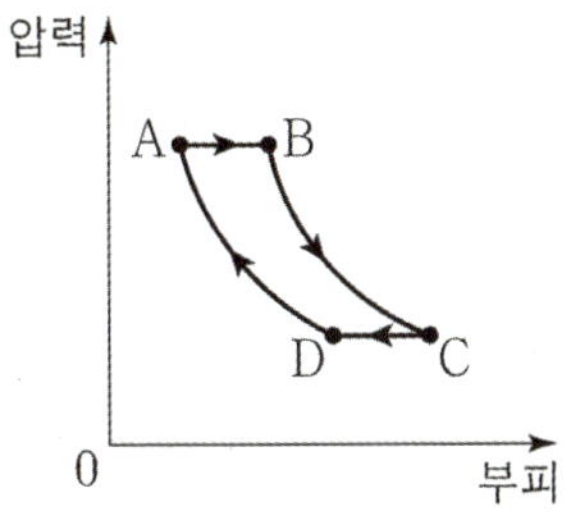

과정	흡수 또는 방출하는 열량(J)
A→B	㉠
B→C	0
C→D	140
D→A	0

이에 대한 설명으로 옳은 것만을 <보기>에서 있는 대로 고른 것은?

─────< 보 기 >─────

ㄱ. ㉠은 200이다.

ㄴ. A→B 과정에서 기체의 내부 에너지는 감소한다.

ㄷ. C→D 과정에서 기체는 외부로부터 열을 흡수한다.

12

그림은 열기관에서 일정량의 이상 기체가 상태 A→B→C→D→A를 따라 순환하는 동안 기체의 압력과 부피를, 표는 각 과정에서 기체가 흡수 또는 방출하는 열량을 나타낸 것이다.

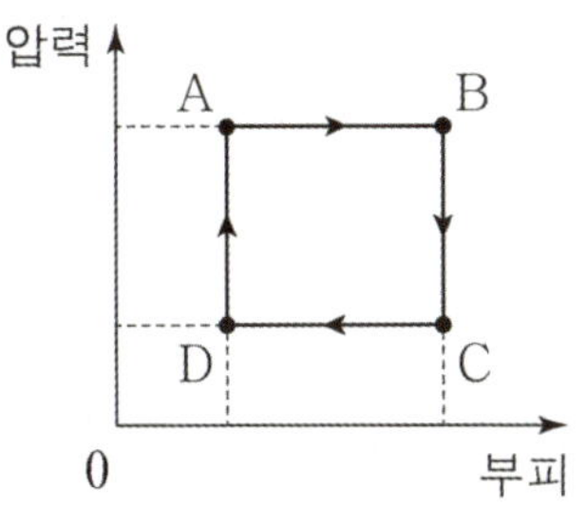

과정	흡수 또는 방출하는 열량
A→B	$15Q$
B→C	$9Q$
C→D	$5Q$
D→A	$3Q$

이에 대한 옳은 설명만을 <보기>에서 있는 대로 고른 것은?

─────< 보 기 >─────

ㄱ. A→B 과정에서 기체의 온도가 증가한다.

ㄴ. 기체가 한 번 순환하는 동안 한 일은 $16Q$이다.

ㄷ. 열기관의 열효율은 $\dfrac{2}{9}$이다.

13   21년 4월 교육청 7번

그림은 열효율이 0.4인 열기관에서 일정량의 이상 기체의 상태가 상태 A→B→C→D→A를 따라 변할 때 기체의 압력과 부피를 나타낸 것이다. A→B는 기체의 압력이 일정한 과정, C→D는 기체의 부피가 일정한 과정, B→C와 D→A는 단열 과정이다. A→B 과정에서 기체가 흡수한 열량은 Q_0이다.

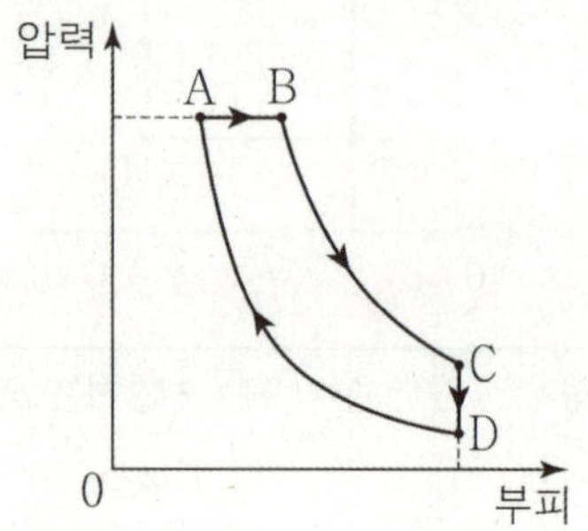

이에 대한 설명으로 옳은 것만을 <보기>에서 있는 대로 고른 것은?

─── <보 기> ───

ㄱ. A→B 과정에서 기체가 외부에 한 일은 Q_0
    이다.

ㄴ. B→C 과정에서 기체의 내부 에너지는 감소
    한다.

ㄷ. C→D 과정에서 기체가 방출한 열량은
    $0.6Q_0$이다.

14   22학년도 6월 평가원 11번

다음은 열의 이동에 따른 기체의 부피 변화를 알아보기 위한 실험이다.

[실험 과정]

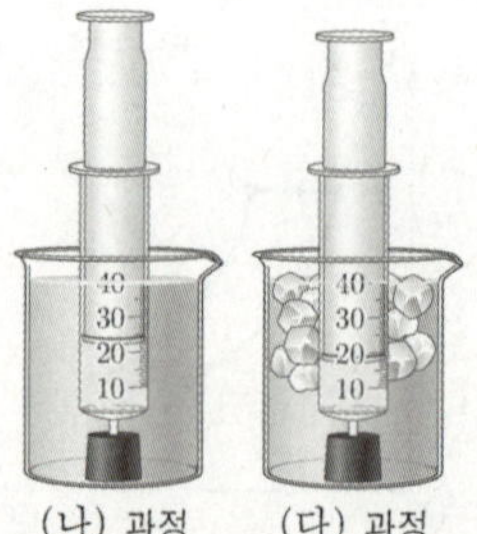

(가) 20mL의 기체가 들어있는 유리 주사기의
     끝을 고무마개로 막는다.

(나) (가)의 주사기를 뜨거운 물이 든 비커에 담
     그고, 피스톤이 멈추면 눈금을 읽는다.

(다) (나)의 주사기를 얼음물이 든 비커에 담그
     고, 피스톤이 멈추면 눈금을 읽는다.

[실험 결과]

과정	(가)	(나)	(다)
기체의 부피(mL)	20	23	18

주사기 속 기체에 대한 설명으로 옳은 것만을 <보기>에서 있는 대로 고른 것은?

─── <보 기> ───

ㄱ. 기체의 내부 에너지는 (가)에서가 (나)에서보
    다 작다.

ㄴ. (나)에서 기체가 흡수한 열은 기체가 한 일과
    같다.

ㄷ. (다)에서 기체가 방출한 열은 기체의 내부 에
    너지 변화량과 같다.

15 21년 7월 교육청 9번

그림은 열기관에서 일정량의 이상 기체가 상태 A→B→C→D→A를 따라 변할 때 기체의 압력과 부피를 나타낸 것이다. 표는 각 과정에서 기체가 외부에 한 일 또는 외부로부터 받은 일 W와 기체가 흡수 또는 방출하는 열량 Q를 나타낸 것이다.

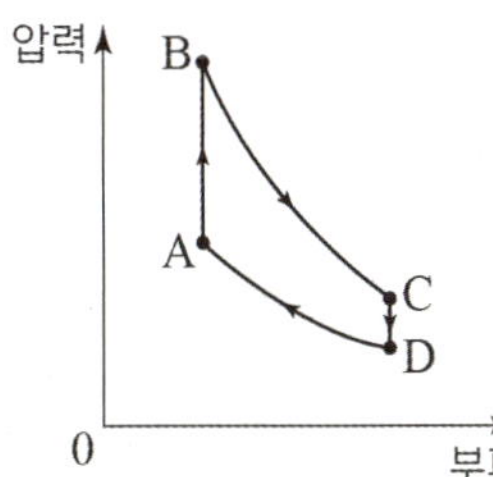

과정	W(J)	Q(J)
A → B	0	㉠
B → C	90	0
C → D	0	160
D → A	50	0

이에 대한 설명으로 옳은 것만을 <보기>에서 있는 대로 고른 것은?

─────< 보 기 >─────

ㄱ. B→C는 단열 과정이다.

ㄴ. ㉠은 300이다.

ㄷ. 열기관의 열효율은 0.2이다.

16 22년 3월 교육청 6번

그림은 열기관에 들어 있는 일정량의 이상 기체의 압력과 부피 변화를 나타낸 것으로, 상태 A→B, C→D, E→F는 등압 과정, B→C→E, F→D→A는 단열 과정이다. 표는 순환 과정 Ⅰ과 Ⅱ에서 기체의 상태 변화를 나타낸 것이다.

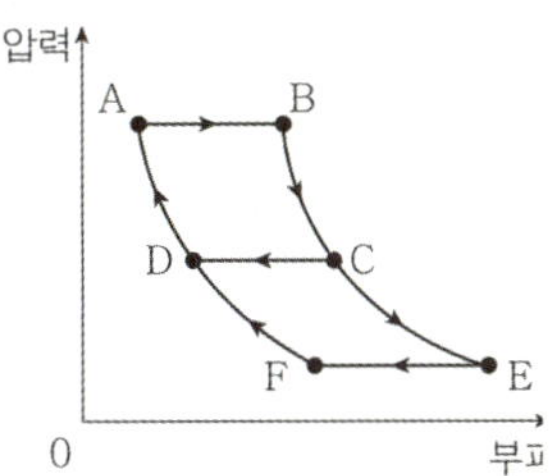

순환 과정	상태 변화
Ⅰ	A→B→C→D→A
Ⅱ	A→B→E→F→A

기체가 한 번 순환하는 동안, Ⅱ에서가 Ⅰ에서보다 큰 물리량만을 <보기>에서 있는 대로 고른 것은?

─────< 보 기 >─────

ㄱ. 기체가 흡수한 열량

ㄴ. 기체가 방출한 열량

ㄷ. 열기관의 열효율

그림은 열효율이 0.2인 열기관에서 일정량의 이상 기체가 상태 A→B→C→D→A를 따라 순환하는 동안 기체의 압력과 부피를 나타낸 것이다. A→B 과정과 C→D 과정은 부피가 일정한 과정이고, B→C 과정과 D→A 과정은 온도가 일정한 과정이다. B→C 과정에서 기체가 흡수한 열량은 $4Q$이고, D→A 과정에서 기체가 방출한 열량은 $3Q$이다.

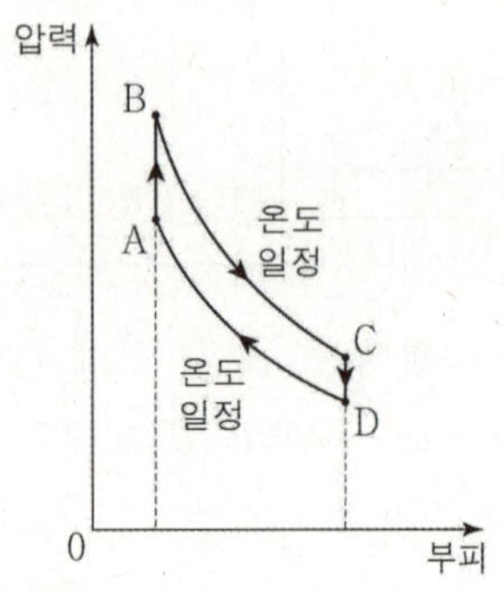

이에 대한 설명으로 옳은 것만을 <보기>에서 있는 대로 고른 것은?

───── <보 기> ─────

ㄱ. A→B 과정에서 기체의 내부 에너지는 증가한다.

ㄴ. B→C 과정에서 기체가 한 일은 D→A 과정에서 기체가 받은 일의 $\frac{4}{3}$배이다.

ㄷ. C→D 과정에서 기체가 방출한 열량은 Q이다.

그림은 일정량의 이상 기체의 상태가 A→B→C→A를 따라 순환하는 동안 압력과 부피를 나타낸 것이다. 표는 과정 A→B, B→C, C→A를 순서 없이 Ⅰ, Ⅱ, Ⅲ으로 나타낸 것이다. Q는 기체가 흡수 또는 방출하는 열량, ΔU는 기체의 내부 에너지 변화량, W는 기체가 한 일이다. B→C 과정은 등온 과정이다.

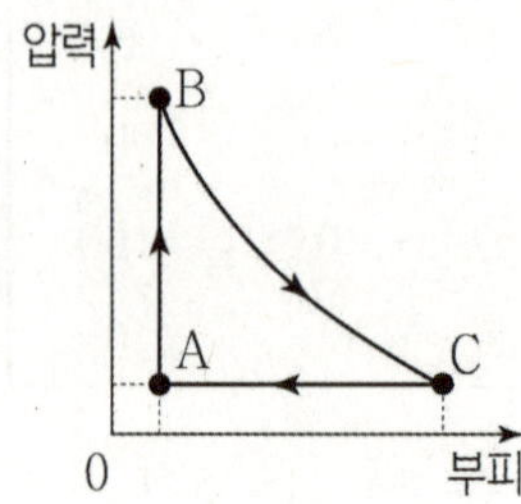

과정	Q	ΔU	W
Ⅰ	E	0	E
Ⅱ	㉠	$\dfrac{E}{3}$	0
Ⅲ	$-\dfrac{5}{9}E$	$-\dfrac{E}{3}$	

이에 대한 설명으로 옳은 것만을 <보기>에서 있는 대로 고른 것은?

───── <보 기> ─────

ㄱ. Ⅰ은 A→B이다.

ㄴ. ㉠은 $\dfrac{E}{3}$이다.

ㄷ. 기체가 한 번 순환하는 동안 한 일은 $\dfrac{7}{9}E$이다.

19

그림은 열기관에서 일정량의 이상 기체의 상태가 A→B →C→D→A를 따라 순환하는 동안 기체의 압력과 부피를 나타낸 것이다. 표는 각 과정에서 기체의 내부 에너지 증가량 또는 감소량 ΔU와 기체가 외부에 한 일 또는 외부로부터 받은 일 W를 나타낸 것이다.

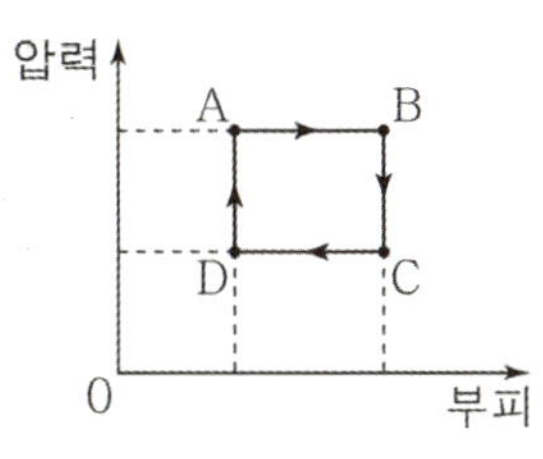

과정	ΔU(J)	W(J)
A → B	120	80
B → C	110	0
C → D	㉠	40
D → A	50	0

이에 대한 옳은 설명만을 <보기>에서 있는 대로 고른 것은?

───── <보 기> ─────

ㄱ. ㉠은 60이다.

ㄴ. B→C 과정에서 기체는 열을 흡수한다.

ㄷ. 열기관의 열효율은 0.2이다.

20

그림 (가), (나)는 서로 다른 열기관에서 같은 양의 동일한 이상 기체가 각각 상태 A→B→C→A, A→B→D →A를 따라 순환하는 동안 기체의 압력과 부피를 나타낸 것이다. C→A 과정은 등온 과정, D→A 과정은 단열 과정이다. 기체가 한 번 순환하는 동안 한 일은 (나)에서가 (가)에서보다 크다.

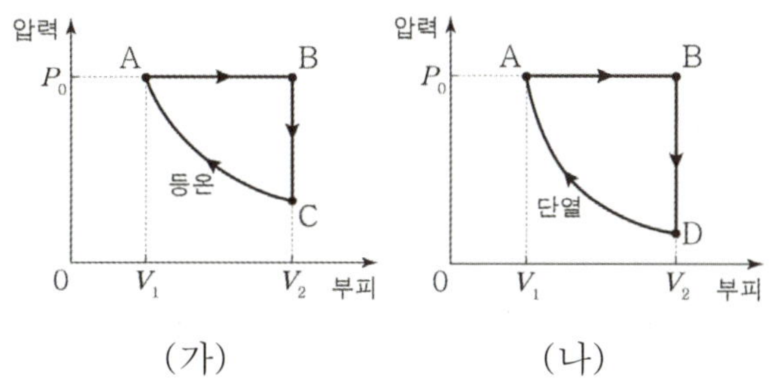

(가)   (나)

이에 대한 옳은 설명만을 <보기>에서 있는 대로 고른 것은?

───── <보 기> ─────

ㄱ. 기체의 온도는 C에서가 D에서보다 높다.

ㄴ. 열효율은 (나)의 열기관이 (가)의 열기관보다 크다.

ㄷ. 기체가 한 번 순환하는 동안 방출한 열은 (가)에서가 (나)에서보다 크다.

21 24학년도 6월 평가원 8번

그림은 열기관에서 일정량의 이상 기체가 과정 Ⅰ~Ⅳ를 따라 순환하는 동안 기체의 압력과 부피를 나타낸 것이다. 표는 각 과정에서 기체가 외부에 한 일 또는 외부로부터 받은 일을 나타낸 것이다. Ⅰ, Ⅲ은 등온 과정이고, Ⅳ에서 기체가 흡수한 열량은 $2E_0$이다.

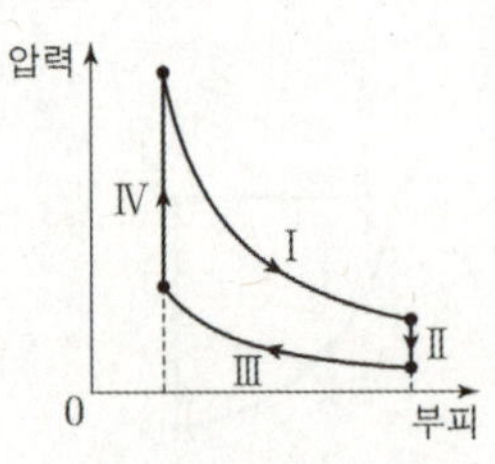

과정	Ⅰ	Ⅱ	Ⅲ	Ⅳ
외부에 한 일 또는 외부로부터 받은 일	$3E_0$	0	E_0	0

이에 대한 설명으로 옳은 것만을 <보기>에서 있는 대로 고른 것은?

───── <보 기> ─────

ㄱ. Ⅰ에서 기체가 흡수하는 열량은 0이다.

ㄴ. Ⅱ에서 기체의 내부 에너지 감소량은 Ⅳ에서 기체의 내부 에너지 증가량보다 작다.

ㄷ. 열기관의 열효율은 0.4이다.

22 23년 7월 교육청 17번

그림은 열효율이 0.2인 열기관에서 일정량의 이상 기체의 상태가 A→B→C→D→A를 따라 변할 때 기체의 절대 온도와 압력을 나타낸 것이다. A→B, C→D 과정은 각각

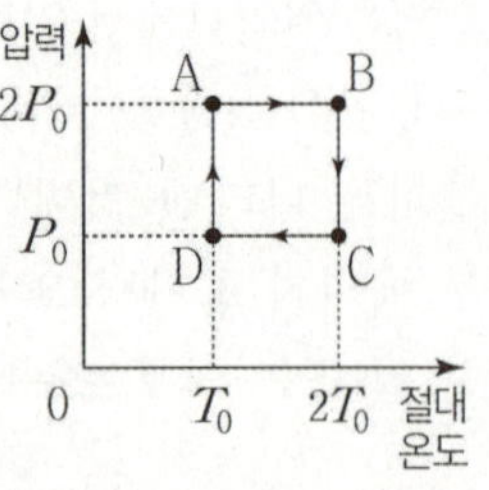

압력이 일정한 과정이고, B→C, D→A 과정은 각각 등온 과정이다. B→C 과정에서 기체가 외부에 한 일 또는 외부로부터 받은 일은 $2W$이고, D→A 과정에서 기체가 외부에 한 일 또는 외부로부터 받은 일은 W이다.

이에 대한 옳은 설명만을 <보기>에서 있는 대로 고른 것은?

───── <보 기> ─────

ㄱ. B→C 과정에서 기체는 외부로부터 열을 흡수한다.

ㄴ. A→B 과정에서 기체의 내부 에너지 증가량은 C→D 과정에서 기체의 내부 에너지 감소량보다 크다.

ㄷ. A→B 과정에서 기체가 흡수한 열량은 $3W$이다.

23 24학년도 9월 평가원 7번

그림은 열효율이 0.25인 열기관에서 일정량의 이상 기체의 상태가 A→B→C→D→A를 따라 순환하는 동안 기체의 부피와 절대 온도를 나타낸 것이다. 기체가 흡수한 열량은 A→B 과정, B→C 과정에서 각각 $5Q$, $3Q$이다.

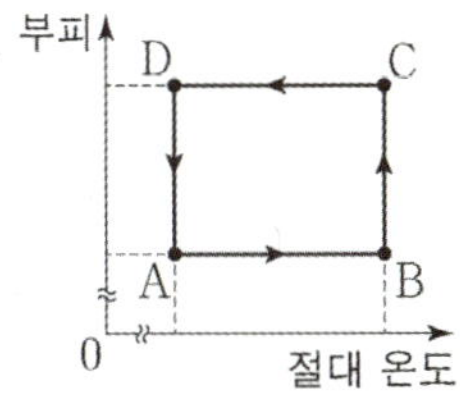

이에 대한 옳은 설명만을 <보기>에서 있는 대로 고른 것은?

―――――――― <보 기> ――――――――

ㄱ. 기체의 압력은 B에서가 C에서보다 작다.

ㄴ. C→D 과정에서 기체가 방출한 열량은 $5Q$이다.

ㄷ. D→A 과정에서 기체가 외부로부터 받은 일은 $2Q$이다.

24 23년 10월 교육청 19번

그림은 열기관에서 일정량의 이상 기체가 상태 A→B→C→D→A를 따라 순환하는 동안 기체의 압력과 부피를 나타낸 것이다. A→B는 압력이, B→C와 D→A는 온도가, C→D는 부피가 일정한 과정이다. 표는 각 과정에서 기체가 흡수 또는 방출한 열량을 나타낸 것이다. A→B에서 기체가 한 일은 W_1이다.

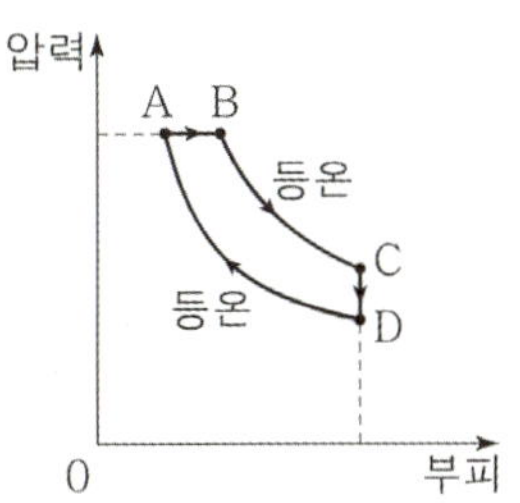

과정	기체가 흡수 또는 방출한 열량
A → B	Q_1
B → C	Q_2
C → D	Q_3
D → A	Q_4

이에 대한 옳은 설명만을 <보기>에서 있는 대로 고른 것은?

―――――――― <보 기> ――――――――

ㄱ. B→C에서 기체가 한 일은 Q_2이다.

ㄴ. $Q_1 = W + Q_3$이다.

ㄷ. 열기관의 열효율은 $1 - \dfrac{Q_3 + Q_4}{Q_1 + Q_2}$이다.

25 24년 3월 교육청 19번

표는 열효율이 0.25인 열기관에서 일정량의 이상 기체가 상태 A→B→C→D→A를 따라 순환하는 동안 기체가 흡수 또는 방출하는 열량을 나타낸 것이다. A→B 과정과 C→D과정에서 기체가 한 일은 0이다.

과정	흡수 또는 방출하는 열량
A→B	$12Q_0$
B→C	0
C→D	Q
D→A	0

위 기체의 상태 변화와 Q를 옳게 짝지은 것만을 <보기>에서 있는 대로 고른 것은?

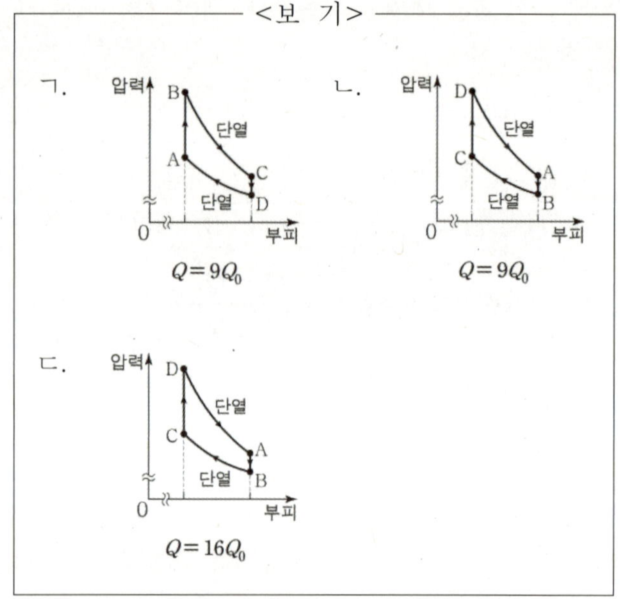

26 24년 4월 교육청 10번

그림은 열효율이 0.2인 열기관에서 일정량의 이상 기체가 A→B→C→D→A를 따라 순환하는 동안 기체의 압력과 부피를 나타낸 것이다. B→C 과정과 D→A 과정은 단열 과정이다. C→D 과정에서 기체의 내부 에너지 감소량은 $4E_0$이고, D→A 과정에서 기체가 받은 일은 E_0이다.

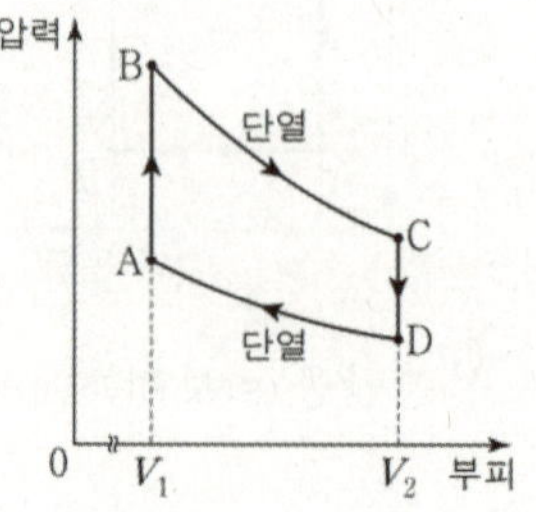

이에 대한 설명으로 옳은 것만을 <보기>에서 있는 대로 고른 것은?

<보 기>

ㄱ. 기체의 내부 에너지는 A에서가 D에서보다 크다.

ㄴ. A→B 과정에서 기체가 흡수한 열량은 $6E_0$이다.

ㄷ. B→C 과정에서 기체가 한 일은 $2E_0$이다.

그림은 열기관에서 일정량의 이상 기체가 상태 A→B→C→D→A를 따라 순환하는 동안 기체의 압력과 내부 에너지를 나타낸 것이다. A→B, C→D 는 각각 압력이 일정한 과정이고, B→C, D→A는 각각 부피가 일정한 과정이다. B→C 과정에서 기체의 내부 에너지 감소량은 C→D 과정에서 기체가 외부로부터 받은 일의 3배이다.

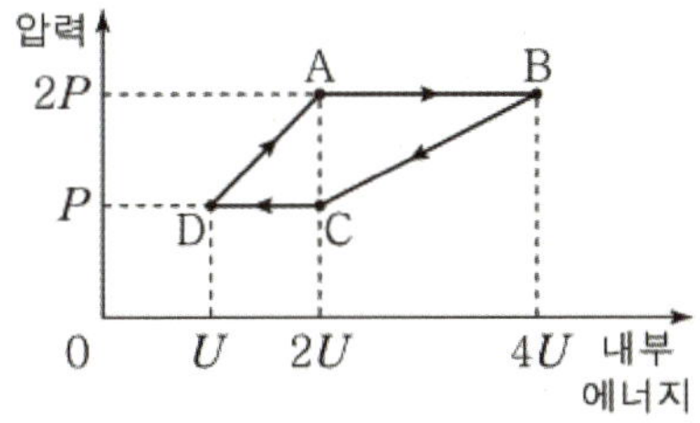

이에 대한 설명으로 옳은 것만을 <보기>에서 있는 대로 고른 것은?

────── <보 기> ──────

ㄱ. 기체의 부피는 B에서가 A에서보다 크다.

ㄴ. 기체가 방출하는 열량은 C→D 과정에서가 B→C 과정에서보다 크다.

ㄷ. 열기관의 열효율은 $\dfrac{4}{13}$ 이다.

memo

특수 상대성 이론

07 특수 상대성 이론

일상생활에서 경험하는 상식과 충돌되는 상황을 다루는 만큼, 이를 받아들이지 못하고 혼란에 빠지기 쉬운 단원이다. 최근에 난이도가 조금씩 상승하는 경향이 보이는 점에서 꼼꼼하고 정확하게 학습할 필요가 있다.

이번 단원에서 나오는 문제들은 크게 ① : 동시성의 상대성, ② : 수축/고유/팽창, ③ : 마중/도망의 세 가지 유형으로 나눌 수 있다. 따라서 특수 상대성 이론 문제를 풀 때 문제의 유형이 이 세 가지 중 어디에 속하는지를 파악한다면, 문제를 더욱 수월하게 해결할 수 있을 것이다. (물론, 세 유형들이 한 문제에 섞여 있을 수도 있다.)

본 책에서 설명하는 기본적인 가정과 각 현상을 설명하는 유도 과정 및 결과를 이해하면 큰 어려움이 없을 것이다. 걱정하지 말고 따라오도록 하자.

▌관성 좌표계

본격적으로 특수 상대성 이론을 시작하기 전, 중요한 개념을 한 가지만 공부하고 가도록 하자.

> 관성 좌표계(관성계) : 정지해 있거나 등속도 운동을 하는 관찰자를 기준으로 한 좌표계[4]
> (가속 운동을 하지 않는 좌표계)

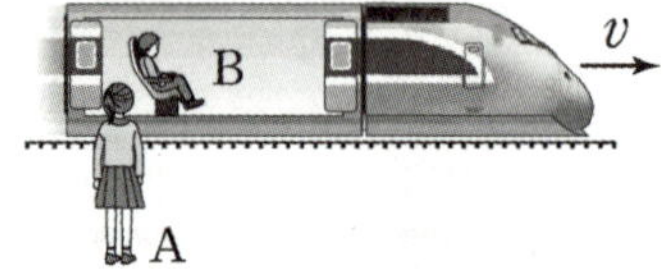

A는 자신이 정지해 있고 B가 v의 속도로 운동한다고 관찰한다.

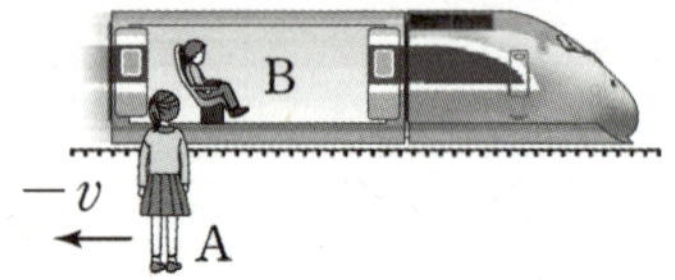

기차에 타고 있는 B는 자신이 정지해 있고 A가 $-v$의 속도로 운동한다고 관찰한다.

위 그림의 A의 관성계와 B의 관성계는 서로 다른 관성 좌표계이다.

---

4) 좌표계 : 특정한 위치를 원점으로 하여 물체의 위치와 운동 상태를 기술하기 위해 기준이 되는 틀

중요한 것은, 기차에 타고 있는 B의 좌표계에서 B는 정지해 있고 A가 운동하는 것으로 관찰된다는 것이다. **특수 상대성 이론에서의 운동**은 시간이 흐름에 따라 기준이 되는 물체에 대한 **"상대적인 위치"**가 변하는 것을 의미한다.

B의 관성계에서, B에 대하여 A의 위치가 변화하기 때문에 A가 운동한다. 반면 기차는 B에 대하여 위치가 변하지 않기 때문에 정지해 있다.

정리하자면 **어떤 관성계에 대하여, 자기 자신을 기준으로 상대적인 위치가 변하지 않는 것은 정지해 있는 것이고, 상대적인 위치가 변하는 것은 운동**하는 것이다.

그런데 갑자기 의문이 들 수 있다.
만약 아래 그림 (가)와 같이 A의 옆에 친구 A′이 A가 볼 때 정지해 있는 상태로 있다면, 서로가 서로를 정지해 있는 것으로 보는 건 확실하다. 그렇다면 A와 A′는 서로 다른 관성계일까?
즉, 서로가 볼 때 정지해 있는 두 관성계는 완전히 별개의 관성계일까?

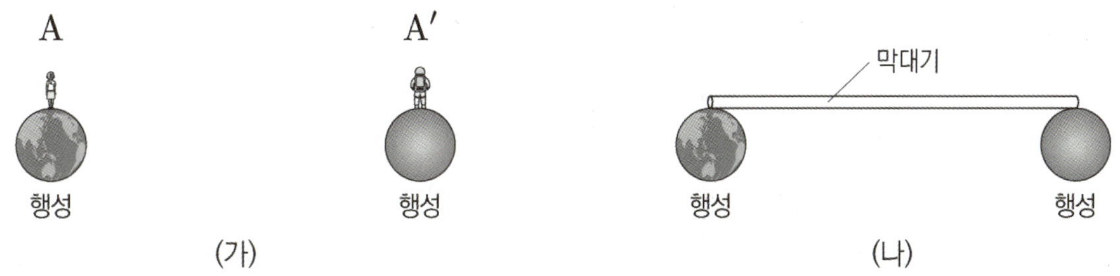

그렇지 않다. 만약 그림 (나)와 같이 A와 A′의 자리에 긴 막대기의 끝을 두면, 우리는 A와 A′의 관성계를 뭉쳐서 그냥 "막대기의 관성계"로 말할 수 있다. 이처럼 **완전히 동일한 운동을 하고 있는 두 관성계는 둘을 동일한 관성계로 보아도 문제가 생기지 않는다.**

잊지 말자. 특수 상대성 이론의 **운동**은 관찰자의 관성계를 기준으로 한 상대적인 위치 변화를 의미하므로, 일상생활에서 말하는 운동과 구분이 필요하다.

또한 일상생활의 상식과는 달리 특수 상대성 이론에선 기준이 되는 관성계에 따라 관측하는 물리량의 값이 달라지므로, 어떠한 관측 결과나 선지가 제시된다면 반사적으로 **관측의 기준이 되는 관성계를 파악**해야 한다.

특수 상대성 이론의 두 가지 가설

이제부터 설명하는 내용은 특수 상대성 이론의 근간이 되는 두 가설이다.

1. 상대성 가설(상대성 원리)

> **모든 관성계에서 물리 법칙은 동일하게 성립한다.**

모든 관성 좌표계는 본질적으로 동등(평등)하다는, 즉 수많은 관성계 중에서 절대적인 기준이 되는 관성계가 없다는 뜻이다.

예를 들어, 제일 먼저 예시로 들었던 기차 그림에서 A의 관성계와 B의 관성계는 본질적인 차이를 갖지 않는다. 단지 서로 구분되는 두 관성계일 뿐이다.

A의 관성계와 B의 관성계에서 관측되는 **현상은 다르게 보일지라도** 두 관성계 모두에서 우리가 배운 **운동법칙[5])이 각각 성립한다.**

2. 광속 불변의 법칙

> 진공을 진행하는 빛의 속력은 서로 등속도 운동을 하는 모든 관찰자에 대해 동일한 값을 가지며, 그 크기는 c로 표현된다. 이는 관찰 가능한 가장 빠른 속력이다.

일상생활에서 경험적으로 알 수 있는 현상도 아니고 상식을 뛰어넘는 개념이기 때문에, 받아들이기 힘들 수도 있다. 다만 수많은 실험으로 충분히 검증된 내용이므로, 일단은 받아들이도록 하자.

잊지 말자, **진공에서의 빛의 속력은 무슨 일이 있더라도 c이며**, 이는 관측 가능한 가장 빠른 속력이다.
만약 문제에서 "A의 관성계에서보다 B의 관성계에서 빛의 속력이 더 빠르다"라는 식의 선지가 나온다면, 생각할 틈도 없이 곧바로 틀린 선지임을 깨달아야 한다. 진공에서의 빛의 속력은 누가 어떻게 보아도 c이지, 더 빠르고 덜 빠른 건 없기 때문이다.

관찰자에 따라 길이와 질량 등 물리량의 값이 달라지는 특수 상대성 이론에서, 유일하게 **빛의 속도**만이 관찰자와 상관없는 불변성을 지닌다. 후술할 고유 시간과 고유 길이가 가지는 절대성 또한 여기서 파생된다.

---

5) 우리가 배운 운동법칙에는 운동량 보존 법칙, 가속도 법칙($F=ma$) 등이 있다.

그림은 우주인 A에 대해 우주인 B, C가 타고 있는 우주선이 각각 일정한 속력 $0.6c$, $0.3c$로 서로 반대 방향으로 직선 운동하는 모습을 나타낸 것이다. A는 B를 향해 레이저 광선을 쏘고 있다.

이에 대한 설명으로 옳은 것만을 <보기>에서 있는 대로 고른 것은? (단, c는 빛의 속력이다.)

〈보 기〉

ㄱ. C의 관성계에서, A는 정지해 있다.
ㄴ. B의 관성계에서, A의 속력은 $0.6c$이다.
ㄷ. A가 쏜 레이저 광선의 속력은 B가 측정한 값이 C가 측정한 값보다 크다.

ㄱ. B와 C의 관성계에서, A는 시간이 흐름에 따라 B와 C 각각에 대한 상대적 위치가 변한다.
  즉, A가 운동한다. **(ㄱ 틀림)**

ㄴ. B의 관성계에서, A는 $0.6c$의 속력으로 B와 가까워지고 있다. **(ㄴ 맞음)**

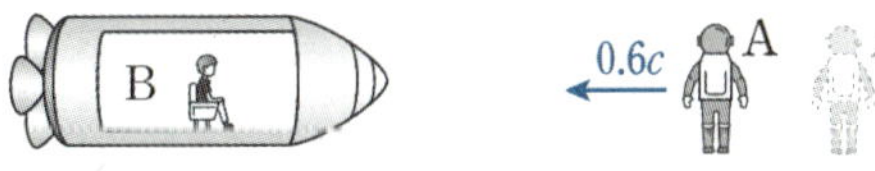

ㄷ. 진공에서 빛의 속력은 관찰자에 상관없이 무슨 일이 있더라도 c이다. 따라서 A가 쏜 레이저 광선의 속력은 B가 측정한 값과 C가 측정한 값 모두 c로 동일하다. **(ㄷ 틀림)**

정답 : ㄴ

특수 상대성 이론에 의한 현상

1. 사건의 관측

사건을 관측한다는 것은, **사건이 발생한 위치와 시각을 측정한다**는 것이다.

여기서 크게 주의할 점이 있다. 어떤 사람이 **사건을 관측했다**는 것을 빛이 사건 발생 위치에서 사람까지 도달하는 것,
즉 **사람이 직접 본 것으로 생각하면 안 된다**는 점이다.

무슨 말인지 아래 그림을 통해 이해해보자.

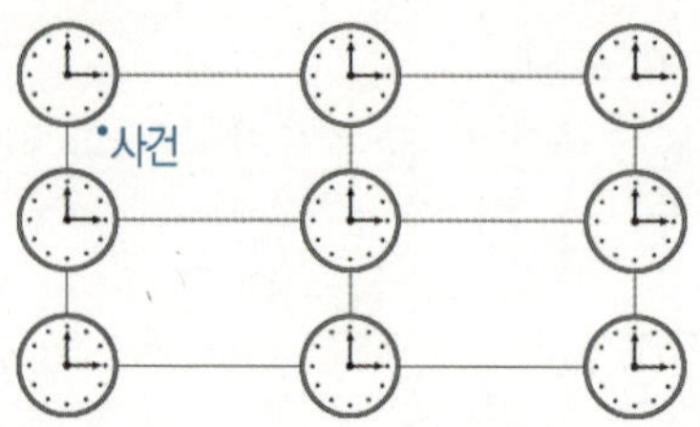

위 그림처럼 우주 공간에 동일한 시간을 맞춘 시계들이 무수히 나열되어 있고, 어떤 사건이 일어났다고 하자.
당연하게도 우리 상식에서는, 이 사건이 발생한 시점을 사건에서 가장 멀리 떨어진 곳의 시계가 가장 늦게 측정한다.

그런데 우리가 문제를 풀 때 이러한 **사건의 정보가 관찰자에 도달하는 시간**을 하나하나 고려하게 되면, 사건의 해석이
굉장히 굉장히 복잡해져서 문제를 낼 수도 풀 수도 없다. 그러면 어떻게 할까?

해결책은 간단하다. 관찰자의 위치에 상관없이 우리는 사건의 발생 위치와 가장 가까이 있는 시계를 보면 된다. 그러면
그 시계가 나타내는 시각과 그 시계의 위치가 사건의 발생 시점과 발생 위치로 확정되는 것이다.

따라서 관찰자들이 서로에 대해 정지해 있다면(같은 관성계에 있다면), 관찰자의 위치에 상관없이 한 사건의 발생
시각은 동일하게 측정된다.

> 사건의 정보가 관찰자에 도달하기까지 걸리는 시간은 고려하지 않으며, 같은 관성계에 있는
> 관찰자들은 사건의 발생 시각을 동일하게 측정한다.

2. 동시성의 상대성

동시성의 상대성이란, **한 관성계에서 동시에 일어난 두 사건이** 다른 관성계에서는 동시에 일어난 사건이 아닐 수도 있다는 것이다. 두 개의 사건이 일어나는 상황은 장소에 따라 이를 크게 둘로 나눌 수 있다.

1. 같은 위치에서 두 사건 동시 발생 (한 장소 동시성)
2. 다른 위치에서 두 사건 동시 발생 (다른 장소 동시성)

이제 헷갈리면 안 되는 부분이 있는데, 여기서의 위치는 우리가 일반적으로 쓰는 위치랑 다르다는 것이다.

예를 들어, 아래 그림에서 우주선 안에 두 검출기 A, B가 모두 있다고 해서 "둘 다 우주선 안에 있으니까, 같은 위치네" 하면 안 된다. 우주선 안과 밖이 아니라, **관찰자를 기준으로 한 좌표가 다르면 다른 위치이다.**

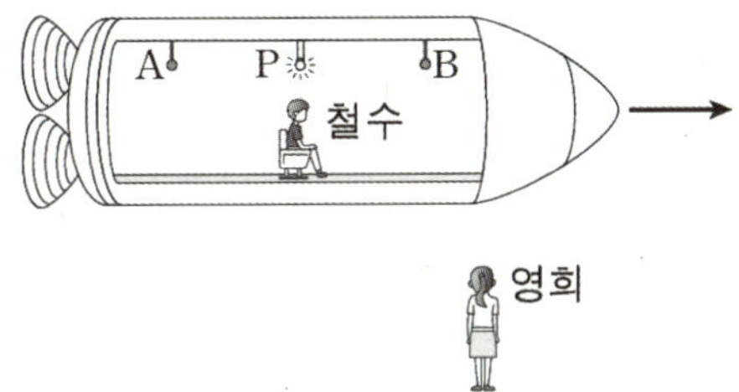

마찬가지로 이를 "영희의 관성계에서 우주선 안에 철수가 그대로 있으니까, 철수의 위치는 변하지 않네" 이러면 안 된다. 영희를 기준으로 철수는 이동 중이므로, 결국 철수의 위치도 변한 것이다.

(1) 같은 위치에서 두 사건 동시 발생 (한 장소)

같은 위치에서 두 사건이 동시에 발생할 때, 관성계에 따라 이를 어떻게 관측하게 될까?

> 어떤 관성계에서 같은 위치에서 동시에 발생한 두 사건은 모든 관성계에서 동시에 발생한다.

어떠한 관찰자에게 같은 위치에서 동시에 관측한 두 사건은 **발생 위치도 같으며 발생 시간도 같으므로** 사실은 **하나의 사건**으로 보아도 무방하기 때문이다.

예를 들어, 그림과 같이 A의 관성계에서 ①광원에서 각각 $-x$, $+x$ 방향으로 동시에 방출된 빛이 거울 p, q에서 반사되어 ②광원에 도달한다고 하자.

먼저 ①의 경우,
빛이 광원에서 $-x$, $+x$ 방향으로 동시에 발생한 두 사건은 한 장소에서 동시에 발생한 두 사건이므로
그 자체로 빛이 양쪽으로 방출된 하나의 사건이다. 하나의 사건은 쪼개질 수 없기에,
A가 보든 우주선 밖에 있는 누군가가 보든 이 "광원에서 빛이 양쪽으로 방출된 사건"은 일어나야 한다.
여기까진 이해가 쉽다.

②의 경우도 똑같다. 이건 살짝 어려울 수 있지만, ①과 정확히 똑같은 상황임을 이해해야 한다.

이 상황을 광원에 대해 $-x$, $+x$ 방향에서 각각 빛이 도달하는 두 개의 사건이 발생했다고 볼 수도 있다.
그러나 이 두 사건은 모두 '광원'이라는 **동일한 위치**에서 **동시에** 발생했기 때문에,
검출기의 양쪽에서 빛이 동시에 도착한 하나의 사건이다.
하나의 사건은 쪼개질 수 없기에, 이 "두 빛이 광원의 양쪽에 도달하는 사건" 역시 누가 보아도 일어나야 한다.

우주선 밖에 있는 누가 보더라도 거울에 반사된 빛은 광원에 동시에 되돌아온다는 것이다.

(2) 다른 위치에서 두 사건 동시 발생 (다른 장소)

다른 위치에서 두 사건이 동시에 발생할 때, 좌표계에 따라 이를 어떻게 관측하게 될까?
아래 그림처럼 광원으로부터 같은 거리만큼 떨어진 두 검출기를 향해 빛이 출발하는 상황을 생각해보자.[6]

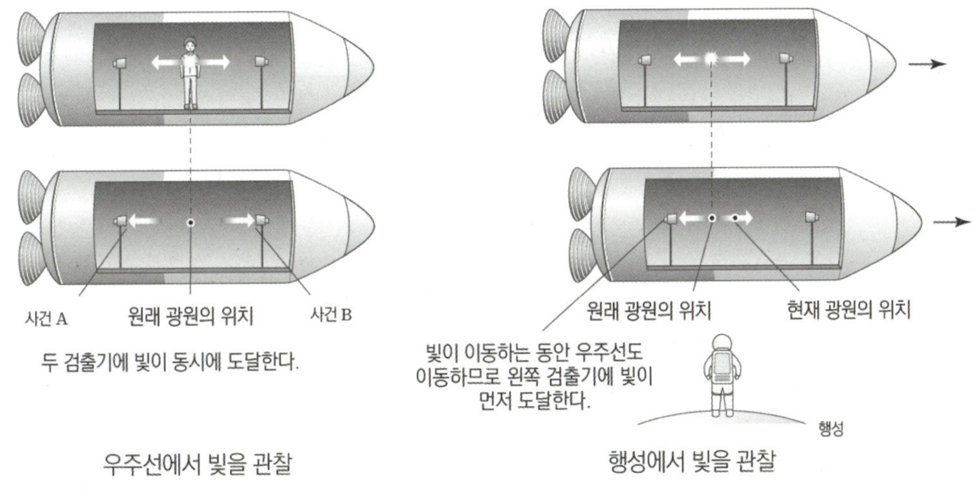

우주선에 대해 정지한 관찰자가 관측할 때, 광원에서 출발한 두 빛은 검출기에 동시에 도달한다.

그러나 **우주선에 대해 상대적으로 운동하는 관찰자(행성에 대해 정지한 관찰자)**가 관측할 때는 광원에서 출발한 빛이
진행하는 동안 우주선도 이동한다.

따라서 빛이 양쪽으로 동시에 출발한 뒤로부터 오른쪽 검출기는 도망가고 왼쪽 검출기는 마중 나오기 때문에,
검출기에 도착하기 위해서는 오른쪽으로 출발한 빛이 더 멀리 가야 한다. 즉, 광원부터 검출기까지 빛의 이동
거리(s)에 차이가 생기게 된다.

여기서 광속은 c로 일정하므로 $s = ct$에서 걸리는 시간 t에도 차이가 생기게 되고, 검출기에 빛이 도달하는 두
사건이 발생하는 시점이 달라져 **두 사건이 동시에 일어나지 않게 된다.**

어떠한 관성계에서 관측했을 때 서로 다른 위치에서 동시에 발생한 두 사건은 모두 위 상황으로 치환할 수 있다.
따라서 어떠한 관성계에서 관측할 때 서로 다른 위치에서 동시에 발생한 두 사건은, 다른 관성계에서 관측할 때는 동시가
아니다.

> 어떠한 관찰자가 관측할 때 다른 위치에서 동시에 발생한 두 사건은 다른 관성계의
> 관찰자에게는 동시가 아닌 것으로 관측된다. 이를 동시성의 상대성이라 한다.

---

6) 앞서 보았듯이, 여기서 빛이 양쪽을 향하는 것은 한 장소에서 일어난 일이므로 그 자체의 사건이다.
　 따라서 행성의 관찰자가 보더라도 빛은 양쪽을 향해 동시에 출발해야 한다.

그림은 철수가 탄 우주선이 영희에 대해 $0.5c$로 등속도 운동하는 모습을 나타낸 것이다. 광원 P에서 발생한 빛은 영희가 측정하였을 때 점 A, B에 동시에 도달하였다.

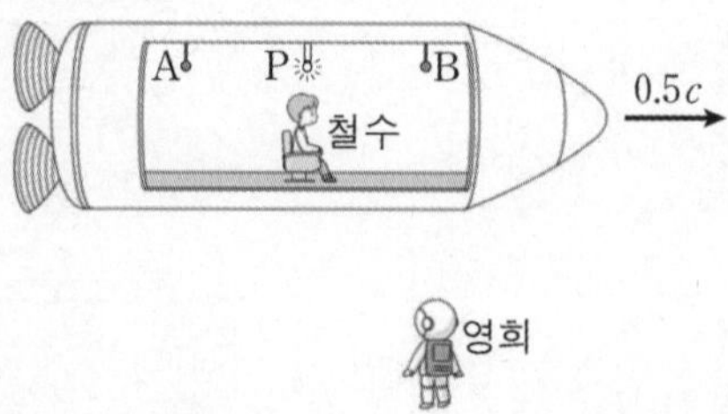

이에 대한 설명으로 옳은 것만을 <보기>에서 있는 대로 고른 것은? (단, c는 빛의 속력이고, A, P, B는 동일 직선 상에 있다.)

〈 보 기 〉

ㄱ. 영희가 관측할 때, P에서 발생하여 우주선의 진행 방향으로 진행하는 빛의 속력은 c이다.
ㄴ. 영희가 관측할 때, P와 A 사이의 거리는 P와 B 사이의 거리와 같다.
ㄷ. 철수가 측정할 때, P에서 발생한 빛은 B보다 A에 먼저 도달한다.

0. 문제 상황 파악하기

광원에서 발생한 빛은 **영희가 관측**하였을 때 A와 B에 동시에 도달하였고, 광원 P에서 양쪽으로 빛이
발생하는 것은 한 장소에서 일어난 하나의 사건이므로 철수가 보아도 빛은 양쪽으로 동시에 발생한다.

영희의 관성계에서 우주선은 $+x$방향으로 움직이기 때문에, 광원에서 발생한 빛에 대해 A는 마중 나오고 B는
도망간다. 그런데 빛이 A, B에 동시에 도착했으므로 애초부터 A가 B보다 광원 P로부터 멀리 있었음을 알
수 있다. **(ㄴ 틀림)**

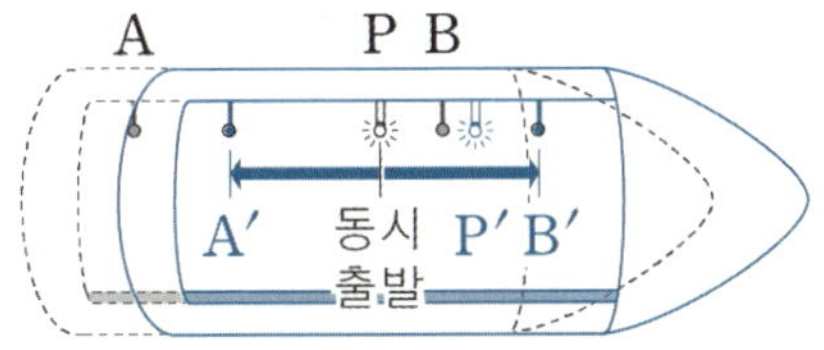

또한 철수의 관성계에서 A, B는 정지해 있는데 광원 P로부터 B가 A보다 가까이 있으므로,
P에서 발생한 빛은 A보다 B에 먼저 도달한다. **(ㄷ 틀림)**

1. 남은 선지 판단하기

ㄱ. 진공에서 빛의 속력은 관찰자에 관계없이 무조건 c이다. **(ㄱ 맞음)**

정답 : ㄱ

☞ Tip! 다른 장소 동시성을 판단할 때, 마중 나오는지 혹은 도망가는지를 생각하면 편하다.

위 문제 상황을 보면, 영희의 관성계에서 광원 P에서 출발한 빛에 대해 A는 마중 나오는 중이고 B는
도망가는 중이다. 철수의 관성계에서는 A와 B 중 어떤 것도 마중 나오거나 도망가지 않는다.

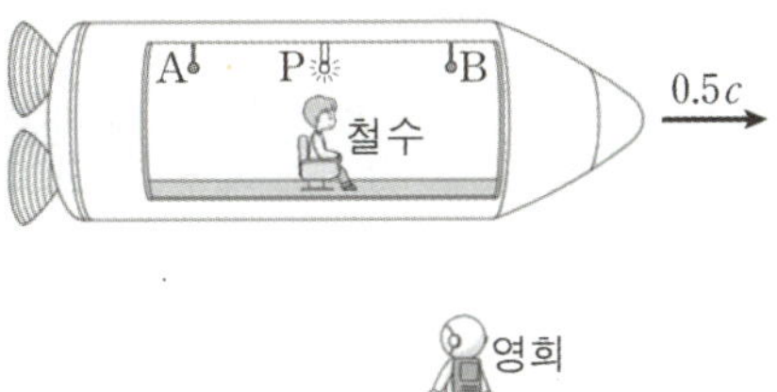

서로 다른 장소의 동시성을 판단할 때, 이런 식으로 누가 마중 나오고 누가 도망가는지만 잘 파악해도 문제를
이해하기가 상당히 편해진다.

또한 P에서 A, B까지 **빛이 진행한 경로의 길이**와 실제로 P에서 A, B가 떨어진 **거리는 다르다.**
이것도 헷갈리지 않게 주의하자!

그림과 같이 관찰자 A에 대해 관찰자 B가 탄 우주선이 $+x$방향으로 광속에 가까운 속력 v로 등속도 운동한다. B의 관성계에서 빛은 광원으로부터 각각 점 p, q, r를 향해 $-x$, $+x$, $+y$방향으로 동시에 방출된다. 표는 A, B의 관성계에서 각각의 경로에 따라 빛이 진행하는 데 걸린 시간을 나타낸 것이다.

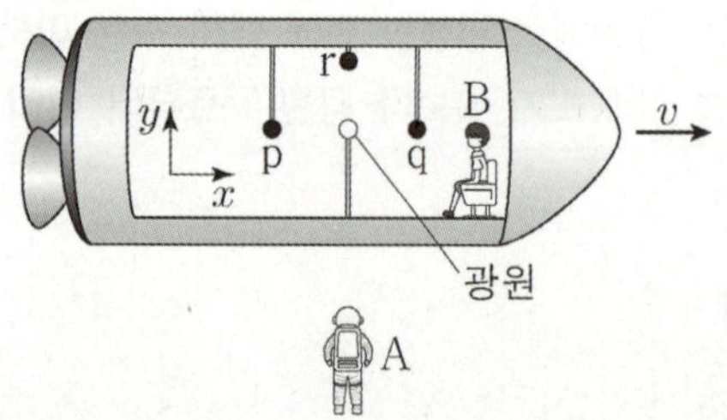

빛의 경로	걸린 시간	
	A의 관성계	B의 관성계
광원→p	t_1	㉠
광원→q	t_1	t_2
광원→r	㉡	t_2

이에 대한 설명으로 옳은 것만을 <보기>에서 있는 대로 고른 것은? (단, 빛의 속력은 c이다.)

〈 보 기 〉

ㄱ. ㉠은 t_1보다 작다.

ㄴ. ㉡은 t_2보다 크다.

ㄷ. B의 관성계에서 p에서 q까지의 거리는 $2ct_2$보다 크다.

☞ **실수 주의! 빛이 진행한 경로의 길이와 실제 거리는 다르다.**

위 문제에서, A가 볼 때 광원에서 발생한 빛에 대해 p는 마중 나오는 중이고 q는 도망가는 중이다.
B의 관성계에서는 p와 q중 어떤 것도 마중 나오거나 도망가지 않는다.

따라서 B의 관성계에서 빛이 진행한 경로 길이는 실제 광원으로부터 p, q가 떨어진 거리와 같지만,
A의 관성계에서 빛이 진행한 경로 길이는 실제 광원으로부터 p, q가 떨어진 거리와 다르게 된다.

만약 빛이 진행한 경로를 생각할 때 수직과 대각선의 눈대중 풀이를 하기 싫다면, 빛이 진행하는 데 **걸린 시간을 비교하면 된다.** 빛의 속력은 일정하므로, 빛의 이동 거리는 시간에 비례하기 때문이다.

0. 문제 상황 파악하기

표를 보니, A의 관성계에서 빛이 광원에서 p, q까지 이동하는 데 걸린 시간이 둘 다 t_1로 같다.

A의 관성계에서 빛에 대해 p는 마중 나오고 q는 도망가는 중이므로, 빛이 진행하는 데 걸린 시간이 같기 위해서는 광원에서 p까지의 거리가 광원에서 q까지의 거리보다 멀어야 한다.

(이때 빛이 진행한 거리가 같음을, 실제 거리가 같음으로 착각하면 안 된다!)

그리고 B의 관성계에서 빛이 광원에서 q, r까지 이동하는 데 걸린 시간이 둘 다 t_2로 같다. B의 관성계에서는 앞서 살펴본 A의 관성계와 다르게 p, q, r가 전부 정지해 있다. 따라서 q, r는 광원으로부터의 거리가 서로 같다는 사실을 알 수 있다.

이제 얻은 정보들을 바탕으로 선지를 해결하자.

1. 선지 해결하기

A의 관성계에서 p는 빛에 대해 마중 나오는 중이고, B의 관성계에서 p는 정지해 있다. 이에 더해 A의 관성계에서는 광원과 p 사이에서 길이 수축도 일어나므로, ㉠은 t_1보다 크다. **(ㄱ 틀림)**
그리고 A의 관성계에서 r는 빛에 대해 도망가는 중이므로, ㉡은 t_2보다 크다. **(ㄴ 맞음)**

이제 ㄷ 선지를 보면 $2ct_2$라는 거리가 등장하는데, 이런 식으로 거리나 시간 사이 대소비교 선지가 나왔을 때는 비교되는 숫자가 무엇을 뜻하는지 꼭 생각해야 한다.

t_2은 B의 관성계에서 본 광원부터 q, r까지 빛이 진행하는 데 걸리는 시간이므로, 광원부터 q까지의 거리가 ct_2임을 알 수 있다. 우리는 이를 이용해 ㄷ 선지를 "B의 관성계에서 p에서 q까지의 거리는 $2ct_2$보다 크다."가 아닌, **"B의 관성계에서 p에서 광원까지의 거리는 ct_2보다 크다."** 로 해석할 수 있다.

앞서 문제 상황 파악하기에서, 광원에서 p까지의 거리가 광원에서 q까지의 거리보다 큼을 확인했다. 따라서 ㄷ은 옳은 선지이다. **(ㄷ 맞음)**

정답 : ㄴ, ㄷ

** 수식적으로 접근하기

ㄷ을 수식으로도 해결할 수 있다. 표에서 빛이 광원에서 q로 이동할 때를 살펴보면 ㉠ $> t_2$임을 알 수 있는데, 이 ㉠과 t_2를 이용해 수식적으로 접근하게 되면 B의 관성계에서 p에서 q까지의 거리를 $c(㉠ + t_2)$라 할 수 있다. 이제 ㉠ $> t_2$임을 이용하면 $c(㉠ + t_2) > 2ct_2$가 된다. **(ㄷ 맞음)**

동시의 반대가 먼저다. 무슨 말일까?

사건 두 개가 발생했을 때, 두 가지 사건이 "동시"에 발생했다고 생각하는 관성계를 A라 하자.
그럼 A와 다른 관성계에서 관측할 때는 A의 운동 방향과 반대 방향에 있는 사건이 먼저 발생한다.

예를 들어, 아래 그림처럼 별 P, Q가 폭발하는 두 개의 사건을 A의 관성계에서 동시에 관측했다고 하자.
(이때 A는 지구의 관찰자이다.)

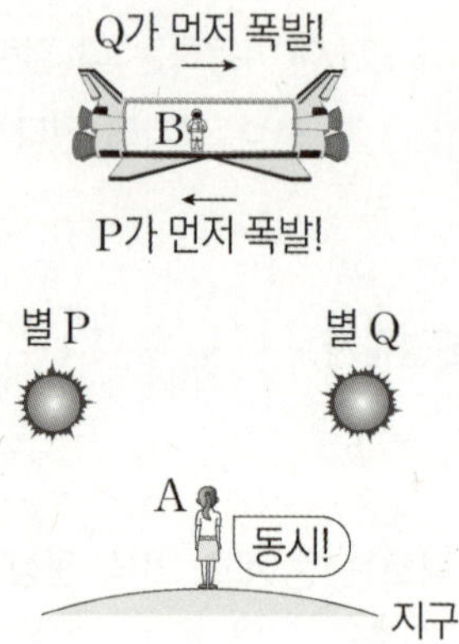

이때 B의 운동 방향에 따라, B의 관성계에서 먼저 폭발하는 별을 같이 생각해보자.

① 만약 우주선을 탄 B의 관성계가 오른쪽으로 진행한다면, 두 별의 폭발 시점을 동시라 생각하는 A의
　관성계가 왼쪽으로 진행하므로 그 반대에 있는 별 Q가 먼저 폭발하는 것처럼 보인다.

② 만약 B의 관성계가 왼쪽으로 진행한다면, 두 별의 폭발 시점을 동시라 생각하는 A의 관성계가 오른쪽으로
　진행하므로 그 반대에 있는 별 P가 먼저 폭발하는 것처럼 보인다.

이는 상당히 많은 문제에 적용할 수 있으므로, 꼭 알아두자.[7]

동시의 반대가 먼저다.

---

7) 혹시 왜 그런지 이유를 알아보고 싶다면 P와 Q의 정 가운데에 새로운 별 R를 놓아서 **한 장소 동시성**을 활용하면 된다.
　P, Q가 폭발할 때 각각 나온 빛은 R에 동시에 도달할 것이고, 그건 누가 보아도 동시이다.
　B가 오른쪽으로 이동하는 상황을 가정해보자. 그럼 B의 관성계에서 R은 왼쪽으로 이동할 것이고, 따라서 R은 별 P에서 나온
　빛에는 마중을 나가고 Q에서 나온 빛으로부터는 도망간다. 따라서 별 Q가 먼저 폭발해야만 R에서 빛이 동시에 도착할 수 있
　다는 걸 알 수 있다. 앞서 나온 팁을 활용하면 이만큼의 생각 과정을 한 줄로 단축할 수 있으니, 꼭 암기하자.

그림과 같이 관찰자 P에 대해 관찰자 Q가 탄 우주선이 $0.5c$의 속력으로 직선 운동하고 있다. P의 관성계에서, Q가 P를 스쳐 지나는 순간 Q로부터 같은 거리만큼 떨어져 있는 광원 A, B에서 빛이 동시에 발생한다.

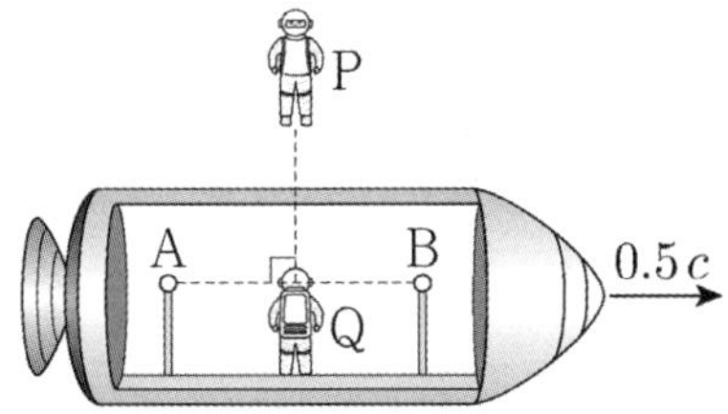

이에 대한 설명으로 옳은 것만을 <보기>에서 있는 대로 고른 것은? (단, 빛의 속력은 c이다.)

─────────────── 〈 보　기 〉 ───────────────

ㄱ. P의 관성계에서, A와 B에서 발생한 빛은 동시에 P에 도달한다.
ㄴ. P의 관성계에서, A와 B에서 발생한 빛은 동시에 Q에 도달한다.
ㄷ. B에서 발생한 빛이 Q에 도달할 때까지 걸리는 시간은 Q의 관성계에서가 P의 관성계에서보다 크다.
ㄹ. Q의 관성계에서, 빛은 A에서보다 B에서 먼저 방출된다.

0. 문제 상황 파악하기

우주선 밖에 있는 P와 우주선 안에 있는 Q는 서로 다른 관성계이므로, 두 관성계의 차이에 의한 동시성의 상대성을 잘 판단해야 하는 문제이다.

P의 관성계에서 A와 B가 P로부터 같은 거리만큼 떨어져 있는 순간 빛이 동시에 발생하였으므로, 두 빛이 P에 동시에 도달하는 것을 알 수 있다. (ㄱ 맞음)

또한 P의 관성계에서, Q는 A에서 방출된 빛에 대해 도망가고 B에서 방출된 빛에 대해 마중 나간다. 따라서 B에서 출발한 빛이 Q에 먼저 도달하는 것을 알 수 있다. (ㄴ 틀림)

1. 마중/도망 판단하기

P의 관성계에서는 B와 Q 사이 거리가 고유 길이에 비해 수축되어 있는데다, 심지어 Q가 B에서 방출된 빛에 대해 마중 나가는 중이다. 반면에 Q의 관성계에서는 B와 Q 사이 거리가 고유 길이이고, Q는 빛에 대해 마중 나가거나 도망가지 않는다.

따라서 B에서 발생한 빛이 Q에 도달할 때까지 걸리는 시간은 Q의 관성계에서가 P의 관성계에서보다 크다. (Q의 관성계에서가 더 오래 걸린다.) (ㄷ 맞음)

2. 동시성의 상대성 판단하기

앞서 배운 "동시의 반대가 먼저다"를 이용해보자.
이 문제에서 "A와 B가 빛을 <u>동시에</u> 방출한다"라고 보는 관성계는 P이므로, Q의 관성계에서는 P의 운동 반대 방향 사건이 먼저 발생했다고 생각할 것이다.

Q의 관성계에서 P는 왼쪽으로 움직이므로, Q의 관성계에서 빛은 A에서보다 B에서 먼저 방출된다. (ㄹ 맞음)
(A는 상대적으로 왼쪽, B는 상대적으로 오른쪽이기 때문이다.)

정답 : ㄱ, ㄷ, ㄹ

다음은 특수 상대성 이론에 대한 사고 실험의 일부이다.

관찰자 A에 대해 관찰자 A, B가 타고 있는 우주선이 각각 광속에 가까운 서로 다른 속력으로 $+x$ 방향으로 등속도 운동하고 있다. A의 관성계에서, 광원에서 각각 $-x$, $+x$, $-y$ 방향으로 동시에 방출된 빛은 거울 p, q, r에서 반사되어 광원에 도달한다.

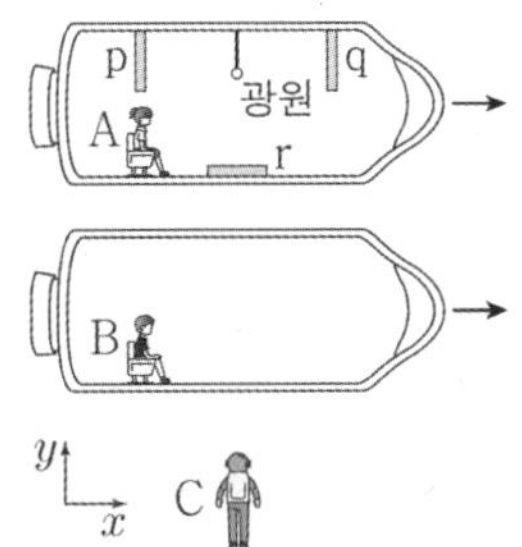

(가) A의 관성계에서, 광원에서 방출된 빛은 p, q, r에서 동시에 반사된다.

(나) B의 관성계에서, 광원에서 방출된 빛은 q보다 p에서 먼저 반사된다.

(다) C의 관성계에서, 광원에서 방출된 빛이 r에 도달할 때까지 걸린 시간은 t_0이다.

이에 대한 설명으로 옳은 것만을 <보기>에서 있는 대로 고른 것은?

───────── 〈 보 기 〉 ─────────

ㄱ. A의 관성계에서, B와 C의 운동 방향은 같다.

ㄴ. B의 관성계에서, 광원에서 방출된 빛은 p, q, r에서 반사되어 광원에 동시에 도달한다.

ㄷ. C의 관성계에서, 광원에서 방출된 빛이 q에 도달할 때까지 걸린 시간은 t_0보다 크다.

0. 문제 상황 파악하기

A의 관성계에서 거울 p, q, r는 정지해 있으므로, 빛이 광원에서 각 거울까지 진행하는 데 걸리는 시간과 거울에서 광원으로 되돌아오는 시간이 같다. 따라서 조건 (가)에 따라 광원에서 동시에 방출된 빛은 광원으로 동시에 되돌아올 것이고, 광원부터 세 거울까지의 거리가 모두 같음을 알 수 있다.

또한 한 장소 동시성에 의해, 누가 보든 빛은 광원에서 동시에 방출되고 광원으로 동시에 되돌아온다. (ㄴ 맞음)

1-1) 마중/도망 활용하기

조건 (나)에 따라 B의 관성계에서 빛은 q보다 p에서 먼저 반사되는 것을 알 수 있다.
따라서, 광원에서 p, q까지의 거리가 같다는 걸 생각해보면 B의 관성계에서 빛에 대해 <u>p는 마중</u> 나오고 <u>q는 도망</u>가는 걸 알 수 있다. 즉, B가 볼 때 A는 $+x$방향으로 움직이는 것이다.

따라서 A의 관성계에서 B, C의 운동 방향은 모두 $-x$방향으로 같다. (ㄱ 맞음)

1-2) 동시의 반대가 먼저임을 활용하기

A의 관성계에서 빛이 p, q에서 동시에 반사된다.
문제 조건 (나)에 따라 B의 관성계에서 빛은 p(왼쪽)와 q(오른쪽) 중 p(왼쪽)에서 먼저 반사되므로,
B의 관성계에서는 A(동시라 생각하는 관성계)의 운동 반대 방향이 왼쪽($-x$방향)인 것이다.

즉, B의 관성계에서 A의 운동 방향이 오른쪽($+x$방향)인 것을 알 수 있다.
따라서 A의 관성계에서 B, C의 운동 방향은 모두 $-x$방향으로 같다. (ㄱ 맞음)

2. 조건 (다)를 마중/도망으로 해석하기

조건 (다)를 보면 C의 관성계에서 광원에서 r까 지 빛이 도달하는 데 걸린 시간이 t_0인 걸 알 수 있다.
그런데 r는 빛에 대해 도망을 가고는 있지만, 빛에 대해 q보다는 덜 도망가는 중이다.
따라서 C의 관성계에서, 광원에서 방출된 빛이 q에 도달할 때까지 걸린 시간은 t_0보다 크다. (ㄷ 맞음)

***보충 설명 : C의 관성계에서 광원과 q 사이 거리는 수축되지만, 이 문제의 q처럼 빛에 대해 도망가는
속도가 아주 빠른 경우에는 길이 수축의 정도보다 도망가서 멀어지는 정도가 더 크다.
따라서 ㄷ은 맞다.

(1) 고유 시간

두 사건이 동일한 위치에서 일어났다고 관측하는 관성계에서 측정한 두 사건 사이의 시간 간격이다.

그렇다면 광선이 출발할 때부터 도달할 때까지의 시간 간격을 우주선 속 관찰자가 측정할 때, 다음 중 어떤 상황이 고유 시간일까? 직접 체크해 보자.

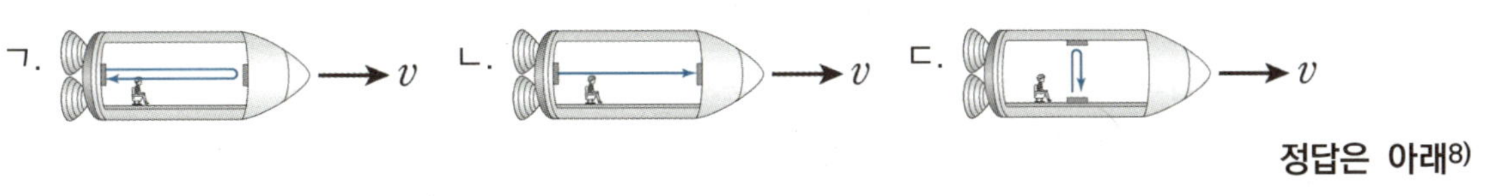

정답은 아래[8]

(2) 시간 지연과 시간 팽창

시간 지연과 시간 팽창을 이해하기 위해 다음 상황을 살펴보자.

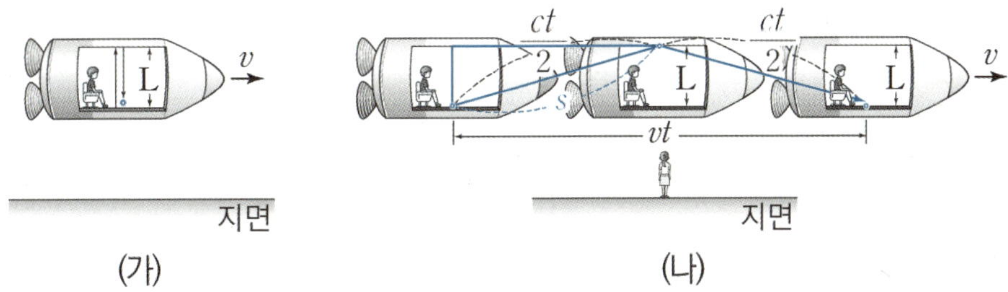

(가)는 우주선에 타고 있는 관찰자가 우주선에 있는 빛 시계[9]의 주기를 측정하는 것을 나타낸 것이고, (나)는 지면에 대해 정지한 관찰자가 우주선에 있는 빛 시계의 주기를 측정하는 것을 나타낸 것이다. 이때 우주선의 속력은 v이고, 빛 시계의 두 거울 사이의 거리는 L이다.

먼저 우주선 내부 관찰자가 측정할 때, 빛이 빛 시계를 왕복할 때 빛의 이동 거리는 두 거울 사이 거리(L)의 2배인 $2L$이다. 따라서 관측한 빛 시계의 주기는 $\dfrac{2L}{c}$이며, **우주선 내부 관찰자의 관성계에서 빛이 출발한 위치와 도착한 위치가 같으므로 이는 고유 시간이다.**

반대로 우주선 밖 관찰자가 관측할 때를 살펴보자. 이 경우에는 우주선에 있는 빛 시계와 거울이 속력 v로 운동하고 있으므로, 빛은 대각선 경로를 따라 움직인다. 따라서 빛 시계의 빛이 한 번 왕복할 때 빛의 이동 거리는 $2L$보다 크고, 철수가 측정한 빛 시계의 주기는 $\dfrac{2L}{c}$보다 더 크다.

---

8) 정답 : ㄱ, ㄷ

9) 양쪽의 거울 사이를 빛이 왕복하는 주기를 이용하여 시간을 측정하는 시계이다.

즉, 우주선 밖 관찰자가 관측할 때 우주선 내부 관찰자의 시간은 느리게(지연되어) 흐른다. 이때 빛 시계의 왕복 시간 역시 고유 시간에 비해 팽창되어 측정된다.

만약 관찰자가 관측하는 **우주선의 속력이 더 빨라진다면**, 빛은 더 대각선으로 꺾여서 **더 많은 경로**를 이동하게 될 것이므로 빛 시계의 주기는 1회 진동의 고유 시간인 $\dfrac{2L}{c}$ 보다 **더 팽창**될 것이다.

여기서 유추할 수 있듯이, 시간이 팽창되는 정도는 고유 시간을 측정하는 관성계와 팽창 시간을 측정하는 관성계 간의 상대 속도의 크기에만 영향을 받는다. 상대적인 **속력이 더 빠를수록 시간이 더 느리게** 가고, 상대 속도가 일정한 두 관성계 사이에서는 언제나 같은 정도로만 시간이 팽창된다.[10]

문제를 풀 때 고유 시간과 팽창 시간을 잘 활용하면 문제가 쉽게 풀릴 때가 많다. 앞으로 문제를 풀 때 시간을 비교하는 선지가 나오면, 고유 시간과 팽창 시간에 대응되는 것이 있는지 확인하는 습관을 갖자.

예제(6) 21년 3월 교육청 17번

그림과 같이 관찰자 A가 관측했을 때, 정지한 광원에서 빛 p, q가 각각 $+x$방향과 $+y$방향으로 동시에 방출된 후 정지한 각 거울에서 반사하여 광원으로 동시에 되돌아온다. 관찰자 B는 A에 대해 $0.6c$의 속력으로 $+x$방향으로 이동하고 있다. 표는 B가 측정했을 때, p와 q가 각각 광원에서 거울까지, 거울에서 광원까지 가는 데 걸린 시간을 나타낸 것이다.

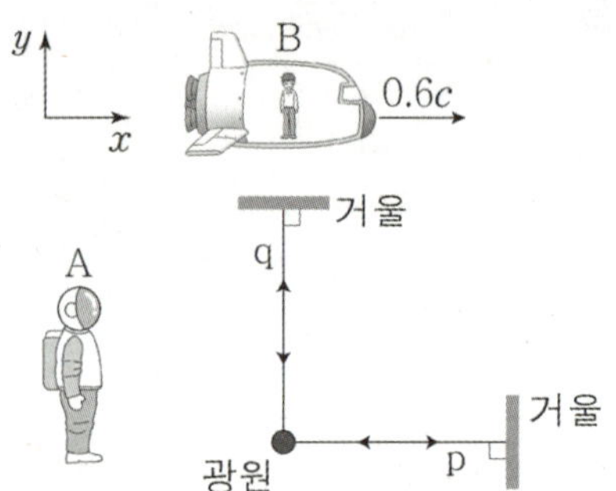

〈B가 측정한 시간〉

빛	광원에서 거울까지	거울에서 광원까지
p	t_1	t_2
q	t_3	t_3

B의 관성계에서 관측했을 때에 대한 옳은 설명만을 〈보기〉에서 있는 대로 고른 것은? (단, c는 빛의 속력이고, 광원의 크기는 무시한다.)

〈보 기〉

ㄱ. p의 속력은 거울에서 반사하기 전과 후가 서로 다르다.
ㄴ. p가 q보다 먼저 거울에서 반사한다.
ㄷ. $2t_3 = t_1 + t_2$이다.

---

10) 이 내용은 이후 나올 고유 길이와 길이 수축의 관계에도 비슷하게 적용된다.

0. 문제 상황 파악하기

광원에서 빛 p, q가 거울을 향해 동시에 방출되는 사건과 동시에 다시 돌아오는 사건은 각각 한 장소에서 일어난 하나의 사건이다. 따라서 누가 보아도 빛 p, q는 광원에서 동시에 거울을 향해 출발하고, 반사된 후에는 광원에 동시에 도착하게 된다. 이를 통해 광원과 두 거울 사이 거리가 같다는 사실을 알 수 있다.

또한, 진공에서 빛의 속력은 무조건 c로 일정하다. **(ㄱ 틀림)**

1. 마중 나오는, 도망가는 거울 찾기

B의 관성계에서 빛 p에 대해 오른쪽 거울이 마중 나오고, 빛 q에 대해 위쪽 거울은 도망간다.
따라서 거울이 마중 나오는 상황인 빛 p가 q보다 먼저 거울에서 반사한다. **(ㄴ 맞음)**

2-1) 한 장소 동시성은 하나의 사건임을 이용하기

A가 측정했을 때 빛이 ① : 한 장소(광원)에서 동시에 방출되는 사건과, p, q가 거울에 반사된 이후 ② : 한 장소(광원)에 동시에 되돌아오는 사건 ①, ②는 각각 **한 장소에서 동시에 일어난 사건**이다.

한 장소 동시성은 절대적이므로, B가 측정했을 때도 빛 p, q는 광원에서 **동시에 방출**되고 광원으로 **동시에 되돌아온다.**

따라서 빛 p, q가 광원에서 거울을 거쳐 다시 광원으로 되돌아오는 시간의 합이 같을 것이고, 이를 식으로 나타내면 $2t_3 = t_1 + t_2$이다. **(ㄷ 맞음)**

2-2) 고유 시간과 팽창 시간 찾기

A의 관성계에서 광원에서 발생한 빛이 거울과 광원 사이를 한 번 왕복하는 데 걸리는 시간을 임의로 T라 하자. 그러면 B의 관성계에서 빛이 광원과 거울 사이를 한 번 왕복하는 데 걸리는 시간인 $2t_3$과 $t_1 + t_2$는 둘 다 고유 시간에 대해 팽창된 시간이다.

시간이 팽창되는 정도는 상대 속도의 크기에만 영향을 받는데 A와 B의 상대 속도는 일정하므로,
$2t_3 = t_1 + t_2$이다. **(ㄷ 맞음)**

정답 : ㄴ, ㄷ

(1) 고유 길이

두 지점에 대해 모두 정지한 관찰자가 측정한 두 지점 사이의 거리이다.
고유 길이는 고유 시간과 마찬가지로 절대적이다(유일하다).

(2) 길이 수축

이제 길이 수축을 이해하기 위해 다음 상황을 살펴보자.
지구에 정지해 있는 관찰자에 대해 일정한 속도 v로 행성을 향해 운동하는 우주선이 있다. 행성은 지구에 대해 정지해 있다. 이때 우주선의 크기는 잠시 무시하자.

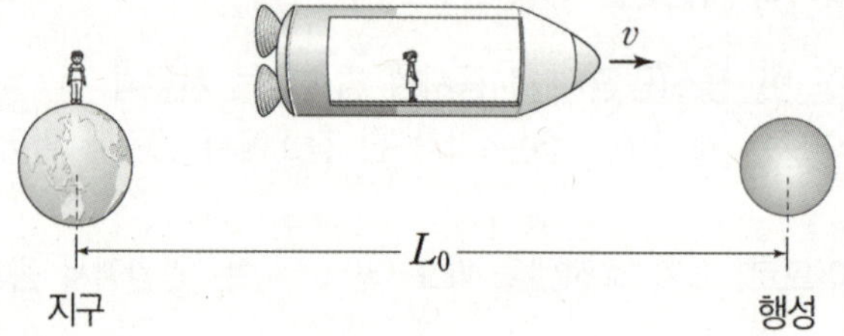

먼저, 우주선에 대해 정지한 관찰자가 관측하는 상황을 살펴보자. 이때 ① : **지구가 관찰자를 스쳐 지나가는 사건**과
② : **행성이 관찰자를 스쳐 지나가는 사건**은 모두 **같은 지점에서 일어난 두 사건**이다.
①, ②는 모두 관찰자가 볼 때, 자기 자신의 바로 옆이라는 같은 장소에서 일어난 일이기 때문이다.

따라서 두 사건 사이의 시간 간격은 **고유 시간**이고, 이를 t_0이라 하자. 그럼 우주선에서 측정한 지구와 행성 사이의 거리를 L이라 할 때 $L = v \times t_0 \cdots (1)$이 성립한다.

다음으로, 지구에 대해 정지한 관찰자가 관측하는 상황을 살펴보자. 이 관성계에서는 **지구와 행성이 모두 정지**해 있으므로 지구와 행성 사이의 거리는 **고유 길이**이다. 이를 L_0이라 하자.
그럼 우주선 내부의 관찰자가 지구와 행성을 스치는 시간 간격 t는 시간 팽창에 의해 지구에서 관측할 때는 t_0보다 크게 측정될 것이므로, $L_0 = v \times t \cdots (2)$이다. 따라서 $L_0 > L$이 성립한다.

(1)와 (2)을 연립하면 $\dfrac{L}{L_0} = \dfrac{t_0}{t}$이 되어, **길이의 수축 정도와 시간의 팽창 정도**가 같음을 알 수 있다.

길이 수축을 시간 팽창에서 유도했으므로, 당연하다고 이해해주면 고맙겠다.

> ☞ **실수 주의! 길이 수축은 운동 방향과 나란한 길이에만 적용된다.**
>
> **길이 수축은 운동 방향과 나란한 길이에만 적용된다. 수직인 길이에는 적용되지 않는다!!**
> 위 예시에서 지구의 관찰자가 측정할 때 우주선의 앞뒤 길이만 고유 길이에 비해 수축되고, 수직 높이는 고유 길이로 측정될 것이다.

그림은 관찰자 A에 대해 관찰자 B가 탄 우주선이 x축과 나란하게 광속에 가까운 속력으로 등속도 운동을 하고 있는 모습을 나타낸 것이다. B의 관성계에서 빛은 광원으로부터 각각 $+x$방향, $-y$방향으로 동시에 방출된 후 거울 p, q에서 반사하여 광원에 동시에 도달하며 광원과 q 사이의 거리는 L이다. 표는 A의 관성계에서 빛이 광원에서 p까지, p에서 광원까지 가는 데 걸린 시간을 나타낸 것이다. 이에 대한 설명으로 옳은 것만을 <보기>에서 있는 대로 고른 것은? (단, 빛의 속력은 c이다.)

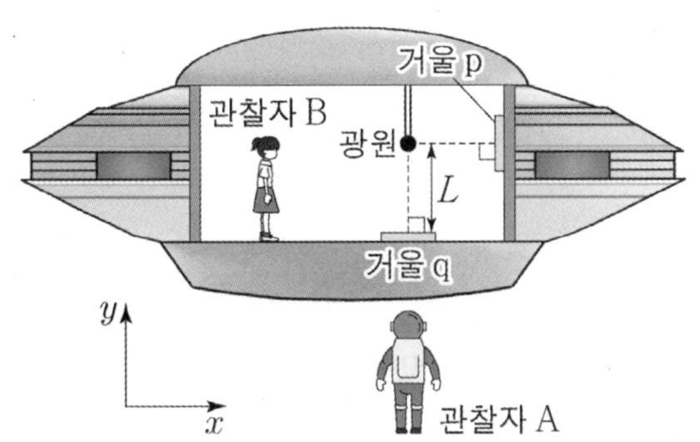

빛의 경로	시간
광원 → p	$0.4t_0$
p → 광원	$0.6t_0$

이에 대한 설명으로 옳은 것만을 <보기>에서 있는 대로 고른 것은? (단, c는 빛의 속력이고, A, P, B는 동일 직선 상에 있다.)

〈 보 기 〉

ㄱ. 우주선의 운동 방향은 $-x$방향이다.

ㄴ. $t_0 > \dfrac{2L}{c}$ 이다.

ㄷ. A의 관성계에서 광원과 p 사이의 거리는 L보다 작다.

0. 문제 상황 파악하기

광원에서 빛이 거울 p, q를 향해 동시에 방출되는 사건과 동시에 다시 돌아오는 사건은 각각 **한 장소에서 일어난 하나의 사건**이다.

따라서 누가 보아도 빛은 광원에서 동시에 거울 p, q를 향해 출발하고, 반사된 후에는 광원에 동시에 도착하게 된다. 이를 통해 B의 관성계에서 광원으로부터 p, q까지의 거리가 L로 같다는 사실을 알 수 있다.

1. 표 확인하기

A가 볼 때 광원과 거울 사이의 거리는 변하지 않는데, 왜 빛이 진행한 시간이 다를까?
우주선이 이동하기 때문이다.

빛이 광원에서 p로 갈 때 걸린 시간이 그 반대보다 더 짧으므로, 이때 거울은 빛에 대해 왼쪽으로 마중 나온 것을 알 수 있다. 따라서 우주선은 $-x$방향으로 진행한다. **(ㄱ 맞음)**

반대로, 빛이 p에서 광원으로 갈 때를 생각해도 당연히 우주선의 이동 방향을 찾을 수 있다.
빛이 왼쪽으로 진행할 때, 광원이 왼쪽으로 도망가기 때문에 시간이 더 오래 걸렸을 것이기 때문이다.

2. 고유 시간과 팽창 시간 비교하기, 길이 수축 찾기

ㄴ 선지를 확인해보니, t_0와 $\dfrac{2L}{c}$을 비교하고 있다. 이렇게 거리나 시간의 대소를 비교하는 선지에서는 비교하는 대상이 각각 어디에 대응되는지, 고유 시간 등이 있는지를 확인해봐야 한다.

B의 관성계에서 빛이 광원과 거울 사이를 한 번 왕복하는 데 걸리는 시간이 $\dfrac{2L}{c}$인데, 이는 고유 시간이다.
그리고 A의 관성계에서 빛이 광원과 거울 사이를 한 번 왕복하는 데 걸리는 시간은 t_0인데, 이는 팽창 시간이다. 처음 광원의 위치와 나중 광원의 위치가 A의 관성계에선 달라졌기 때문이다.
따라서 $t_0 > \dfrac{2L}{c}$임을 알 수 있다. **(ㄴ 맞음)**

광원과 p 사이를 쭉 이으면 우주선의 진행 방향과 나란하므로, A의 관성계에서 광원과 p 사이 거리는 길이 수축이 일어난다. **(ㄷ 맞음)**

정답 : ㄱ, ㄴ, ㄷ

---

11) 문제에서 ct_0이 A가 볼 때 빛이 광원과 p를 왕복한 거리로 주어져 있지만, 빛이 **광원에서 동시에 출발**해서 **광원에 동시에 도
달**하므로 ct_0을 빛이 광원과 q를 왕복한 거리로도 볼 수 있다.

다음은 특수 상대성 이론에 대한 사고 실험의 일부이다.

가설 I : 모든 관성계에서 물리 법칙은 동일하다.

가설 II : 모든 관성계에서 빛의 속력은 c로 일정하다.

 관찰자 A 에 대해 정지해 있는 두 천체 P, Q 사이를 관찰자 B가 탄 우주선이 광속에 가까운 속력 v로 등속도 운동을 하고 있다. B의 관성계에서 광원으로부터 우주선의 운동 방향에 수직으로 방출된 빛은 거울에서 반사되어 되돌아온다.

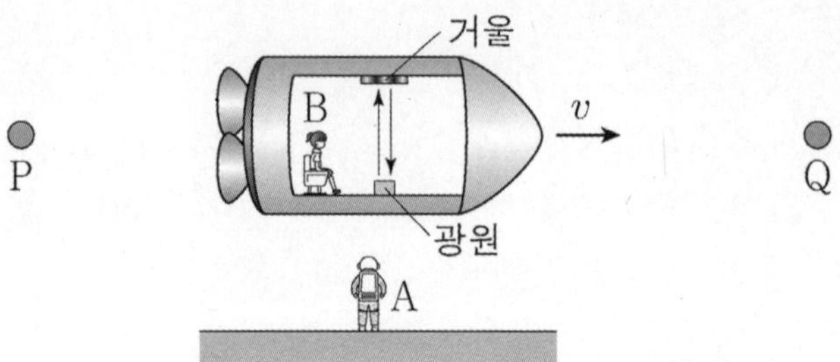

(가) 빛이 1회 왕복한 시간은 A의 관성계에서 t_A 이고, B의 관성계에서 t_B 이다.

(나) A의 관성계에서 t_A 동안 빛의 경로 길이는 L_A 이고, B의 관성계에서 t_B 동안 빛의 경로 길이는 L_B 이다.

(다) A의 관성계에서 P와 Q 사이의 거리 D_A 는 P에서 Q까지 우주선의 이동 시간과 v를 곱한 값이다.

(라) B의 관성계에서 P와 Q 사이의 거리 D_B 는 P가 B를 지날 때부터 Q가 B를 지날 때까지 걸린 시간과 v를 곱한 값이다.

이에 대한 설명으로 옳은 것만을 <보기>에서 있는 대로 고른 것은?

〈 보 기 〉

ㄱ. $t_A > t_B$ 이다.

ㄴ. $L_A > L_B$ 이다.

ㄷ. $\dfrac{D_A}{D_B} = \dfrac{L_A}{L_B}$ 이다.

0. 문제 상황 파악하기

(가)에서 빛이 1회 왕복한 시간은, A의 관성계에서 팽창 시간이고 B의 관성계에서 고유 시간이다.
따라서 $t_A > t_B$이다. **(ㄱ 맞음)**

(나)에서 A의 관성계에서 t_A 동안 빛은 대각선으로 움직여서 L_A 만큼 이동하고, B의 관성계에서 빛은
수직으로 움직여서 L_B 만큼 이동한다. 따라서 $L_A > L_B$이다. **(ㄴ 맞음)**

여기서 L_A와 L_B의 크기를 비교할 때, 고유 시간과 팽창 시간을 이용할 수도 있다.
이 경우에는 빛이 1회 왕복한 시간이 $t_A > t_B$라는 점에서 이동한 거리가 $L_A > L_B$라는 것을 확인할 수 있다.

(ㄴ 맞음)

1-1) ㄷ 선지를 길이 수축과 시간 팽창으로 이해하기

ㄷ 선지를 보니 $\dfrac{D_A}{D_B}$와 $\dfrac{L_A}{L_B}$을 비교하고 있다. 여기서 $\dfrac{D_A}{D_B}$는 **길이가 수축된 정도**라고 생각할 수 있는데,

$\dfrac{L_A}{L_B} = \dfrac{ct_A}{ct_B}$는 빛이 진행한 거리이므로 고유 길이와 수축된 길이로 말할 수 없다. 빛의 속력으로 운동하는
관성계는 존재할 수 없기 때문이다.

그럼 어떻게 생각할 수 있을까? 빛이 진행하는 데 **걸린 시간**을 생각하면 된다.
우선 $\dfrac{L_A}{L_B}$을 그대로 사용해서는 문제를 풀 수가 없기에, ㄷ 선지를 $\dfrac{L_A}{L_B} = \dfrac{ct_A}{ct_B}$로 변형해야만 한다.

그러면 c가 사라지면서 ㄷ 선지는 $\dfrac{D_A}{D_B} = \dfrac{t_A}{t_B}$, 즉 **(길이의 수축 정도) = (시간의 팽창 정도)**를 묻는 선지가
된다.

길이 수축과 시간 팽창은 각각을 측정하는 **두 관성계 간 상대 속도**에만 영향을 받는데, A의 관성계에서 B의
관성계는 등속도 운동을 한다.

따라서 ㄷ은 옳은 선지이다. **(ㄷ 맞음)**

정답 : ㄱ, ㄴ, ㄷ

1-2) ㄷ 선지를 시간 팽창으로만 이해하기

우리는 문제에서 (다)와 (라)에 쓰인 "~시간과 v를 곱한 값"이라는 표현은 사용하지 않고 문제를 풀었다. 이번엔 이 발문을 따라가면서 다시 한 번 접근해보자!

A의 관성계에서 우주선이 P에서 출발하여 Q에 도달하기까지 걸린 시간을 T_A, B의 관성계에서 P가 B를 지날 때부터 Q가 B를 지날 때까지 걸린 시간을 T_B라 하자.

그러면 $\dfrac{D_A}{D_B} = \dfrac{t_A}{t_B}$의 상황에서 $\dfrac{D_A}{D_B}$를 $\dfrac{v\,T_A}{v\,T_B}$로 바꿔줄 수 있고, 결국 ㄷ 선지는 $\dfrac{T_A}{T_B} = \dfrac{t_A}{t_B}$인지를 묻는 선지가 된다. 즉, 특정한 고유 시간에 대한 **시간의 팽창 정도가 같은지**를 물은 것이다.

시간의 팽창 정도는 두 관성계 간 상대 속도에만 영향을 받는다!

따라서 A의 관성계에서 B의 관성계는 등속 운동을 하므로, 특정한 고유 시간에 대한 시간의 팽창 정도는 언제나 같음을 알 수 있다. **(ㄷ 맞음)**

그림과 같이 관찰자 A의 관성계에서 광원 X, Y와 검출기 P, Q가 점 O로부터 각각 같은 거리 L만큼 떨어져 정지해 있고 X, Y로부터 각각 P, Q를 향해 방출된 빛은 O를 동시에 지난다. 관찰자 B가 탄 우주선은 A에 대해 광속에 가까운 속력 v로 X와 P를 잇는 직선과 나란하게 운동한다.

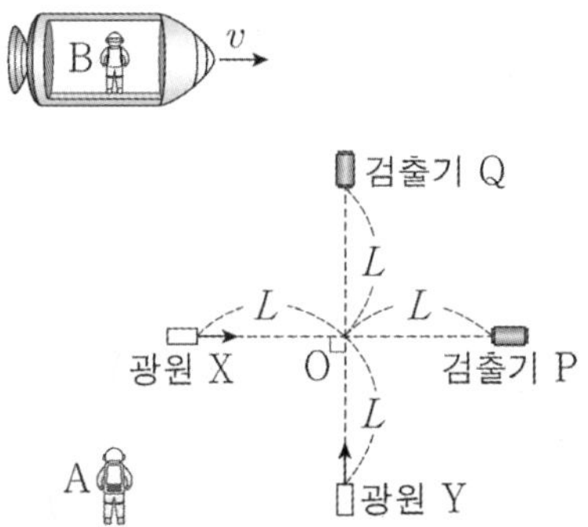

이에 대한 설명으로 옳은 것만을 <보기>에서 있는 대로 고른 것은?

───────────────── 〈 보 기 〉 ─────────────────

ㄱ. B의 관성계에서, 빛은 Y에서가 X에서보다 먼저 방출된다.

ㄴ. B의 관성계에서, 빛은 P와 Q에 동시에 도달한다.

ㄷ. Y에서 방출된 빛이 Q에 도달하는 데 걸리는 시간은 B의 관성계에서가 A의 관성계에서보다 크다.

0. 문제 상황 파악하기

A의 관성계에서 본, 광원 X, Y에서 방출된 빛이 O를 동시에 지나는 사건은 **한 장소에서 일어난 하나의 사건**이다. 따라서 B의 관성계에서도 광원 X, Y에서 방출된 빛은 O를 동시에 지나게 된다. B의 관성계에서 O는 X에 대해 마중 나가고, Y에 대해 도망간다. 따라서 B의 관성계에서 빛은 광원 X에서보다 Y에서 먼저 방출된다는 것을 알 수 있다. **(ㄱ 맞음)**

(혹은 "동시의 반대가 먼저다"를 이용할 수도 있다. 광원 X, Y에서 <u>동시에</u> 빛이 방출된다고 관측하는 관성계는 A의 관성계이므로, B의 관성계에서 A의 운동 방향이 왼쪽인 것을 확인해 그 반대 방향인 오른쪽에 위치한 Y에서 빛이 먼저 방출된다는 것을 알아낼 수도 있다.)

1. 마중/도망의 상황 + 빛의 경로 떠올리기

A의 관성계에서 $\overline{XP} = \overline{YQ} = 2L$이고, B의 관성계에서는 길이 수축에 의해 $\overline{XP} < \overline{YQ} = 2L$이다.
(우주선의 진행 방향과 평행한 $\overline{XP}$는 수축되지만, 우주선의 진행 방향과 평행한 $\overline{YQ}$는 수축되지 않기 때문)

즉 B의 관성계에서 X와 P 사이 거리가 고유 길이에 대해 수축되어 있는데다, 심지어 P가 X에서 방출된 빛에 대해 마중 나가는 중이다. 반면에 Y와 Q 사이 거리는 고유 길이인데 Q가 Y에서 방출된 빛에 대해 도망간다.

따라서 B의 관성계에서, 빛은 Q보다 P에 먼저 도달한다. **(ㄴ 틀림)**

Y에서 방출된 빛이 Q에 도달하는 데 걸리는 시간, 즉 **"빛이 이동하는 데 걸린 시간"**을 구하기 위해서는 **빛의 경로**를 그려보는 것이 좋다. 빛이 이동하는 거리는 B의 관성계에서가 A의 관성계에서보다 크다.

A의 관성계에서 Q는 정지해 있고, B의 관성계에서 Q는 왼쪽으로 움직인다.
따라서 Y에서 방출된 빛이 Q에 도달하기까지 진행하는 상황을 그림으로 그려보면 다음과 같이 ㄷ이 옳은 것을 판단할 수 있다. **(ㄷ 맞음)**

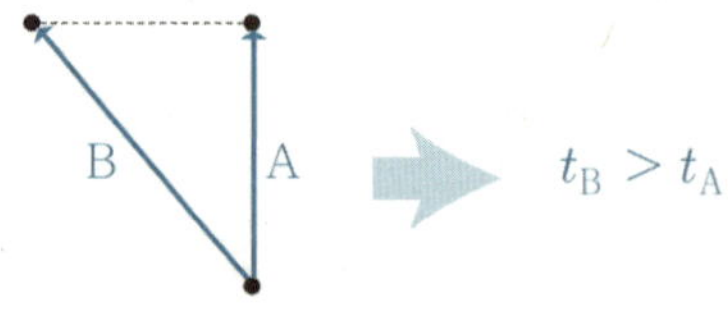

A, B가 본 빛의 경로

정답 : ㄱ, ㄷ

그림과 같이 관찰자 A에 대해 관찰자 B가 탄 우주선이 광원과 거울 P, Q를 잇는 직선과 나란하게 광속에 가까운 속력으로 등속도 운동한다. A의 관성계에서, P와 Q는 광원으로부터 각각 거리 L_1, L_2만큼 떨어져 정지해 있고, 빛은 광원으로부터 각각 P, Q를 향해 동시에 방출된다. B의 관성계에서, 광원에서 방출된 빛이 P, Q에 도달하는 데 걸리는 시간은 같다.

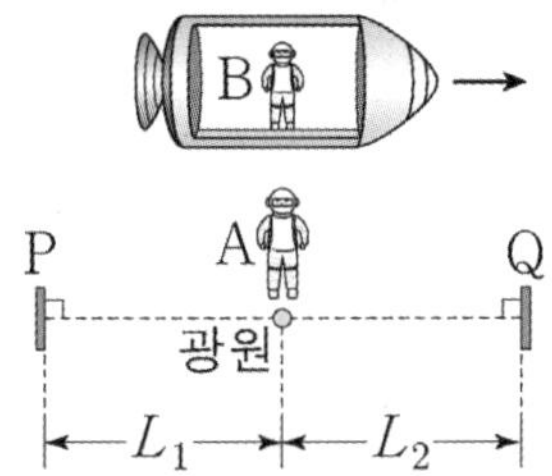

이에 대한 설명으로 옳은 것만을 <보기>에서 있는 대로 고른 것은?

$$\langle \text{보 기} \rangle$$

ㄱ. $L_1 > L_2$이다.

ㄴ. A의 관성계에서, 빛은 P에서가 Q에서보다 먼저 반사된다.

ㄷ. 빛이 광원과 Q 사이를 왕복하는 데 걸리는 시간은 A의 관성계에서가 B의 관성계에서보다 크다.

0. 문제 상황 파악하기

광원에서 양쪽으로 빛이 동시에 방출된 후에 동시성의 상대성을 생각해보아야 하는 상황이다.
문제의 마지막 문장을 보면, B의 관성계에서 광원에서 방출된 빛이 P, Q에 도달하는 데 걸리는 시간이 같다고
했다. 이 조건을 어떻게 해석할 수 있을지 생각하며 문제를 해결해보자.

1-1) 마중/도망 활용하기

B의 관성계에서 광원에서 방출된 빛에 대해, 거울 P는 도망가고 Q는 마중 나온다. 그런데 빛이 두 거울에
동시에 도달했다고 하니, B의 관성계에서 광원부터 떨어진 거리는 P가 Q보다 짧다는 것을 알 수 있다.
(짧은 거리가 도망가고 먼 거리가 마중 나와야 동시에 도달할 수 있다.)

B의 관성계에서 광원과 P, 광원과 Q 사이 거리는 모두 고유 길이인 L_1, L_2에 대해 같은 정도로 수축되어
있으므로, 애초에 고유 길이가 $L_1 < L_2$임을 알 수 있다. **(ㄱ 틀림)**

따라서 A의 관성계에서 P, Q가 정지해 있고 $L_1 < L_2$이므로, 빛이 P에 먼저 도달하게 된다. **(ㄴ 맞음)**

1-2) 동시의 반대가 먼저임을 활용하기

B의 관성계에서 빛이 P, Q에 동시에 도달했으므로[12], A의 관성계에서는 P(왼쪽)와 Q(오른쪽) 중에서 A가
볼 때 B의 운동 방향의 반대(왼쪽)에 위치한 P에 빛이 먼저 도달할 것이다. **(ㄴ 맞음)**

A의 관성계에서 P, Q는 정지해 있으므로 빛이 P에 먼저 도달했다는 것은 광원에서부터 떨어진 거리가 P가
Q보다 짧다는 말이므로, 여기서 $L_1 < L_2$임을 확인할 수 있다. **(ㄱ 틀림)**

2. 시간 팽창 이용하기

A의 관성계에서 빛이 광원과 Q 사이를 왕복하는 데 걸리는 시간은 고유 시간이다. 따라서 B의 관성계에서
이를 측정하면, A가 측정한 고유 시간에 대한 팽창 시간이 된다. 따라서 빛이 광원과 Q 사이를 왕복하는 데
걸리는 시간은 A의 관성계에서가 B의 관성계에서보다 작다. **(ㄷ 틀림)**

정답 : ㄴ

---

12) A의 관성계에서 빛이 양쪽으로 동시에 방출되었으므로, B의 관성계에서도 빛은 광원에서 양쪽으로 동시에 방출된다.
이후 빛이 P, Q까지 진행하는 데 걸린 시간이 같으므로, B의 관성계에서 빛은 P, Q에 동시에 도달했음을 알 수 있다.

그림과 같이 관찰자 A에 대해 광원 P, 검출기, 광원 Q가 정지해 있고 관찰자 B, C가 탄 우주선이 각각 광속에 가까운 속력으로 P, 검출기, Q를 잇는 직선과 나란하게 서로 반대 방향으로 등속도 운동을 한다. A의 관성계에서, P, Q에서 검출기를 향해 동시에 방출된 빛은 검출기에 동시에 도달한다. P와 Q 사이의 거리는 B의 관성계에서가 C의 관성계에서보다 크다.

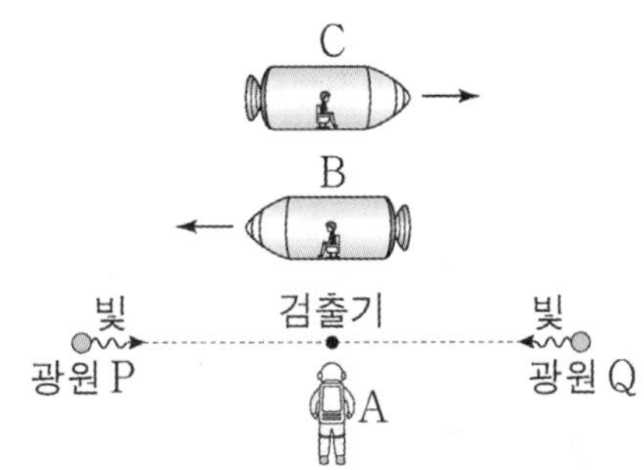

이에 대한 설명으로 옳은 것만을 <보기>에서 있는 대로 고른 것은?

─────── 〈 보 기 〉 ───────

ㄱ. A의 관성계에서, B의 시간은 C의 시간보다 느리게 간다.
ㄴ. B의 관성계에서, 빛은 P에서가 Q에서보다 먼저 방출된다.
ㄷ. C의 관성계에서, 검출기에서 P까지의 거리는 검출기에서 Q까지의 거리보다 크다.

0. 문제 상황 파악하기

A의 관성계에서, 양쪽의 광원에서 빛이 동시에 방출된 후 동시성의 상대성을 생각해야 하는 상황이다.
P, Q에서 방출된 빛이 검출기에 동시에 도달하는 사건은 한 장소 동시성이다.

P와 Q 사이의 거리는 B의 관성계에서가 C의 관성계에서보다 크다고 하였으므로, C에서가 더 많이
수축되었다. 따라서 A의 관성계에서 속력은 C가 B보다 빠르고, 시간은 C가 더 느리게 간다. (ㄱ 틀림)

1-1) 마중/도망 활용하기

B의 관성계에서 검출기는 P에게서 도망가고 Q에게 마중 나온다. 그런데 빛이 검출기에 동시에 도달했으므로,
B의 관성계에서 빛은 P에서가 Q에서보다 먼저 방출된 것을 알 수 있다. (ㄴ 맞음)

1-2) 동시의 반대가 먼저임을 활용하기

A의 관성계에서 P, Q에서 빛이 동시에 방출되었으므로, B의 관성계에서는 P(왼쪽)와 Q(오른쪽) 중에서 B가
볼 때 A의 운동 방향의 반대(왼쪽)에 위치한 P에서 빛이 먼저 방출된다. (ㄴ 맞음)

2. 길이 수축의 비율 생각하기

A의 관성계에서 검출기와 P, Q 사이 거리는 동일하다. 이때 C의 관성계에서 P와 Q 사이의 거리가 동일한
비율로 수축되므로, 검출기에서 P와 Q까지의 거리는 C의 관성계에서도 동일하다. (ㄷ 틀림)

정답 : ㄴ

01 15년 7월 교육청 5번

그림과 같이 정지해 있는 영희에 대하여 $+x$방향으로 광속에 가까운 속력으로 등속도 운동하는 우주선 안에 철수가 앉아 있다. 표는 철수와 영희가 광원에서 나온 빛이 빛 검출기까지 도달하는 데 걸린 시간과 광원에서 빛 검출기까지의 거리를 각각 측정한 것을 나타낸 것이다.

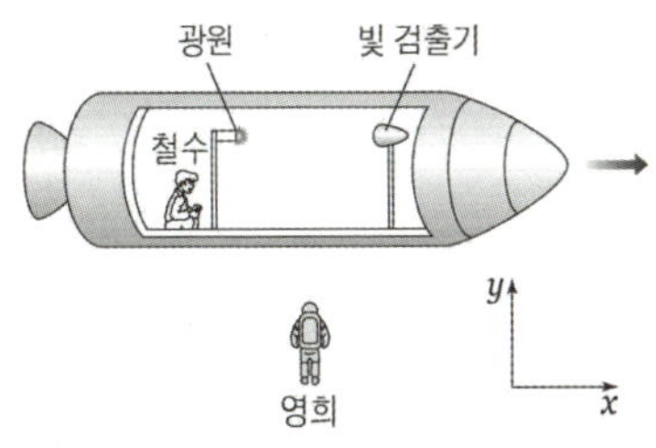

	걸린 시간	거리
철수	t_1	L_1
영희	t_2	L_2

이에 대한 설명으로 옳은 것만을 <보기>에서 있는 대로 고른 것은? (단, 빛의 속력은 c이다.)

―――― <보 기> ――――

ㄱ. $t_1 < t_2$이다.

ㄴ. $L_1 < L_2$이다.

ㄷ. $\dfrac{L_2}{t_2} = c$이다.

02 16학년도 수능 6번

그림은 정지해 있는 관찰자 A에 대해 양성자가 일정한 속도 $0.9c$로 점 p를 지나 점 q를 통과하는 모습을 나타낸 것이다. A가 측정한 p와 q 사이의 거리는 L이고, 양성자와 같은 속도로 움직이는 우주선에 탄 관찰자 B가 측정한 p에서 q까지 이동하는 데 걸린 시간은 T이다.

이에 대한 설명으로 옳은 것만을 <보기>에서 있는 대로 고른 것은? (단, c는 빛의 속력이다.)

―――― <보 기> ――――

ㄱ. $L > 0.9cT$이다.

ㄴ. A가 측정한 p에서 q까지 양성자가 이동하는 데 걸린 시간은 T보다 작다.

ㄷ. B가 측정한 양성자의 정지 에너지는 0이다.

다음은 시간 측정을 통해 공간에 고정된 두 지점 A, B 사이의 거리를 알아내는 실험이다.

[실험 과정]

(가) A에 정지해 있는 관찰자 철수는 B에 고정된 거울을 이용하여 빛이 진공의 경로를 따라 A에서 B를 한 번 왕복하는 데 걸린 시간 T_1을 측정한다.

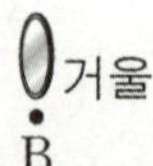

(나) 일정한 속도 $0.7c$로 날아가는 우주선에 탄 관찰자 영희는 우주선이 A를 지나는 순간부터 B를 지나는 순간까지 걸린 시간 T_2를 측정한다.

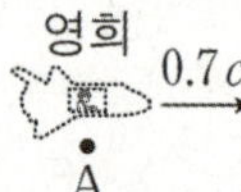
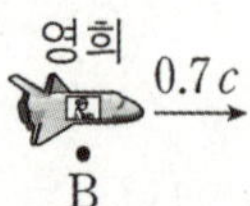

(다) A에 정지해 있는 관찰자 민수는 일정한 속도 $0.3c$로 날아가는 우주선이 A를 지나는 시각 t_A를 측정하고, B에 정지해 있는 관찰자 민희는 그 우주선이 B를 지나는 시각 t_B를 측정하여, 시간 $T_3 = t_B - t_A$를 계산한다.

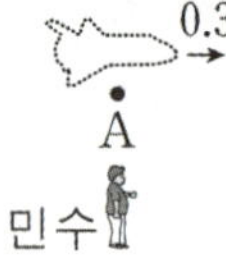
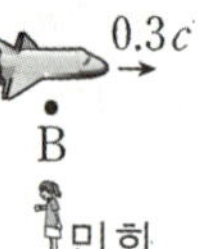

[유의 사항]

○ 각 관찰자는 자신의 위치에 고정된 시계로 시간을 측정한다.

○ (다)에서 민수와 민희의 시계는 A, B를 잇는 선분의 중점에서 보았을 때 서로 같은 시각을 가리키도록 미리 맞춘다.

이에 대한 설명으로 옳은 것만을 <보기>에서 있는 대로 고른 것은? (단, c는 진공에서의 빛의 속력이고, 중력에 의한 효과, 관찰자, 거울, 우주선의 크기는 무시한다.)

<보 기>

ㄱ. (가)에서 A와 B 사이의 거리는 $0.5cT_1$이다.

ㄴ. (나)에서 A와 B 사이의 거리 $0.7cT_2$는 $0.5cT_1$보다 짧다.

ㄷ. (다)에서 A와 B 사이의 거리 $0.3cT_3$은 A와 B 사이의 고유 길이이다.

그림과 같이 점 O에는 광원이, 점 P, Q, R에는 거울이 있다. 광원과 거울에 대해 정지해 있는 영희가 측정한 O에서 각 거울까지의 거리는 L로 같다. 철수는 영희에 대해 일정한 속도 $0.9c$로 P, O, R를 잇는 직선과 나란하게 운동하는 우주선에 타고 있다.

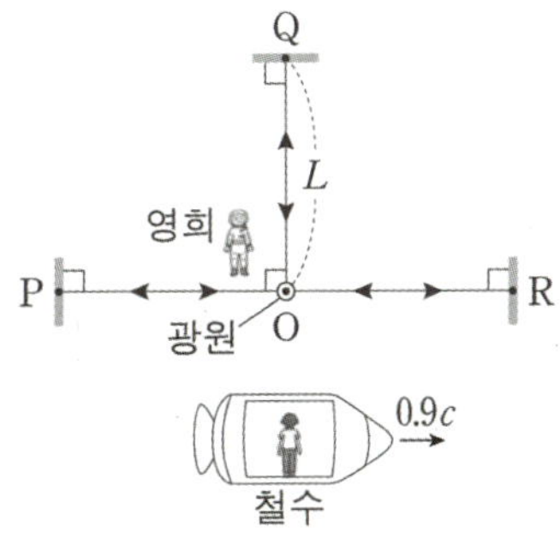

철수가 측정할 때, 이에 대한 설명으로 옳은 것만을 <보기>에서 있는 대로 고른 것은? (단, c는 빛의 속력이다.)

<보 기>

ㄱ. P와 R 사이의 거리는 O와 Q 사이의 거리의 2배이다.

ㄴ. O에서 P와 R를 향해 동시에 출발한 빛은 P보다 R에 먼저 도착한다.

ㄷ. O와 Q 사이를 빛이 한 번 왕복하는 데 걸린 시간은 $\dfrac{2L}{c}$이다.

그림과 같이 철수가 탄 우주선과 민수가 탄 우주선이 영희에 대해 각각 $+x$, $+y$방향으로 $0.6c$, $0.8c$로 등속도 운동하고 있다. 영희에 대해 정지한 막대 P, Q는 각각 x축, y축 상에 놓여 있다. 영희가 측정한 P, Q의 길이는 각각 L_1, L_2이고, 철수가 측정한 P의 길이와 민수가 측정한 Q의 길이는 같다.

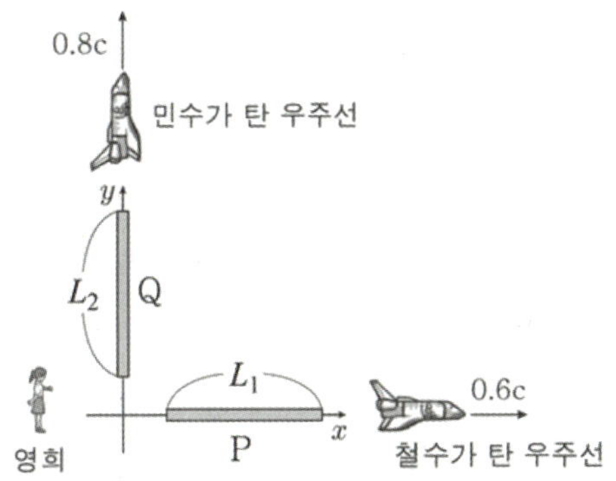

이에 대한 옳은 설명만을 <보기>에서 있는 대로 고른 것은? (단, c는 빛의 속력이다.)

<보 기>

ㄱ. $L_2 > L_1$이다.

ㄴ. 철수가 측정할 때, P와 Q의 길이는 같다.

ㄷ. 영희가 측정할 때, 철수의 시간이 민수의 시간보다 느리게 간다.

그림과 같이 영희가 탄 우주선 B가 민수가 탄 우주선 A에 대해 일정한 속도 $0.5c$로 운동하고 있다. 민수와 영희가 각각 우주선 바닥에 있는 광원에서 동일한 높이의 거울을 향해 운동 방향과 수직으로 빛을 쏘았다. 민수가 측정할 때 A의 광원에서 빛을 쏘아 거울에 반사되어 되돌아오는 데 걸린 시간은 t_A 이고, 영희가 측정할 때 B의 광원에서 빛을 쏘아 거울에 반사되어 되돌아오는 데 걸린 시간은 t_B 이다. 확대한 그림은 각각의 우주선 안에서 볼 때의 빛의 진행 경로를 나타낸 것이다.

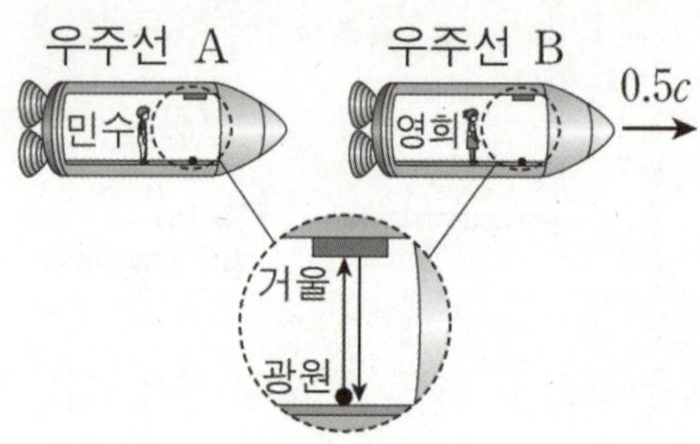

이에 대한 설명으로 옳은 것만을 <보기>에서 있는 대로 고른 것은? (단, c는 빛의 속력이다.)

<보 기>

ㄱ. $t_A = t_B$ 이다.

ㄴ. 영희가 측정할 때, 민수의 시간은 영희의 시간보다 느리게 간다.

ㄷ. 민수가 측정할 때 t_A 동안 멀어진 A와 B 사이의 거리는 영희가 측정할 때 t_B 동안 멀어진 A와 B 사이의 거리보다 짧다.

그림 (가)는 철수에 대해 x축과 나란하게 $0.7c$의 속력으로 등속도 운동하는 기차 안의 영희, 광원, 검출기를 나타낸 것이다. 철수가 측정할 때, 기차의 운동 방향은 ⓐ와 ⓑ 중 하나이다. 영희가 측정할 때, 검출기는 광원으로부터 $+y$방향으로 거리 L만큼 떨어져 있다. 그림 (나)는 철수가 측정할 때, 광원에서 검출기를 향해 방출된 빛의 진행 방향을 나타낸 것이다.

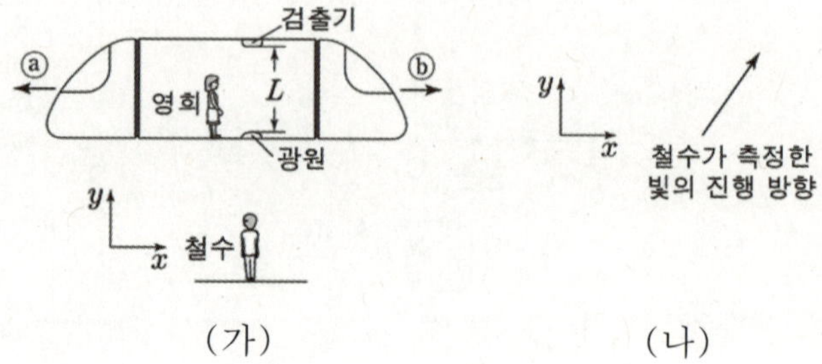

철수가 측정할 때, 이에 대한 설명으로 옳은 것만을 <보기>에서 있는 대로 고른 것은? (단, c는 빛의 속력이다.)

<보 기>

ㄱ. 기차의 운동 방향은 ⓑ이다.

ㄴ. 광원과 검출기 사이의 거리는 L보다 작다.

ㄷ. 광원에서 방출된 빛이 검출기에 도달하는 데 걸리는 시간은 $\dfrac{L}{c}$보다 작다.

그림과 같이 지표면에 정지해 있는 관찰자가 측정할 때, 지표면으로부터 높이 h인 곳에서 뮤온 A, B가 생성되어 각각 연직 방향의 일정한 속도 $0.88c$, $0.99c$로 지표면을 향해 움직인다. A, B 중 하나는 지표면에 도달하는 순간 붕괴하고, 다른 하나는 지표면에 도달하기 전에 붕괴한다. 정지 상태의 뮤온이 생성된 순간부터 붕괴하는 순간까지 걸리는 시간은 t_0이다.

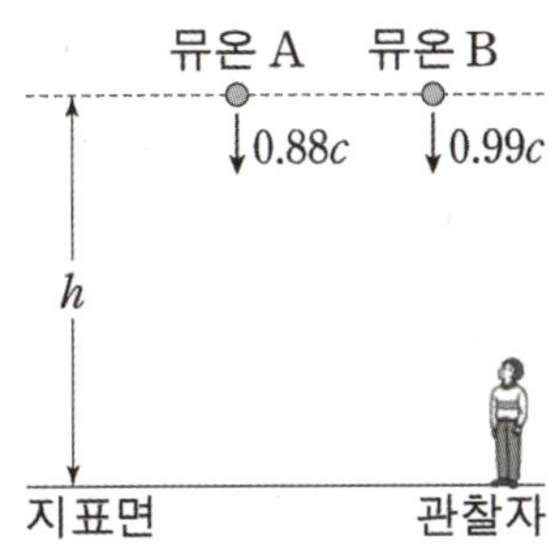

이에 대한 설명으로 옳은 것만을 <보기>에서 있는 대로 고른 것은? (단, c는 빛의 속력이다.)

— <보 기> —

ㄱ. 관찰자가 측정할 때 A가 생성된 순간부터 붕괴하는 순간까지 걸리는 시간은 t_0이다.

ㄴ. 지표면에 도달하는 순간 붕괴하는 뮤온은 B이다.

ㄷ. 관찰자가 측정할 때 h는 $0.99ct_0$이다.

그림은 우주선 A가 우주 정거장 P와 Q를 잇는 직선과 나란하게 등속도 운동하는 모습을 나타낸 것이다. P에 대해 Q는 정지해 있고, P에서 관측한 A의 속력은 $0.6c$이다. P에서 관측할 때, P와 Q 사이의 거리는 6광년이다. A가 Q를 스쳐 지나는 순간, Q는 P를 향해 빛 신호를 보낸다.

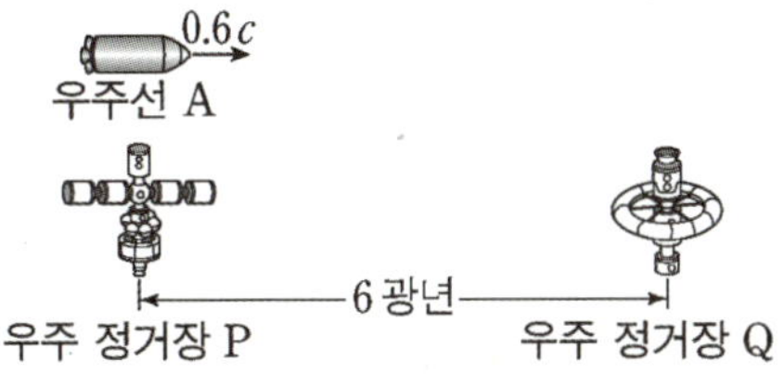

이에 대한 설명으로 옳은 것만을 <보기>에서 있는 대로 고른 것은? (단, c는 빛의 속력이고, 1광년은 빛이 1년 동안 진행하는 거리이다.)

— <보 기> —

ㄱ. A에서 관측할 때, P와 Q 사이의 거리는 6광년보다 짧다.

ㄴ. A에서 관측할 때, P가 지나는 순간부터 Q가 지나는 순간까지 10년이 걸린다.

ㄷ. P에서 관측할 때, A가 P를 지나는 순간부터 Q의 빛 신호가 P에 도달하기까지 16년이 걸린다.

그림과 같이 검출기에 대해 정지한 좌표계에서 관측할 때, 광자 A와 입자 B가 검출기로부터 4광년 떨어진 점 p를 동시에 지나 A는 속력 c로, B는 속력 v로 검출기를 향해 각각 등속도 운동하며, A는 B보다 1년 먼저 검출기에 도달한다.

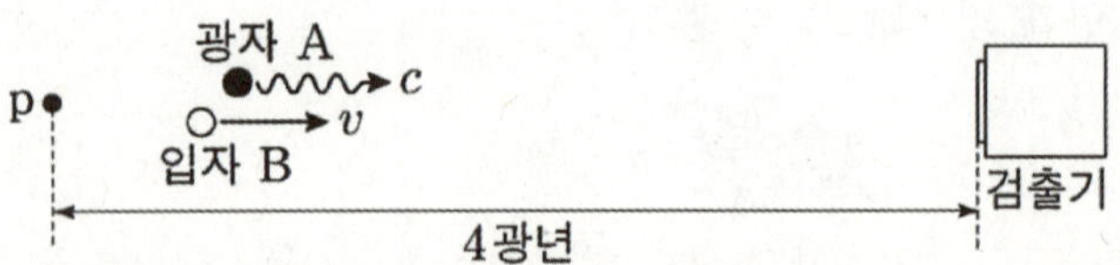

B와 같은 속도로 움직이는 좌표계에서 관측하는 물리량에 대한 설명으로 옳은 것만을 <보기>에서 있는 대로 고른 것은? (단, 1광년은 빛이 1년 동안 진행하는 거리이다.)

───────〈보 기〉───────

ㄱ. p와 검출기 사이의 거리는 4광년이다.

ㄴ. p가 B를 지나는 순간부터 검출기가 B에 도달할 때까지 걸리는 시간은 5년이다.

ㄷ. 검출기의 속력은 $0.8c$이다.

그림은 관찰자 A에 대해 관찰자 B가 탄 우주선이 $0.8c$로 등속도 운동하는 모습을 나타낸 것이다. A가 측정할 때, 광원에서 발생한 빛이 검출기 P, Q, R에 동시에 도달한다. B가 측정할 때, P, Q, R는 광원으로부터 각각 거리 L_P, L_Q, L_R만큼 떨어져 있다. P, 광원, Q는 운동 방향과 나란한 동일 직선상에 있다.

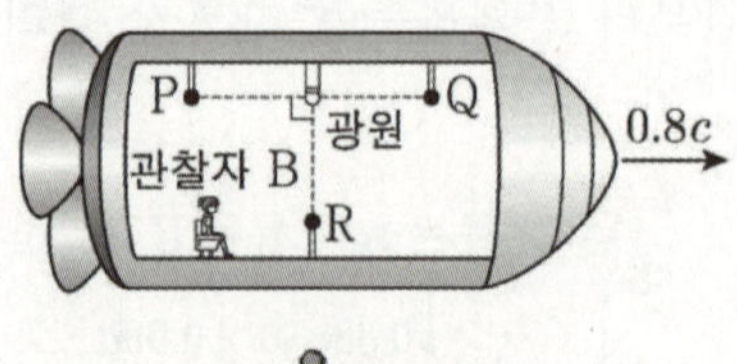

이에 대한 설명으로 옳은 것만을 <보기>에서 있는 대로 고른 것은? (단, c는 빛의 속력이다.)

───────〈보 기〉───────

ㄱ. A가 측정할 때, P와 Q 사이의 거리는 $L_P + L_Q$보다 작다.

ㄴ. B가 측정할 때, L_P가 L_R보다 작다.

ㄷ. B가 측정할 때, A의 시간은 B의 시간보다 빠르게 간다.

그림과 같이 관찰자 A가 탄 우주선이 행성을 향해 가고 있다. 관찰자 B가 측정할 때, 행성까지의 거리는 7광년이고 우주선은 0.7c의 속력으로 등속도 운동한다. B는 멀어지고 있는 A를 향해 자신이 측정하는 시간을 기준으로 1년마다 빛 신호를 보낸다.

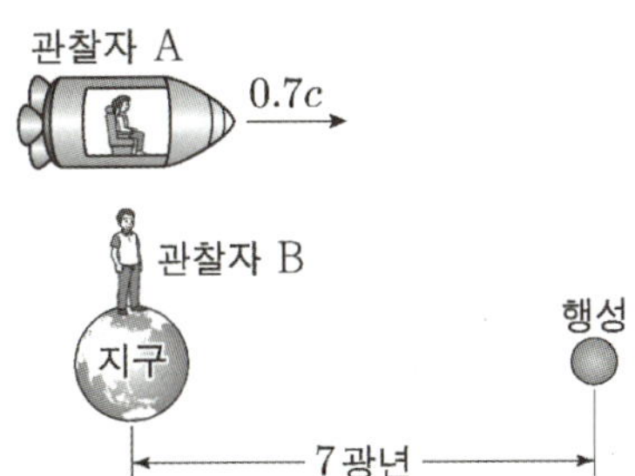

이에 대한 설명으로 옳은 것만을 <보기>에서 있는 대로 고른 것은? (단, c는 빛의 속력이다.)

───── <보 기> ─────

ㄱ. A가 B의 신호를 수신하는 시간 간격은 1년보다 짧다.

ㄴ. A가 측성할 때, 시구에서 행성까지의 거리는 7광년보다 작다.

ㄷ. B가 측정할 때, A의 시간은 B의 시간보다 느리게 간다.

그림과 같이 관찰자에 대해 우주선 A, B가 각각 일정한 속도 0.7c, 0.9c로 운동한다. A, B에서는 각각 광원에서 방출된 빛이 검출기에 도달하고, 광원과 검출기 사이의 고유 길이는 같다. 광원과 검출기는 운동 방향과 나란한 직선상에 있다.

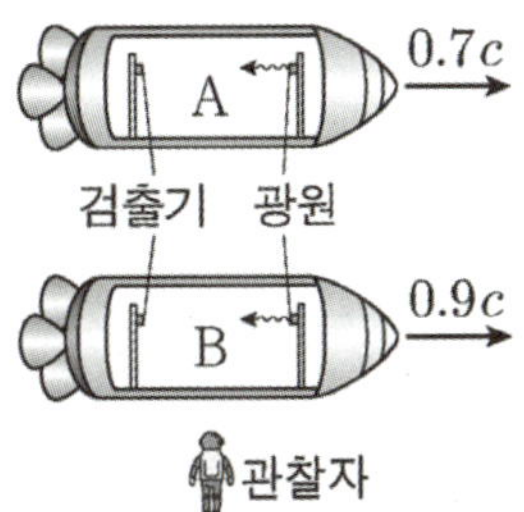

관찰자가 측정할 때, 이에 대한 설명으로 옳은 것만을 <보기>에서 있는 대로 고른 것은? (단, 빛의 속력은 c이다.)

───── <보 기> ─────

ㄱ. A에서 방출된 빛의 속력은 c보다 작다.

ㄴ. 광원과 검출기 사이의 거리는 A에서가 B에서보다 크다.

ㄷ. 광원에서 방출된 빛이 검출기에 도달하는 데 걸린 시간은 A에서가 B에서보다 크다.

그림은 기준선 P, O, Q에 대해 정지한 관찰자 C가 서로 반대 방향으로 각각 $0.9c$, v의 속력으로 등속도 운동을 하는 우주선 A, B를 관측한 모습을 나타낸 것이다. C가 관측할 때, A, B는 O를 동시에 지난 후, O에서 각각 $9L$, $8L$ 떨어진 Q와 P를 동시에 지난다.

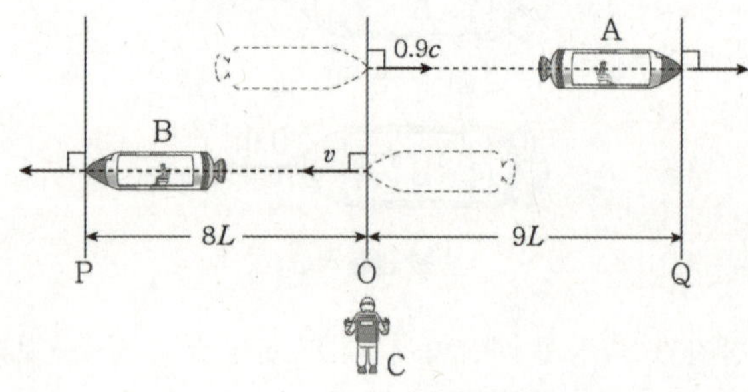

이에 대한 옳은 설명만을 <보기>에서 있는 대로 고른 것은? (단, c는 빛의 속력이다.)

───── <보 기> ─────

ㄱ. $v = 0.8c$이다.

ㄴ. P와 Q 사이의 거리는 B에서 측정할 때가 A에서 측정할 때보다 짧다.

ㄷ. B에서 측정할 때, O가 B를 지나는 순간부터 P가 B를 지날 때까지 걸리는 시간은 $\dfrac{10L}{c}$ 이다.

그림과 같이 우주선이 우주 정거장에 대해 $0.6c$의 속력으로 직선 운동하고 있다. 광원에서 우주선의 운동 방향과 나란하게 발생시킨 빛 신호는 거울에 반사되어 광원으로 되돌아온다. 표는 우주선과 우주 정거장에서 각각 측정한 물리량을 나타낸 것이다.

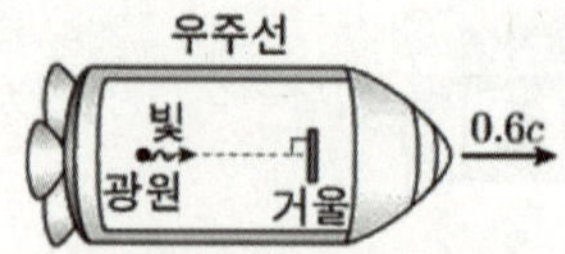

측정한 물리량	우주선	우주 정거장
광원과 거울 사이의 거리	L_0	L_1
빛 신호가 광원에서 거울까지 가는 데 걸린 시간	t_0	t_1
빛 신호가 거울에서 광원까지 가는 데 걸린 시간	t_0	t_2

이에 대한 설명으로 옳은 것만을 <보기>에서 있는 대로 고른 것은? (단, c는 빛의 속력이다.)

───── <보 기> ─────

ㄱ. $L_0 > L_1$이다.

ㄴ. $t_0 = \dfrac{L_0}{c}$이다.

ㄷ. $t_1 > t_2$이다.

16

그림과 같이 관찰자 P에 대해 별 A, B가 같은 거리만큼 떨어져 정지해 있고, 관찰자 Q가 탄 우주선이 $0.9c$의 속력으로 A에서 B를 향해 등속도 운동하고 있다. P의 관성계에서 Q가 P를 스쳐 지나는 순간 A, B가 동시에 빛을 내며 폭발한다.

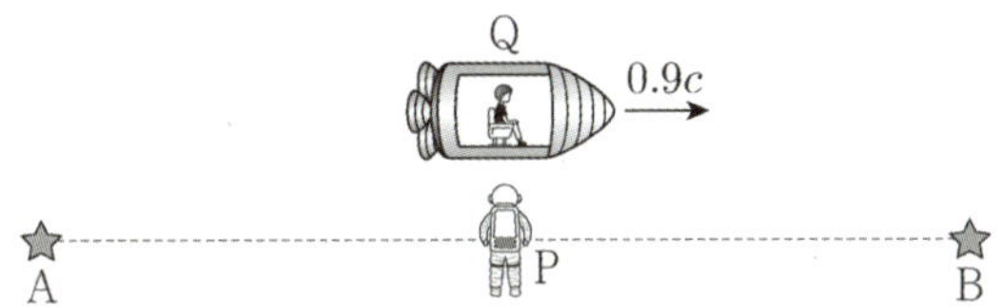

이에 대한 설명으로 옳은 것만을 <보기>에서 있는 대로 고른 것은? (단, c는 빛의 속력이다.)

<보 기>

ㄱ. P의 관성계에서, A와 B가 폭발할 때 발생한 빛이 동시에 P에 도달한다.

ㄴ. Q의 관성계에서, B가 A보다 먼저 폭발한다.

ㄷ. Q의 관성계에서, A와 P 사이의 거리는 B와 P 사이의 거리보다 크다.

17

그림은 관찰자 A에 대해 관찰자 B가 탄 우주선이 $0.9c$로 등속도 운동하는 모습을 나타낸 것이다. B가 측정할 때 광원 P와 Q에서 동시에 발생한 빛이 검출기 R에 동시에 도달하였다. Q와 R를 잇는 직선은 우주선의 운동 방향과 나란하고 P와 R를 잇는 직선은 우주선의 운동 방향과 수직이다.

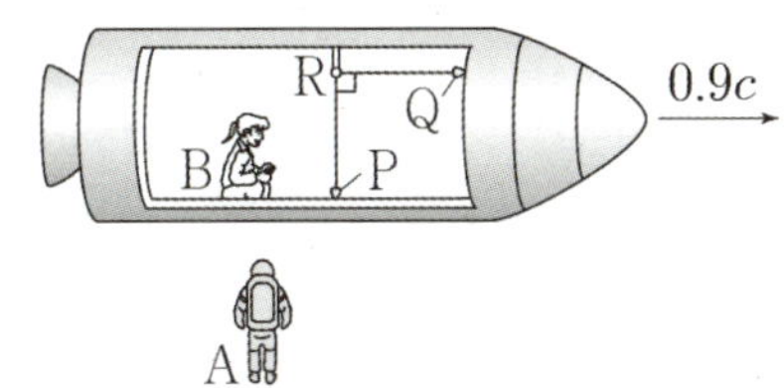

이에 대한 설명으로 옳은 것만을 <보기>에서 있는 대로 고른 것은? (단, c는 빛의 속력이다.)

<보 기>

ㄱ. A와 B가 측정한 빛의 속력은 같다.

ㄴ. B가 측정할 때, A의 시간은 B의 시간보다 느리게 간다.

ㄷ. A가 측정할 때, P와 R 사이의 거리는 Q와 R 사이의 거리보다 길다.

ㄹ. A의 관성계에서, 빛은 P보다 Q에서 먼저 방출된다.

---

18 21학년도 9월 평가원 11번

그림은 관찰자 A에 대해 관찰자 B가 탄 우주선이 $0.6c$의 속력으로 직선 운동하는 모습을 나타낸 것이다. B의 관성계에서 광원과 거울 사이의 거리는 L이고, 광원에서 우주선의 운동 방향과 수직으로 발생시킨 빛은 거울에서 반사되어 되돌아온다.

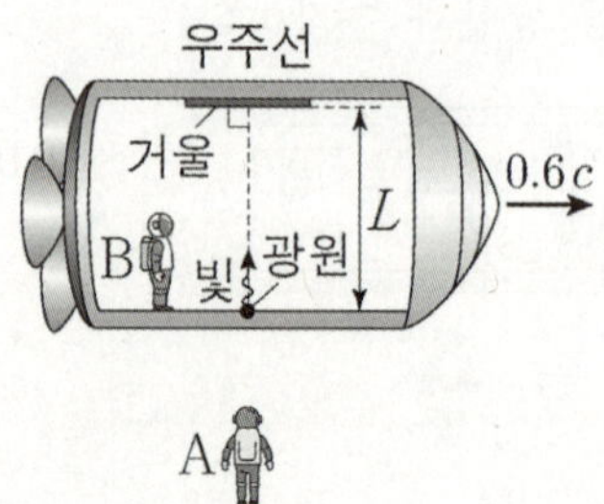

이에 대한 설명으로 옳은 것만을 <보기>에서 있는 대로 고른 것은? (단, c는 빛의 속력이다.)

───────< 보 기 >───────

ㄱ. A의 관성계에서, 빛의 속력은 c이다.

ㄴ. A의 관성계에서, 광원과 거울 사이의 거리는 L이다.

ㄷ. B의 관성계에서, A의 시간은 B의 시간보다 빠르게 간다.

19 20년 10월 교육청 7번

그림과 같이 우주 정거장에 대해 정지한 두 점 P에서 Q까지 우주선이 일정한 속도로 운동한다. 우주 정거장의 관성계에서 관측할 때 P와 Q 사이의 거리는 3광년이고, 우주선이 P에서 방출한 빛은 우주선보다 2년 먼저 Q에 도달한다.

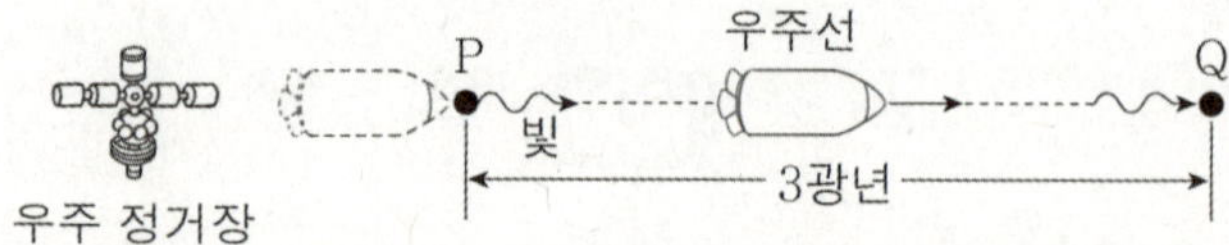

우주선의 관성계에서 관측할 때에 대한 옳은 설명만을 <보기>에서 있는 대로 고른 것은? (단, 빛의 속력은 c이고, 1광년은 빛이 1년 동안 진행하는 거리이다.)

───────< 보 기 >───────

ㄱ. Q의 속력은 $0.6c$이다.

ㄴ. P와 Q 사이의 거리는 3광년이다.

ㄷ. 우주선의 시간은 우주 정거장의 시간보다 빠르게 간다.

20 22년 4월 교육청 9번

그림과 같이 관찰자 A에 대해 관찰자 B가 탄 우주선이 광속에 가까운 속력 v로 등속도 운동한다. A의 관성계에서, 광원 p, q와 검출기는 정지해 있고, p와 검출기를 잇는 직선은 우주선의 운동 방향과 나란하다. B의 관성계에서, p와 q에서 동시에 방출된 빛은 검출기에 동시에 도달한다.

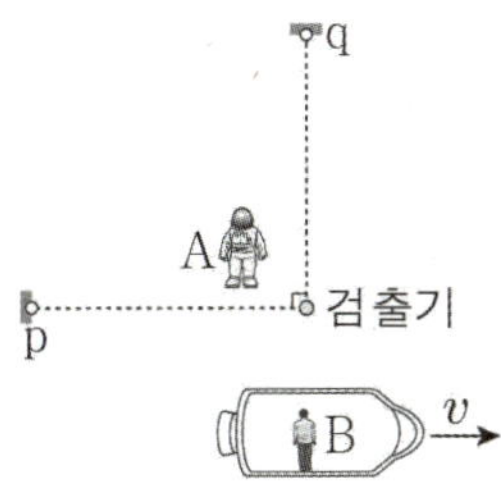

이에 대한 설명으로 옳은 것만을 <보기>에서 있는 대로 고른 것은?

<보 기>

ㄱ. p와 검출기 사이의 거리는 A의 관성계에서가 B의 관성계에서보나 크다.

ㄴ. q에서 방출된 빛이 검출기에 도달할 때까지 걸린 시간은 A의 관성계에서가 B의 관성계에서보다 크다.

ㄷ. A의 관성계에서, 빛은 p에서가 q에서보다 먼저 방출된다.

---

21 22년 7월 교육청 11번

그림은 관찰자 B에 대해 관찰자 A가 탄 우주선이 x축과 나란하게 광속에 가까운 속력으로 등속도 운동하는 모습을 나타낸 것이다. 광원, 검출기 P, Q를 잇는 직선은 x축과 나란하다. 광원에서 발생한 빛은 A의 관성계에서는 P보다 Q에 먼저 도달하고 B의 관성계에서는 Q보다 P에 먼저 도달한다. A의 관성계에서 광원에서 발생한 빛이 R까지 진행하는 데 걸린 시간은 t_0이다.

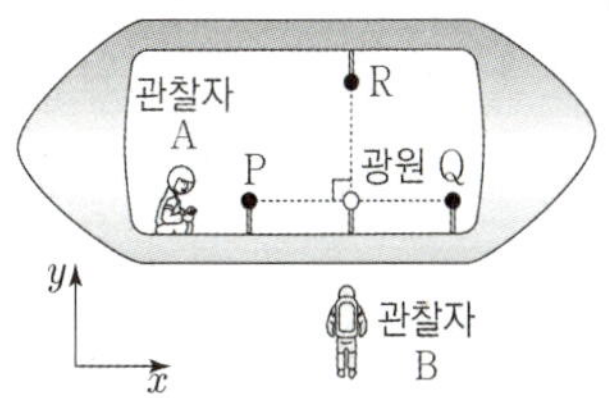

이에 대한 설명으로 옳은 것만을 <보기>에서 있는 대로 고른 것은?

<보 기>

ㄱ. B의 관성계에서 우주선의 운동 방향은 $+x$방향이다.

ㄴ. B의 관성계에서 광원과 P 사이의 거리는 광원과 P 사이의 고유 길이보다 작다.

ㄷ. B의 관성계에서 빛이 광원에서 R까지 가는 데 걸린 시간은 t_0보다 크다.

그림과 같이 관찰자 A에 대해 관찰자 B가 탄 우주선이 광속에 가까운 속력 v로 등속도 운동한다. 점 X, Y는 각각 우주선의 앞과 뒤의 점이다. A의 관성계에서 기준선 P, Q는 정지해 있으며 X가 P를 지나는 순간 Y가 Q를 지난다.

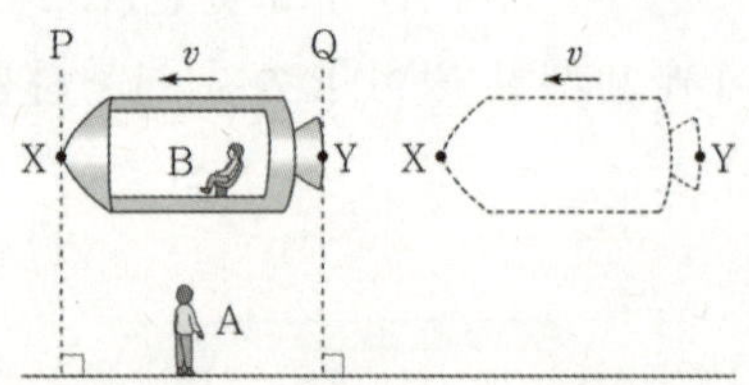

B의 관성계에서 관측했을 때에 대한 옳은 설명만을 <보기>에서 있는 대로 고른 것은?

<보 기>

ㄱ. A의 시간은 B의 시간보다 느리게 간다.

ㄴ. X와 Y 사이의 거리는 P와 Q 사이의 거리와 같다.

ㄷ. P가 X를 지나는 사건이 Q가 Y를 지나는 사건보다 먼저 일어난다.

그림과 같이 관찰자 A에 대해 광원 p와 검출기 q는 정지해 있고, 관찰자 B, 광원 r, 검출기 s는 우주선과 함께 $0.5c$의 속력으로 직선 운동한다. A의 관성계에서 빛이 p에서 q까지, r에서 s까지 진행하는 데 걸린 시간은 t_0으로 같고, 두 빛의 진행 방향과 우주선의 운동 방향은 반대이다.

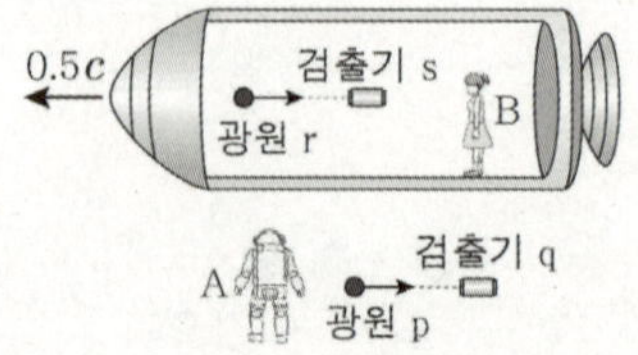

이에 대한 설명으로 옳은 것은? (단, 빛의 속력은 c이다.)

① A의 관성계에서, r에서 나온 빛의 속력은 $0.5c$이다.

② A의 관성계에서, r와 s 사이의 거리는 ct_0보다 작다.

③ B의 관성계에서, p와 q 사이의 거리는 ct_0보다 크다.

④ B의 관성계에서, A의 시간은 B의 시간보다 빠르게 간다.

⑤ B의 관성계에서, 빛이 r에서 s까지 진행하는 데 걸린 시간은 t_0보다 크다.

24   23년 4월 교육청 9번

그림과 같이 관찰자 P에 대해 관찰자 Q가 탄 우주선이 광원 A, 검출기, 광원 B를 잇는 직선과 나란하게 광속에 가까운 속력으로 등속도 운동한다. P의 관성계에서, 광원 A, B, C에서 동시에 방출된 빛은 **검출기에 동시에 도달한다.**

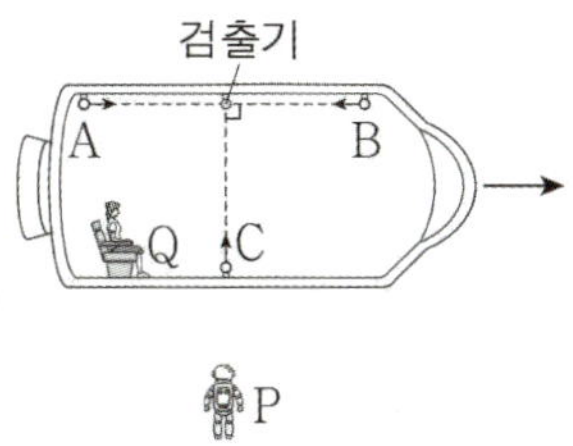

이에 대한 설명으로 옳은 것만을 <보기>에서 있는 대로 고른 것은?

─────< 보 기 >─────

ㄱ. A와 B 사이의 거리는 P의 관성계에서가 Q의 관성계에서보다 크다.

ㄴ. C에서 방출된 빛이 검출기에 도달하는 데 걸리는 시간은 Q의 관성계에서가 P의 관성계에서보다 작다.

ㄷ. Q의 관성계에서, 빛은 A에서가 B에서보다 먼저 방출된다.

25   24학년도 6월 평가원 9번

그림과 같이 관찰자 A에 대해 광원 P, Q가 정지해 있고, 관찰자 B가 탄 우주선이 P, A, Q를 잇는 직선과 나란하게 $0.9c$의 속력으로 등속도 운동을 하고 있다. A의 관성계에서, A에서 P, Q까지의 거리는 각각 L로 같고, P, Q에서 빛이 A를 향해 동시에 방출된다.

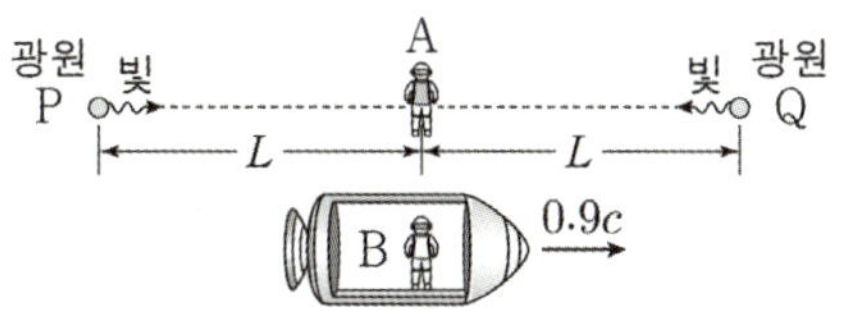

이에 대한 설명으로 옳은 것만을 <보기>에서 있는 대로 고른 것은? (단, c는 빛의 속력이다.)

─────< 보 기 >─────

ㄱ. A의 관성계에서, B의 시간은 A의 시간보다 느리게 간다.

ㄴ. B의 관성계에서, 빛이 P에서 A까지 도달하는 데 걸린 시간은 $\dfrac{L}{c}$이다.

ㄷ. B의 관성계에서, 빛은 Q에서가 P에서보다 먼저 방출된다.

그림과 같이 관찰자 A에 대해 광원 P, 검출기 Q가 정지해 있고, 관찰자 B가 탄 우주선이 P, Q를 잇는 직선과 나란하게 $0.9c$의 속력으로 등속도 운동을 하고 있다. A의 관성계에서, 우주선의 길이는 L_1이고, P와 Q 사이의 거리는 L_2이다.

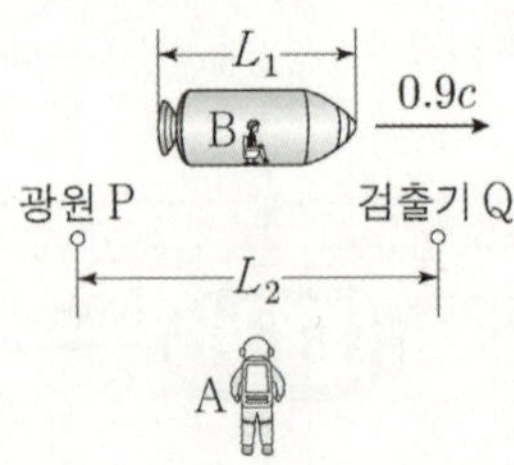

이에 대한 설명으로 옳은 것만을 <보기>에서 있는 대로 고른 것은? (단, 빛의 속력은 c이다.)

─── <보 기> ───

ㄱ. A의 관성계에서, A의 시간은 B의 시간보다 느리게 간다.

ㄴ. B의 관성계에서, 우주선의 길이는 L_1보다 길다.

ㄷ. B의 관성계에서, P에서 방출된 빛이 Q에 도달하는 데 걸리는 시간은 $\dfrac{L_2}{c}$보다 크다.

그림과 같이 관찰자 X에 대해 우주선이 A, B가 서로 반대 방향으로 속력 $0.6c$로 등속도 운동한다. 기준선 P, Q와 점 O는 X에 대해 정지해 있다. X의 관성계에서, A가 P에서 빛 a를 방출하는 순간 B는 Q에서 빛 b를 방출하고, a와 b는 O를 동시에 지난다.

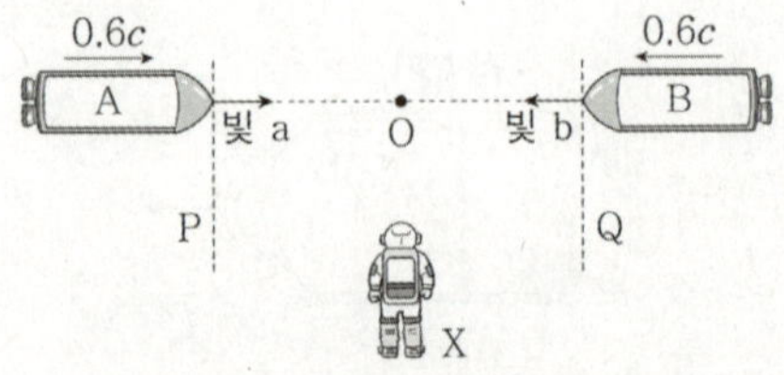

A의 관성계에서, 이에 대한 옳은 설명만을 <보기>에서 있는 대로 고른 것은? (단, c는 빛의 속력이다.)

─── <보 기> ───

ㄱ. B의 길이는 X가 측정한 B의 길이보다 크다.

ㄴ. a와 b는 O에 동시에 도달한다.

ㄷ. b가 방출된 후 a가 방출된다.

Chapter 08

전기력

평가원 물리학1 시험지를 보면, 이 단원에서 **개념을 묻는 문제** 여러 개와 **직접 계산을 해야 하는 킬러 문제** 하나가 출제된다. 제대로 공부하지 않고 문제를 풀게 되면 실수하기 쉽고, 고난도 문제는 접근을 잘못하면 하루 종일 계산만 하다가 끝날 수 있으니 주의해야 한다.

이 단원과 다음 단원(자기력)의 핵심은 **특이점**을 찾는 것이다.
모든 걸 다 계산해서 문제를 해결할 수도 있겠지만, 출제자가 의도한 특이점을 잘 파악할 수만 있다면 문제를 수월하게 해결할 수 있다. 가장 대표적인 특이점으로는 **대칭성**, **작용-반작용**, 그리고 나중에 후술할 **평형점** 등이 있다.

22학년도 수능부터 난이도가 급상승해 준킬러~킬러 역할을 톡톡히 하는 중이므로, 더욱 열심히 대비할 필요가 있다.

▌전기력

1. 전기력의 정의

전기력은 전하 사이에 작용하는 힘으로, 인력과 척력 두 종류가 있다. 다른 종류를 띤 전하들 사이에는 인력이, 같은 종류를 띤 전하들 사이에는 척력이 작용한다.

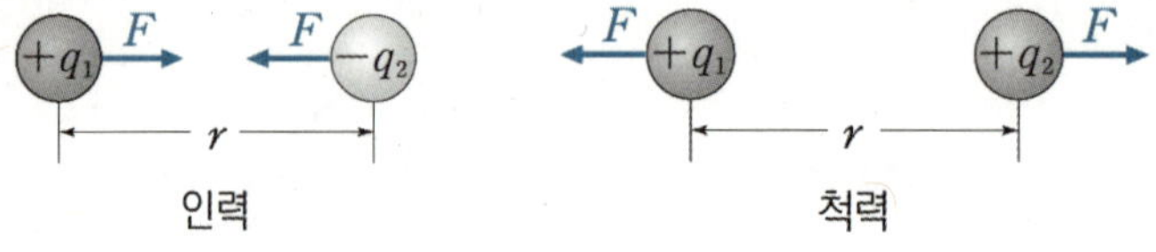

전기력 : 전하 사이에 작용하는 힘

전하량이 각각 q_1, q_2인 두 점전하 사이의 거리가 r일 때 두 점전하 사이에 작용하는 전기력의 크기 F는 쿨롱 법칙에 의해 다음과 같다.

$$F = k\frac{q_1 q_2}{r^2} \text{ (진공 중에서 쿨롱 상수 } k = 8.99 \times 10^9 \text{N} \cdot \text{m}^2/\text{C}^2)$$

1. 많은 학생들이 전기력을 "전기"로만 이해하는 경향이 있다. 그런데 이렇게 되면 뒤에서 나올 작용 반작용의 법칙과, 계 내부에서의 상호작용은 무시해도 된다는 성질을 전기력 chapter에 적용하는 걸 어색하게 느끼기 쉽다. 이 책을 읽는 학생들은 잠시 멈춰서 한 번만 생각하고 넘어가자. **전기력도 힘이다.**

2. 그렇지만 위 식에서도 보이듯이, 전기력과 전하량은 절대 동떨어진 개념이 아니다. 문제를 풀다 전기력과 관련된 조건이 나오면 이를 전하량에, 전하량과 관련된 조건이 나오면 이를 전기력에 각각 대응할 수 있어야 한다. 문제를 풀 때, 풀이에서 **전기력과 전하량을 자유롭게 넘나들 수 있어야 한다**는 말이다.

3. 전기력 공식을 뒤에서 볼 자기력 공식과 헷갈려 분모에 r을 넣고서 당황하는 학생들이 종종 있다. 시험장에서 이런 실수를 하게 되면 멘탈에 지장이 생기기 쉽다. **전기력 공식은 r^2이다.** 주의하자.

2. 전기력 표시하기

본격적으로 시작하기에 앞서, 전기력을 표시하는 방법을 정리하고 넘어가자.

(1) 전기력의 방향은 화살표로 표시한다.

$$A \quad \bigcirc \longrightarrow f_{전기력}$$

역학 단원의 속도/가속도와 달리 방향을 부호로 취급하지 않는 것이 좋다. 쉽게 말해 $+$방향, $-$방향의 구별이 위험하다는 말이다. 이 단원에서는 전하의 부호가 $+, -$로 사용되기 때문에, 애초부터 헷갈리지 않게 방향 구별을 화살표로 하자.

(2) 전기력의 크기를 다룰 때는 상댓값을 이용한다.

전기력 F를 계산한 결과에서 분자의 k, Q^2과 분모의 d^2은 결국 상수인 셈이니 임의의 기호로 대체할 수 있다.

예를 들어 "거리 d만큼 떨어진 전하량 크기의 곱이 $1Q^2$인 두 전하가 서로에게 작용하는 전기력의 크기"를 f라 하면, 거리 $2d$만큼 떨어진 전하량 크기의 곱이 $2Q^2$인 두 전하가 서로에게 작용하는 전기력의 크기는 상댓값을 통해 $\frac{1}{2}f$라 표현할 수 있다.

(3) 줄을 맞춰서 전기력을 직관적으로 표시할 수 있다.

이 방법을 가장 추천한다. 상황을 직관적으로 한 눈에 알아볼 수 있기 때문이다.

$$+1Q \qquad -1Q \qquad +2Q$$
$$\underset{0}{\oplus} \qquad\qquad \underset{d}{\ominus} \qquad\qquad \underset{2d}{\oplus} \quad \longrightarrow +x$$

$$\tfrac{1}{2}f \leftarrow \qquad\qquad\qquad \longrightarrow \tfrac{1}{2}f$$

$$\longrightarrow f \qquad f \leftarrow$$

$$\longrightarrow 2f \qquad 2f \leftarrow$$

예를 들어 $+1Q$, $-1Q$, $+2Q$의 세 전하가 일직선상에 차례로 d의 거리를 두고 있는 경우를 생각해보자. $+1Q$와 $+2Q$의 상호 작용에 의한 작용 반작용의 두 힘을 각 전하 밑에 표시하고, $+1Q$와 $-1Q$ 사이의 상호작용은 조금 내려서 표시, $-1Q$와 $+2Q$ 사이의 상호작용은 조금 더 내려서 표시하는 식이다. 이후 각각의 전하에 대해 세로로 적힌 힘들을 합하면 알짜힘을 구할 수 있다.

☞ **전기력 표시 방법 정리!**

1. 전기력의 방향은 **화살표**로 표시한다.
2. 전기력의 크기를 다룰 때는 **상댓값**을 이용한다.
3. **줄을 맞춰서** 전기력을 직관적으로 표시할 수 있다.

전기력 문제의 풀이는 각 전하의 부호를 찾는 것에서 시작된다. 전하들 각각의 부호를 찾는다는 것은 결국 누가 누구를 당기고 미는지를 알아내는 것과 같은데, 세 개 이상의 전하가 나올 때 전하들의 부호를 알아보기 위해 무턱대고 접근했다간 헷갈리기 십상이다.

각각의 전하들의 부호를 모를 때, 가장 쉬운 접근법은 바로 **전하를 두 개씩 쳐다보면서** 평형점을 찾는 것이다. 여기서 평형점이란, 두 전하에 의한 전기력의 합력이 0이 되는 점을 뜻한다.

평형점을 찾는 건 생각보다 간단하다. 두 전하의 **부호가 같다면 그 둘 사이**에, **반대라면 둘의 연장선상에** 평형점이 생기기 때문이다. 그러나 정확한 위치까지는 알 수 없기에 계산을 통해 정확한 위치를 확정해 줄 필요가 있을 때도 있다.

(정확한 위치를 확정할 때는 전하량이 $+1C$인 임의의 점전하 한 개[13])를 내부 또는 외부에 두고 전기력 공식을 두 번 계산해 주면 된다.)

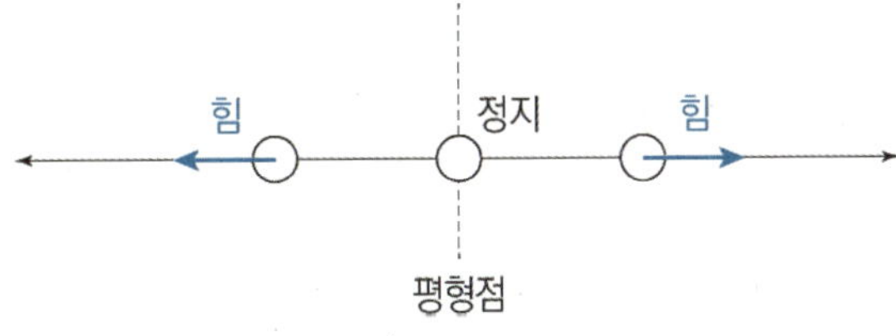

---

13) 평형점은 임의의 전하가 받는 전기력의 합이 항상 0이 되는 지점이므로, 꼭 전하량의 크기가 $+1C$일 필요는 없다. 다만 계산의 편의를 위해 본 책에서는 $+1C$로 두는 것이다.

(1) 평형점을 찾으면 알 수 있는 특징들

평형점을 찾으면 알 수 있는 특징들이 있다.

먼저, **평형점을 경계로 더 큰 영향력을 행사하는 전하가 역전된다.** 말이 좀 어려울 수 있는데, 예를 들어 고정된 두
전하 A, B가 있는데 움직이는 전하 C를 동일 직선상에 놓았다 하자. 이때 C가 A, B가 만드는 평형점을 지나가면,
그 지점을 경계로 C가 받는 전기력의 방향이 변한다. 즉, C가 받는 전기력의 방향에 더 강한 영향력을 행사하는
전하가 바뀐 것이다.

다음으로, 평형점의 위치로부터 멀리 떨어진 점전하의 전하량의 크기가 나머지 하나보다 크다. 이건 예시를 통해
이해해보자.

〈예시 1 : 평형점이 외부에 있을 때〉
그림과 같이 고정된 두 점전하 A, B가 있을 때 B의 오른쪽에 평형점이 있다고 생각하자.

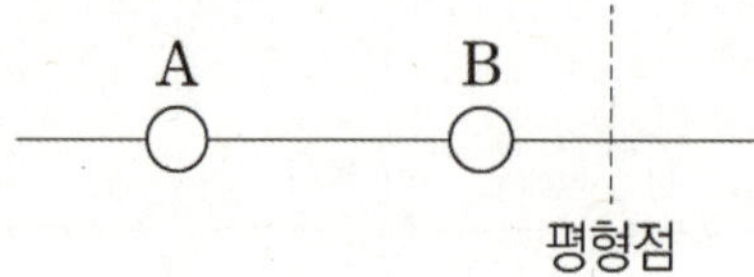

거리가 가까워질수록 작용하는 전기력의 세기가 세지는데, 평형점으로부터 A가 B보다 멀리 떨어져 있음에도 둘이
작용하는 전기력의 세기가 같으므로 A의 전하량의 크기가 더 큰 것을 알 수 있다.

〈예시 2 : 평형점이 내부에 있을 때〉
그림과 같이 고정된 두 점전하 A, B 내부의 평형점이 B에 더 가까이 있다고 생각하자.

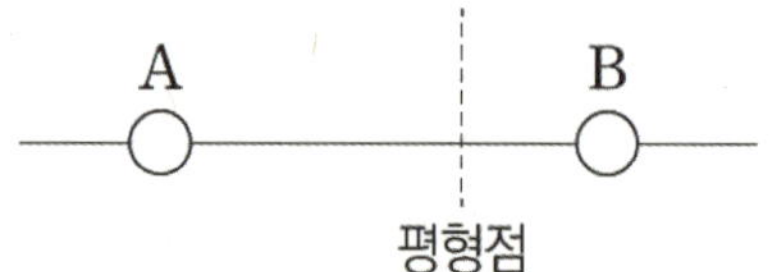

마찬가지로 거리가 가까워질수록 작용하는 전기력의 세기가 세지는데, 평형점으로부터 A가 B보다 멀리 떨어져
있음에도 둘이 작용하는 전기력의 세기가 같으므로 A의 전하량의 크기가 더 큰 것을 알 수 있다.

☞ **실수 주의!**

실전에서 문제를 빠르게 풀다 보면 무의식적으로 머릿속에 "가까워질수록 세기가 세진다"만 남아, "가깝다 = 크
다"로 문제를 풀어버릴 수 있다. 위 예시들 상황으로 생각하면 평형점이 B랑 가까우므로 B의 전하량의 크기가
A보다 크다고 풀고 넘어간다는 말이다. 이건 진짜 조심해야 한다.

진짜로.

(2) 평형점 주변에 고정되지 않은 전하를 가만히 두었을 때

평형점 주변에 고정되지 않은 전하를 가만히 두면, 그 전하는 평형점을 향해 움직이지만 평형점을 통과하고 지나가지,
평형점에서 정지하지는 않는다.

평형점에선 전기력에 의한 알짜힘이 0기 때문에 가속도가 0인데, 이를 자칫 잘못 생각하면 오개념이 생길 수 있다.
문제를 풀다 발문에 "점전하들 사이에 입자를 두었더니 서서히 움직여서 정지했다."라는 표현을 보고 그 입자가
정지한 위치를 평형점으로 착각하는 경우가 그러하다.

역학 단원을 잘 생각해보면 $+x$방향으로 이동하는 물체의 알짜힘의 방향이 $+x$에서 $-x$로 변했다고 물체가 멈추지
않는다. 속력의 크기가 점점 증가하다 점점 감소할 뿐이고, 물체가 실제로 정지하는 지점은 알짜힘이 아니라 속도가
0인 지점이다.

전기력 단원도 마찬가지인데, 예시를 통해 이해해보자.
그림과 같이 고정된 양(+)전하 A, B가 만드는 평형점 왼쪽에 고정되지 않은 양(+)전하 C를 두었다.

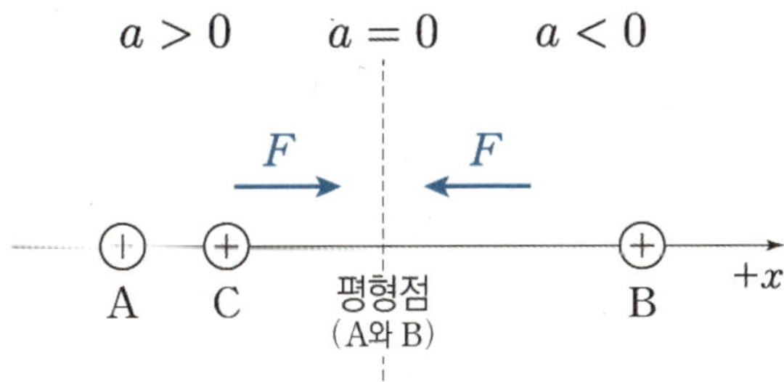

C는 평형점 왼쪽에선 $+x$방향으로 전기력을 받고, 이때 평형점에 도달하기 전까지는 가속도 $a > 0$이기 때문에 속력이
점점 증가한다. 이후 평형점에서 C의 속력은 최대가 되고, 속력이 점점 감소하여 평형점에서 $+x$방향으로 더 운동한 뒤
정지한다.

위치에 따른 C의 속력을 대강 표현하면 다음과 같다.

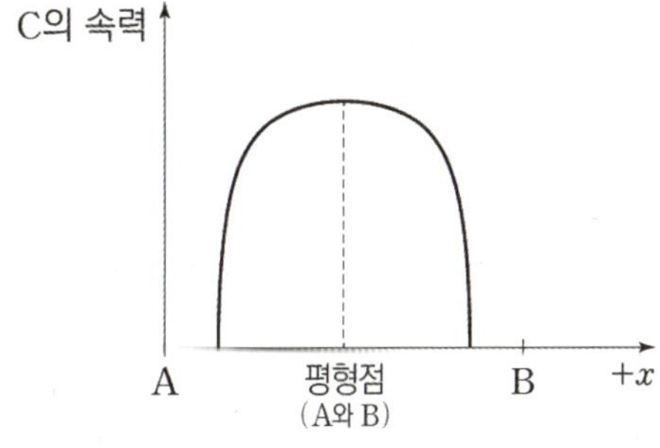

이건 팁인데, 앞서 봤듯이 어떤 입자가 움직이다 멈추면 평형점은 입자의 정지 지점을 기준으로 정지하기 직전 방향의
반대 방향에 있다. 위의 경우에는 C가 오른쪽으로 운동하다 멈췄으니 평형점은 정지 지점의 왼쪽에 있음을 알 수 있다.

그림과 같이 점전하 A, B가 각각 고정되어 있다. A는 양(+)전하이다. A, B사이에 임의의 입자 C를 놓았더니, B 방향으로 서서히 움직여 C가 받는 전기력의 합이 0이 되는 지점인 p를 지났다.

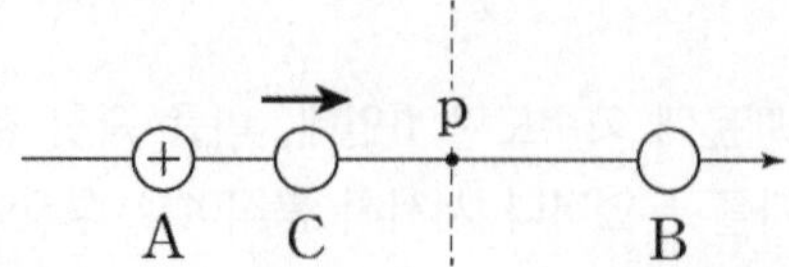

1-1. B, C 각각의 부호를 구하시오.

1-2. C의 알짜힘의 방향에 더 많은 영향을 미치는 전하는 p를 기점으로 어떻게 바뀌는지 쓰시오.

그림과 같이 점전하 A, B가 각각 고정되어 있다. A는 양(+)전하이다. A, B 바깥에 임의의 입자 C를 놓았더니, B 방향으로 서서히 움직여 C가 받는 전기력의 합이 0이 되는 지점인 p를 지났다.

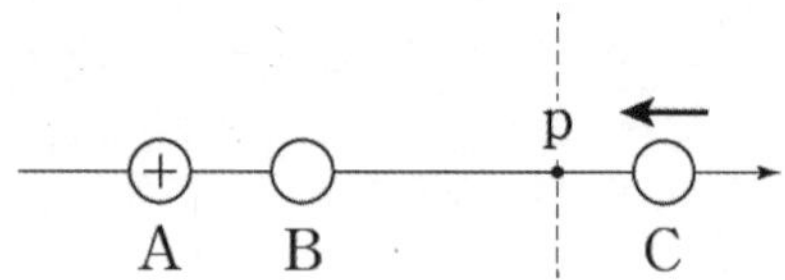

2-1. B, C 각각의 부호를 구하시오.

2-2. C의 알짜힘의 방향에 더 많은 영향을 미치는 전하는 p를 기점으로 어떻게 바뀌는지 쓰시오.

1-1) 둘 다 양(+)전하이다.

A와 B 사이에 C가 받는 전기력의 합이 0인 지점 p가 있으므로, A와 B의 부호는 같다.
따라서 B는 양(+)전하이다. 그리고 지점 p를 기준으로 C가 받는 전기력의 방향이 바뀌는데,
왼쪽에선 A가 C의 방향에 B보다 더 많은 영향을 미친다.
그런데 C는 A로부터 멀어지고 있으므로 C도 A와 부호가 같다.
따라서 C도 양(+)전하이다.

1-2) C가 p의 왼쪽에 있을 때는 A가 C가 받는 전기력의 방향을 결정하고, 오른쪽에 있을 때는 B가 결정한다.

※ 번외

이 연습 문항에선 C가 전기력의 합이 0이 되는 지점 p를 지난다고 설명했지만, 다른 문제에서는 "C는 p에서
가속도가 0이다", "p를 지나면서 C의 가속도 방향이 바뀐다" 등으로 바꿔 표현해줄 수도 있다.

2-1) 둘 다 음(−)전하이다.

A와 B 바깥에 C가 받는 전기력이 0인 지점 p가 있으므로, A와 B의 부호는 반대이다.
따라서 B는 음(−)전하이다.
여기서 한 가지 조건을 더 확인할 수 있는데, 만약 B의 전하량의 크기가 A보다 크다면 C가 받는 전기력의
합이 0이 될 수가 없으므로[14] A의 전하량이 크기가 B보다 크다는 것도 알 수 있다.

지점 p를 기준으로 C가 받는 전기력의 방향이 바뀌는데,
B에 한없이 가까운 지점에 C를 놓게 되면 C가 받는 전기력의 방향은 B가 결정하게 되므로,
C가 p의 오른쪽에서 왼쪽으로 가면서 C가 받는 전기력의 방향을 결정하는 점전하는 A에서 B로 변한다.

따라서 p의 오른쪽에서 C는 A 방향으로 이동하고 있으므로 둘의 부호는 반대이고, C는 음(−)전하이다.

2-2) C가 p의 오른쪽에 있을 때는 C가 받는 전기력의 방향을 A가 결정하고, 왼쪽에 있을 때는 B가 결정한다.

---

14) 만약 B의 전하량의 크기가 A보다 크다면, 쿨롱 법칙에 따라 전기력은 거리 제곱에 반비례하고 전하량의 곱에 비례하므로 C로
부터의 거리가 A보다 더 작은 B가 C에 가하는 힘이 항상 더 크게 된다. 따라서 C가 받는 전기력의 합은 0이 될 수 없다.

(3) 작용-반작용의 법칙

전기력은 전하 사이에 작용하는 "힘"이다. 따라서 당연히 힘을 주고받는 전하들 사이에 작용-반작용의 법칙이 성립한다. 여기서 조금만 더 생각해 보면, 문제에서 주어진 전하들 **전체를 하나의 계로 잡았을 때, 전하들끼리 작용하는 힘과 그 반작용은 계 내부에서의 상호작용이므로 상쇄됨**을 알 수 있다. 이를 이용하면 문제에서 주어진 상황에 따라 각 전하들이 받는 전기력의 방향도 유추할 수 있다.

간단한 연습 문항을 풀면서 이해해보자.

연습 문항

그림은 고정된 두 점전하 A, C 사이에 점전하 B를 가만히 놓았더니, B가 움직이기 시작하는 모습을 나타낸 것이다. B를 가만히 놓는 순간, B가 받는 전기력의 방향은 오른쪽이고 A가 받는 전기력의 크기는 0이다.

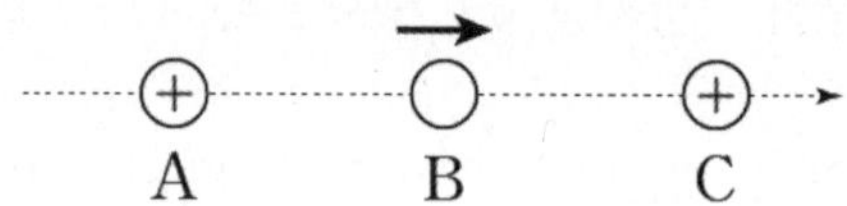

1. C가 받는 전기력의 방향을 결정하시오.
2. B의 부호를 결정하시오.
3. B, C의 전하량의 크기를 비교하시오.
4. B가 받는 전기력의 크기와 C가 받는 전기력의 크기를 비교하시오.
5. A, C사이 평형점은 현재 B로부터 어느 쪽에 위치하는지 그림에 표시하시오.

---

1. A, B, C 전체를 하나의 계로 볼 때 외부력이 없으므로 합력은 0이다.
따라서 A가 받는 전기력의 크기가 0인 것을 생각하면 **C가 받는 전기력의 방향은 자연스럽게 왼쪽이 된다.**

그리고 앞에서 공부했던 걸 적용해보자.

2. A와 C는 부호가 같으므로 서로 미는 방향으로 전기력이 작용한다.
그런데 C가 A를 왼쪽으로 밀고 있음에도 A가 받는 전기력의 크기가 0이라는 건 B가 A를 오른쪽으로 당기고 있기 때문이고, **따라서 B는 음(−)전하이다.**

3. C가 B보다 A로부터 더 멀리 떨어져 있음에도 A에 작용하는 힘의 세기가 B와 같다.
따라서 **전하량의 크기는 C가 B보다 크다.** 쉽게 설명하면 평형점으로부터 거리는 C가 B보다 멀기 때문에 C의 전하량의 크기가 B보다 크다는 것이다.

4. B에 작용하는 알짜힘과 C에 작용하는 알짜힘이 서로 상쇄되어 전체 계의 합력이 0이 된다.
따라서 **B에 작용하는 전기력과 C에 작용하는 전기력의 크기는 같다.**

5. A와 C는 부호가 같기 때문에, 둘 사이에 평형점이 무조건 존재한다.
그런데 현재 B는 A, C 모두와 부호가 다름에도 C 방향으로 움직이고 있다.
이는 B의 전기력의 방향이 C의 영향을 받는 것으로 해석할 수 있고,
따라서 **A와 C가 만드는 평형점은 현재 B보다 왼쪽에 위치한다.**

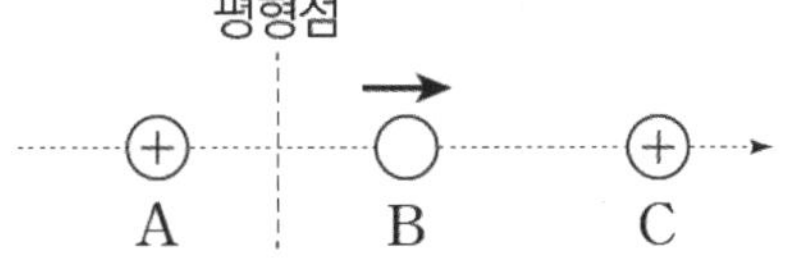

문제를 풀다 보면, "전하량의 크기는 A가 B보다 작다."와 같은 선지가 많이 등장한다.

보통 이런 경우의 풀이는

① A가 C보다 전하량이 크고, C가 B보다 전하량이 큰 상황 (간접 비교)
② 곧바로 A가 B보다 전하량이 크다는 게 보이는 상황 (직접 비교)

이렇게 둘로 나눌 수 있는데, 힌트를 잘 숨겨두면 풀이가 잘 안 보일 때가 있다.

이렇게 두 점전하의 부호를 비교하는 상황에서, 만약 비교가 잘 되지 않는다면 **나머지 점전하 하나가 받는 전기력의 방향과 세기를 살펴보아야 한다.**

예를 들어, 앞서 살펴본 연습 문항에서 3번을 보면 B와 C의 전하량 크기를 비교하고 있다. 이런 경우에 나머지 A가 받는 전기력을 보면 0이므로, B와 C가 만드는 평형점에 A가 위치하기 때문에 B와 C의 전하량 크기를 비교할 수 있다.

물론 나머지 점전하 하나가 평형점에 위치하지 않을 때도 있다.
그러한 경우에도, **그 나머지 전하가 받는 전기력의 방향과 세기**를 살펴보면 실마리가 분명 잡힐 것이다.

4. 점전하의 부호 대입하기

만약 문제 상황에서 전하량의 부호가 곧바로 정해지면, 그냥 숫자를 대입해서 문제 상황을 해결할 수 있다.
그렇지만 **전하량의 크기/부호가 전혀 짐작조차 하기 어려운 경우**에 우리는 부호 결정에 **대입을 활용**할 수 있다.

어차피 **점전하의 부호는 양$(+)$ 아니면 음$(-)$** 이므로, 모르는 점전하 한 개의 부호가 양$(+)$일 때와 음$(-)$일 때를 가정하면 문제가 수월하게 풀릴 때가 많기 때문이다.

극단적으로 두 점전하 A, B의 부호를 모두 모르는 상황에서도 우리는 A, B 각각의 점전하 부호를 $(+, +)$, $(+, -)$, $(-, +)$, $(-, -)$의 네 가지 케이스로 나누면 **조건에 맞지 않는 경우를 지우면서** 문제를 해결할 수 있다.

그림과 같이 x축상에 점전하 A, B, C가 같은 거리만큼 떨어져 고정되어 있다. 양(+)전하 A에 작용하는 전기력은 0이고, B에 작용하는 전기력의 방향은 $-x$방향이다.

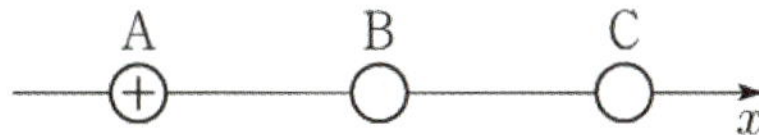

이에 대한 설명으로 옳은 것만을 <보기>에서 있는 대로 고른 것은?

〈 보 기 〉

ㄱ. B는 음(−)전하이다.
ㄴ. 전하량의 크기는 C가 A보다 크다.
ㄷ. C에 작용하는 전기력의 방향은 $-x$방향이다.

---

0. 평형점 찾고 성질 적용하기

B와 C에 의해 생긴 평형점에 양(+)전하 A가 존재하는 상황이다.
따라서 B와 C 외부에 평형점이 있다는 뜻이므로, B와 C의 전하의 부호가 다름을 알 수 있다.

1. 계 내부에서의 상호작용은 상쇄됨을 이용하기

B에 작용하는 전기력의 방향이 $-x$방향이라 했는데, 전체를 하나의 계로 보았을 때 내부력의 합은 0이 되어야 하므로 C에 작용하는 전기력의 방향은 $+x$방향이다. **(ㄷ 틀림)**

2. 가정해서 모순 찾기

만약 B와 C의 부호가 각각 +, −라면 B와 C에 작용하는 전기력의 방향이 각각 $+x$방향, $-x$방향이 되어 모순이 발생한다. 따라서 B는 음(−)전하, C는 양(+)전하이다. **(ㄱ 맞음)**

ㄴ 선지에서 A와 C의 전하량 크기를 비교하고 있으니, 나머지 점전하 B가 받는 전기력을 확인하자.

B는 A와 C로부터 같은 거리만큼 떨어져 있는데 전기력을 $-x$방향으로 받고 있다. 즉, A가 B를 당기는 힘이 C가 B를 당기는 힘보다 강하다. 따라서 A의 전하량의 크기가 C보다 크다. **(ㄴ 틀림)**

정답 : ㄱ

그림 (가)와 같이 x축상에 점전하 A, B, C를 같은 간격으로 고정시켰더니 양(+)전하 A에 작용하는 전기력이 0이 되었다. 그림 (나)와 같이 (가)의 C를 $-x$방향으로 옮겨 고정시켰더니 B에 작용하는 전기력이 0이 되었다.

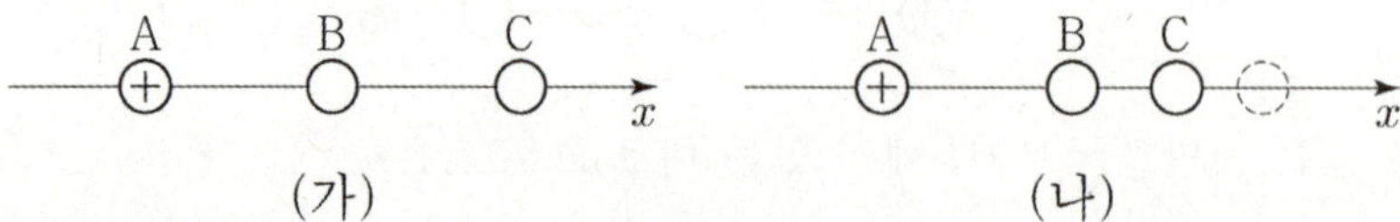

이에 대한 설명으로 옳은 것만을 <보기>에서 있는 대로 고른 것은?

〈 보 기 〉

ㄱ. C는 양(+)전하이다.
ㄴ. 전하량의 크기는 B가 A보다 크다.
ㄷ. (가)에서 C에 작용하는 전기력의 방향은 $-x$방향이다.

0. 평형점 찾고 성질 적용하기

(가)에서 B와 C가 만드는 평형점에 A가 위치한 것을 보아, 평형점이 B와 C 외부에 존재하므로 둘의 부호가 반대라는 것을 알 수 있다. 또한 C에서 더 먼 곳에 평형점이 위치하므로 C의 전하량의 크기가 B보다 큼을 알 수 있다.

(나)에서 A와 C가 만드는 평형점에 B가 위치한 것을 보아, 평형점이 A와 C 내부에 존재하므로 둘의 부호는 같다는 점에서 C가 양(+)전하라는 것을 알 수 있다. **(ㄱ 맞음)**

또한 A에서 더 먼 곳에 평형점이 위치하므로 A의 전하량의 크기가 C보다 큼을 알 수 있고, 전하량의 크기는 $A > C > B$이다. **(ㄴ 틀림)**

1. 계 내부에서의 상호작용은 상쇄됨을 이용하기

B는 음($-$)전하이고, (가)에서 B를 당기는 전기력의 크기는 A가 C보다 크므로 B가 받는 전기력의 방향은 $-x$방향이다. 따라서 전체를 하나의 계로 잡고 그 내부력의 합이 0임을 생각하면, C가 받는 전기력의 방향은 $+x$방향임을 알 수 있다. **(ㄷ 틀림)**

정답 : ㄱ

그림 (가)와 같이 x축상에 점전하 A ~ D를 고정하고 양(+)전하인 점전하 P를 옮기며 고정한다. A, B는 전하량이 같은 음(−)전하이고 C, D는 전하량이 같은 양(+)전하이다. 그림 (나)는 P의 위치 x가 $0 < x < 5d$인 구간에서 P에 작용하는 전기력을 나타낸 것이다.

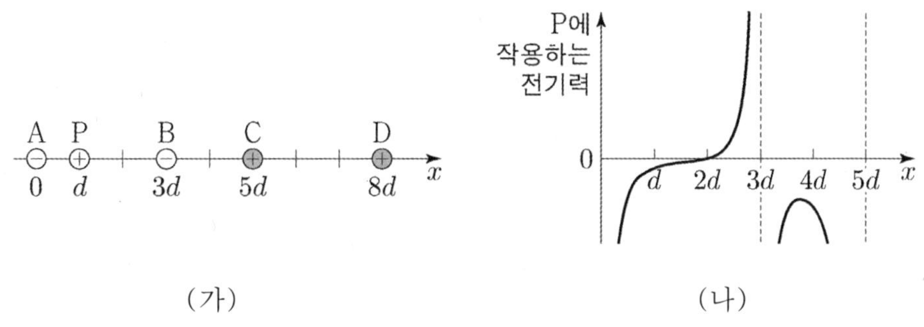

(가)   (나)

이에 대한 설명으로 옳은 것만을 <보기>에서 있는 대로 고른 것은?

〈보 기〉

ㄱ. $x = d$에서 P에 작용하는 전기력의 방향은 $-x$방향이다.

ㄴ. 전하량의 크기는 A가 C보다 크다.

ㄴ. $5d < x < 6d$인 구간에 P에 작용하는 전기력이 0이 되는 위치가 있다.

0. 문제 상황 파악하기

최초로 점전하 5개를 다루는 상황이 등장했는데, 이렇게 굉장히 생소한 상황이 등장하면 우리는 **특이한 것들을** 찾아내야 한다.

제일 먼저 **힘의 평형**을 이루는 지점을 주목할 수 있다. 특이하기 때문이다.
그리고 문제 상황에서 특이한 게 또 하나 있는데, 바로 **대칭성**이다. $x = 4d$에 대해 점전하 A, B와 C, D는 대칭을 이룬다. (하지만 현장에서 대칭성을 바로 발견하기는 매우 어려우므로, 우리는 대칭성을 발견하지 못한 상황과 발견한 상황 둘 다의 관점에서 문제를 풀어보도록 하자.)

1. 그래프의 부호를 전기력 방향에 대응하기

양$(+)$전하 P를 $x = 0$의 오른쪽에 엄청 가까이 두자. 그러면 A의 영향력이 압도적으로 커지므로, P에 작용하는 전기력은 $-x$방향일 것이다. 그래프에서 $x = 0$의 오른쪽에 엄청 가까운 지점을 보면 P에 작용하는 전기력의 부호가 음$(-)$이다.

따라서 그래프의 값이 음$(-)$일 때 P는 $-x$방향으로, 그래프의 값이 양$(+)$일 때 P는 $+x$방향으로 전기력을 받는다. 그러면 $x = d$에서 P에 작용하는 전기력의 방향은 $-x$방향이다. (ㄱ **맞음**)

2. 힘의 평형 지점 이용하기

힘의 평형을 이용하기 위해 A와 B가 d 떨어져 P를 당기는 힘을 f, C와 D가 d 떨어져 P를 미는 힘을 F라 하자. 이제 $x = 2d$에서 P에 작용하는 전기력이 0인 상황을 $\frac{3}{4}f = \bigstar\, F$로 표현할 수 있다. (단, 떨어진 거리를 감안해서 $\bigstar$은 $\frac{3}{4}$보다 훨씬 작은 수이다.)

$\bigstar$이 $\frac{3}{4}$보다 훨씬 작은 수인데 $\frac{3}{4}f = \bigstar\, F$이기 위해서는 $f < F$이어야만 하므로,
A와 B의 전하량이 C와 D보다 작음을 알 수 있다. (ㄴ **틀림**)

$x = 6d$에서 P는 C와 D로부터 $+x$방향 전기력 $\frac{3}{4}F$를, A와 B로부터 $-x$방향 전기력 $\bigstar\, f$를 받으므로, $x = 6d$에서 P에 작용하는 전기력의 방향이 $+x$방향임을 알 수 있다.

$x = 5d$에 가까워질수록 C가 P를 $+x$방향으로 미는 전기력은 세지므로, P는 $5d < x < 6d$에서 언제나[15] $+x$방향으로 힘을 받는다. (ㄷ **틀림**)

정답 : ㄱ

---

15) C와 D는 $x = 6.5d$에 대해 대칭이므로, $x = 6.5d$에서 C와 D에 의해 P가 받는 전기력은 0이다.
이어서 이 지점에서 P는 확실히 A와 B에 의해 $-x$방향으로 전기력을 받을 것이다.
이후 P를 오른쪽으로 더 보내면 $-x$방향의 전기력이 더 강해질 것이므로, 이때는 전기력의 방향이 변하지 않는다.
따라서 P가 받는 전기력의 방향은 $5d < x < 6d$에서 $+x$방향, $6.5d < x < 8d$에서 $-x$방향이고 $6d < x < 6.5d$에서 한 번 변한다.

추가 공부) 대칭성을 활용해 ㄴ 해결하기

문제를 잘 들여다보면 $x = 4d$에 대해 점전하 A, B와 C, D는 대칭을 이루는 것을 발견할 수 있다. 만약 대칭성을 찾았다면, 대칭의 기준이 되는 $x = 4d$ 주위를 그래프에서 유심히 살펴볼 수 있겠다.

$x = 4d$에서 P가 $-x$방향으로 이동할 때, P가 받는 전기력의 세기는 점점 약해지다가 세진다. 즉 $-x$방향으로 이동할 때는 P가 받는 전기력이 최소인 지점이 생기는 것이다. 그러나 P가 $x = 4d$에서 $+x$방향으로 이동하면 P가 받는 전기력의 세기는 곧바로 세지고, 최소인 지점은 생기지 않는다.

이를 통해 $x = 4d$ 기준으로 $-x$방향에 위치한 점전하 A, B가 $+x$방향에 위치한 C, D에 비해 전하량의 크기가 작다는 것을 알 수 있다. (ㄴ 틀림)

이 문제에서는 대칭성보다 수식을 활용하는 게 더 쉬워 보일 수 있지만, 이 문제에서 대칭성이 등장했기 때문에 앞으로는 얼마든지 다른 어려운 상황에 대칭성이 핵심으로 적용될 여지가 있다.

따라서 우리는 앞으로 낯선 전기력 상황이 등장했을 때, 특이한 상황을 찾게 되면 **힘의 평형만이 아니라 대칭성도 꼭 생각해보아야 한다.**

쉽게 말해 한 번 나왔으니 얼마든지 다시 어렵게 응용될 수 있다는 것이다. 꼭 대칭성을 기억하자!!

그림 (가)는 점전하 A, B, C를 x축상에 고정시킨 것으로 양(+)전하인 C에 작용하는 전기력의 방향은 $+x$방향이다. 그림(나)는 (가)에서 A의 위치만 $x = 3d$로 바꾸어 고정시킨 것으로 B, C에 작용하는 전기력의 방향은 $+x$방향으로 같다.

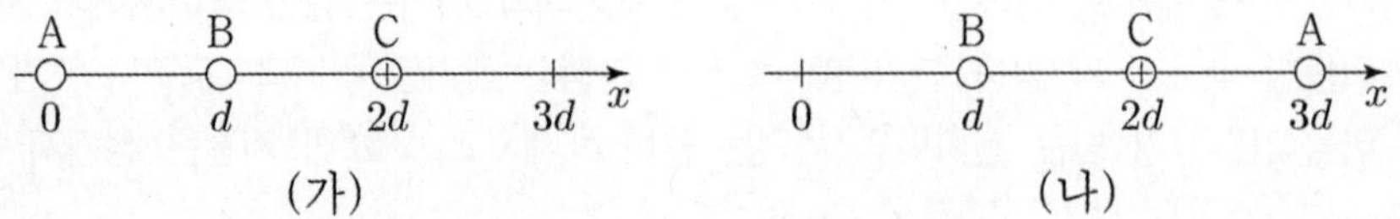

이에 대한 설명으로 옳은 것만을 <보기>에서 있는 대로 고른 것은?

───────────── 〈보 기〉 ─────────────

ㄱ. A에 작용하는 전기력의 방향은 (가)에서와 (나)에서가 서로 같다.

ㄴ. 전하량의 크기는 B가 C보다 크다.

ㄷ. (가)에서 B에 작용하는 전기력의 크기는 (나)에서 C에 작용하는 전기력의 크기보다 크다.

0. 문제 상황 파악하기

문제 조건에서 (가)의 C와 (나)의 B, C에 작용하는 전기력의 방향이 $+x$방향인 것과, C가 양$(+)$전하라는 것을 알 수 있다. 이제 평형점이라든지 새로운 정보가 없으므로, A와 B에 **전하량 부호를 대입/소거**하여 문제를 해결해보도록 하자.

전체 전기력의 합은 0이 되어야 하므로, (나)에서 A에 작용하는 전기력의 방향이 $-x$방향임을 알 수 있다. 그러면 적어도 A, B의 전하량 부호가 $(+, +)$은 아닌 것을 확인할 수 있다.

또한 (가)에서 C에 작용하는 전기력 방향이 $+x$방향이므로, A와 B의 전하량 부호가 $(-, -)$도 아님을 알 수 있다. 즉 A와 B는 전하량 부호가 서로 다르다는 것이다.

그러면 그리고 (나)의 C에 작용하는 전기력의 방향이 $+x$방향이므로, A와 B의 부호가 $(-, +)$임을 확정할 수 있다. 만약 $(+, -)$라면 C에 작용하는 전기력의 방향이 반대로 되기 때문이다.

따라서 A, B, C의 점전하 부호가 각각 음$(-)$, 양$(+)$, 양$(+)$임을 알 수 있고, (가)와 (나)에서 A에 작용하는 전기력 방향이 각각 $+x$방향과 $-x$방향임을 알 수 있다. **(ㄱ 틀림)**

이 과정을 표로 요약하면 다음과 같다.

(A, B) 부호	모순의 이유
$(+, +)$	(나)의 B 방향 모순
$(+, -)$	(나)의 C 방향 모순
$(-, +)$	**가능**
$(-, -)$	(가)의 C 방향 모순

1. 전하량 크기 상댓값 적용하기

(가)에서 A와 B에 의해 C가 받는 전기력 방향이 $+x$방향이므로, C의 전기력 방향에 A보다 B가 더 큰 영향을 미친 것을 알 수 있다. 이때 A, B가 C로부터 떨어진 거리 비가 $2:1$이므로, A의 전하량 크기가 적어도 B의 4배보다는 작은 것을 알 수 있다. 그러므로 A와 B 둘의 전하량을 각각 $-4Q{\downarrow}$, $+Q$라 하자.

(나)에서 B가 받는 전기력 방향이 $+x$방향이므로, 이때 B의 전기력 방향에 A가 C보다 더 큰 영향을 미친 것을 알 수 있다. 이때 A, C가 B로부터 떨어진 거리가 $2:1$이므로, A와 C 둘의 전하량을 각각 $-4Q{\downarrow}$, $+Q{\Downarrow}$라 하자. ($\Downarrow$은 $\downarrow$보다 큰 내림이다.)

따라서 전하량의 크기는 B(Q)가 C$(Q{\Downarrow})$보다 큰 것을 확인할 수 있다. **(ㄴ 맞음)**

2. (가)와 (나)의 상황을 비교해 적절한 상댓값 설정하기

(가)와 (나)에서, B와 C가 떨어진 거리가 같으므로 서로 간에 작용하는 전기력의 크기는 같다.
이때 B와 C가 서로 간에 주고받는 힘을 F라 하자.

이제 (가)에서 B와 (나)에서 C에 작용하는 전기력을 비교하자.

B, C가 서로 작용하는 크기는 F로 동일한데, (가)에서 A가 B를 당기는 힘의 크기가 (나)에서 A가 C를 당기는 힘의 크기보다 크다. (전하량의 크기가 B가 C보다 크기 때문이다.)

따라서, 작용하는 전기력의 크기는 (가)의 B에서가 (나)의 C에서보다 크다. **(ㄷ 맞음)**

***보충 설명 : (가)의 B에 작용하는 두 힘의 방향이 $-x$방향으로 서로 같고, (나)의 C에 작용하는 두 힘의 방향이 $+x$방향으로 서로 같다. 따라서 B, C가 서로 작용하는 힘의 크기에, A가 B, C 각각에 작용하는 힘의 크기를 더해서 알짜힘의 크기를 구할 수 있었다.

정답 : ㄴ, ㄷ

(4) 변화량 풀이

앞서 본 경우에는 방향과 크기의 대/소 비교만을 다뤘지만, 정확한 값을 구하는 문제도 나올 수 있다. 이 경우엔 전기력 공식을 하나하나 넣어도 정답은 물론 나오겠지만 굉장히 비효율적이므로, 작용–반작용의 법칙과 변화량 풀이를 이용해서 문제를 풀어주면 되겠다.

문제를 풀다보면 고정된 전하의 위치를 출제자가 직접 옮기는 문제를 종종 만나게 된다. 만약 시험 도중에 그런 문제를 만났는데 공식에 숫자를 넣고 계산을 시작하면, 주구장창 계산만 하다가 시험이 끝나버릴지도 모른다. 이를 예방하기 위해 우리는 변화량 풀이를 배울 것이다. 이 풀이의 요지는 **변하지 않는 값을 굳이 계산하지 않는 것**, 그리고 전하의 위치가 옮겨질 때는 **원래 위치의 전하가 사라지고 새로운 위치에서 생겨난 것**으로 이해하는 것이다.

전하가 사라지고 생겨났다는 말이 잘 와닿지 않는다면 다음 예시를 살펴 보자.

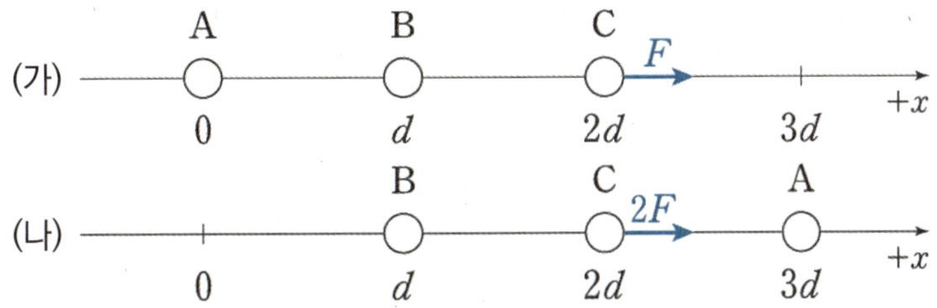

A가 0에서 $3d$로 이동해서 C가 받는 전기력의 세기가 F에서 $2F$로 강해졌다.
이런 상황에서 숫자를 대입하며 끼워 맞추거나 어찌할 줄 모르기 쉬운데,
우리는 이럴 때 침착하게 "변한 것만 쳐다보니 A가 0에서 사라지고 $3d$에서 생겼다"라고 이해하자.

A와 C가 d만큼 떨어져 있을 때 작용하는 전기력의 크기를 f_0라 하면 우선 방향은 모르더라도 C의 왼쪽에서 $\dfrac{f_0}{4}$가 사라지고 오른쪽에서 f_0가 생긴 것을 알 수 있다.

그러면 A가 C에 가하는 힘이 $\dfrac{5f_0}{4}$만큼 변해[16] 결국 오른쪽으로 F가 추가된 것으로 이해할 수 있고,

$f_0 = \dfrac{4}{5}F$임을 알 수 있다.

그리고 A와 C는 서로 당기고 있으므로 둘의 부호가 반대라는 것도 유추할 수 있다.

---

16) 쉽게 생각하면 $-\left(-\dfrac{f_0}{4}\right)+f_0$로 볼 수 있다.

1. 변하지 않는 값은 문제에서 필요로 하기 전까지 계산하지 않는다.
2. 전하가 옮겨지면 원래 위치에서 사라지고 새로운 위치에서 생겨난 것으로 이해한다.

우리가 푸는 물리학1 전기력 문제에선 전하 두 개를 한 번에 옮기는 경우가 거의 없다.
한 번에 전하 하나씩 옮기는 것인데, 다시 말하면 **나머지 전하들의 위치는 변하지 않는 것**이다.
따라서 굳이 문제에서 필요로 하지 않는, 위치가 변하지 않은 전하들까지 고려해가며 문제를 풀 이유가 없다.

연습 문항을 풀면서 이해해보자.

연습 문항

그림 (가), (나)는 점전하 A, B, C가 x축 상에 고정되어 있는 두 가지 상황을 나타낸 것이다. A는 양
(+)전하, B는 음(−)전하이다. (가)에서는 C에 $+x$방향으로 크기가 F인 전기력이, B에는 $-x$방향으로
크기가 F인 전기력이 작용한다. (나)에서는 B에 $+x$방향으로 크기가 $2F$인 전기력이 작용한다.

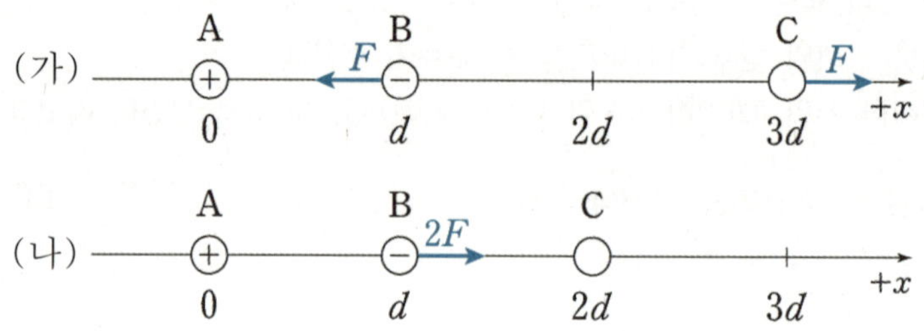

1. C의 전하의 부호를 구하고 A, B, C의 전하량의 크기를 비교하시오.

2. (가)에서 각각의 전하에 작용하는 힘을 모두 표시하시오.

먼저 (가)를 보면 B의 왼쪽에 B와 C 둘의 평형점이 존재하며 거기에 A가 위치한 상황이다.
따라서 B와 C의 부호는 반대이고, 전하량의 크기는 C가 더 크다.
즉 C는 양($+$)전하이고, 전하량의 크기는 C > B이다.

B를 기준으로 (가)와 (나)는 C의 위치만 변했으므로 B가 받는 전기력의 크기 변화량은 온전히 C의 책임이다.
B와 C가 d만큼 떨어져 있을 때 서로 작용하는 전기력의 크기를 f_0라 하면 (가)에서 (나)로 변할 때

B 입장에서는 $+x$방향으로 $\dfrac{f_0}{4}$가 사라지고 다시 $+x$방향으로 f_0가 생겼으므로

결국 $+x$방향으로 $\dfrac{3}{4}f_0$가 생긴 것이다.

이때 B의 알짜힘은 $-x$방향으로 F에서 $+x$방향으로 $2F$가 되었으므로
결국 $+x$방향으로 $3F$가 변한 것이니 $f_0 = 4F$임을 알 수 있다.

따라서 (나)에서 C가 B에 작용하는 힘이 $+x$방향 $4F$인데, 실제 알짜힘은 $+x$방향 $2F$이므로
A와 B가 d만큼 떨어져 있을 때 서로 작용하는 전기력의 크기는 $2F$임을 알 수 있다. 따라서 전하량의 크기는
C > A이다.

이를 토대로 작용-반작용의 법칙을 이용해 (가) 그림의 모든 힘을 표시하면 다음과 같다.

C로부터 떨어진 거리는 A가 B보다 멀어도 C가 받는 전기력의 방향을 A가 결정하는 것으로 보아,
전하량의 크기는 A > B임을 알 수 있다. 따라서 전하량의 크기는 C > A > B이다.

그림과 같이 점전하 A, B가 각각 $x = 0$, $x = 3d$에 고정되어 있다. A는 음($-$)전하이다. 양($+$)전하를 띤 입자 X의 위치를 바꾸어 가며 X에 작용하는 전기력의 크기를 측정하였더니, $x = -d$, $x = d$, $x = 4d$에서 각각 F_1, F_2, F_3이었다.

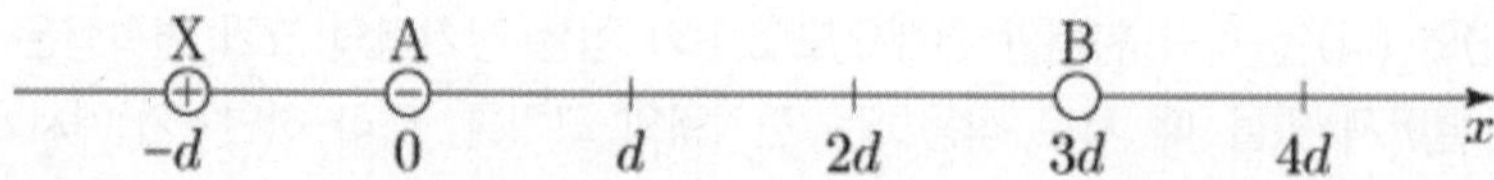

$F_2 > F_3 > F_1$일 때, 이에 대한 설명으로 옳은 것만을 <보기>에서 있는 대로 고른 것은?

<보 기>

ㄱ. 전하량의 크기는 B가 A보다 크다.

ㄴ. $x = d$와 $x = 2d$ 사이에 X에 작용하는 전기력이 0이 되는 지점이 있다.

ㄷ. $x = -d$에서 X에 작용하는 전기력의 방향은 $-x$방향이다.

0. 문제 상황 파악하기

문제 상황을 파악하기가 쉽지 않다. 이럴 때는 특이한 상황을 가정하여 문제를 최대한 해석하는 것이 좋다.

예를 들어 B의 전하량 부호를 모르는 상황이므로 <u>B가 양(+)전하라면? 혹은 음(−)전하라면?</u> 라는 식으로 생각을 해보거나, <u>A와 B의 전하량 크기가 같다면?</u> 라는 식으로 말이다.

---

1. A와 B의 전하량 크기 비교하기

문제에서 주어진 조건에 따르면 $F_3 > F_1$인데, 만약 A의 전하량의 크기가 B와 같거나 B보다 크다면 이에 모순이 발생한다. 따라서 B의 전하량의 크기는 A보다 크다. **(ㄱ 맞음)**

(1번 보충 설명) **대소비교가 헷갈릴 때, 같을 때를 가정**해서 문제의 조건에 맞게 조정해나가면 좀 더 쉽게 풀릴 **때가 있다.** 이 문제에서도 해설의 1번 부분이 이해가 안 된다면, A와 B의 전하량의 크기가 같을 때를 생각해보자. 그러면 $F_1 = F_3$이 자명하다.

이때 $F_3 > F_1$이 되려면 둘의 전하량의 크기를 어떻게 조정해야 할까?
B의 전하량의 크기가 A보다 커지면 될 것이다.

---

2. 변화량 풀이 이용하기

양(+)전하를 띠는 입자 X가 $x = -d$에 있을 때와 $x = d$에 있을 때 A가 X에 가하는 전기력의 크기는 같으므로, F_1과 F_2의 크기 차이는 점전하 B가 만든 것임을 알 수 있다. (쉽게 말해, X 입장에서 변한 것은 B에게 받는 힘뿐이다.)

B가 X에 가하는 전기력의 방향이 A가 X에 가하는 전기력의 방향과 일치할 때 X가 받는 알짜힘의 세기가 가장 세질 것이므로, $F_2 > F_1$에서 B는 양(+)전하이다.

(2번 보충 설명) B의 전하량의 크기가 A에 비해 어어어엄청나게 커서 B와 가까운 $x = d$에서 X가 받는 전기력의 세기 F_2가 멀리 떨어진 F_1보다 큰 것도 가능하지 않냐는 의문이 생길 수 있다. 하지만 이런 경우에는 B와 가장 가까운 $x = 4d$의 F_3의 세기가 가장 세야 하는데, 이는 $F_2 > F_3$이라는 문제 조건에 모순이다.

---

3. 평형점 찾기

A와 B의 전하의 부호가 반대이고 B의 전하량이 더 큰 경우이므로, 평형점은 A의 $-x$방향에 생긴다.

(ㄴ 틀림)

4. ㄷ 선지 풀이

1) 논리적 풀이

ㄷ은 평형점이 $x=-d$의 어느 쪽에 위치하는지를 찾으면 풀리므로, 해설 1번 보충 설명에서 했듯이 먼저 $x=-d$가 평형점일 경우를 가정해보자. 이 경우, B의 전하량의 크기는 A의 16배이다.

그런데 이렇게 되면 앞서 2번 보충 설명과 같이, B의 전하량의 크기가 A에 비해 너무 커져서 $F_3 > F_2$가 되어버리는 문제가 발생한다. 따라서 A의 전하량의 16배는 B의 전하량보다는 커야 하므로 평형점은 $x=-d$의 $-x$방향에 존재한다.

다시 말해 $x=-d$에서는 입자 X가 받는 전기력의 방향에 더 큰 영향을 미치는 전하가 A이므로, $x=-d$에서 X에 작용하는 전기력의 방향은 $+x$방향이다. **(ㄷ 틀림)**

2) 수식적 풀이

A와 B가 거리 d만큼 떨어진 채 X에 작용하는 전기력의 크기를 각각 f_A, f_B라 하자.

문제의 조건에 따라 $F_2 > F_3 > F_1$이므로, 풀어서 나타내면 $f_A + \dfrac{1}{4}f_B > f_B - \dfrac{1}{16}f_A > |f_A - \dfrac{1}{16}f_B|$이다.

여기서 $F_2 > F_3$을 보면 $f_A > \dfrac{12}{17}f_B > \dfrac{1}{16}f_B$임을 알 수 있고,

F_1의 방향에 A가 더 큰 영향을 미친다는 걸 알 수 있다. 따라서 F_1의 방향은 $+x$방향이다. **(ㄷ 틀림)**

정답 : ㄱ

그림 (가), (나), (다)는 점전하 A, B, C가 x축 상에 고정되어 있는 세 가지 상황을 나타낸 것이다. (가)에서는 양(+)전하인 C에 $+x$방향으로 크기가 F인 전기력이, A에는 크기가 $2F$인 전기력이 작용한다. (나)에서는 C에 $+x$방향으로 크기가 $2F$인 전기력이 작용한다.

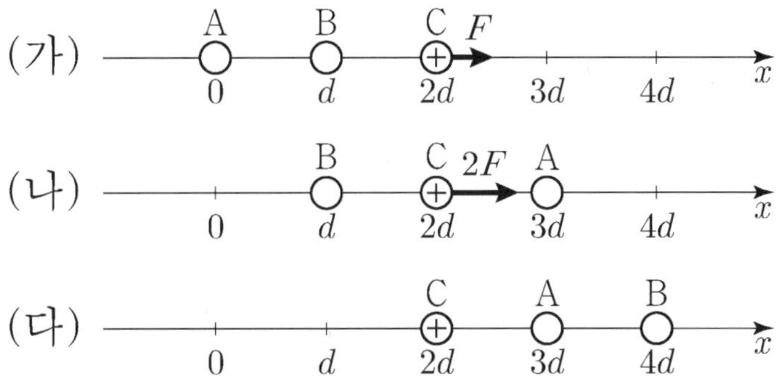

(다)에서 A에 작용하는 전기력의 크기와 방향으로 옳은 것은?

	크기	방향		크기	방향
①	$\dfrac{F}{2}$	$+x$	②	$\dfrac{F}{2}$	$-x$
③	F	$+x$	④	F	$-x$
⑤	$2F$	$+x$			

0. 변화량 풀이 이용하기

(가)에서 (나)로 바뀌면서, C의 입장에서 변한 건 A의 위치밖에 없다.
따라서 $+x$방향으로 F만큼의 알짜힘 증가는 A가 만든 것임을 알 수 있다.

1. 상댓값으로 전기력 표시하기

A가 C에 d만큼 떨어진 상태로 가하는 전기력의 크기를 f라 하자.
A가 C에 가하는 전기력의 크기는 (가)에서 $\frac{1}{4}f$이고 (나)에서 f이다.

2. 변화량 풀이 이용하기

A가 양$(+)$전하이고, A와 C 사이에 척력이 작용한다고 가정하자.

그럼 (가)에서 (나)로 변하면서 C는 $+x$ 방향으로 밀어주던 $\frac{1}{4}f$가 사라지고 $-x$방향으로 미는 f가 생긴

셈이므로 총합 $-x$방향으로 $\frac{5}{4}f$가 더해진 셈이다.

그러나 이는 C가 $+x$방향으로 알짜힘의 크기가 증가한 것에 모순이므로 A는 음$(-)$전하이다.

앞서 했던 것을 반대로 적용하면,

C의 알짜힘의 크기는 (가)에서 (나)로 변하면서 $+x$방향으로 $\frac{5}{4}f$가 증가했으므로 $F=\frac{5}{4}f$이다.

이제 (나)에서 A가 C를 $+x$방향으로 당기는 힘은 $\frac{4}{5}F$이므로,

B는 C를 $+x$방향으로 $\frac{6}{5}F$의 힘으로 밀어내야 한다. 따라서 B는 양$(+)$전하이다.

3. B가 A를 당기는 힘의 크기 구하기

아직 안 쓴 조건이 하나 남아있다.
(가)에서 A가 받는 알짜힘의 크기가 $2F$라는 것인데, 이걸 이용하는 방법은 두 가지이다.
둘 다 매우 중요한 관점이므로 받아들이려 노력해보자.

(1) 단일 전하 관점

우선 C에 의해서 A는 $+x$방향으로 $\dfrac{1}{5}F$의 세기로 당겨진다.

이때 A와 B 사이에는 인력이 작용하므로, B가 A를 $\dfrac{9}{5}F$로 당기고 있음을 알 수 있다.

(2) 전체 계 관점

(가)에서 B와 C가 모두 양$(+)$전하이므로,
이들의 왼쪽에 있는 음$(-)$전하 A에 작용하는 전기력의 방향은 $+x$방향이다.
따라서 A, B, C를 모두 하나의 계로 볼 때 외부력은 없으므로
합력이 0인 것을 생각하면 B에 작용하는 전기력은 $-x$방향으로 $3F$이다.

B는 C를 $+x$방향으로 $\dfrac{6}{5}F$의 힘으로 밀어내므로,

따라서 A가 B를 $-x$빙향으로 당기는 힘의 크기는 $\dfrac{9}{5}F$ 이다.

4. 정답 결정하기

이제 (다)를 보면 C가 A를 $-x$방향으로 $\dfrac{4}{5}F$만큼,

B가 A를 $+x$방향으로 $\dfrac{9}{5}F$만큼 당기고 있음을 알 수 있다.
따라서 정답은 $+x$방향 F이다.

정답 : ③

그림 (가)는 x축 상에 고정된 점전하 A, B, C를 나타낸 것으로 B에 작용하는 전기력의 방향은 $+x$방향이고, C에 작용하는 전기력은 0이다. 그림 (나)는 (가)에서 A, B의 위치만 바꾸어 고정시킨 것을 나타낸 것이다. A는 양(+)전하이다.

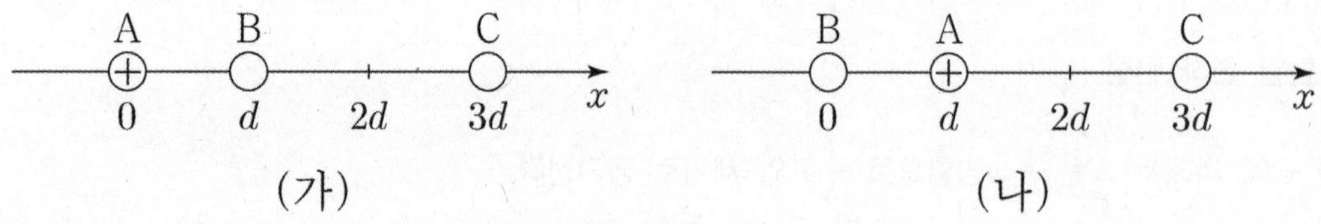

이에 대한 설명으로 옳은 것만을 <보기>에서 있는 대로 고른 것은?

───────────── 〈보 기〉 ─────────────

ㄱ. 전하량의 크기는 B가 C보다 작다.

ㄴ. A에 작용하는 전기력의 방향은 (가)에서와 (나)에서가 같다.

ㄷ. (나)에서 A에 작용하는 전기력의 크기는 B에 작용하는 전기력의 크기보다 크다.

0. 문제 상황 파악하기 (전하량 상댓값 정하기)

(가)에서 A와 B가 외부에 만드는 평형점에 C가 위치한다. 따라서 A와 B의 부호는 반대이므로 B가
음(−)전하인 것을 알 수 있다. 또한 평형점으로부터 떨어진 거리가 $3:2$인 것을 통해 A와 B의 전하량 크기
비가 $9:4$임을 알 수 있다.

이렇게 전하량의 비율이 곧바로 등장한 상황에서는 이를 활용하여 식을 써서 문제를 해결하는 게 간편할 때가
많다. 따라서 우리는 A와 B의 전하량을 각각 $+9Q$, $-4Q$라 할 수 있다.

(가)에서 A가 B를 $-x$방향으로 당기는데도 B가 받는 전기력의 방향이 $+x$방향이므로, C는 양(+)전하이다.
이때 C가 A보다 B로부터 거리 $1:2$만큼 멀리 떨어져 있음에도 B에 더 많은 전기력을 가하는 것을 보아,
C의 전하량의 크기가 최소한 A의 4배이므로 <u>C의 전하량의 크기를 $+\bigstar\,Q\ (\bigstar > 36)$</u>라 할 수 있다.

따라서 전하량의 크기를 부등호로 나타내면 $C > A > B$이다. **(ㄱ 맞음)**

1. (가)에서 계 내부의 상호작용은 상쇄됨을 이용하기

(가)에서 A, B, C 전체를 하나의 계로 보면, 전체 전하가 받는 합력은 0이 되어야 한다.
따라서 B가 받는 전기력이 $+x$방향이고 C가 받는 전기력은 0이므로, A가 받는 전기력은 $-x$방향이다.
(나)에서 B와 C는 모두 A에 $-x$방향의 전기력을 가하므로, A가 받는 전기력은 $-x$방향이다. **(ㄴ 맞음)**

2. 전하량의 상댓값 이용하기

A와 B가 서로 작용하는 전기력의 세기는 작용–반작용으로 같고,
안 그래도 B보다 전하량이 큰 A가 C와 더 가까이 있다.
따라서 A에 작용하는 전기력의 크기가 B에 작용하는 전기력의 크기보다 크다. **(ㄷ 맞음)**

정답 : ㄱ, ㄴ, ㄷ

그림 (가)는 점전하 A, B, C를 x축 상에 고정시킨 것으로 C에 작용하는 전기력의 방향은 $+x$방향이다. 그림 (나)는 (가)에서 C의 위치만 $x = 2d$로 바꾸어 고정시킨 것으로, A에 작용하는 전기력의 크기는 0이고, C에 작용하는 전기력의 방향은 $-x$방향이다. B는 양(+)전하이다.

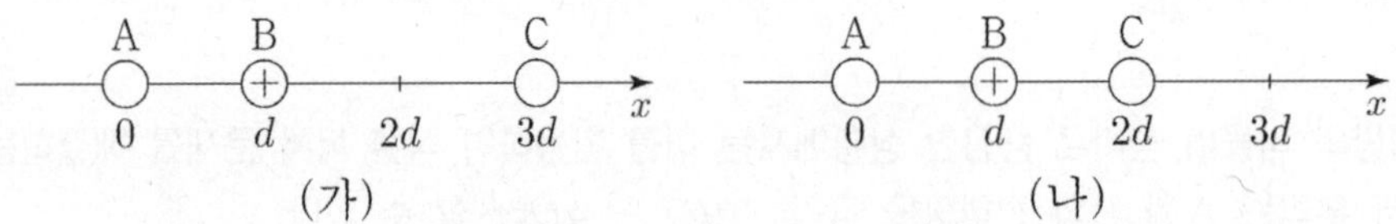

(가)   (나)

이에 대한 설명으로 옳은 것만을 <보기>에서 있는 대로 고른 것은?

〈 보 기 〉

ㄱ. A는 음(−)전하이다.

ㄴ. 전하량의 크기는 A가 C보다 크다.

ㄷ. B에 작용하는 전기력의 방향은 (가)에서와 (나)에서가 같다.

0. 문제 상황 파악하기

(가)에서 C에 작용하는 전기력이 $+x$방향인데, 이 조건 하나만으로는 알 수 있는 게 없다.
따라서 우리는 (나) 조건을 살펴보아야 한다.

(나)에서 C의 위치가 $x=2d$일 때 B와 C가 만드는 평형점에 A가 위치하므로,
C가 음$(-)$전하인 걸 알 수 있다. 또한 C에 작용하는 전기력이 $-x$방향이므로,
합력이 0이 되기 위해 B에 작용하는 전기력은 $+x$방향이어야 한다.

1. (나)→(가)에서 변화량 이용하기

(나)→(가)로 변하면서 C가 받는 전기력의 방향이 변한다. 전기력의 방향은 평형점을 기점으로 변하기 때문에,
$2d$와 $3d$ 사이에 A와 B가 만드는 평형점이 존재해야 한다.
따라서 A는 음$(-)$전하이고, B보다 A의 전하량의 크기가 크다. **(ㄱ 맞음)**

(나)에서 A에 작용하는 전기력이 0이기 때문에, (나)를 기준으로 변하는 (나)→(가)의 상황을 생각하는 게
편하다. 이때 A로부터 C가 멀어지면서 A에 $-x$방향으로 작용하는 전기력이 줄어들기 때문에,
(가)에서 A에 작용하는 전기력이 $+x$방향이 된다.

그런데 (가)에서 C에 작용하는 전기력도 $+x$방향이므로,
전체 내부력이 상쇄됨을 이용하면 (가)에서 B에 작용하는 전기력은 $-x$방향이어야 한다. **(ㄷ 틀림)**

2. ㄴ 선지 해결하기

ㄴ을 보면 A와 C의 전하량 크기를 비교하고 있다. 따라서 나머지 전하인 B에 작용하는 전기력을 확인해보자.

(나)에서 B로부터 A와 C가 같은 거리만큼 떨어져 있는데, B에 작용하는 전기력이 $+x$방향이다.
따라서 C의 전하량이 A보다 큰 것을 확인할 수 있다. **(ㄴ 틀림)**

정답 : ㄱ

그림 (가)는 점전하 A, B, C를 x축 상에 고정시킨 것으로 A, B에 작용하는 전기력의 방향은 같고, B는 양(+)전하이다. 그림 (나)는 (가)에서 $x=3d$에 음($-$)전하인 점전하 D를 고정시킨 것으로 B에 작용하는 전기력은 0이다. C에 작용하는 전기력의 크기는 (가)에서가 (나)에서보다 크다.

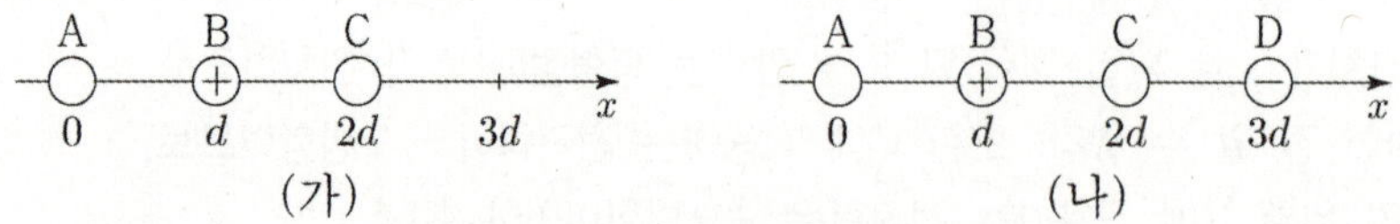

이에 대한 설명으로 옳은 것만을 <보기>에서 있는 대로 고른 것은?

〈 보 기 〉

ㄱ. (가)에서 C에 작용하는 전기력의 방향은 $+x$방향이다.
ㄴ. A는 음($-$)전하이다.
ㄷ. 전하량의 크기는 A가 C보다 크다.

0. 문제 상황 파악하기

(나)에서 D가 B를 $+x$방향으로 당기는데 B에 작용하는 전기력이 0이므로, A와 C가 B에 가하는 전기력의 방향이 $-x$방향임을 알 수 있다.

따라서 문제 조건에 따라 (가)에서 A와 B에 작용하는 전기력의 방향이 모두 $-x$방향임을 알 수 있고, 전체 계에서 전기력의 총합이 0이 되어야 하므로 (가)에서 C에 작용하는 전기력의 방향은 $+x$방향이다. **(ㄱ 맞음)**

1. (가)→(나)에서 변화량 이용하기

(가)→(나)로 변하면서 D가 새롭게 생김으로 인해 C가 받는 전기력의 세기가 약해진다.
(가)에서 C에 작용하는 전기력의 방향이 $+x$방향이므로, 이를 통해 D가 C에 작용하는 전기력 방향이 $-x$방향인 걸 알 수 있다.

따라서 C는 음($-$)전하인 걸 알 수 있고, 이때 (가)에서 B가 받는 전기력의 방향이 $-x$방향이 되려면 A도 음($-$)전하여야만 한다. **(ㄴ 맞음)**

A와 C의 전하량의 크기를 비교하고 있으므로, 나머지 하나인 (가)의 B를 한 번 쳐다보자.
A와 C가 B로부터 양쪽으로 같은 거리만큼 떨어져 있는데, B가 받는 전기력의 방향이 $-x$방향이므로 전하량의 크기는 A가 C보다 큰 것을 알 수 있다. **(ㄷ 맞음)**

정답 : ㄱ, ㄴ, ㄷ

그림 (가)는 점전하 A, B, C를 x축상에 고정시킨 것을, (나)는 (가)에서 B의 위치만 $x = 3d$로 옮겨 고정시킨 것을 나타낸 것이다. (가)와 (나)에서 양(+)전하인 A에 작용하는 전기력의 방향은 $+x$방향으로 같고, C에 작용하는 전기력의 크기는 (가)에서가 (나)에서보다 크다.

$$(가) \quad \overset{A}{\underset{0}{\oplus}} \longrightarrow \overset{B}{\underset{d}{\bigcirc}} \quad \overset{C}{\underset{2d}{\bigcirc}} \quad \underset{3d}{\big|} \quad x$$

$$(나) \quad \overset{A}{\underset{0}{\oplus}} \longrightarrow \underset{d}{\big|} \quad \overset{C}{\underset{2d}{\bigcirc}} \quad \overset{B}{\underset{3d}{\bigcirc}} \quad x$$

이에 대한 설명으로 옳은 것만을 <보기>에서 있는 대로 고른 것은?

〈 보 기 〉

ㄱ. (가)에서 B에 작용하는 전기력의 방향은 $-x$방향이다.

ㄴ. 전하량의 크기는 C가 B보다 크다.

ㄷ. A에 작용하는 전기력의 크기는 (나)에서가 (가)에서보다 크다.

0. 문제 상황 파악하기

(가)에서 (나)까지 변화하는 동안, C에 작용하는 A, B의 전기력의 크기는 변하지 않는다.
따라서 C에 작용하는 전기력 크기의 변화는 B가 C에 작용하는 전기력 방향의 변화로 인해 만들어진 것임을
알 수 있다.

C에 작용하는 전기력의 크기가 (가)에서가 (나)에서보다 크므로,
A와 B가 C에 작용하는 힘의 방향이 (가)에서는 동일하고, (나)에서는 반대임을 알 수 있다.

따라서 전하 B는 A와 같은 양(+)전하임을 알 수 있다.

1. 대입을 통해 C의 부호 확정하기

(가), (나)에서 A에 작용하는 전기력의 방향이 모두 $+x$방향이다.
만약 C가 양(+)전하라면 이는 불가능하므로 C는 음(−)전하임을 알 수 있다.

따라서 (가)에서 B에 작용하는 전기력의 방향은 $+x$방향이다. **(ㄱ 틀림)**

또한 (가)에서 A에 작용하는 전기력의 방향이 $+x$방향이므로,
C가 B보다 강한 전기력을 A에 작용함을 알 수 있다.
따라서 전하량의 크기는 C가 B보다 크다. **(ㄴ 맞음)**

2. (가)→(나)에서 변화량 이용하기

C가 A에 작용하는 전기력의 방향은 (가)에서와 (나)에서가 $+x$방향으로 같고,
B는 이를 상쇄하는 $-x$방향 전기력을 A에 작용한다.

이때 B가 A에 작용하는 전기력의 크기는 (가)→(나)에서 작아지므로,
A에 작용하는 전기력의 크기는 (나)에서가 (가)에서보다 크다. **(ㄷ 맞음)**

정답 : ㄴ, ㄷ

그림 (가)는 점전하 A, B, C를 x축상에 고정시킨 모습을, (나)는 (가)에서 A의 위치만 $x = 2d$로 옮겨 고정시킨 모습을 나타낸 것이다. 양(+)전하인 C에 작용하는 전기력의 크기는 (가), (나)에서 각각 F, $5F$이고, 방향은 $+x$방향으로 같다. (나)에서 B에 작용하는 전기력의 크기는 $4F$이다.

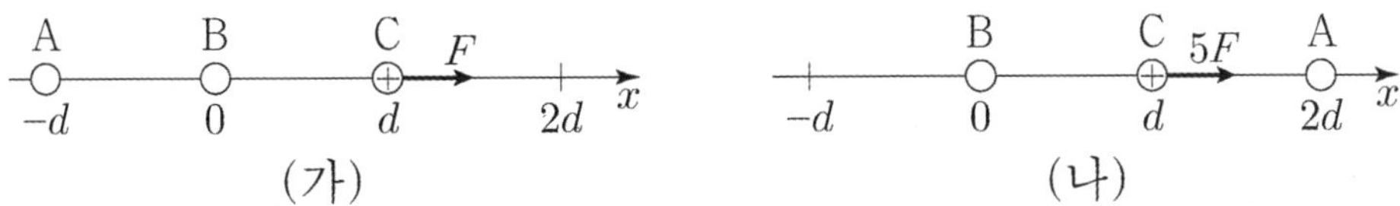

(가)   (나)

이에 대한 설명으로 옳은 것만을 <보기>에서 있는 대로 고른 것은?

〈보 기〉

ㄱ. A와 C 사이에는 서로 밀어내는 전기력이 작용한다.
ㄴ. (가)에서 A와 C 사이에 작용하는 전기력의 크기는 $2F$보다 작다.
ㄷ. (나)에서 B에 작용하는 전기력의 방향은 $-x$방향이다.

0. 문제 상황 파악하기

(가)에서 C에 작용하는 전기력이 $+x$방향 F이고, (나)에서 C에 작용하는 전기력은 $+x$방향 $5F$이다. (가)→(나)로 변하는 동안, C가 받는 전기력의 변화에는 A만이 영향을 주었다.

이를 통해 (나)에서 A가 C를 $+x$방향으로 당기는 것을 알 수 있고, 따라서 A는 음$(-)$전하이다. **(ㄱ 틀림)**

1. A와 C 사이 전기력 구하기

A가 C에 d만큼 떨어진 상태로 작용하는 전기력 크기를 f라 하자.
(전기력의 방향은 $+x$방향을 양$(+)$이라 하자.)

(가)와 (나)에서 A가 C에 작용하는 전기력은 각각 $-\dfrac{1}{4}f$, $+f$이다.

따라서 (가)→(나)에서 C가 받는 전기력의 변화량 $4F$는 A가 C에 작용하는 전기력의 변화량의 크기인 $\dfrac{5}{4}f$와 같다. 즉 $f = \dfrac{16}{5}F$이므로, (가)에서 A와 C사이에 작용하는 전기력의 크기는 $\dfrac{4}{5}F$로 $2F$보다 작다. **(ㄴ 맞음)**

2. ㄷ 선지 해결하기

(나)에서 A가 C에 작용하는 전기력은 $+\dfrac{16}{5}F$이고, C에 작용하는 전기력의 합이 $+5F$이므로 B가 C에 작용하는 전기력은 $+\dfrac{9}{5}F$임을 알 수 있다.

즉 (나)에서 C가 B에게 작용하는 전기력은 $-\dfrac{9}{5}F$인데 B에 작용하는 전기력의 합이 $+4F$가 되기 위해서는, A가 B에게 작용하는 전기력이 $+\dfrac{29}{5}F$이어야 한다.

즉, (나)에서 B에 작용하는 전기력의 방향은 $+x$방향이다. **(ㄷ 틀림)**

정답 : ㄴ

그림 (가)는 점전하 A, B를 x축상에 고정하고 음$(-)$전하 P를 옮기며 x축상에 고정하는 것을 나타낸 것이다. 그림 (나)는 점전하 A ~ D를 x축상에 고정하고 양$(+)$전하 R를 옮기며 x축상에 고정하는 것을 나타낸 것이다. A와 D, B와 C, P와 R는 각각 전하량의 크기가 같고, C와 D는 양$(+)$전하이다. 그림 (다)는 (가)에서 P의 위치 x가 $0 < x < 3d$인 구간에서 P에 작용하는 전기력을 나타낸 것으로, 전기력의 방향은 $+x$방향이 양$(+)$이다.

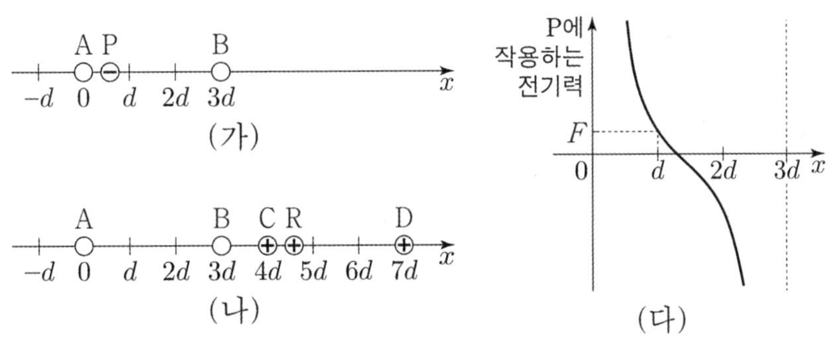

이에 대한 설명으로 옳은 것만을 <보기>에서 있는 대로 고른 것은?

<보 기>

ㄱ. (가)에서 P의 위치가 $x = -d$일 때, P에 작용하는 전기력의 크기는 F보다 크다.
ㄴ. (나)에서 R의 위치가 $x = d$일 때, R에 작용하는 전기력의 방향은 $+x$방향이다.
ㄷ. (나)에서 R의 위치가 $x = 6d$일 때, R에 작용하는 전기력의 크기는 F보다 작다.

0. 문제 상황 파악하기

(다)에서 P가 A에 가까워질수록 P에 작용하는 $+x$방향의 전기력이 세지고, B에 가까워질수록 P에 작용하는 $-x$방향의 전기력이 세진다. 즉 A, B는 모두 음$(-)$전하인 것을 알 수 있다.

(가)에서 P의 위치가 $x=d$일 때와 $x=-d$일 때 A가 P에 작용하는 힘의 세기는 같다.
그런데 B가 P에 작용하는 힘의 방향이 $x=d$일 때는 A와 반대이고, $x=-d$일 때는 A와 동일하다.
즉 (가)에서 P에 작용하는 전기력의 크기는, P의 위치가 $x=-d$일 때가 $x=d$일 때인 F보다 크다.

(ㄱ 맞음)

또한 (나)에서 R의 위치가 $x=d$일 때, R에 (A+B), C, D가 작용하는 전기력의 방향은 모두 $-x$방향이다.
즉 이때 R에 작용하는 전기력의 방향은 $-x$방향이다. **(ㄴ 틀림)**

1. (가)와 (나)의 유사성 활용하기

(가)에서 R의 위치가 $x=d$일 때, (A+B)가 P에 작용하는 전기력의 크기가 F이다.
이를 활용하면 A와 D, B와 C, P와 R의 전하량 크기가 각각 같으므로, (나)에서 R의 위치가 $x=6d$일 때 (C+D)가 R에 작용하는 전기력은 $-x$방향으로 F인 것을 알 수 있다.

이때 (A+B)는 R에 $-x$방향으로 전기력을 작용하므로, (나)에서 R의 위치가 $x=6d$일 때 R에 작용하는 전기력의 방향은 $-x$방향, 크기는 F보다 크다는 것을 알 수 있다. **(ㄷ 틀림)**

정답 : ㄱ

(** 21학년도 이전 문제들의 교육과정을 벗어나는 발문들은 모두 "평형점"으로 대체되었습니다.)

01   15학년도 6월 평가원 9번

그림은 x축 상에 고정된 두 점전하 A, B에 의해 점 p, q에서의 임의의 양(+)전하가 받는 전기력의 방향을 나타낸 것이다. A는 음(−)전하이고, p, q, r는 x축 상의 점이다.

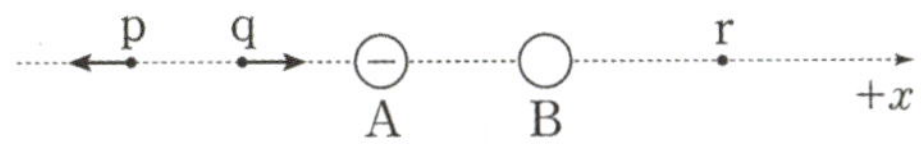

이에 대한 설명으로 옳은 것만을 <보기>에서 있는 대로 고른 것은?

<보 기>

ㄱ. B는 양(+)전하이다.

ㄴ. 전하량의 크기는 A가 B보다 작다.

ㄷ. r에 임의의 양(+)전하 C를 두었을 때 C가 받는 전기력의 방향은 $+x$방향이다.

---

02   15학년도 수능 9번

그림과 같이 x축 상에 고정된 세 점전하 A, B, C가 있다. A와 C에 의한 x축 상의 평형점은 점 p이고, A와 B에 의한 x축상의 평형점은 점 q이다. 점 q에 임의의 양(+)전하 D를 놓았을 때, D가 받는 B와 C에 의한 전기력의 방향은 $+x$방향이다.

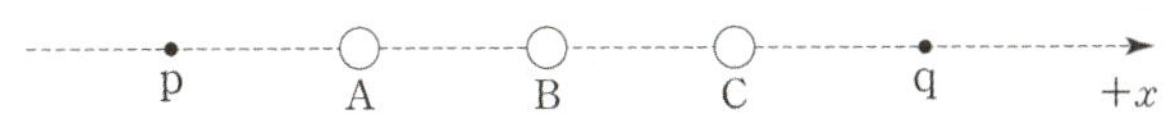

이에 대한 설명으로 옳은 것만을 <보기>에서 있는 대로 고른 것은?

<보 기>

ㄱ. 전하량의 크기는 C가 B보다 크다.

ㄴ. A는 양(+)전하이다.

ㄷ. 점 p에 D를 놓았을 때, D가 받는 전기력의 방향은 $+x$방향이다.

그림 (가)와 같이 $x = 0$, $x = 3d$인 지점에 점전하 A, B를 고정시켰더니 A와 B에 의한 x축상의 평형점의 위치는 $x = 4d$이다. 그림 (나)와 같이 (가)의 B 대신 $x = 3d$인 지점에 점전하 C를 고정시켰더니 A와 C에 의한 x축상의 평형점의 위치는 $x = d$이고, 이때 $x = 2d$인 지점에 양(+)전하 D를 두면 D가 받는 전기력의 방향은 $-x$방향이다.

A   B   A   C

$\overset{\circ}{0}\ \ d\ \ 2d\ \ 3d\ \ 4d\ \ +x$ $\overset{\circ}{0}\ \ d\ \ 2d\ \ 3d\ \ 4d\ \ +x$

(가)   (나)

이에 대한 설명으로 옳은 것만을 <보기>에서 있는 대로 고른 것은?

> ──── <보 기> ────
>
> ㄱ. A와 B는 같은 종류의 전하이다.
>
> ㄴ. C는 양(+)전하이다.
>
> ㄷ. 전하량의 크기는 C가 B보다 크다.

그림과 같이 점 a, b, c, d가 일직선상에서 같은 거리만큼 떨어져 있고 a, b, d에 점전하 A, B, C가 고정되어 있다. A, B, C가 만드는 x축 상의 평형점은 c이며, B와 C 사이에는 서로 끌어당기는 전기력이 작용한다.

A   B   C

a   b   c   d

B와 C가 A에 작용하는 전기력의 합력이 왼쪽 방향일 때, 이에 대한 설명으로 옳은 것만을 <보기>에서 있는 대로 고른 것은?

> ──── <보 기> ────
>
> ㄱ. 전하량의 크기는 A가 C보다 크다.
>
> ㄴ. A와 B 사이에는 서로 끌어당기는 전기력이 작용한다.
>
> ㄷ. C에는 오른쪽 방향으로 전기력이 작용한다.

그림 (가)와 같이 $x=0$, $x=2d$인 x축상의 두 점에 각각 점전하 A, B를 고정시켰다. 그림 (나)는 (가) 에서 $x=4d$인 x축 상의 점에 점전하 C를 고정시킨 것을 나타낸 것이다. A, B, C의 전하량은 각각 $+Q$, $-\dfrac{1}{2}Q$, $-Q$이다.

이에 대한 설명으로 옳은 것만을 <보기>에서 있는 대로 고른 것은?

<보 기>

ㄱ. (가)에서 $x=d$와 $x=2d$ 사이에 평형점이 있다.

ㄴ. (나)에서 $x=3d$에 양$(+)$전하 D를 두었을 때 D가 받는 전기력의 방향은 $+x$이다.

ㄷ. $x=d$에 임의의 점전하 E를 두었을 때, E가 받는 전기력의 크기는 (나)가 (가)보다 크다.

그림은 x축상에 고정된 두 점전하 A, B에 의해 점 p, q에 위치한 임의의 양$(+)$전하가 받는 전기력의 방향을 나타낸 것이다. p, q, r는 x축상의 점이다.

이에 대한 옳은 설명만을 <보기>에서 있는 대로 고른 것은?

<보 기>

ㄱ. A는 음$(-)$전하이다.

ㄴ. A와 B 사이에는 전기적 인력이 작용한다.

ㄷ. r에 위치한 임의의 양$(+)$전하가 받는 A, B에 의한 전기력의 방향은 $+x$방향이다.

07 19학년도 9월 평가원 8번

그림은 x축 상에 고정된 두 점전하 A, B와 x축 상의 점 p, q, r를 나타낸 것이다. p에 임의의 양(+)전하를 두었을 때 그 전하가 받는 전기력의 방향은 $-x$ 방향이고, 점전하 A, B가 x축 위에 만드는 평형점은 q이다.

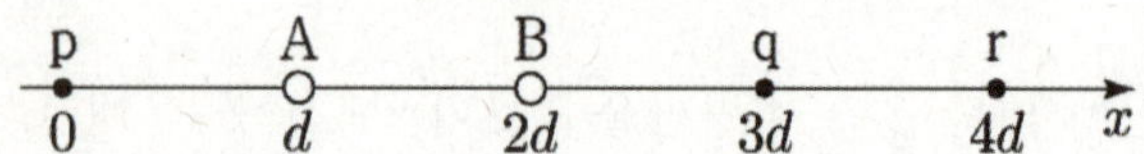

이에 대한 설명으로 옳은 것만을 <보기>에서 있는 대로 고른 것은?

> ─────── <보 기> ───────
>
> ㄱ. B는 양(+)전하이다.
>
> ㄴ. 전하량의 크기는 A가 B보다 크다.
>
> ㄷ. r에 위치한 임의의 양(+)전하가 받는 전기력의 방향은 $+x$방향이다.

08 19년 9월 고2 교육청 15번

그림은 x축 상에서 같은 간격으로 고정되어 있는 네 개의 점전하 A, B, C, D를 나타낸 것이다. A, D의 전하량은 $+Q$로 같고, B가 A, C, D로부터 받는 전기력의 합력과 C가 A, B, D로부터 받는 전기력의 합력은 모두 0이다.

이에 대한 설명으로 옳은 것만을 <보기>에서 있는 대로 고른 것은?

> ─────── <보 기> ───────
>
> ㄱ. B는 양(+)전하이다.
>
> ㄴ. C의 전하량의 크기는 Q보다 작다.
>
> ㄷ. B와 C 사이에는 서로 미는 전기력이 작용한다.

09 19학년도 수능 10번

그림과 같이 점전하 A, B, C가 x축상에 고정되어 있다. A와 C의 전하량의 크기는 같고, B와 C는 양 $(+)$전하이다. A, B, C가 만드는 x축상의 평형점의 위치는 $x = 0$이다.

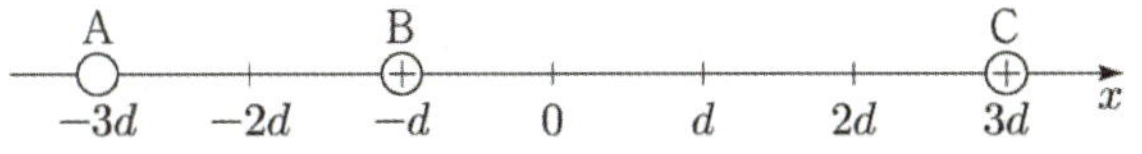

이에 대한 설명으로 옳은 것만을 <보기>에서 있는 대로 고른 것은?

—————⟨보 기⟩—————

ㄱ. A는 음$(-)$전하이다.

ㄴ. 전하량의 크기는 B가 C보다 작다.

ㄷ. A를 $x = d$로 옮겨 고정시켰을 때, $x = 0$에 어떤 양$(+)$전하 D를 두면 D가 받는 전기력의 방향은 $+x$방향이다.

10 20년 4월 교육청 6번

그림과 같이 점전하 A, B, C가 각각 $x = -d$, $x = 0$, $x = 2d$에 고정되어 있다. A와 C가 B에 작용하는 전기력은 0이고, B가 A에 작용하는 전기력의 크기는 C가 A에 작용하는 전기력의 크기보다 작다. A, B, C는 양$(+)$전하이다.

A, B, C의 전하량을 각각 Q_A, Q_B, Q_C라 할 때, Q_A, Q_B, Q_C를 옳게 비교한 것은?

① $Q_A > Q_B > Q_C$ ② $Q_A > Q_C > Q_B$

③ $Q_B > Q_A > Q_C$ ④ $Q_C > Q_A > Q_B$

⑤ $Q_C > Q_B > Q_A$

11

그림 (가)와 같이 x축상에 점전하 A, B, C를 같은 간격으로 고정시켰더니, 음($-$)전하 B는 $+x$방향으로 전기력을 받고, C가 받는 전기력은 0이 되었다. 그림 (나)와 같이 (가)에서 C를 점전하 D로 바꾸어 같은 지점에 고정시켰더니 A가 받는 전기력이 0이 되었다.

이에 대한 옳은 설명만을 <보기>에서 있는 대로 고른 것은?

─────── <보 기> ───────

ㄱ. A는 음($-$)전하이다.

ㄴ. (가)에서 A가 받는 전기력의 방향은 $-x$방향이다.

ㄷ. 전하량의 크기는 C가 D보다 작다.

12

그림 (가)와 같이 점전하 A, B, C가 $x = 0$, $x = d$, $x = 2d$에 고정되어 있다. 양($+$)전하 B에는 $+x$방향으로 크기가 F인 전기력이 작용한다. 그림 (나)와 같이 (가)의 C를 $x = 4d$로 옮겨 고정시켰더니 B에는 $+x$방향으로 $2F$인 전기력이 작용한다.

A와 C의 전하량의 크기를 각각 Q_A, Q_C라 할 때, $\dfrac{Q_A}{Q_C}$는?

① $\dfrac{10}{9}$ ② $\dfrac{13}{9}$ ③ $\dfrac{5}{3}$

④ $\dfrac{17}{9}$ ⑤ $\dfrac{20}{9}$

13 21년 7월 교육청 18번

그림은 점전하 A, B, C를 $x=-d$, $x=0$, $x=d$에 고정시켜 놓은 모습을 나타낸 것이다. 표는 A, B의 전하량과 A와 B에 작용하는 전기력의 방향과 크기를 나타낸 것이다.

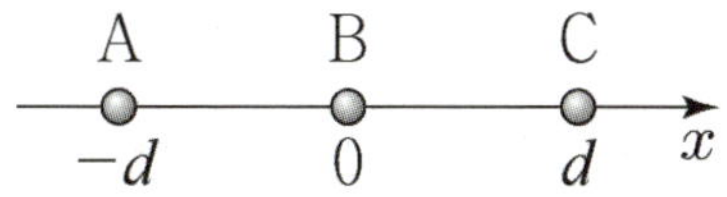

점전하	전하량	전기력의 방향	전기력의 크기
A	$+Q$	$-x$	F
B	$+Q$	$+x$	$6F$

C의 전하량의 크기는?

① Q ② $2Q$ ③ $3Q$

④ $4Q$ ⑤ $5Q$

14 21년 10월 교육청 13번

그림 (가)와 같이 점전하 A와 B를 x축상에 고정시키고 점전하 P를 x축상에 놓았다. A, B는 각각 양 $(+)$전하, 음$(-)$전하이다. 그림 (나)는 (가)에서 A, B가 각각 P에 작용하는 전기력의 크기 F_A, F_B를 P의 위치에 따라 나타낸 것이다. P의 위치가 $x=d_2$일 때, P에 작용하는 전기력의 방향은 $+x$방향이다.

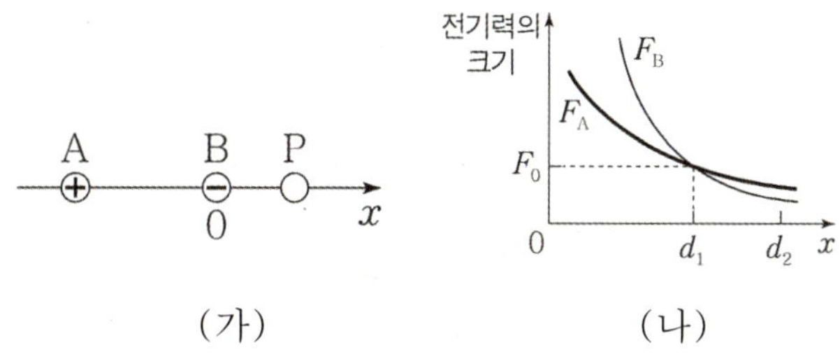

(가)   (나)

이에 대한 옳은 설명만을 <보기>에서 있는 대로 고른 것은?

<보 기>

ㄱ. P는 양$(+)$전하이다.

ㄴ. 전하량의 크기는 A가 B보다 크다.

ㄷ. P의 위치가 $x=d_1$일 때, P에 작용하는 전기력의 크기는 $2F_0$이다.

그림 (가), (나)와 같이 점전하 A, B, C를 x축상에 고정시키고, 점전하 P를 각각 $x = -d$와 $x = d$에 놓았다. (가)와 (나)에서 P가 받는 전기력은 모두 0이다. A는 양(+)전하이고, A와 C는 전하량의 크기가 같다.

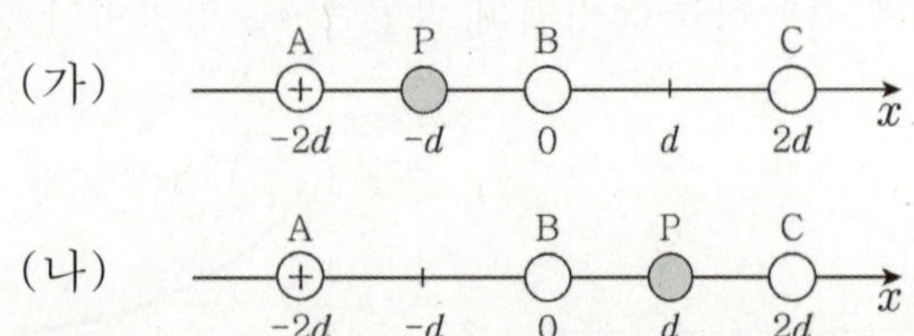

이에 대한 옳은 설명만을 <보기>에서 있는 대로 고른 것은?

<보 기>

ㄱ. A와 C가 P에 작용하는 전기력의 합력의 방향은 (가)에서와 (나)에서가 같다.

ㄴ. C는 양(+)전하이다.

ㄷ. 전하량의 크기는 A가 B보다 작다.

그림 (가)와 같이 점전하 A, B, C를 x축상에 고정시켰더니 양(+)전하 B에 작용하는 전기력이 0이 되었다. 그림 (나)와 같이 (가)의 C를 $x = 4d$로 옮겨 고정시켰더니 B에 작용하는 전기력의 방향이 $+x$방향이 되었다. C에 작용하는 전기력의 크기는 (가)에서가 (나)에서의 2배이다.

이에 대한 설명으로 옳은 것만을 <보기>에서 있는 대로 고른 것은?

<보 기>

ㄱ. B와 C 사이에는 미는 전기력이 작용한다.

ㄴ. (나)에서 A에 작용하는 전기력의 크기는 C에 작용하는 전기력의 크기보다 작다.

ㄷ. 전하량의 크기는 A가 B보다 작다.

17

그림 (가)는 x축상에 점전하 A와 B를 각각 $x=0$과 $x=d$에 고정하고 점전하 C를 $x>d$인 범위에서 x축상에 놓은 모습을 나타낸 것이다. A와 C의 전하량의 크기는 같다. 그림 (나)는 C가 받는 전기력 F_C를 C의 위치 x에 따라 나타낸 것으로, 전기력은 $+x$방향일 때가 양$(+)$이다.

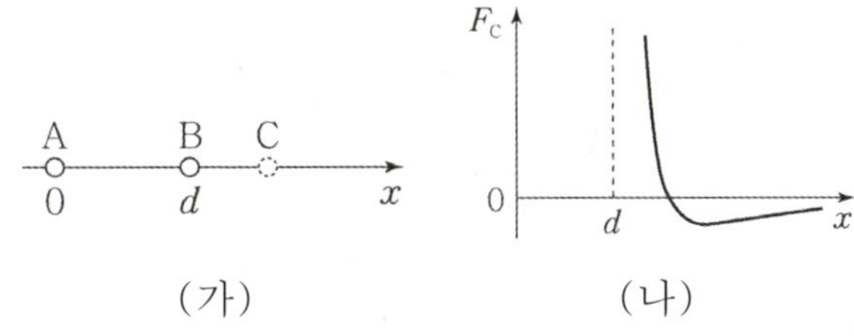

(가)   (나)

(가)에서 C를 x축상의 $x=2d$에 고정하고 B를 $0<x<2d$인 범위에서 x축상에 놓을 때, B가 받는 전기력 F_B를 B의 위치 x에 따라 나타낸 것으로 가장 적절한 것은?

① 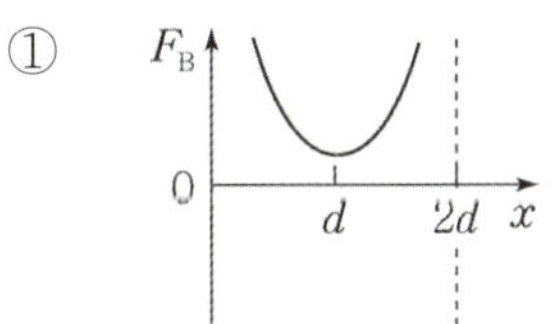   ② 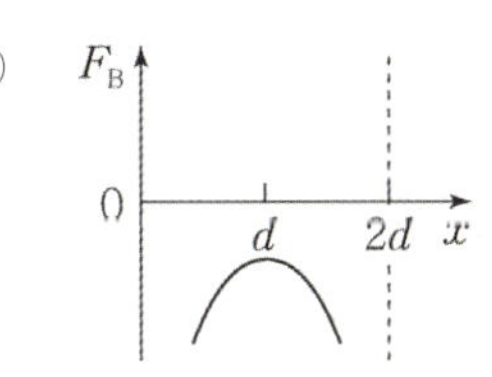

③ 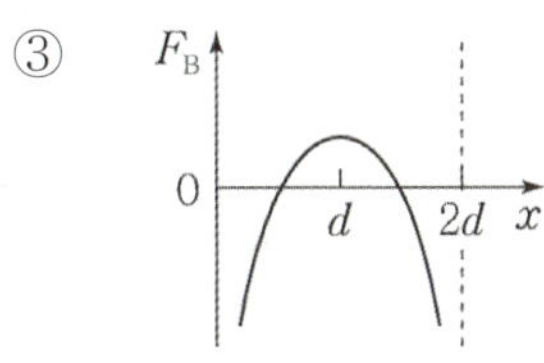   ④ 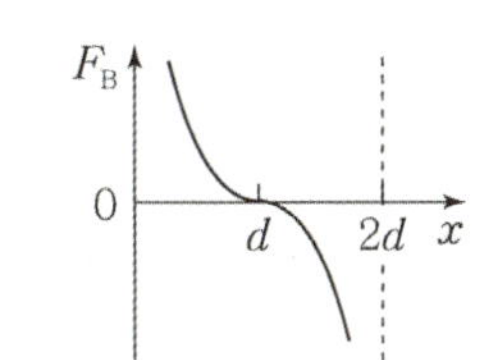

⑤ 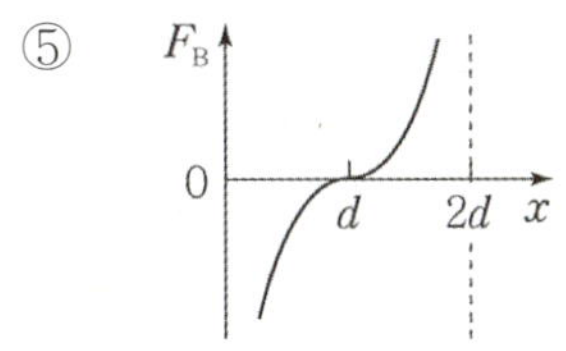

18

그림 (가)는 점전하 A, B, C, D를 x축상에 고정시킨 것으로 B는 음$(-)$전하이고 A와 C는 같은 종류의 전하이다. A에 작용하는 전기력의 방향은 $+x$방향이고, C에 작용하는 전기력은 0이다. 그림 (나)는 (가)에서 B만 제거한 것으로 D에 작용하는 전기력의 방향은 $+x$방향이다.

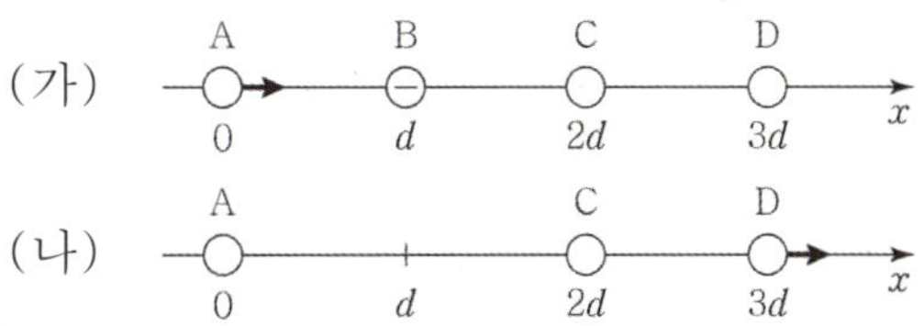

이에 대한 옳은 설명만을 <보기>에서 있는 대로 고른 것은?

─── <보 기> ───

ㄱ. A는 양$(+)$전하이다.

ㄴ. 전하량의 크기는 B가 A보다 크다.

ㄷ. (나)의 D에 작용하는 전기력의 크기는 (나)의 A에 작용하는 전기력의 크기보다 크다.

그림 (가)와 같이 x축상에 점전하 A, B를 각각 $x = 0$, $x = 6d$에 고정하고, 양(+)전하인 점전하 C를 옮기며 고정한다. 그림 (나)는 (가)에서 C의 위치가 $d \le x \le 5d$인 구간에서 A, B에 작용하는 전기력을 나타낸 것이다.

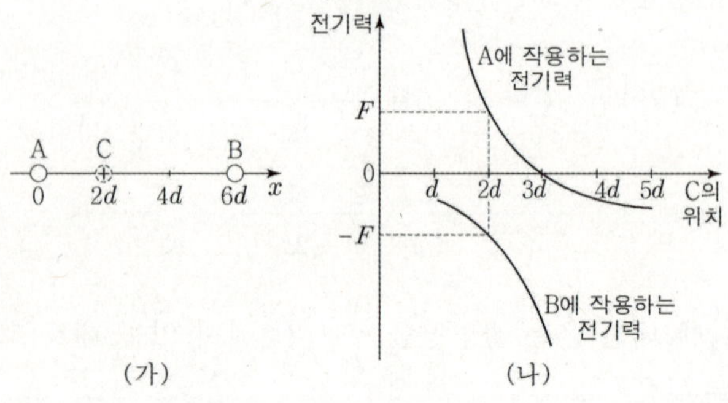

이에 대한 설명으로 옳은 것만을 <보기>에서 있는 대로 고른 것은?

———— <보 기> ————

ㄱ. A는 음(−)전하이다.

ㄴ. 전하량의 크기는 A와 C가 같다.

ㄷ. C를 $x = 2d$에 고정할 때 A가 C에 작용하는 전기력의 크기는 F보다 작다.

그림 (가)는 점전하 A, B, C, D를 x축상에 고정시킨 것으로 A에 작용하는 전기력의 방향은 $-x$ 방향이고, B에 작용하는 전기력은 0이다. 그림 (나)는 (가)에서 A와 C의 위치만 서로 바꾸어 고정시킨 것으로 B에는 $+x$방향으로 크기가 F인 전기력이 작용한다. A, B, C의 전하량의 크기는 각각 $2Q$, Q, Q이다.

A B C D   C B A D
0 d $2d$ $3d$ x 0 d $2d$ $3d$ x

(가)   (나)

(가)에서 A에 작용하는 전기력의 크기는?

① $\dfrac{1}{36}F$ ② $\dfrac{1}{18}F$ ③ $\dfrac{1}{12}F$

④ $\dfrac{1}{9}F$ ⑤ $\dfrac{1}{6}F$

21 23년 10월 교육청 13번

그림 (가), (나)와 같이 점전하 A, B, C를 각각 x축 상에 고정시켰다. (가)에서 B가 받는 전기력은 0이고, (가), (나)에서 C는 각각 $+x$방향과 $-x$방향으로 크기가 F_1, F_2인 전기력을 받는다. $F_1 > F_2$이다.

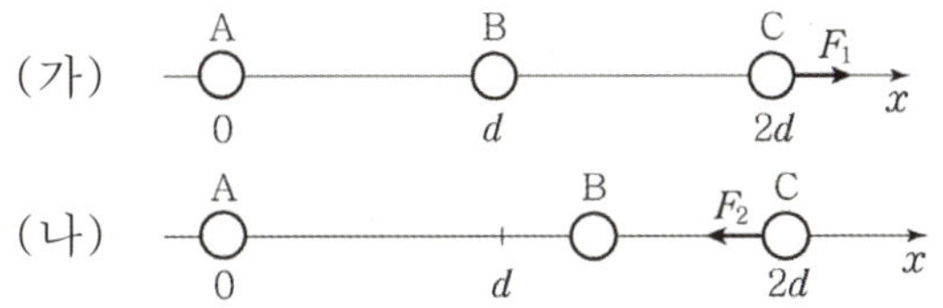

이에 대한 옳은 설명만을 <보기>에서 있는 대로 고른 것은?

<보 기>

ㄱ. 전하량의 크기는 A와 C가 같다.

ㄴ. A와 B 사이에는 서로 당기는 전기력이 작용한다.

ㄷ. (나)에서 A가 받는 전기력의 크기는 F_2보다 작다.

22 24년 4월 교육청 19번

그림 (가)는 점전하 A, B, C를 x축상에 고정시킨 것을, (나)는 (가)에서 A, C의 위치만을 바꾸어 고정시킨 것을 나타낸 것이다. (가)와 (나)에서 양(+)전하인 A에 작용하는 전기력의 방향은 같고, C에 작용하는 전기력의 방향은 $+x$방향으로 같다.

이에 대한 설명으로 옳은 것만을 <보기>에서 있는 대로 고른 것은?

<보 기>

ㄱ. C는 양(+)전하이다.

ㄴ. (가)에서 A에 작용하는 전기력의 방향은 $-x$ 방향이다.

ㄷ. (나)에서 B에 작용하는 전기력의 크기는 C에 작용하는 전기력의 크기보다 작다.

그림과 같이 x축상에 점전하 A ~ D를 고정하고 양 (+)전하인 점전하 P를 옮기며 고정한다. A와 B의 전하량의 크기는 서로 같고, C와 D의 전하량의 크기는 서로 같다. B, C는 양(+)전하이고 A, D는 음(−)전하이다. P가 $x = 4d$에 있을 때, P에 작용하는 전기력은 0이다.

A B P   C   D
⊖ ⊕ ⊕   ⊕   ⊖   →
0 2d 4d   8d   12d x

이에 대한 설명으로 옳은 것만을 <보기>에서 있는 대로 고른 것은?

<보 기>

ㄱ. 전하량의 크기는 A가 C보다 크다.

ㄴ. P가 $x = d$에 있을 때, P에 작용하는 전기력의 방향은 $-x$방향이다.

ㄷ. P에 작용하는 전기력의 크기는 $x = 6d$에 있을 때가 $x = 10d$에 있을 때보다 크다.

그림 (가)는 점전하 A, B, C를 x축상에 고정시킨 것으로 A, C에 작용하는 전기력의 크기는 같다. 그림 (나)는 (가)에서 B와 C의 위치를 바꾸어 고정시킨 것으로 C에 작용하는 전기력은 0이다. 전하량의 크기는 A가 C보다 크다.

A   B   C   A   C   B
○   ○   ○ →   ○   ○   ○ →
0   d   2d x 0   d   2d x
(가)   (나)

이에 대한 옳은 설명만을 <보기>에서 있는 대로 고른 것은?

<보 기>

ㄱ. 전하량의 크기는 B가 C보다 크다.

ㄴ. A와 C 사이에는 서로 밀어내는 전기력이 작용한다.

ㄷ. (가)에서 A와 B에 작용하는 전기력의 방향은 같다.

Chapter

09

자기장과 전자기 유도

이번 단원은 기본적인 개념을 묻는 문제부터 준킬러~킬러까지 파트에 따라 다양한 난이도로 출제될 수 있다.
전자기 유도와 전류의 자기 작용의 예시를 잘 암기하고 있어야 하고, p－n접합 다이오드가 들어 있는 회로 문제에
익숙하게 접근할 수 있어야 한다. (이외에도 전자기 유도 계산 문제 등 매우 다양한 유형이 출제될 수 있다.)

여기서 가장 중요한 건 **도선에 흐르는 전류에 의한 자기장 유형**이다.
여러 개의 도선에 흐르는 전류에 의해 자기장이 중첩되면 상황이 굉장히 복잡해지기 때문에, 수능장에서 멘탈을
온전히 지키기 위해서는 대비를 열심히 해야 한다.

하나만 확실하게 기억하고 넘어가자. **결국은 특수 포인트를 찾아야 한다.** 특이한 포인트를 찾으면 문제가 해결된다.
문제가 아무리 복잡하더라도, **대칭성/변화량/평형선(추후 서술됨)** 등의 특이한 포인트만 잘 파악한다면 문제를 수월하게
해결할 수 있다. (만약 특수 포인트가 없다면? 열심히 계산하면 된다.)

▌기초 용어 정리

1. 자기력

자기력은 자석 사이에 작용하는 힘으로, 서로 다른 극끼리는 당기는 인력이, 같은 극끼리는 밀어내는 척력이 작용한다.

2. 자기장

자석 또는 전류가 흐르는 도선 주위에 자기력이 작용하는 공간을 자기장이라고 한다. 자석 주위에 자침을 놓았을 때,
자침의 N극이 가리키는 방향이 자침이 놓인 지점에서 자기장의 방향이다. 이때 자침의 N극이 가리키는 방향을 쭉
이어준 선들을 자기력선이라 부른다.

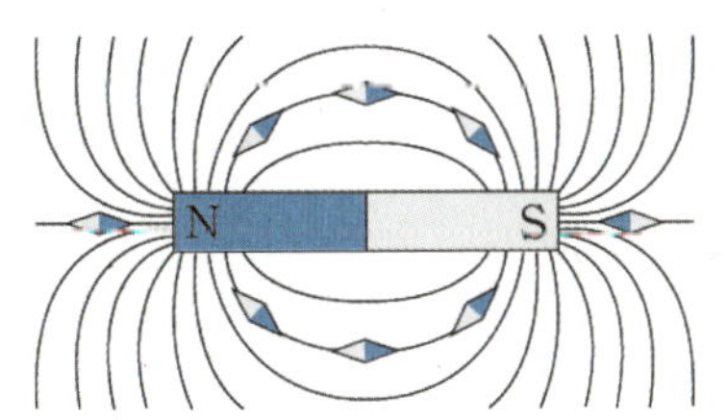

▍전류에 의한 자기장

(1) 자기장의 형태 및 세기

형태 : 전류가 흐르는 직선 도선 주위에 도선을 중심으로 하는 동심원의 자기장이 형성된다.

세기 : 도선에 흐르는 전류의 세기가 클수록 세지고, 전류가 흐르는 도선에서 멀어질수록 약해진다.

$$\text{자기장의 세기} \propto \frac{\text{전류의 세기}}{\text{직선 도선으로부터의 수직 거리}}$$

(2) 자기장의 방향

직선 전류가 흐르는 방향으로 오른손의 엄지손가락을 향한 뒤에 나머지 네 손가락으로 도선을 감아쥐는 방향이다.
이를 **앙페르 법칙** 또는 **오른 나사의 법칙**이라고 한다.

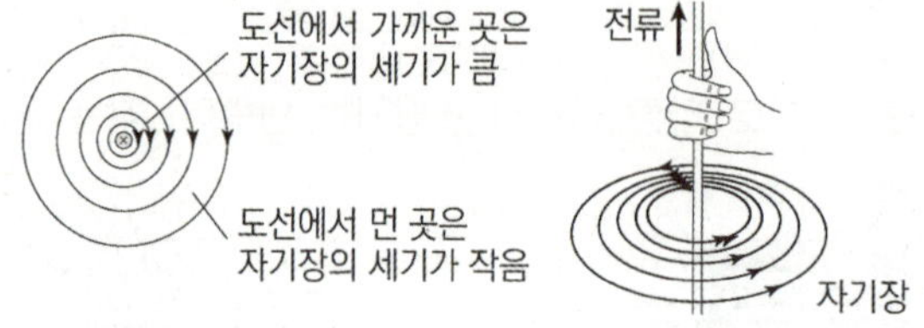

☞ 실수 주의! 지구 자기장의 방향

앞서 말한 앙페르 법칙은 지구 자기장을 무시한, 이론적인 자기장의 방향을 말해준다. 그런데 우리가 문제로 만나게 되는 직선 도선에 흐르는 전류에 의한 자기장 문제는 지구 자기장을 포함해서 나올 수도 있다. 지구 자기장은 북쪽을 가리키므로 이를 포함하게 되면, 앙페르 법칙을 통해 구한 자기장의 방향으로 북쪽에서 살짝 꺾은 방향이 실제 자기장의 방향이 된다.

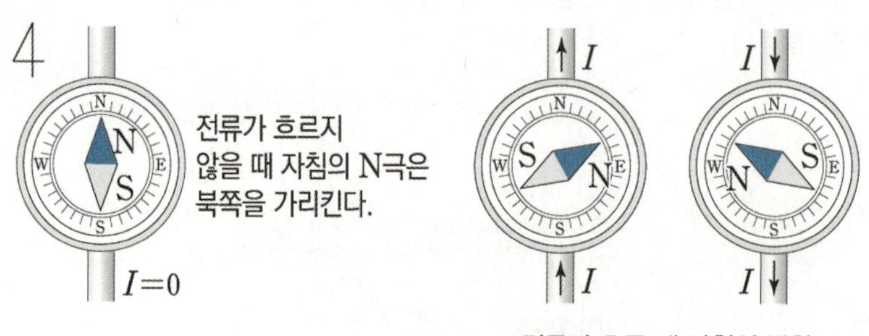

2. 원형 도선에 흐르는 전류에 의한 자기장

원형 전류는 **아주 작은 직선 도선**들이 만드는 자기장의 합으로 볼 수 있다. 따라서 원형 전류 중심에서의 자기장의
세기는 도선에 흐르는 전류의 세기에 비례하고, 원형 도선의 반지름에 반비례한다.

하지만 공식에서의 비례 상수가 다르기 때문에, 전류의 세기와 떨어진 거리가 모두 같더라도 직선 도선과 원형 도선의
자기장이 정확히 일치하지는 않는다.

$$\text{자기장의 세기} \propto \frac{\text{전류의 세기}}{\text{반지름}}$$

자기장의 방향

원형 도선에 흐르는 전류에 의한 자기장의 방향을 찾는 방법은 두 가지로 나뉜다.

1. 엄지를 원형 도선의 접선 방향으로 둔 채 나머지 네 손가락을 감아쥐는 방향으로 찾는 것
2. 원형 도선에 흐르는 전류의 방향으로 네 손가락을 감아쥔 채 엄지를 올려 엄지의 방향으로 찾는 것

3. 솔레노이드에 의한 자기장

솔레노이드란 긴 원통 모양으로 도선을 촘촘하게 감은 것을 말한다. **원형 도선 여러 개를 겹쳐 놓은 셈**이고,
원형 도선의 응용으로 볼 수 있다. 자기장의 세기는 단위 길이당 도선의 감은 수 및 전류의 세기에 비례한다.
이때 솔레노이드 내부에는 균일한 세기의 자기장이 형성된다. 자기장의 방향은 오른손의 네 손가락을 전류의 방향으로
감아쥘 때 엄지가 가리키는 방향이다.

$$\text{자기장의 세기} \propto (\text{전류의 세기}) \times (\text{단위 길이당 도선의 감은 수})$$

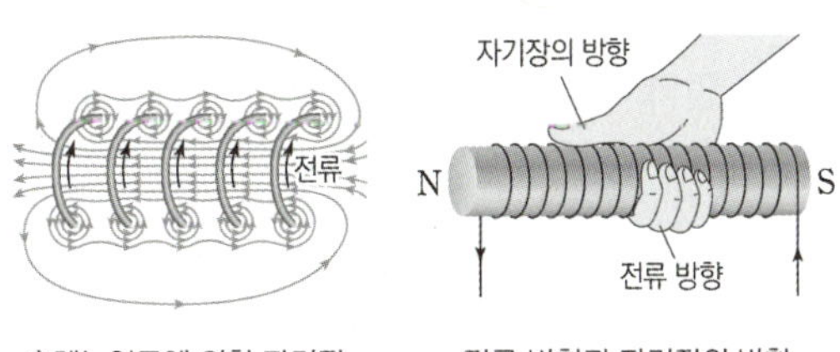

솔레노이드에 의한 자기장　　　　전류 방향과 자기장의 방향

(1) 자기장의 방향은 ⊙, ⊗로 표시한다.

종이면에서 수직으로 나오는 방향은 ⊙, 종이면에 수직으로 들어가는 방향은 ⊗라 표기한다.
이를 수식적으로 계산할 때는 +방향과 −방향으로 구분하는 것이 좋다.

☞ Tip! ⊙, ⊗는 각각 +방향과 −방향으로 정해진 게 아니다.

문제를 풀다 보면 도선에 흐르는 전류의 방향이 문제에 쓰여있지 않아 풀이 중간에 나오거나, 심지어 나오지 않을 때도 있다. 그럴 때 자기장의 세기를 계산해야 한다면, 아래 그림처럼 임의로 도선 A의 위쪽은 +, 아래쪽은 − 라는 식으로 정해 계산한 뒤에 문제에 주어진 조건에 맞게 각각의 +, −가 ⊙, ⊗ 중에 어디에 대응되는지를 결정하면 된다.

참고로, 평가원은 종이면에서 수직으로 나오는 방향을 +로 설정한다.

(2) 자기장의 세기를 다룰 때는 상댓값 또는 아래첨자를 이용한다.

실수를 줄이기 위해, 자기장의 세기를 정하는 기준을 확실히 정해두는 것이 좋다.
어떤 도선에 흐르는 전류의 세기가 I일 때, 격자 한 칸 떨어진 곳의 자기장의 세기를 기본 자기장[17]이라 부르자.
그러면 도선 A의 기본 자기장은 B_A 라는 식으로 둘 수 있다.

전류의 세기가 주어지지 않을 때는, 특정 도선에 흐르는 전류를 I라 하고 나머지 도선에 흐르는 전류를 상댓값들로 채우면 된다.

☞ 실수 주의! 기본 자기장의 계수만 1이면 된다.

여기서 크게 주의할 점이 하나 있는데, 우리는 도선 A라는 B_A의 아래첨자가 중요한 게 아니다.
B_0든 B_1이든 아무 상관이 없다. **중요한 건 도선에 흐르는 전류의 세기와 그 도선이 만드는 기본 자기장의 계수가 1이라는 것이다.** 예를 들어 B의 기본 자기장의 세기를 X라고 한다면, 도선 B로부터 네 칸 떨어진 곳의 자기장의 세기는 $\frac{1}{4}X$가 되어야 한다. 만약 네 칸 떨어진 곳의 계산을 줄이기 위해 한 칸 떨어진 곳을 $4X$라 두면, 실수의 가능성이 높아진다.

---

17) 실제로 있는 용어가 아닌, 이해를 돕기위해 만든 말이므로 더 좋은 단어가 있다면 그렇게 불러도 좋다.

(3) 자기장 '만' 생각해서, 중첩되는 자기장을 표시하기

자기장 문제를 풀다 보면 상황이 많이 복잡할 때가 있다. 전류의 세기와 방향이 주어지지 않은 채 도선이
3개 등장하는 상황, 도선이 움직이는 상황, 도선에 흐르는 전류의 세기가 변하는 상황 등이 그 예시이다.

이런 경우, 기본 자기장을 이용해 **어떤 자기장들이 중첩되어 있는지를 하나하나 적는 것**이 좋다.
머릿속으로 생각하는 것과 실제로 표시하는 것의 차이는 상당하기 때문이다.

예를 들어,
아래 그림과 같이 도선 A, B에 흐르는 전류의 세기가 각각 I_A, I_B인 상황에서 도선 A의 기본 자기장을 A라 하고
B의 기본 자기장을 B라 하자.
그러면 A로부터 두 칸, B로부터 한 칸 떨어진 지점에서 자기장의 세기는 아래 그림과 같이 표시할 수 있다.

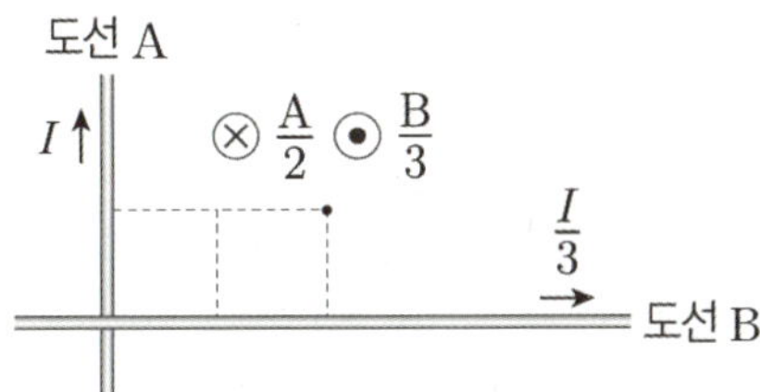

이렇게 표시한 이후에는 도선 A와 B에 흐르는 전류를 생각하지 않는다.
A에 흐르는 전류 I_A를 문제 풀이의 매 순간마다 생각하는 것이 아니라,
기본 자기장을 구한 뒤부터는 "A로부터 두 칸 떨어져 있네~"처럼 도선이 떨어진 거리와 **자기장만 생각**하는 것이다.

쉬운 문제들은 이렇게 하지 않아도 되지만, 도선이 세 개 이상이 나오는 복잡한 문제 상황에서는 이러한 관점으로
문제에 접근할 때 더욱 편리하다.

조금 더 어려운 예시를 생각해보자.

아래 그림과 같이 도선 A엔 $-x$방향으로 세기 I_0인 전류가 흐르고 있고,
도선 B, C에는 방향을 모르는 전류가 각각 I_B, $3I_0$의 세기로 흐르고 있다.
A에 흐르는 전류가 P에 만드는 자기장을 B_0이라 할 때, P와 Q 지점에 A, B, C의 전류에 의해 생긴 자기장을
어떻게 표현할 수 있을까?

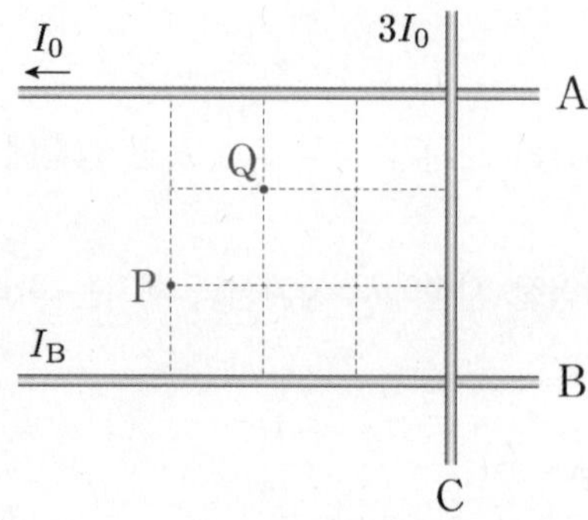

이렇게 미지수가 많은 상황에서는, **확실히 아는 것들을** 모르는 것과 구분해서 정리해야 한다.

I_0이 두 칸 떨어진 곳에 만드는 자기장이 B_0이므로, I_0의 기본 자기장은 $2B_0$이다.
I_B가 만드는 기본 자기장을 B_x라 하면, 아래와 같이 표현할 수 있다. 이때 **불확실한 정보는 물음표 처리**하면 된다.

	(A)	(B)	(C)
P	⊙ B_0	⑦ B_x	⑦ $2B_0$
Q	⊙ $2B_0$	⑦ $\frac{1}{2}B_x$	⑦ $3B_0$

이렇게 **자기장만을 따로 정리**한 후 조건에 맞춰 문제를 해결해나가는 식으로 말이다.
예제를 풀면서 확실하게 이해해보자.

그림과 같이 무한히 긴 직선 도선 A, B, C가 xy평면에 고정되어 있다. A, B, C에는 방향이 일정하고 세기가 각각 I_0, I_B, $3I_0$인 전류가 흐르고 있다. A의 전류의 방향은 $-x$방향이다. 표는 점 P, Q에서 A, B, C의 전류에 의한 자기장의 세기를 나타낸 것이다. P에서 A의 전류에 의한 자기장의 세기는 B_0이다.

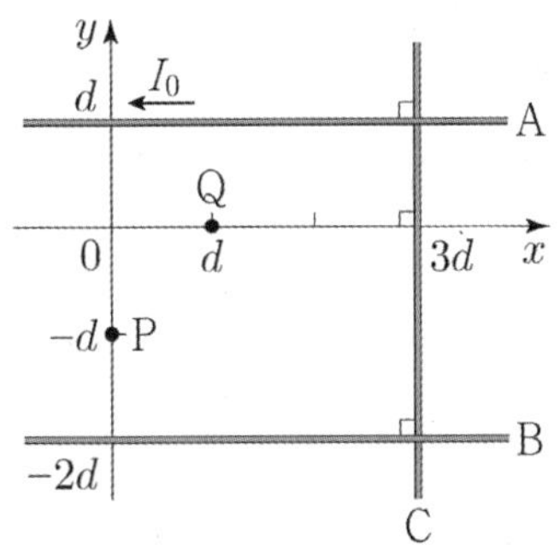

위치	A, B, C의 전류에 의한 자기장의 세기
P	B_0
Q	$3B_0$

이에 대한 설명으로 옳은 것만을 <보기>에서 있는 대로 고른 것은?

〈 보　기 〉

ㄱ. $I_B = I_0$이다.

ㄴ. C의 전류의 방향은 $-y$방향이다.

ㄷ. Q에서 A, B, C의 전류에 의한 자기장의 방향은 xy평면에서 수직으로 나오는 방향이다.

0. 문제 상황 파악하기

앞서 살펴본 예시와 똑같은 상황이다.

세기 I_0의 전류가 만드는 기본 자기장이 $2B_0$이고, P와 Q에 만들어진 자기장의 세기가 표로 제시되어 있다.

이런 상황에서는 **자기장만** 따로 생각함과 동시에 **아는 것과 모르는 것**을 정확히 구분해야 한다.

우리는 도선 A에 흐르는 전류의 세기와 방향은 모두 알지만, B에 흐르는 전류의 세기와 방향은 모두 모른다. C에 흐르는 전류는 세기는 알지만 방향은 모른다. 따라서 문제를 풀 때, 잘 모르는 B가 아니라 비교적 조건이 많이 제시되어 있는 **A와 C를 통해 접근해야 한다.**

B에 흐르는 전류가 만드는 기본 자기장을 B_x라 하면, 아래와 같이 P와 Q에 만들어진 자기장을 표현할 수 있다.

	(A)	(B)	(C)	
P	⊙ B_0	？ B_x	？ $2B_0$	$= B_0$
Q	⊙ $2B_0$	？ $\frac{1}{2}B_x$	？ $3B_0$	$= 3B_0$

1. C에 흐르는 전류의 방향 결정하기

우리는 비교적 조건이 많이 제시되어 있는 **A와 C를 통해 접근하기**로 했다.

따라서 우선 P에서 A, B, C에 의해 만들어지는 자기장이 B_0인 걸 이용해서, A와 C를 살펴보자.

만약 C가 P에 만드는 자기장의 방향이 $\otimes$방향이라면,

A와 C가 만드는 자기장만으로 P에는 세기 B_0의 **자기장이 이미 형성**된다.

따라서 이 경우에는 B가 P에 ⊙방향으로 세기 $2B_0$의 자기장을 만들어야만 하고,

이러면 Q에서 자기장이 0이 되어 문제 조건에 모순이 일어난다.

따라서 C는 P에 ⊙방향으로 자기장을 만들어야 하므로, 전류는 $+y$방향으로 흐른다. (ㄴ 틀림)

2. B에 흐르는 전류의 세기와 방향 결정하기

앞서 구한 정보를 위에 정리해둔 표에 대입하자.
그러면 P에 생기는 자기장의 방향이 ⊙, ⊗인 두 가지 경우가 생긴다.

먼저 P에 생기는 자기장의 방향이 ⊙인 경우를 살펴보자. 이때는 B가 P에 만드는 자기장이 ⊗방향 $2B_0$이므로, 전체 도선에 의해 Q에 흐르는 자기장의 세기가 $4B_0$가 되어 문제 조건에 모순이 생긴다.

다음으로 P에 생기는 자기장의 방향이 ⊗인 경우를 살펴보자.
이때는 B가 P에 만드는 자기장이 ⊗방향 $4B_0$이므로, Q에 흐르는 자기장이 ⊙방향 $3B_0$가 되어 문제 조건이 성립한다. **(ㄷ 맞음)**

따라서 B의 기본 자기장이 $B_x = 4B_0$임을 알 수 있다.

이제 A, B의 **기본 자기장끼리 비교하면** 그 세기는 B가 A의 2배이므로, 흐르는 전류의 세기도 2배가 되어야 한다. 따라서 $I_B = 2I_0$이다. **(ㄱ 틀림)**

정답 : ㄷ

'복잡한데...' 라는 생각이 크게 들 수 있다. 맞다. 복잡한 문제다. 상황이 복잡하기 때문에, 이렇게 모든 케이스를 다 써서 해결할 수도 있지만 이렇게 풀게 되면 너무 어렵다. 헷갈리기도 쉽다.

후술할 **평형선**의 개념을 아주 잘 활용하면 이 문제를 훨씬 간편하게 해결할 수 있다.
나중에 예제에서 이 문제를 다시 만나면, 그때는 '별거 아닌데?' 라는 생각이 들게 아주그냥 혼쭐을 내주자!

5. 평형선 찾기

평형선[18]이란 도선 두 개가 만드는 자기장이 0이 되는 지점들을 이으면 나타나는 선이다. 전기력 단원의 평형점을 확장한 것이라 생각하면 이해가 편하다. 평형선을 찾는 법 역시 전기력 단원과 흡사하고, 평형선 위 임의의 지점에서 더 멀리 위치한 도선에 흐르는 전류의 세기가 더 크다.

문제를 풀기 위해서는 각 도선에 흐르는 전류의 방향을 찾아야 한다. 그러나 세 개 이상의 도선이 나올 때 도선에 흐르는 전류의 방향을 알아보기 위해 아래에 설명할 과정 없이 접근했다간 전기력 단원과 마찬가지로 쉽게 헷갈릴 수 있다. 특정 전류의 방향을 모를 때, 가장 쉽게 접근할 수 있는 방법은 바로 **도선을 두 개씩 쳐다보면서 평형선을 찾는 것**이다.

평형선을 찾는 건 생각보다 간단하다.

(1) 두 도선이 나란히 있을 때

두 도선에 흐르는 전류의 방향이 같다면 그 둘 내부에, 반대라면 외부에 평형선이 생긴다. 그러나 정확한 위치까지는 알 수 없기에 계산을 통해 정확한 위치를 확정해 줄 필요가 있을 때도 있다. 주로 외부보다 내부에 평형선이 생길 때, 계산을 통해 확정하는 경우가 많다.

또한 이 상황은 전기력 단원에서 평형점을 구할 때와 거의 동일하기 때문에, 평형선의 특징이 평형점과 비슷하다. **평형선에서 멀리 위치한 도선에 흐르는 전류의 세기가 더 강하고, 평형선을 기점으로 자기장의 방향이 변한다**는 특징이 있다.

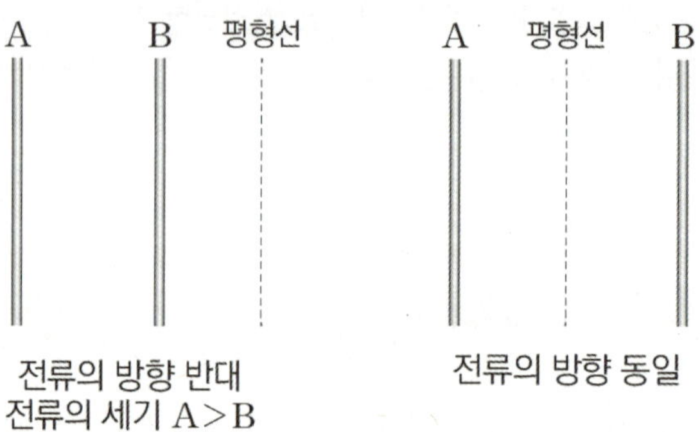

---

18) 이해를 돕기 위해 임의로 붙인 이름이다. 더 좋은 단어가 있다면 그렇게 불러도 좋다.

(2) 두 도선이 겹쳐 있을 때

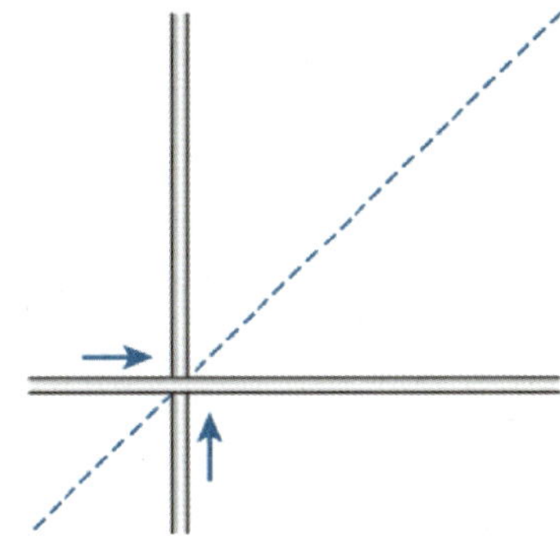

평형선이 그림과 같이 두 도선의 교점을 지나는 한 직선의 형태로 나타난다.
도선에 흐르는 전류의 방향을 화살표로 표시했을 때, 두 화살표의 머리를
도선끼리의 교점 방향으로 맞추면 화살표 머리가 가리키는 방향 사이로 평형선이
지나간다.

아주 간단한 연습 문항을 보자.

연습 문항

도선 A에 흐르는 전류의 방향이 위쪽이고, 평형선이 그림과 같이 나타나는 상황에서 도선 B에 흐르는
전류의 방향을 결정하시오.

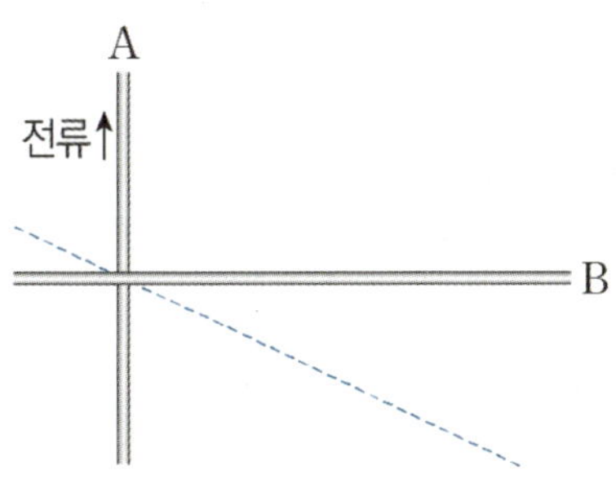

A와 B에 흐르는 전류의 방향을 표현한 화살표 머리를 두 도선이 교차하는 지점에 두면, 평형선은 두 화살표
머리가 가리키는 방향의 사이를 지나가야 한다. 따라서 A에 흐르는 전류의 방향과 평형선을 그렸을 때
자연스럽게 B에 흐르는 전류의 방향은 그림과 같이 왼쪽이 된다.

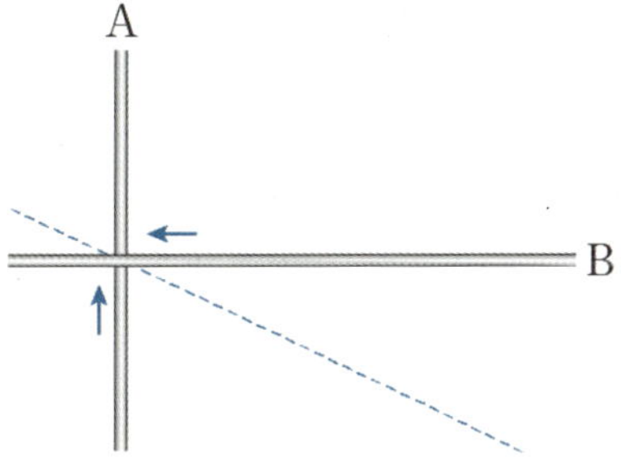

이는 나란한 도선이든 겹친 도선이든 마찬가지인데,

이를 이용하면 한 지점의 자기장의 방향만 알아도 모든 부분에서 자기장의 방향을 구할 수 있다.

이때 한 영역의 자기장을 구하는 가장 쉬운 방법은, **특정한 도선에 한없이 가까운 부분을 보는 것**이다.

예를 들어 아래 그림을 보면, A와 평형선 아래에서 A에 **한없이 가까운 지점**은 들어가는 방향의 자기장이 형성될 것이다.[19] 그리고 이는 도선과 평형선을 기준으로 역전되기 때문에, 아래와 같이 모든 곳에서 자기장의 방향을 손쉽게 구할 수 있다.

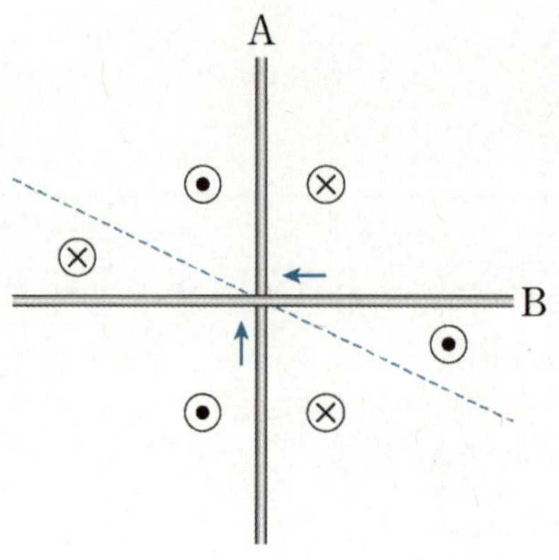

---

19) A에 한없이 가까운 지점에서는 B가 만드는 자기장을 무시할 정도로 A가 강한 자기장을 형성하기 때문이다.

그림 (가)와 같이 전류가 흐르는 무한히 긴 직선 도선 A, B가 xy평면의 $x=-d$, $x=0$에 각각 고정되어 있다. A에는 세기가 I_0인 전류가 $+y$방향으로 흐른다. 그림 (나)는 $x>0$ 영역에서 A, B에 흐르는 전류에 의한 자기장을 x에 따라 나타낸 것이다. 자기장의 방향은 xy평면에서 수직으로 나오는 방향이 양(+)이다.

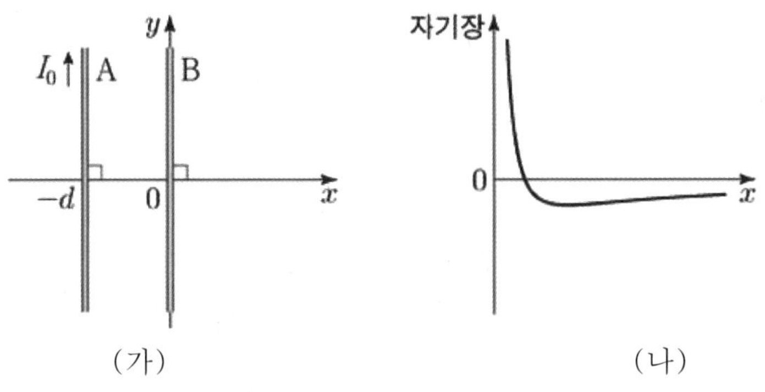

(가)   (나)

이에 대한 설명으로 옳은 것만을 <보기>에서 있는 대로 고른 것은?

〈보 기〉

ㄱ. B에 흐르는 전류의 방향은 $-y$방향이다.

ㄴ. B에 흐르는 전류의 세기는 I_0보다 크다.

ㄷ. A, B에 흐르는 전류에 의한 자기장의 방향은 $x=-\dfrac{1}{2}d$에서와 $x=-\dfrac{3}{2}d$에서가 같다.

0. 문제 상황 파악하기

A와 B가 만드는 평형선이 둘의 외부에 있고, 평형선으로부터 A가 B보다 멀리 위치한 상황이다.

1. 평형선의 성질 이용하기

평형선이 외부에 있으므로 둘의 전류의 방향이 반대임을 알 수 있고 **(ㄱ 맞음)**,
평형선으로부터 A가 더 멀리 있으므로 A에 흐르는 전류의 세기가 B보다 크다. **(ㄴ 틀림)**

2-1) 도선을 기준으로 자기장의 방향이 변함을 이용하기

$x = -\dfrac{1}{2}d$와 $x = -\dfrac{3}{2}d$는 A를 기준으로 나누어져 있다.

도선 또는 평형선을 기준으로 자기장의 방향이 뒤바뀌므로,

따라서 A, B에 흐르는 전류에 의한 자기장의 방향은 $x = -\dfrac{1}{2}d$에서와 $x = -\dfrac{3}{2}d$에서가 다르다.

(ㄷ 틀림)

2-2) 계산으로 ㄷ 풀기

앙페르의 법칙에 의해

$x = -\dfrac{1}{2}d$에 생기는 자기장은 종이면에 수직으로 들어가는 방향의 자기장 두 개가 합쳐진 것이다.

따라서 $x = -\dfrac{1}{2}d$ 지점의 자기장의 방향은 종이면에 수직으로 들어가는 방향이다.

$x = -\dfrac{3}{2}d$ 지점으로부터 A가 B보다 가까운데, 전류의 세기 역시 A가 B보다 크다.

따라서 $x = -\dfrac{3}{2}d$ 지점의 자기장의 방향은 A의 영향을 더 크게 받으므로,

앙페르의 법칙에 의해 $x = -\dfrac{3}{2}d$ 지점의 자기장의 방향은 종이면에서 수직으로 나오는 방향이다. **(ㄷ 틀림)**

정답 : ㄱ

그림과 같이 무한히 긴 직선 도선 A, B, C가 xy평면에 고정되어 있다. A에는 세기가 I_0으로 일정한 전류가 $+y$방향으로 흐르고 있다. 표는 x축 상에서 전류에 의한 자기장이 0인 지점을 B, C에 흐르는 전류 I_B, I_C에 따라 나타낸 것이다.

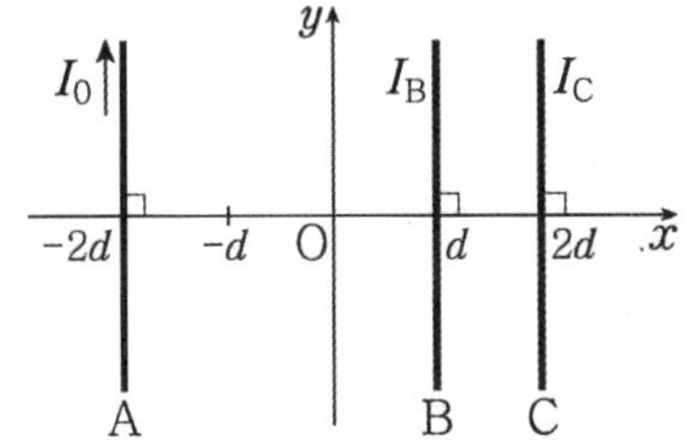

I_B		I_C		자기장이
세기	방향	세기	방향	0인 지점
㉠	㉡	0	없음	$x = -d$
I_0	$-y$	㉢	㉣	$x = 0$

㉠, ㉡, ㉢, ㉣로 옳은 것은?

	㉠	㉡	㉢	㉣
①	I_0	$-y$	I_0	$-y$
②	I_0	$-y$	$2I_0$	$-y$
③	I_0	$+y$	$3I_0$	$-y$
④	$2I_0$	$+y$	$3I_0$	$+y$
⑤	$2I_0$	$+y$	$4I_0$	$+y$

0. 기본 자기장 설정하기

세기 I_0의 전류가 거리 d만큼 떨어진 곳에 만드는 자기장을 기본 자기장 B_0이라 하자.

1. 표의 첫 번째 줄 확인하기

I_C가 0이므로, A와 B 사이 평형선이 $x = -d$에 위치한 상황이다.

평형선이 내부에 있으므로 둘의 전류의 방향은 같고 (ⓒ은 $+y$),

$x = -d$로부터 A와 B까지의 거리 비가 $1 : 2$이므로 A와 B의 전류의 세기 비 역시 $1 : 2$이다 (ⓐ은 $2I_0$).

2. 표의 두 번째 줄 확인하기

A, B가 $x = 0$에 만드는 자기장은 종이면에 수직으로 들어가는 방향으로 $1.5B_0$이므로,

C가 $x = 0$에 만드는 자기장은 종이면에서 수직으로 나오는 방향으로 $1.5B_0$이다.

C는 $x = 0$으로부터 $2d$만큼 떨어져 있으므로, C의 기본 자기장은 $3B_0$이다. (ⓒ은 $3I_0$)

또한 $x = 0$에서 수직으로 나오는 방향 자기장을 만드는 것으로 보아,

C에 흐르는 전류의 방향이 $+y$인 것을 알 수 있다 (ⓔ은 $+y$).

정답 : ④

그림과 같이 전류가 흐르는 무한히 긴 직선 도선 A, B, C가 xy평면에 고정되어 있고, C에는 세기가 I 인 전류가 $+x$방향으로 흐른다. 점 p, q, r는 xy평면에 있고, p, q에서 A, B, C에 흐르는 전류에 의한 자기장은 0이다.

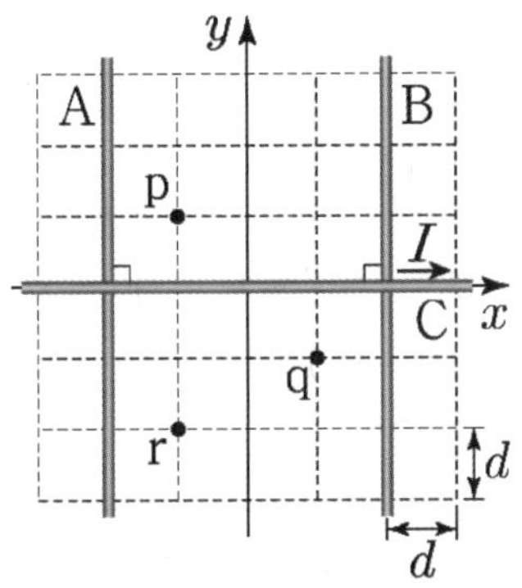

이에 대한 설명으로 옳은 것만을 <보기>에서 있는 대로 고른 것은?

〈 보 기 〉

ㄱ. 전류의 방향은 A에서와 B에서가 같다.

ㄴ. A에 흐르는 전류의 세기는 I보다 작다.

ㄷ. r에서 A, B, C에 흐르는 전류에 의한 자기장의 방향은 xy평면에서 수직으로 나오는 방향이다.

0. 문제 상황 파악하기

C가 p, q에 만드는 자기장은 세기가 같고 방향이 반대인데, A, B, C 전체가 p, q에 만드는 자기장은 0인 상황이다. 따라서 A, B가 p, q에 만드는 자기장 역시 C와 마찬가지로 세기가 같고 방향이 반대임을 알 수 있다.

1. 평형선 찾고 성질 이용하기

두 개의 직선 도선이 만드는 자기장의 방향은 도선 또는 평형선을 기점으로 변한다. 따라서 A, B가 p, q에 만드는 자기장의 방향이 반대라는 점에서 둘 사이에 평형선이 존재하는 것을 알 수 있고, 둘의 전류의 방향이 같다는 것도 알 수 있다. **(ㄱ 맞음)**

또한 p, q의 자기장의 세기 역시 같다는 점에서 평형선이 p, q의 정중앙을 지나는 것을 알 수 있고, A, B에 흐르는 전류의 세기가 같다는 것도 확인할 수 있다.

점 p에서 자기장의 방향은 A의 영향을 더 많이 받으므로, p에 A, B가 만드는 자기장의 합이 종이면에 들어가는 방향이 되기 위해서는 A에 $+y$방향으로 전류가 흘러야 한다.

2. 기본 자기장 설정 후 이용하기

세기 I의 전류가 거리 d만큼 떨어진 지점에 만드는 자기장의 세기를 C의 기본 자기장의 세기 B_0라 하고, 종이면에서 나오는 방향 자기장의 부호를 양$(+)$이라 하자.

A, B의 기본 자기장을 B라 하면, 지점 p에서 $(-B) + \frac{1}{3}B + B_0 = 0$이므로 $B = 1.5B_0$이다.

따라서 A의 기본 자기장이 C보다 세기 때문에 A에 흐르는 전류의 세기는 I보다 크다. **(ㄴ 틀림)**

3. 변화량 관점으로 ㄷ 풀기

우리가 보는 지점을 p에서 r로 변화시키면 A, B는 그대로인데 C가 만드는 자기장의 방향이 종이면에서 나오는 방향에서 종이면에 들어가는 방향으로 변한다.

A, B, C가 p에 만드는 자기장이 0인데, r은 p에서 C가 만들던 종이면에서 나오는 자기장을 없애고 종이면으로 들어가는 자기장을 만든 셈이므로, 변화량 관점에 의해 r에서 A, B, C가 만드는 자기장의 방향은 종이면으로 들어가는 방향이다. **(ㄷ 틀림)**

정답 : ㄱ

문제 조건이 너무나 많은 경우, **평형선이 숨어있을 가능성**이 있다.
너무나 많은 조건들을 당연히 식으로 다~ 풀어서 써도 문제가 풀리겠지만, 그건 너무 복잡하고 실수하기도 쉽다.

그러니 단순 계산으로만 문제가 끝나지 않도록, 어려운 문제들은 식을 줄일 수 있는 '어떠한 조건'을 숨기고 있는 경우가 많다. 자기력 단원에서는 이 '어떠한 조건'이 바로 **평형선**이다.

그러니 우리는 자기력 단원에서 정말 답이 안 보일 때는 그냥 평가원을 믿도록 하자.
평형선이 존재한다고 믿어야만 평형선이 보이기 때문이다. 하다 못해 실마리라도 있을거라 믿는 것이 중요하다.

예제(5) 15학년도 6월 평가원 20번 [물리학2]

그림은 xy평면에서 전류가 흐르는 무한히 가늘고 긴 도선 P, Q, R와 점 a, b, c를 나타낸 것이다. P에는 $+y$방향으로 세기가 I_0인 전류가 흐르고, Q, R에는 세기가 각각 I_Q, I_R인 전류가 흐른다. a에서의 자기장은 b에서의 자기장과 세기는 같고 방향이 반대이며, b와 c에서 자기장은 세기와 방향이 모두 같다.

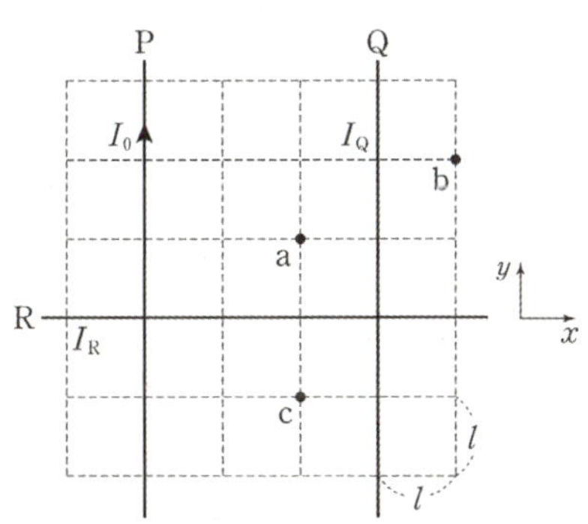

이에 대한 설명으로 옳은 것만을 <보기>에서 있는 대로 고른 것은?

〈 보 기 〉

ㄱ. $I_R = \dfrac{1}{2} I_0$이다.

ㄴ. $I_Q = I_R$이다.

ㄷ. c에서 자기장 방향은 xy평면에 수직으로 들어가는 방향이다.

0. 문제 상황 파악하기

단순히 계산으로만 접근하면 매우 오랜 시간이 걸릴 것이다. 도선이 3개나 나왔고 상당히 복잡한 상황이므로 각 지점 a, b, c를 비교할 때, 무언가 특이한 것을 발견해야 한다는 걸 알 수 있다.
따라서 우리는 특이점을 찾기 위해 세 지점 중 두 지점씩 번갈아 보면서 상황을 파악해야 한다.

---

1. a, b에서 평형선 파악하기

자기장의 세기는 a, b, c에서 모두 같고, 자기장의 방향은 a만 반대인 상황이다.

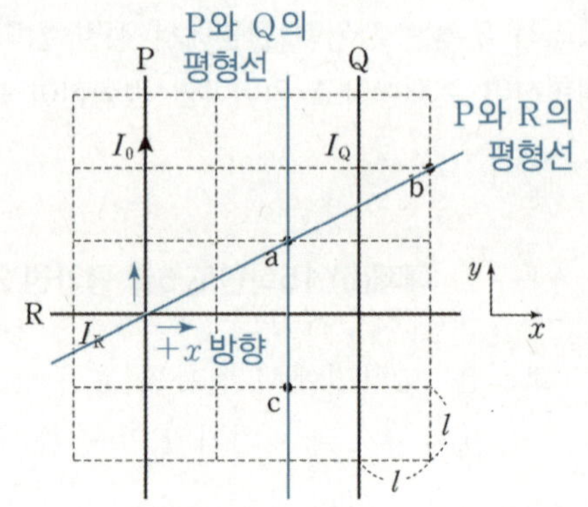

먼저 a와 b를 살펴보자. P, Q, R가 만드는 전체 자기장의 세기가 같고 방향이 반대인데, 이미 Q가 a, b에 세기가 같고 방향이 반대인 자기장을 만드는 중이므로 a, b에서 P, R가 만든 자기장은 0임을 알 수 있다. 즉, P, R가 만드는 평형선이 a, b를 지나는 것이다.

a가 P, R로부터 떨어진 거리가 2:1이므로, $I_R = \dfrac{1}{2}I_0$임을 알 수 있다. **(ㄱ 맞음)**

(또한 다음 페이지의 그림을 참고하면, 평형선의 위치를 통해 R에 흐르는 전류의 방향이 $+x$방향임도 파악할 수 있다.)

---

2. a, c에서 평형선 파악하기

다음으로 a와 c를 살펴보자. 여기서 역시 P, Q, R가 만드는 전체 자기장의 세기가 같고 방향이 반대인데, 이미 R가 a, c에 세기가 같고 방향이 반대인 자기장을 만드는 중이므로 a, c에서 P, Q가 만든 자기장은 0임을 알 수 있다. 즉, P, Q가 만드는 평형선이 a, c를 지나는 것이다.

평행선이 P, Q의 사이에 위치하므로 P와 Q에 흐르는 전류의 방향은 같음을 알 수 있고, 평행선으로부터 거리는 P가 Q의 2배이므로 $I_Q = \dfrac{1}{2}I_0(+y$방향)임을 알 수 있다. **(ㄴ 맞음)**

또한 c에서 P와 Q가 만드는 자기장이 0이므로, P, Q, R가 c에 만드는 자기장의 총합은 R가 단독으로 c에 만드는 자기장과 동일하다. R에 흐르는 전류의 방향은 $+x$방향이므로, c에서 자기장은 xy평면에 수직으로 들어가는 방향이다. **(ㄷ 맞음)**

정답 : ㄱ, ㄴ, ㄷ

그림과 같이 무한히 긴 직선 도선 A, B, C가 xy평면에 고정되어 있다. A, B, C에는 방향이 일정하고 세기가 각각 I_0, I_B, $3I_0$인 전류가 흐르고 있다. A의 전류의 방향은 $-x$방향이다. 표는 점 P, Q에서 A, B, C의 전류에 의한 자기장의 세기를 나타낸 것이다. P에서 A의 전류에 의한 자기장의 세기는 B_0이다.

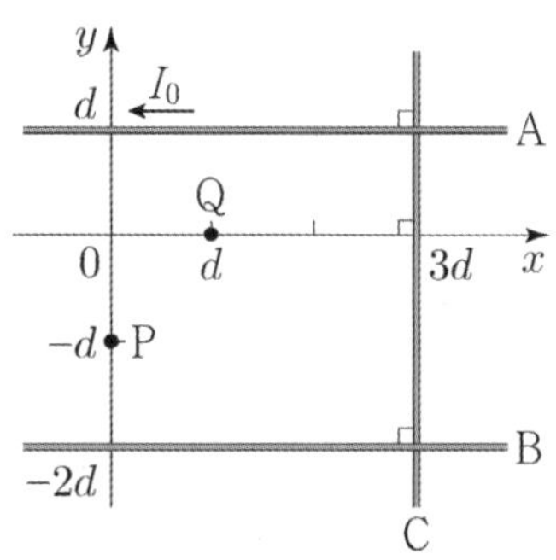

위치	A, B, C의 전류에 의한 자기장의 세기
P	B_0
Q	$3B_0$

이에 대한 설명으로 옳은 것만을 <보기>에서 있는 대로 고른 것은?

〈 보 기 〉

ㄱ. $I_B = I_0$이다.

ㄴ. C의 전류의 방향은 $-y$방향이다.

ㄷ. Q에서 A, B, C의 전류에 의한 자기장의 방향은 xy평면에서 수직으로 나오는 방향이다.

0. 문제 상황 파악하기

이 문제 역시 도선이 3개나 나왔고, 모든 자기장이 중첩된 상황만을 알 수 있어 복잡한 상황이다. 따라서 각 지점 P, Q를 해석할 때 숨겨진 특이점을 발견해야 한다는 걸 알 수 있다.

바로 앞 예제는 크기와 방향이 같다/다르다 정도로만 조건이 제시되었다면, 이 문제는 각 지점에서 자기장의 정확한 크기가 제시되었다. 따라서 우리는 특이점을 찾기 위해 문제에 제시된 '자기장의 크기' 조건을 잘 해석해야 한다.

우선 P에서 A의 전류에 의한 자기장의 세기가 B_0인 것을 통해, (전류 I_0가 d만큼 떨어진 지점에 만드는 자기장) = (A의 기본 자기장) = $2B_0$임을 알 수 있다. 또한 C에 흐르는 전류의 세기가 $3I_0$이므로 C의 기본 자기장은 $6B_0$임을 알 수 있다. 문제 발문에 적힌 조건은 이게 끝이다. 이제 표를 해석할 차례다.

1. P에서 평형선 가정하기

P에서 A, B, C의 전류에 의한 자기장의 세기가 B_0인데, A는 이미 P에 세기 B_0인 자기장을 만들고 있다. 따라서 우리는 '만약 B와 C의 평형선이 P를 지난다면?'이라는 가정을 할 수 있겠다.

B, C가 P로부터 떨어진 거리가 $1 : 3$이므로, 이 경우에 B에 흐르는 전류의 세기 I_B는 I_0일 것이다.
이 상황에서 Q를 살펴보자. C가 이미 Q에 세기 $3B_0$인 자기장을 만드는 중이므로, Q에 생성된 자기장의 합이 $3B_0$이기 위해서는 A와 B가 Q에 만드는 자기장 합의 크기가 0 또는 $6B_0$여야 한다.

A와 B에 흐르는 전류의 세기가 모두 I_0인 상황에서는 둘 다 불가능하다.
따라서 B와 C의 평형선은 P를 지나지 않는다는 걸 알 수 있다.

2. Q에서 평형선 가정하기

Q에서 A, B, C의 전류에 의한 자기장의 세기가 $3B_0$인데, C가 이미 Q에 세기 $3B_0$인 자기장을 만들고 있다. 따라서 우리는 '만약 A와 B의 평형선이 Q를 지난다면?'이라는 가정을 할 수 있겠다.

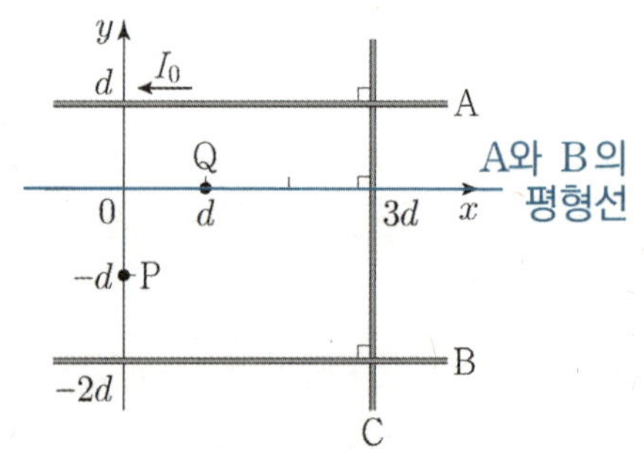

A, B의 Q로부터 거리가 $1 : 2$이므로, 이 경우에 B에 흐르는 전류의 세기 I_B는 $2I_0$일 것이다.
또한 A와 B의 평형선이 두 도선의 내부에 위치하므로 B의 전류의 방향은 $-x$방향이 된다.

이 상황에서 P를 살펴보자. A가 이미 P에 세기 B_0인 자기장을 만드는 중이므로, P에 생성된 자기장의 합이 B_0이기 위해서는 B와 C가 P에 만드는 자기장 합의 크기가 0 또는 $2B_0$여야 한다.

B, C가 각각 P에 만드는 자기장의 크기는 $4B_0$, $2B_0$이다.
둘을 조합해서 $2B_0$를 만들 수 있으므로, 이 경우가 옳은 것을 알 수 있다. (ㄱ 틀림)

3. 마무리하기

A가 P에 만드는 자기장은 방향을 포함하여 적으면 $\odot B_0$이다.

따라서 B, C가 P에 만드는 자기장 합이 $\otimes 2B_0$이므로, B의 자기장은 $\otimes 4B_0$이고 C의 자기장은 $\odot 2B_0$이다.

C가 P에 $\odot$방향 자기장을 만드는 것을 보니 C의 전류의 방향은 $+y$방향임을 알 수 있다. **(ㄴ 틀림)**

A, B의 평형선이 Q를 지나므로, A, B, C에 의해서 Q에 흐르는 자기장은 결국 C가 Q에 만드는 $\odot$방향 자기장과 일치한다.

따라서 Q에서 A, B, C의 전류에 의한 자기장의 방향은 xy평면에서 수직으로 나오는 방향이다. **(ㄷ 맞음)**

정답 : ㄷ

7. 변화량 풀이

변화량 풀이에서는 **변하는 값과 변하지 않는 값을 구분하는 것**이 핵심이다.

도선이 여러 개가 등장하는 문제에서는 도선이 이동하거나, 도선에 흐르는 전류의 방향이나 세기가 변하는 등 변화가 일어날 수 있다. 이때 **시간을 단축하고 실수를 줄이기 위해서**는 변화량 풀이에 익숙해질 필요가 있다.

다음 예제들을 풀며 변화량 관점을 이해해보자.

그림은 일정한 세기의 전류가 흐르는 무한히 가늘고 긴 직선 도선 A, B, C가 xy평면에 고정되어 있는 모습을 나타낸 것이다. A, B에 흐르는 전류의 방향은 각각 $+y$, $+x$방향이고, 세기는 I이다. 점 p와 q 에서 A, B, C의 전류에 의한 자기장의 세기와 방향은 같고, p에서 A의 전류에 의한 자기장의 세기는 B_0이다.

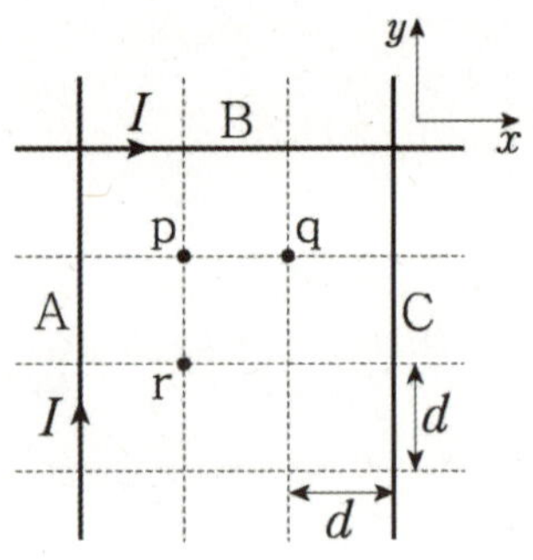

C에 흐르는 전류의 방향과 점 r에서 A, B, C의 전류에 의한 자기장의 세기로 옳은 것은?

	전류의 방향	자기장의 세기
①	$-y$	$0.5B_0$
②	$-y$	B_0
③	$-y$	$2B_0$
④	$+y$	B_0
⑤	$+y$	$2B_0$

이게 왜 변화량 풀이인지 의아할 수 있다. 변한 것이 아무것도 없기 때문이다. 그러나 변화량 풀이라는 건 도선에 흐르는 전류가 변하고, 도선이 변하는 것에 쓰는 특별한 풀이가 아닌 것을 명심하자.
변하는 것과 고정된 것이 있다면 그땐 그 둘을 분리해서 관찰하는 것이다.

0. 문제 상황 파악하기

A, B에 흐르는 전류의 세기가 I로 같고, A와 B의 기본 자기장의 세기가 B_0이다.

또한 점 p와 q에서 A, B, C가 만든 자기장의 세기와 방향이 모두 같은 상황인데, 자기장 3개가 중첩되었는데도 두 지점에서 자기장의 세기와 방향이 모두 같다는 **굉장히 특이한 조건**[20]임을 알 수 있다. 따라서 이 조건으로 문제에서 물어본 C에 관한 정보를 찾을 수 있음을 짐작할 수 있다.

1. 변화량 풀이 이용하기

점 p와 q에서 A, B, C 전체가 만든 자기장의 세기와 방향이 모두 같은데, 잘 살펴보면 **B가 만드는 자기장은 이미 p, q에서 세기와 방향이 같다는 걸 만족한다.**

점 p와 q에서 A, B, C 전체가 만든 자기장의 세기와 방향이 모두 같기 위해서는 결국 A, C의 전류에 의한 자기장의 변화가 없어야 한다.

2. 평형선의 성질 이용하기

점 p와 q에서 A, C의 전류에 의한 자기장의 세기가 같기 위해서는 A와 C에 흐르는 전류의 세기가 같아야만 하므로, C의 기본 자기장도 B_0이다.

만약 A, C에 흐르는 전류의 방향이 같다면, 둘의 정중앙에 평형선이 위치하므로 p, q에서 자기장의 방향이 반대이다. 그런데 A, C가 점 p, q에 만드는 자기장은 세기뿐만 아니라 방향도 같아야 하므로, A, C에 흐르는 전류의 방향은 서로 반대임을 알 수 있다. **(전류의 방향 $-y$)**

3. 기본 자기장을 이용해 자기장의 세기 구하기

A, B, C의 기본 자기장의 세기는 B_0으로 같다. 점 r에 만드는 자기장의 방향은 종이면에 수직으로 들어가는 방향으로 A, B, C가 모두 동일하기 때문에, 각각의 자기장의 세기를 그냥 더하면 된다.
따라서 r에서 자기장의 세기는 $B_0 + 0.5B_0 + 0.5B_0 = 2B_0$이다.

정답 : ③

---

20) 일반적으로 잘 나오지 않는 특이한 조건이 제시될 경우에는, 그게 문제를 푸는 핵심 정보일 가능성이 매우 높다.

그림과 같이 xy평면에 고정된 무한히 긴 직선 도선 A, B, C에 세기가 각각 I_A, I_B, I_C로 일정한 전류가 흐르고 있다. B에 흐르는 전류의 방향은 $+y$방향이고, x축상의 점 p에서 세 도선의 전류에 의한 자기장은 0이다. C에 흐르는 전류의 방향을 반대로 바꾸었더니 p에서 세 도선의 전류에 의한 자기장의 방향은 xy평면에 수직으로 들어가는 방향이 되었다.

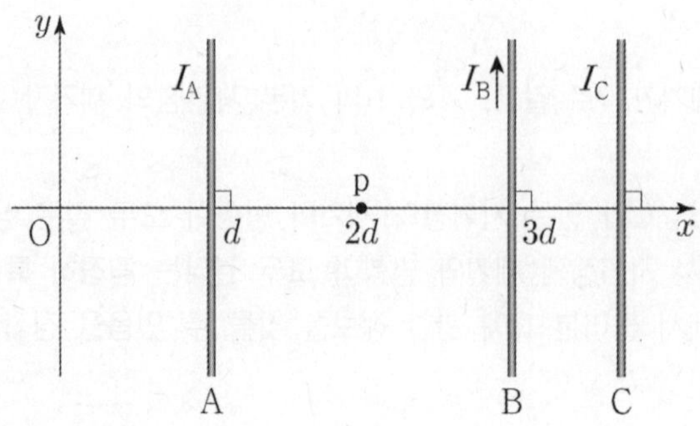

이에 대한 설명으로 옳은 것만을 <보기>에서 있는 대로 고른 것은?

〈보 기〉

ㄱ. A에 흐르는 전류의 방향은 $+y$방향이다.

ㄴ. $I_A < I_B + I_C$이다.

ㄷ. 원점 O에서 세 도선의 전류에 의한 자기장의 방향은 C에 흐르는 전류의 방향을 바꾸기 전과 후가 같다.

0. 자기장의 방향을 간단히 설정하기

⊙방향을 xy평면에서 수직으로 나오는 방향, ⊗방향을 xy평면에 수직으로 들어가는 방향이라 하자.

1. 변화량 관점을 이용하기

C에 흐르는 전류의 방향을 반대로 바꾸었더니, 원래 자기장이 없던 p에서 자기장의 방향이 ⊗방향이 되었다. 이는 변화량 관점으로 보면 원래 C가 ⊙방향 자기장을 형성하다가, ⊗방향으로 바뀐 것을 알 수 있다.

C에 흐르는 전류의 방향을 바꾸지 않았을 때 B와 C는 p에 모두 ⊙방향 자기장을 형성하기 때문에 p의 자기장이 0이 되기 위해선 A가 ⊗방향 자기장을 만들어야 한다. 따라서 A에 흐르는 전류의 방향은 $+y$방향이다. **(ㄱ 맞음)**

2. 전류의 세기 비교하기

2-1) 기본 자기장 이용하기

A, B, C가 d만큼 떨어진 지점에 만드는 기본 자기장의 세기를 각각 B_A, B_B, B_C라 하면,
p에서 A와 B에 의해 만들어진 자기장의 세기는 $B_A - B_B$이다.

p에서 C에 의해 만들어진 자기장의 세기를 B_0라 하면
$B_A - B_B = B_0$이고, C는 p로부터 d보다는 멀리 떨어져 있으므로 $B_0 < B_C$이다.

따라서 기본 자기장을 비교하면 $B_A - B_B < B_C$이므로
전류의 세기도 $I_A - I_B < I_C$이고, 정리하면 $I_A < I_B + I_C$이다. **(ㄴ 맞음)**

2-2) C의 위치를 이동하기

정확한 C의 위치가 나온 것이 아니므로, 임의로 C의 위치를 정해줘도 괜찮다.
C는 그림에 나온 것처럼 B의 오른쪽에만 있으면 된다.

A가 p에 만드는 자기장의 세기는 B가 만드는 자기장의 세기와 C가 만드는 자기장의 세기의 합이므로,
극단적으로 생각해서 C가 B와 겹쳤다고 생각하자. 이때 전류의 세기는 $I_A = I_B + I_C$일 것이다.
실제로는 C가 p로부터 더 멀리 떨어져 있으므로, 따라서 $I_A < I_B + I_C$이다. **(ㄴ 맞음)**

A, B가 원점 O에 만드는 자기장의 방향은 ⊙방향이다.
따라서 C에 흐르는 전류의 방향이 $+y$일 때, 세 도선의 전류에 의한 자기장의 방향은 ⊙방향이다.
이제 C에 흐르는 전류의 방향이 $-y$일 때를 두 가지 관점으로 살펴보도록 하자.

3-1) 논리로 해결하기

앞서 ㄴ을 해결할 때, 점 p에서 A의 자기장을 **B의 자기장이 상쇄시키고 남은 자기장**과 C의 자기장의 세기가 같았다. ⋯ ①

이제 C에 흐르는 전류의 방향이 $-y$일 때를 살펴보자.
원점 O에서는 앞선 경우와 다르게 A의 자기장에 **B의 자기장이 합쳐진 자기장**과 C가 만드는 자기장을 비교해야 한다. ⋯ ②

C는 점 p보다 O로부터 멀리 떨어져 있으므로, C가 만드는 자기장은 ①에서보다 ②에서 더 작다.
따라서, C는 ②의 상황에서 A의 자기장에 **B의 자기장이 합쳐진 자기장**을 상쇄시킬 수 없다.

그러므로 C에 흐르는 전류의 방향이 $-y$일 때 역시,
원점 O에서 세 도선의 전류에 의한 자기장의 방향은 ⊙방향이다. **(ㄷ 맞음)**

3-2) 계산으로 해결하기

C에 흐르는 전류의 방향이 $-y$일 때, $x=0$에 A, B가 만드는 자기장의 세기는 $B_A + \frac{1}{3}B_B$이다.
또한 C가 만드는 자기장의 세기는 B_0보다 작다.

앞서 $B_A - B_B = B_0$라 했으므로, $B_A + \frac{1}{3}B_B > \frac{1}{3}B_0$이다.
따라서 C에 흐르는 전류의 방향이 $-y$일 때 역시, 원점 O에서 세 도선의 전류에 의한 자기장의 방향은 ⊙방향이다. **(ㄷ 맞음)**

정답 : ㄱ, ㄴ, ㄷ

그림 (가)와 같이 중심이 원점 O인 원형 도선 P와 무한히 긴 직선 도선 Q, R가 xy평면에 고정되어 있다. P에는 세기가 일정한 전류가 흐르고, Q에는 세기가 I_0인 전류가 $-x$방향으로 흐르고 있다. 그림 (나)는 (가)의 O에서 P, Q, R의 전류에 의한 자기장의 세기 B를 R에 흐르는 전류의 세기 I_R에 따라 나타낸 것으로, $I_R = I_0$일 때 O에서 자기장의 방향은 xy평면에서 수직으로 나오는 방향이고, 세기는 B_1이다.

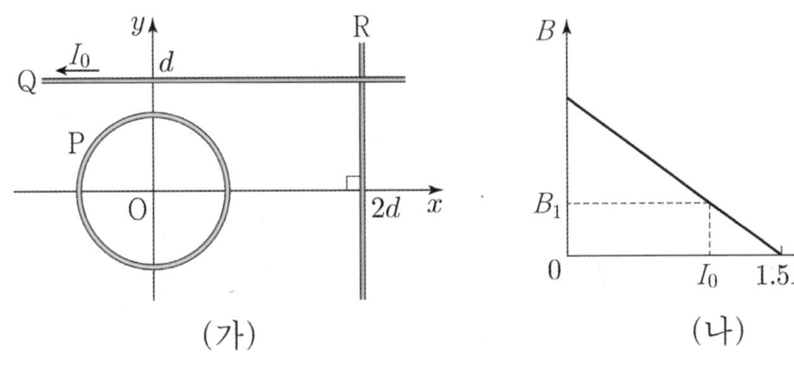

(가)   (나)

이에 대한 설명으로 옳은 것만을 <보기>에서 있는 대로 고른 것은?

〈 보 기 〉

ㄱ. R에 흐르는 전류의 방향은 $-y$방향이다.
ㄴ. O에서 P의 전류에 의한 자기장의 방향은 xy평면에서 수직으로 나오는 방향이다.
ㄷ. O에서 P의 전류에 의한 자기장의 세기는 B_1이다.

0. 문제 상황 파악하기

(나)를 보면, O에 형성된 자기장의 방향은 언제나 일정하다는 사실을 알 수 있다. 따라서 문제에 주어진 조건처럼 $I_R = I_0$일 때 O에서 자기장의 방향이 xy평면에서 수직으로 나오는 방향이라면, O에 흐르는 자기장의 방향은 언제나 ⊙방향임을 알 수 있다.

또한 (나)에서 I_R의 세기가 증가할수록 O에 흐르는 자기장의 세기가 감소하는 것을 통해, 도선 R에 전류가 $-y$방향으로 흘러서 O에 ⊗방향 자기장을 만드는 것도 알 수 있다. **(ㄱ 맞음)**

도선 각각이 원점 O에 만드는 **자기장만**을 생각하면 도선 P, Q가 O에 만드는 자기장의 세기는 항상 일정하고, 도선 R가 원점 O에 만드는 자기장만이 변한다. 따라서 변화량 관점으로 문제에 접근하자.

1. 기본 자기장 설정하기

직선 도선에 흐르는 전류 I_0이, 거리 d만큼 떨어진 곳에 만드는 자기장을 B_0이라 하자. 그리고 도선 P, Q가 O에 만드는 자기장을 둘의 기본 자기장 B_P, B_Q라 하자. 그러면 O에 Q가 만드는 자기장은 ⊙방향으로 $B_Q = B_0$이다. (나)에서 $I_R = 1.5I_0$일 때 O에 흐르는 자기장이 0인데, 이때 도선 R가 O에 만드는 자기장은 ⊗방향 $\frac{3}{4}B_0$이다. 따라서 P가 O에 만드는 자기장은 ⊗방향 $B_P = \frac{1}{4}B_0$임을 알 수 있다. **(ㄴ 틀림)**

2. 변화량 관점으로 ㄷ 해결하기

$I_R = 1.5I_0$일 때 O에 생긴 자기장은 0이고, 전체 도선 중 변하는 전류는 R밖에 없다. 따라서 이 지점을 기준으로 도선 R가 O에 만드는 자기장 변화량의 크기가 O에 흐르는 자기장의 세기가 된다.

앞서 $B_P = \frac{1}{4}B_0$을 이미 알았으므로, ㄷ을 도선 R가 O에 만드는 자기장 변화량의 크기가 $\frac{1}{4}B_0$인지 묻는 선지로 해석할 수 있다.

ㄷ에서는 $I_R = I_0$인 순간을 묻고 있고, 이때 도선 R가 O에 만드는 자기장은 ⊗방향 $\frac{1}{2}B_0$이다. 앞서 $I_R = 1.5I_0$일 때 도선 R가 O에 만드는 자기장은 ⊗방향 $\frac{3}{4}B_0$임을 알았으므로, O에서 자기장의 변화량이 $B_1 = \frac{1}{4}B_0$임[21]을 알 수 있다. **(ㄷ 맞음)**

정답 : ㄱ, ㄷ

---

21) O에 흐르는 자기장의 방향은 변하지 않으므로, 이때 역시 O에는 ⊙방향으로 자기장이 흐른다.

그림과 같이 xy평면에 무한히 긴 직선 도선 A, B, C가 고정되어 있다. A, B에는 서로 반대 방향으로 세기 I_0인 전류가, C에는 세기 I_C인 전류가 각각 일정하게 흐르고 있다. xy평면에서 수직으로 나오는 자기장의 방향을 양(+)으로 할 때, x축상의 점 P, Q에서 세 도선에 흐르는 전류에 의한 자기장의 방향은 각각 양(+), 음(−)이다.

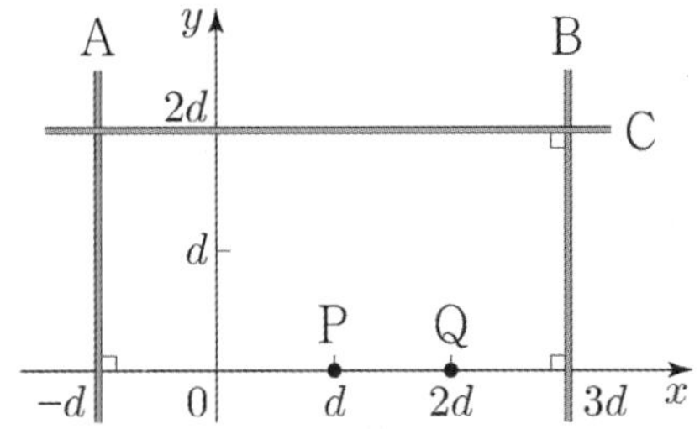

이에 대한 설명으로 옳은 것만을 <보기>에서 있는 대로 고른 것은?

───────────────── 〈 보 기 〉 ─────────────────

ㄱ. A에 흐르는 전류의 방향은 $+y$방향이다.

ㄴ. C에 흐르는 전류의 방향은 $-x$방향이다.

ㄷ. $I_C < 2I_0$이다.

0. 문제 상황 파악하기

A와 B에는 세기가 I_0으로 같은 전류가 서로 반대 방향으로 흐른다.
즉, A와 B는 둘 사이에 언제나 같은 방향의 자기장만을 만든다 (평형선을 만들지 않는다).

그런데 P와 Q에서 세 도선에 의한 자기장의 방향이 반대이므로, 이를 통해 C가 P와 Q에 만드는 자기장의
방향이 A, B가 만드는 자기장의 방향과 반대임을 알 수 있다.

또한 P와 Q에서 자기장 방향이 반대인데, C가 P와 Q에 만드는 자기장의 방향과 세기는 항상 일정하다.
따라서 A와 B가 만드는 자기장의 세기에 대한 변화량 관점으로 문제에 접근해보자.

1. 변화량 관점 적용하기

P→Q로 갈 때, C가 만드는 자기장은 변하지 않고 A와 B가 만드는 자기장의 세기는 증가한다.
그런데 자기장의 방향이 $(+)\to(-)$로 변했으므로, A와 B가 원래 $(-)$방향 자기장을 만들고 있었음을 알 수
있다. 즉, A에 흐르는 전류의 방향은 $+y$방향, B에 흐르는 전류의 방향은 $-y$방향이다. **(ㄱ 맞음)**

그럼에도 P에서 $(+)$방향 자기장이 생긴 것을 통해 C는 $(+)$방향 자기장을 만들고 있다는 것을 알 수 있고,
C에 흐르는 전류의 방향은 $-x$방향이다. **(ㄴ 맞음)**

2. ㄷ 해결하기

P로부터 거리는 A, B, C가 모두 같은데 Q로부터 거리는 모두 다르다.
따라서 P를 통해 ㄷ을 계산하는 게 Q를 통한 것보다 훨씬 편할 것을 유추할 수 있다.

P로부터 거리가 A, B, C가 전부 같으므로, P에 흐르는 자기장을 비교할 때 전류만을 생각하면 된다.
그러니 만드는 자기장의 방향에 따라 전류의 세기를 찾아보자.

P에 $(-)$방향 자기장을 만드는 전류의 세기는 A와 B를 합치면 $2I_0$이고,
$(+)$방향 자기장을 만드는 전류의 세기는 I_C이다.

이때 P에서 자기장의 방향은 $(+)$방향이므로, $I_C > 2I_0$이다. **(ㄷ 틀림)**

정답 : ㄱ, ㄴ

그림과 같이 무한히 긴 직선 도선 A, B와 원형 도선 C가 xy평면에 고정되어 있다. A, B에는 같은 세기의 전류가 흐르고, C에는 세기가 I_0인 전류가 시계 반대 방향으로 흐른다. 표는 C의 중심 위치를 각각 점 p, q에 고정할 때, C의 중심에서 A, B, C의 전류에 의한 자기장의 세기와 방향을 나타낸 것이다.

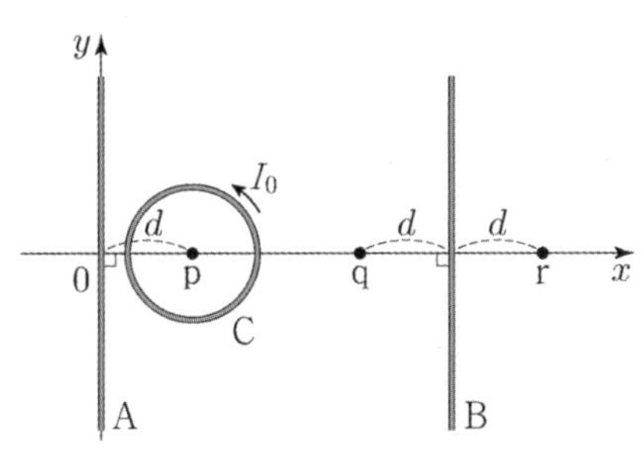

C의 중심 위치	C의 중심에서 자기장	
	세기	방향
p	0	해당 없음
q	B_0	⊙

⊙는 종이면에서 수직으로 나오는 방향
⊗는 종이면에 수직으로 들어가는 방향

이에 대한 설명으로 옳은 것만을 <보기>에서 있는 대로 고른 것은?

―――――― 〈보 기〉 ――――――

ㄱ. A에 흐르는 전류의 방향은 $+y$방향이다.

ㄴ. C의 중심에서 C의 전류에 의한 자기장의 세기는 B_0보다 작다.

ㄷ. C의 중심에서 위치를 점 r로 옮겨 고정할 때, r에서 A, B, C의 전류에 의한 자기장의 방향은 '⊗'이다.

0. 문제 상황 파악하기

C는 중심에 ⊙방향 자기장을 만드는 중이다. 이때 표에서 C의 중심이 p에 있을 때 p에서 자기장이 0이므로, A와 B가 p에 만드는 자기장의 방향이 ⊗방향인 것을 알 수 있다.

문제 조건에 따라 A와 B에는 같은 세기의 전류가 흐르므로, p로부터 떨어진 거리를 생각하면 p에 만드는 자기장의 세기는 A가 B보다 큰 것을 알 수 있다. 따라서 p에서 자기장이 0이기 위해서는, A가 p에 만드는 자기장의 방향이 C의 반대인 ⊗방향이어야만 한다. 즉, A에는 $+y$방향의 전류가 흐른다. (ㄱ 맞음)

또한 A, B의 전류의 방향이 만약 반대라면 C가 각각 p, q에서 위치할 때 p, q에서 자기장이 동일해야 한다. 표를 확인해보면 그렇지 않으므로 A와 B의 전류의 방향이 같은 것을 알 수 있다. (B의 자기장은 $+y$방향)

1-1. 세 도선을 (A + B)와 C로 나누어 보기

(A + B)는 q에 ⊙방향 자기장을 만드는데, 여기에 C의 ⊙방향 자기장이 추가되어서 q에 생성된 자기장이 B_0이 되었다. 따라서 C의 중심에 C가 만드는 자기장은 q에서 A + B + C가 합쳐져 만들어지는 B_0보다는 작아야 한다. (ㄴ 맞음)

1-2. 계산을 통해 ㄴ 해결하기

p, q에서 (A + B)가 만드는 자기장을 각각 ⊗B, ⊙B라 하면, C의 중심이 p에 위치할 때 p에서 자기장이 0이 되어야 하므로 C가 중심에 만드는 자기장이 ⊙B임을 알 수 있다.
q에서 (A + B)와 C가 함께 만드는 자기장은 ⊙$2B$인데 표에서 이 값이 ⊙B_0라 했으므로,

$B = \dfrac{1}{2}B_0$임을 알 수 있다. (ㄴ 맞음)

2-1. 변화량 관점으로 ㄷ 해결하기

'C 입장'에서는 C의 중심이 p에서 r로 변하는 상황은, 다음 그림과 같이 C는 p에 그대로 있고 B만 A의 왼쪽으로 이동하는 상황과 정확히 일치한다. B가 원래 위치에서 A의 왼쪽으로 이동하게 되면, B는 p에 ⊗방향으로 자기장 변화를 만든다.

문제의 ㄷ 선지는 이것과 정확히 동일한 상황이므로, C의 중심에서 위치를 점 r로 옮겨 고정할 때, r에서 A, B, C의 전류에 의한 자기장의 방향은 '⊗'인 것을 알 수 있다. (ㄷ 맞음)

2-2. 계산을 통해 ㄷ 해결하기

도선이 거리 d 떨어진 곳에 만드는 자기장을 '온전하다'고, 더 먼 곳에 만드는 자기장은 '약하다'고 하자. 그러면 C의 중심이 p일 때 p에서는 자기장이 평형인 상황을 (온전한 C) + (**약한 B**) = (온전한 A)라고 표현할 수 있으므로, C의 중심이 r일 때 r에서는 (온전한 C) < (온전한 B) + (**약한 A**)라고 할 수 있다. 따라서 C의 중심이 r일 때, r에서 자기장의 방향은 '⊗'이다. (ㄷ 맞음)

정답 : ㄱ, ㄴ, ㄷ

그림과 같이 세기와 방향이 일정한 전류가 흐르는 무한히 긴 직선 도선 A~D가 xy평면에 수직으로 고정되어 있다. D에는 xy평면에 수직으로 들어가는 방향으로 전류가 흐른다. 원점 O에서 B, D의 전류에 의한 자기장은 0이다. 표는 xy평면의 점 p, q, r에서 두 도선의 전류에 의한 자기장의 방향을 나타낸 것이다.

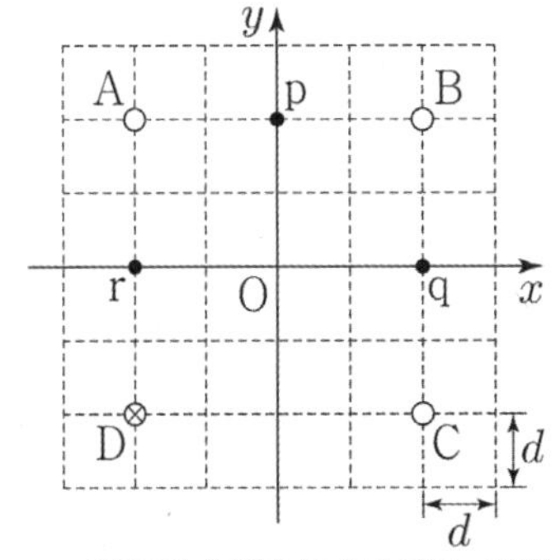

도선	위치	두 도선의 전류에 의한 자기장 방향
A, B	p	$+y$
B, C	q	$+x$
A, D	r	㉠

이에 대한 설명으로 옳은 것만을 <보기>에서 있는 대로 고른 것은?

〈보 기〉

ㄱ. ㉠은 '$+x$'이다.
ㄴ. 전류의 세기는 B에서가 C에서보다 크다.
ㄷ. 전류의 방향이 A, C에서가 서로 같으면, 전류의 세기는 A~D 중 C에서가 가장 크다.

0. 문제 상황 파악하기 (+ 표의 첫째 줄 해석하기)

원점 O에서 B, D에 의한 자기장이 0이라는 것에서, B와 D의 평형선이 O에 있다는 걸 알 수 있다.
즉, B와 D는 전류의 세기와 방향이 같다. (B의 전류의 방향은 ⊗방향)

표의 첫 줄을 보자. p에 B가 만드는 자기장 방향이 $+y$방향인데 A와 B가 함께 만드는 자기장 방향이
$+y$방향이므로, A에 흐르는 전류는 <u>⊙방향</u>이거나 <u>⊗방향이면서 B보다 약한 세기</u>일 것이다.

1. 표의 두 번째 줄 해석하기

B가 q에 만드는 자기장의 방향은 $-x$방향인데, B와 C가 함께 만드는 자기장 방향이 $+x$방향이다.
따라서 C는 q에 B보다 더 강한 세기로 $+x$방향 자기장을 만들어준 것이므로,
C에 흐르는 전류는 ⊗방향이면서 B보다 강한 세기임을 알 수 있다. **(ㄴ 틀림)**

2. 표의 세 번째 줄 해석하기

D가 r에 만드는 자기장의 방향은 $+x$방향인데, A에 흐르는 전류는 앞서 표의 첫째 줄에서 알아냈듯이
⊙방향이거나 ⊗방향이면서 D보다 약한 세기이다.

따라서 A와 D가 r에 만드는 자기장의 방향은 D가 만드는 자기장의 방향과 같은 $+x$방향일 수밖에 없다.
A는 D의 자기장을 뒤집을 수 없기 때문이다. 즉, ㉠은 $+x$이다. **(ㄱ 맞음)**

3. ㄷ 해결하기

A의 전류의 방향이 이 문제에서 확정되지 않는다.
따라서 ㄷ에서는 여러 가지 상황 중에서 'A와 C의 전류의 방향이 같은 경우'에 대해서 묻고 있다.
이런 경우에는 그냥 문제를 따라가도록 하자.

A의 전류의 방향이 C와 같은 ⊗방향이라면, 앞서 구했듯이 A에 흐르는 전류의 세기는 B, D보다 약하다.
두 번째 줄을 해석할 때 C의 전류의 세기가 B보다 세다고 했으므로, 이 경우에 도선들의 전류의 세기를
비교하면 $I_C > I_B = I_D > I_A$이다. **(ㄷ 맞음)**

정답 : ㄱ, ㄷ

그림과 같이 무한히 긴 직선 도선 A, B와 점 p를 중심으로 하는 원형 도선 C, D가 xy평면에 고정되어 있다. C, D에는 같은 세기의 전류가 일정하게 흐르고, B에는 세기가 I_0인 전류가 $+x$방향으로 흐른다. p에서 C의 전류에 의한 자기장의 세기는 B_0이다. 표는 p에서 A~D의 전류에 의한 자기장의 세기를 A에 흐르는 전류에 따라 나타낸 것이다.

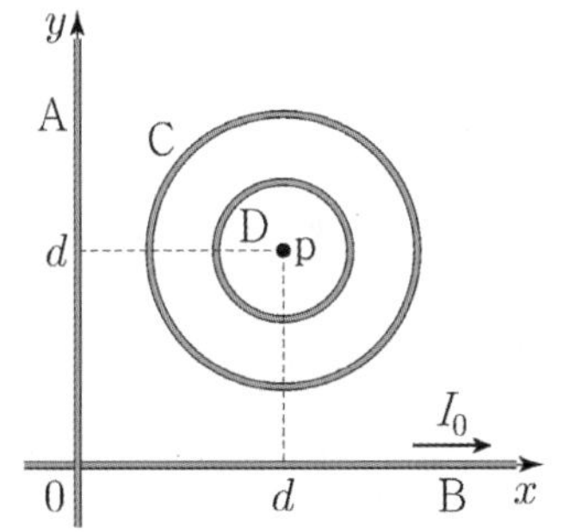

A에 흐르는 전류		p에서 A ~ D의 전류에 의한 자기장의 세기
세기	방향	
0	해당 없음	0
I_0	$+y$	㉠
I_0	$-y$	B_0

이에 대한 설명으로 옳은 것만을 <보기>에서 있는 대로 고른 것은?

<hr>
〈보 기〉

ㄱ. ㉠은 B_0이다.

ㄴ. p에서 C의 전류에 의한 자기장의 방향은 xy평면에 수직으로 들어가는 방향이다.

ㄷ. p에서 D의 전류에 의한 자기장의 세기는 B의 전류에 의한 자기장의 세기보다 크다.

0. 문제 상황 파악하기

A에 흐르는 전류의 세기와 방향이 변함에 따라서, p에서 A~D에 의한 자기장의 세기 변화가 표로 제시되어 있다. A 이외의 도선은 아무것도 변하지 않으므로, 우리는 A에 흐르는 전류가 변함에 따라 p에 어떤 변화가 생기는지 변화량 관점으로 문제를 해석해보도록 하자.

1. 표의 첫 번째 줄 해석하기

A에 전류가 흐르지 않는 상황에서 p에 형성된 자기장이 0이다. 즉, B, C, D가 p에 만드는 자기장이 0이다. 따라서 A~D가 p에 만드는 자기장의 세기는 A가 만드는 자기장의 세기와 같으므로, ㉠은 B_0이다. **(ㄱ 맞음)**

B는 p에 ⊙방향 자기장을 만들고 있으므로 C, D가 p에 만드는 자기장이 ⊗방향이어야 한다.
C, D에 같은 세기의 전류가 흐르고 있고 반지름이 C > D이므로, p에 형성하는 자기장의 세기는 C < D이다.

따라서 D가 p에 만드는 자기장의 방향은 ⊗방향임을 알 수 있다.

2. 표의 세 번째 줄 해석하기

세 번째 줄을 보면 A에 흐르는 전류가 $-y$방향 I_0일 때 p에 ⊙B_0의 자기장을 만드는 것을 알 수 있다. 즉, 세기 I_0의 전류가 d만큼 떨어진 곳에 만드는 자기장의 세기가 B_0인 것이다.

따라서 B가 p에 만드는 자기장이 ⊙B_0인 것도 알 수 있다.

그런데 문제 조건에서 C가 p에 만드는 자기장의 세기가 B_0라 했으므로, C가 만약 p에 ⊗B_0의 자기장을 만든다면 B, C, D가 p에 만드는 자기장이 0이 될 수 없다. B와 C에 의한 자기장이 0이므로, D에 의한 자기장이 남기 때문이다.

따라서 C가 p에 만드는 자기장이 ⊙B_0인 것도 알 수 있다. **(ㄴ 틀림)**

B, C, D가 p에 만드는 자기장이 0인데, B와 C는 ⊙방향 자기장을 만들고 D는 ⊗방향 자기장을 만든다. 따라서 p에 D가 만드는 자기장의 세기는 B와 C가 함께 만드는 자기장의 세기와 같다. **(ㄷ 맞음)**

정답 : ㄱ, ㄷ

그림은 무한히 가늘고 긴 직선 도선 P, Q와 원형 도선 R가 xy평면에 고정되어 있는 모습을 나타낸 것이다. 표는 R의 중심이 점 a, b, c에 있을 때, R의 중심에서 P, Q, R에 흐르는 전류에 의한 자기장의 세기와 방향을 나타낸 것이다. P, Q에 흐르는 전류의 세기는 각각 $2I_0$, $3I_0$이고, P에 흐르는 전류의 방향은 $-x$ 방향이다. R에 흐르는 전류의 세기와 방향은 일정하다.

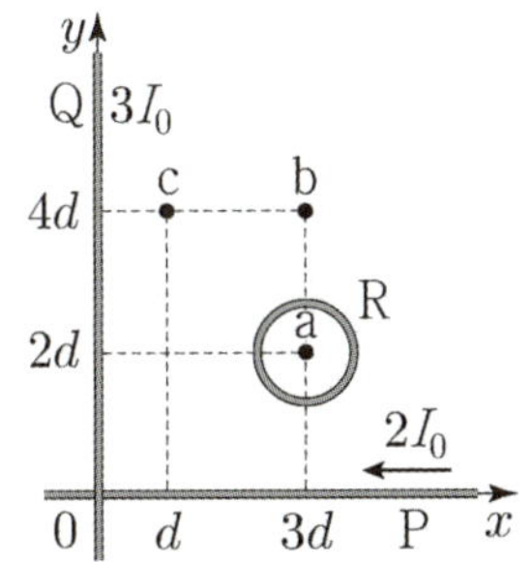

R의 중심	R의 중심에서 P, Q, R에 의한 자기장	
	세기	방향
a	0	해당 없음
b	B_0	㉠
c	㉡	×

×: xy 평면에 수직으로 들어가는 방향

이에 대한 설명으로 옳은 것만을 <보기>에서 있는 대로 고른 것은?

〈보 기〉

ㄱ. Q에 흐르는 전류의 방향은 $+y$방향이다.

ㄴ. ㉠은 xy 평면에서 수직으로 나오는 방향이다.

ㄷ. ㉡은 $3B_0$이다.

0. 문제 상황 파악하기

R이 직접 R의 중심에 만드는 자기장의 세기와 방향은 일정하다.
따라서, R의 중심이 a, b, c로 이동함에 따라 변하는 건 P, Q가 만드는 자기장뿐이다.

즉 표의 a→b에서 생기는 변화는 P가, b→c에서 생기는 변화는 Q가 만드는 것임을 알 수 있다.

1. 표의 a→b 해석하기

R의 중심이 a→b로 변화할 때, R의 중심에 생기는 자기장의 변화는 P가 만드는 것이다.

P가 거리 d만큼 떨어진 곳에 만드는 기본 자기장을 B_P라 한다면,

a→b에서 변화한 자기장의 세기는 $\frac{1}{4}B_P$이다.

이는 표에서 B_0이므로, P의 기본 자기장이 $4B_0$임을 알 수 있다.

또한 a→b에서 P가 만드는 ×방향 자기장의 세기가 약해지므로,
R의 중심이 b일 때 ㉠은 xy평면에서 ⊙(수직으로 나오는) 방향임을 알 수 있다. **(ㄴ 맞음)**

2. 표의 b→c 해석하기

R의 중심이 b→c로 변화할 때, R의 중심에 생기는 자기장의 변화는 Q가 만드는 것이다.
이때 자기장의 방향이 ⊙에서 ×로 변하므로, Q가 c에 만드는 자기장의 방향이 ×방향 임을 알 수 있다.

따라서 Q에 흐르는 전류의 방향은 $+y$ 방향이다. **(ㄱ 맞음)**

또한 앞서 구한 P의 기본 자기장이 $4B_0$이므로, Q의 기본 자기장은 $6B_0$이다.
따라서 Q가 b, c에 만드는 자기장은 각각 ×방향으로 $2B_0$, $6B_0$이다.

즉 R의 중심이 b→c로 변화할 때, R의 중심에는 ×방향 $4B_0$만큼의 자기장이 더 만들어진다.
표의 둘째 줄을 보면 b에서 자기장이 ⊙방향 B_0이었으므로, c에서 자기장은 ×방향 $3B_0$가 된다. **(ㄷ 맞음)**

정답 : ㄱ, ㄴ, ㄷ

그림과 같이 가늘고 무한히 긴 직선 도선 A, B, C가 정삼각형을 이루며 xy평면에 고정되어 있다. A, B, C에는 방향이 일정하고 세기가 각각 I_0, I_0, I_C인 전류가 흐른다. A에 흐르는 전류의 방향은 $+x$방향이다. 점 O는 A, B, C가 교차하는 점을 지나는 반지름이 $2d$인 원의 중심이고, 점 p, q, r는 원 위의 점이다. O에서 A에 흐르는 전류에 의한 자기장의 세기는 B_0이고, p, q에서 A, B, C에 흐르는 전류에 의한 자기장의 세기는 각각 0, $3B_0$이다.

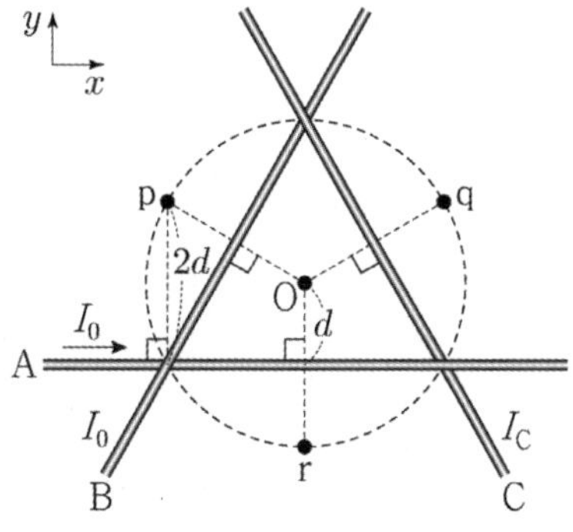

r에서 A, B, C에 흐르는 전류에 의한 자기장의 세기는?

① 0 ② $\dfrac{1}{2}B_0$ ③ B_0 ④ $2B_0$ ⑤ $3B_0$

0. 문제 상황 파악하기

O에서 A에 의한 자기장의 세기가 B_0인 것을 통해,

전류 I_0가 d만큼 떨어진 곳에 만드는 자기장의 세기가 B_0인 것을 알 수 있다.

자기장이 종이면에서 수직으로 나오는 방향을 양$(+)$의 방향이라 했을 때,

A가 p, q, r에 각각 만드는 자기장은 $+\dfrac{1}{2}B_0$, $+\dfrac{1}{2}B_0$, $-B_0$가 된다.

1. 상황 가정하기

<u>B에 흐르는 전류의 방향이 아래 방향일 때,</u>

B가 p, q, r에 각각 만드는 자기장은 $-B_0$, $+\dfrac{1}{2}B_0$, $+\dfrac{1}{2}B_0$이다.

이때 p에 A, B, C에 의해 생긴 자기장이 0이 되기 위해서는 C에 위 방향 I_0의 전류가 흘러야 한다.
그러면 q에 A, B, C에 의해 생긴 자기장의 세기는 0이 되어 조건이 성립하지 않는다.

따라서 <u>B에 흐르는 전류의 방향이 위 방향이고,</u>

B가 p, q, r에 각각 만드는 자기장은 $+B_0$, $-\dfrac{1}{2}B_0$, $-\dfrac{1}{2}B_0$이다.

이때 p에 A, B, C에 의해 생긴 자기장이 0이 되기 위해서는 C에 아래 방향 $3I_0$의 전류가 흘러야 한다.
그러면 q에 A, B, C에 의해 생긴 자기장의 세기는 $+3B_0$가 되어 조건이 성립한다.

2. 문제 답 도출하기

A, B, C가 r에 만드는 자기장은 순서대로 $-B_0$, $-\dfrac{1}{2}B_0$, $-\dfrac{3}{2}B_0$이다.

따라서 <u>r에서의 자기장의 세기는 $3B_0$이다.</u>

정답 : ⑤ $3B_0$

<u>정답이 되는 상황 한눈에 보기</u>

	A	B	C	(A + B + C)
p	$+\dfrac{1}{2}B_0$	$+B_0$	$-\dfrac{3}{2}B_0$	0
q	$+\dfrac{1}{2}B_0$	$-\dfrac{1}{2}B_0$	$-3B_0$	$+3B_0$
r	$-B_0$	$-\dfrac{1}{2}B_0$	$-\dfrac{3}{2}B_0$	$-3B_0$

그림 (가)와 같이 xy평면에 무한히 긴 직선 도선 A, B, C가 각각 $x=-d$, $x=0$, $x=d$에 고정되어 있다. 그림 (나)는 (가)의 $x>0$인 영역에서 A, B, C의 전류에 의한 자기장을 나타낸 것으로, x축상의 점 p에서 자기장은 0이다. 자기장의 방향은 xy평면에서 수직으로 나오는 방향이 양(+)이다.

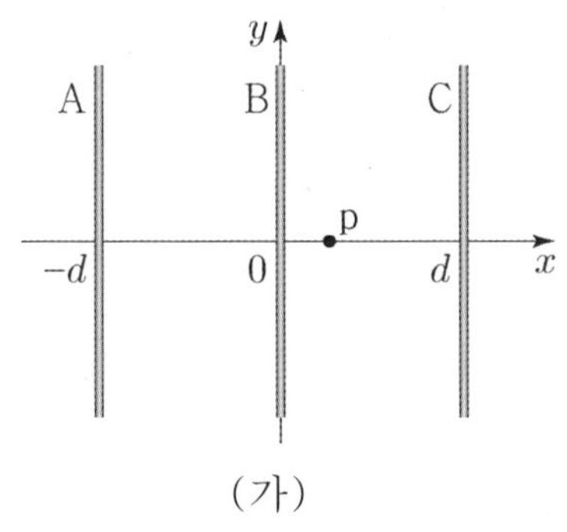

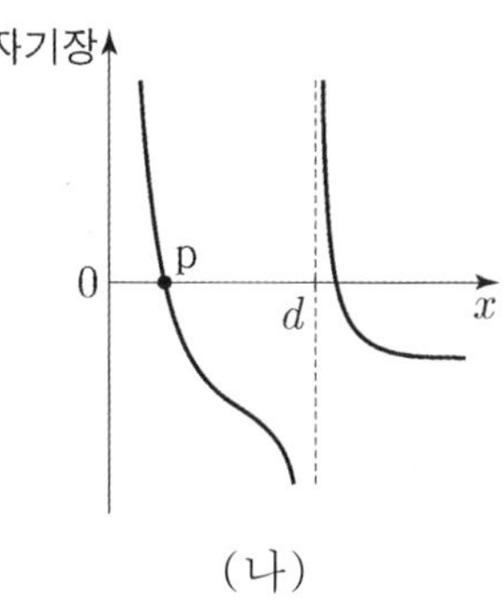

(가)　　　　　　　　　　　　(나)

이에 대한 설명으로 옳은 것만을 <보기>에서 있는 대로 고른 것은?

───── 〈 보 기 〉 ─────

ㄱ. A에 흐르는 전류의 방향은 $-y$방향이다.

ㄴ. A, B, C중 A에 흐르는 전류의 세기가 가장 크다.

ㄷ. p에서, C의 전류에 의한 자기장의 세기가 B의 전류에 의한 자기장의 세기보다 크다.

0. 문제 상황 파악하기

어떤 도선에 한없이 가까운 지점에서의 자기장은, 그 도선의 영향만을 받는다고 볼 수 있다.
즉, 그래프를 통해 B의 오른쪽에 한없이 가까운 곳의 자기장 방향이 양$(+)$이므로, B에 흐르는 전류의 방향은 $-y$방향임을 알 수 있다.

마찬가지로 C의 왼쪽에 한없이 가까운 곳의 자기장 방향이 ×이므로, C에 흐르는 전류의 방향도 $-y$방향임을 알 수 있다.

그래프를 통해 $x > d$인 곳에서 자기장이 0이 되는 지점이 있는 것을 확인할 수 있다.
그 지점을 q라 하자.

B, C는 모두 q에 ⊙방향 자기장을 만들 것이므로, q에서 자기장이 0이 되기 위해서는 A가 q에 만드는 자기장의 방향이 ×여야 한다.
즉, A에 흐르는 전류의 방향은 $+y$방향이다. **(ㄱ 틀림)**

또한 q로부터 A는 B, C보다 멀리 떨어져 있음에도 B, C가 q에 만드는 자기장의 합을 상쇄하였다. 따라서 A에 흐르는 전류의 세기는 B, C에 흐르는 전류의 세기의 합보다도 더 크다. **(ㄴ 맞음)**

1. ㄷ 선지 해결하기

p에서, A, B, C가 만드는 자기장의 방향은 A(×), B(⊙), C(×)이다.
따라서 p에서 자기장이 0이 되기 위해서는
(B가 만드는 자기장의 세기) = (A, C가 만드는 자기장의 합의 세기)가 되어야 한다.

즉 p에서 C에 의한 자기장의 세기는 B에 의한 자기장의 세기보다 작다. **(ㄷ 틀림)**

정답 : ㄴ

그림과 같이 가늘고 무한히 긴 직선 도선 A, C와 중심이 원점 O인 원형 도선 B가 xy평면에 고정되어 있다. A에는 세기가 I_0인 전류가 $+y$방향으로 흐르고, B와 C에는 각각 세기가 일정한 전류가 흐른다. 표는 B, C에 흐르는 전류의 방향에 따른 O에서 A, B, C의 전류에 의한 자기장의 세기를 나타낸 것이다.

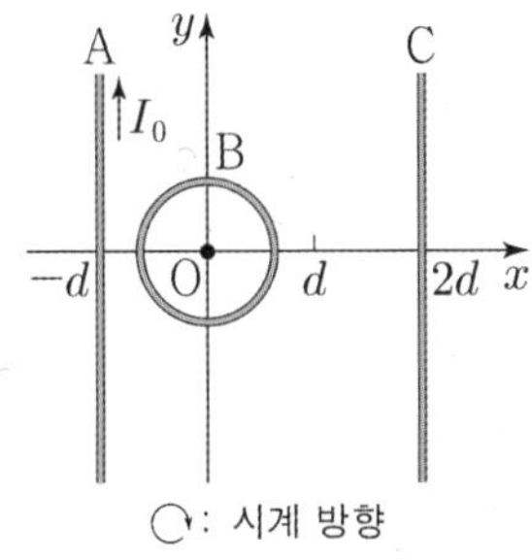

전류의 방향		O에서 A, B, C의 전류에 의한 자기장의 세기
B	C	
시계 방향	$+y$ 방향	0
시계 방향	$-y$ 방향	$4B_0$
시계 반대 방향	$-y$ 방향	$2B_0$

C에 흐르는 전류의 세기는?

① I_0 ② $2I_0$ ③ $4I_0$ ④ $6I_0$ ⑤ $8I_0$

0. 문제 상황 파악하기

자기장의 방향을 xy평면에서 수직으로 나오는 방향이 ⊙, 들어가는 방향이 ×라 하자.

표의 첫째, 둘째 줄을 통해 C의 전류의 방향 변화만이 O의 자기장 변화에 영향을 준 것을 알 수 있다.
따라서 C가 $2d$만큼 떨어진 O에 만드는 자기장의 세기는 $2B_0$임을 알 수 있다.

1. 표를 통해 변화량 적용하기

A, B, C가 각각 O에 만드는 자기장과 A, B, C에 의한 O에서 자기장 세기를 표로 정리하면 다음과 같다.

A	B	C	O에서 자기장의 세기
×	×	⊙	0
×	×	×	$4B_0$
×	⊙	×	$2B_0$

표의 둘째 줄과 셋째 줄의 O에서 자기장의 세기 변화는 B의 변화를 통해 일어난 것이다.
이때 O에서 자기장의 방향이 반대가 되었다면 B가 O에 만드는 자기장의 세기는 $3B_0$이고,
O에서 자기장의 방향이 변하지 않았다면 B가 O에 만드는 자기장의 세기는 B_0일 것이다.

만약 B가 O에 만드는 자기장의 세기가 $3B_0$이라면, 표의 둘째 줄에서 B와 C가 만드는 자기장의 합이 A를
제외하고도 이미 $5B_0$가 되어, O에서 자기장의 세기가 $4B_0$보다 클 수밖에 없으므로 모순이 발생한다.

즉 B가 O에 만드는 자기장의 세기는 B_0이다.
표의 둘째 줄의 상황에서 B와 C가 O에 만드는 자기장의 합의 세기는 $3B_0$이므로, A가 O에 만드는 자기장의
세기는 B_0임을 알 수 있다.

A와 C는 O로부터 떨어진 거리가 $1:2$이고, O에 만드는 자기장의 세기가 $1:2$이다.
따라서 C에 흐르는 전류의 세기는 A의 4배인 $4I_0$이다.

정답 : ③ $4I_0$

그림과 같이 xy평면에 가늘고 무한히 긴 직선 도선 A, B, C가 고정되어 있다. C에는 세기가 I_C로 일정한 전류가 $+x$방향으로 흐른다. 표는 A, B에 흐르는 전류의 세기와 방향을 나타낸 것이다. 점 p, q는 xy평면상의 점이고, p에서 A, B, C의 전류에 의한 자기장의 세기는 (가)일 때가 (다)일 때의 2배이다.

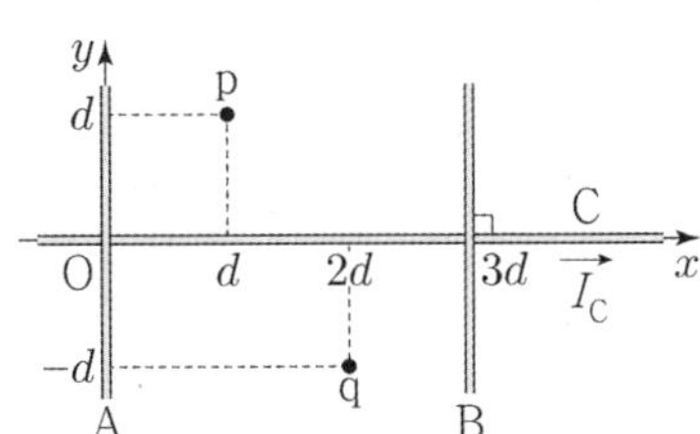

	A의 전류		B의 전류	
	세기	방향	세기	방향
(가)	I_0	$-y$	I_0	$+y$
(나)	I_0	$+y$	I_0	$+y$
(다)	I_0	$+y$	$\frac{1}{2}I_0$	$+y$

이에 대한 설명으로 옳은 것만을 <보기>에서 있는 대로 고른 것은?

〈 보 기 〉

ㄱ. $I_C = 3I_0$이다.

ㄴ. (나)일 때, A, B, C의 전류에 의한 자기장의 세기는 p에서와 q에서가 같다.

ㄷ. (다)일 때, q에서 A, B, C의 전류에 의한 자기장의 방향은 xy평면에 수직으로 들어가는 방향이다.

1. (가), (나), (다)에서 자기장 분석하기

자기장이 xy평면에서 수직으로 나오는 방향을 양$(+)$의 방향으로 하자.

세기 I_0의 전류가 흐르는 도선이 d만큼 떨어진 곳에 만드는 자기장을 B_0, C의 기본 자기장을 B_C라 하자. 상황에 따른 A, B, C가 p, q에 만드는 자기장을 정리하면 다음과 같다.

	p에 A, B, C가 만드는 자기장	q에 A, B, C가 만드는 자기장
(가)	$\dfrac{3}{2}B_0 + B_C$	$\dfrac{3}{2}B_0 - B_C$
(나)	$-\dfrac{B_0}{2} + B_C$	$\dfrac{B_0}{2} - B_C$
(다)	$-\dfrac{3}{4}B_0 + B_C$	$-B_C$

문제 조건에 따라 p에서 A, B, C의 전류에 의한 자기장의 세기는 (가)일 때가 (다)일 때의 2배이므로, (가)일 때와 (다)일 때의 p의 자기장 방향이 같은 상황과 다른 상황에 대해 식을 쓸 수 있다.

① 방향이 다른 경우: $\dfrac{3}{2}B_0 + B_C = (-2)\left(-\dfrac{3}{4}B_0 + B_C\right)$이고 정리하면 $B_C = 0$이다. C에는 전류가 흘러야 하므로, 이는 모순이다. 따라서 (가)일 때와 (다)일 때 p에서의 자기장 방향은 같다.

② 방향이 같은 경우: $\dfrac{3}{2}B_0 + B_C = 2\left(-\dfrac{3}{4}B_0 + B_C\right)$이고 정리하면 $B_C = 3B_0$이다. C의 기본 자기장의 세기가 A의 3배이므로, 전류의 세기 역시 3배이다. 따라서 $I_C = 3I_0$이다. (ㄱ 맞음)

2. ㄴ 해결하기

(나)일 때 A, B, C의 전류에 의한 자기장의 세기는 p에서 $\dfrac{5}{2}B_0$이고, q에서 $-\dfrac{5}{2}B_0$이다. (ㄴ 맞음)

3. ㄷ 해결하기

(다)일 때, q에서 A, B, C의 전류에 의한 자기장은 $-3B_0$이다. 따라서 자기장의 방향은 xy평면에 수직으로 들어가는 방향이다. (ㄷ 맞음)

정답 : ㄱ, ㄴ, ㄷ

▌전자기 유도

코일 내부를 통과하는 자기 선속이 변할 때 코일에 전류가 흐르는 현상이다.

자기 선속이란 자기 다발이란 의미이고, 이는 자기장에 수직인 단면을 지나는 자기력선의 수와 비례한다.
유도 전류는 전자기 유도 현상에 의해 발생하는 전류인데, 코일 내부를 통과하는 자기 선속의 시간에 따른 변화율이
클수록 유도 전류의 세기가 커진다.

> ☞ **오개념 주의!**
>
> 앞서 배운 전류에 의한 자기장과, 여기 전자기 유도는 다른 개념이다. 전류에 의한 자기장은 전류가 자기장을
> 만드는 것이고, 전자기 유도는 반대의 느낌으로 자기장의 변화가 전류를 유도하는 것이다.

1. 렌츠 법칙 (코일과 자석)

코일의 유도 전류는 자석의 운동을 방해하는 자기장을 만드는 방향으로 흐른다는 법칙이다. 관성의 법칙과 비슷하게
생각하면 이해하기 쉽고, **코일은 변화를 싫어한다**고 생각하면 편하다. 쉽게 말하자면 코일에 자석이 다가올 때는 코일이
자석을 밀어내고, 코일에서 자석이 멀어질 때는 코일이 자석을 당긴다는 말이다.

따라서 코일에 유도되는 전류의 방향을 정할 때에는 **자석의 운동을 방해하는 방향**을 생각하자.

예를 들어, 그림과 같이 자석의 N극이 원형 코일을 기준으로 가까워질 때와 멀어질 때를 생각해보자.

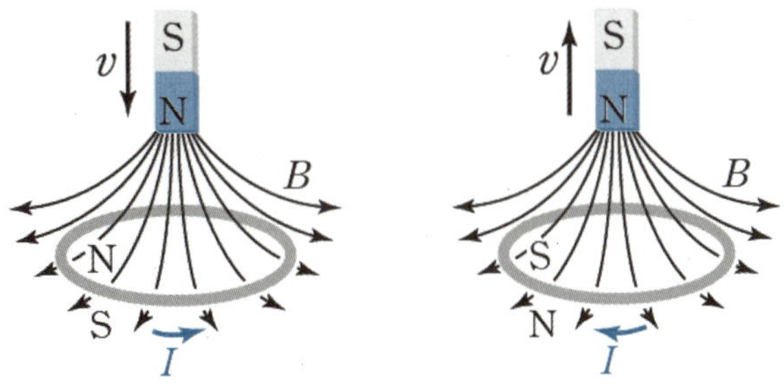

먼저 둘이 가까워지는 경우에 원형 코일은 변화를 싫어하므로, **자석의 운동을 방해하기 위해서는**
다가오는 N극을 밀어내야 하고 따라서 코일의 윗부분이 N극으로 유도된다. 자기장은 N극에서 뿜어 나오는
방향이므로 앙페르 법칙을 통해 전류의 방향 역시 알 수 있다

자석이 멀어지는 경우에는 반대로 적용할 수 있다. **자석의 운동을 방해하기 위해서** 원형 코일은 멀어지는
N극을 당겨야 하므로, 윗부분이 S극으로 유도된다.

이런 경우에 자석의 속력이 클수록 코일에 유도되는 전류의 세기도 크다.

위에서 배웠듯이 원형 코일에 흐르는 유도 전류는 항상 자석의 운동을 방해하는 유도 자기장을 만드는 방향으로 흐르는데, 여기서 알 수 있는 특징들이 있다.

문제의 보기로 자주 등장하니, 빠르고 정확하게 풀기 위해 외우도록 하자.

1. 자석이 중간에 방향을 바꾸지 않고 원형 코일을 쭉 통과해 지나는 경우,

   코일을 통과하기 전후에 코일이 자석에 가하는 자기력의 방향은 동일하다.

   (운동 방향이 바뀌지 않았기 때문에, 이를 방해하기 위해 작용하는 자기력의 방향 역시 바뀌지 않는다.)

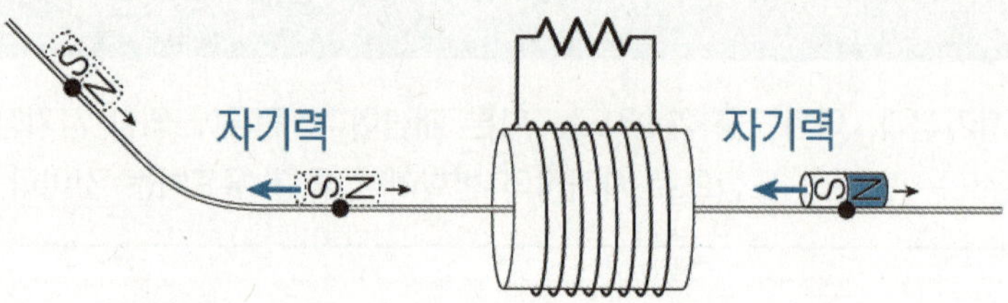

2. 자석이 코일을 통과하기 전후에 **코일에 흐르는 유도 전류의 방향은 반대**이다.

3. 자석이 코일 안으로 들어갈 때와 나올 때의 유도 전류가 반대라는 건,

   중간에 유도 전류가 바뀌는 경계 지점이 있다는 뜻이고 이때는 유도 전류의 세기가 0이다.

그림과 같이 고정되어 있는 동일한 솔레노이드 A, B의 중심축에 마찰이 없는 레일이 있고, A, B에는 동일한 저항 P, Q가 각각 연결되어 있다. 빗면을 내려온 자석이 수평인 레일 위의 점 a, b, c를 지난다.

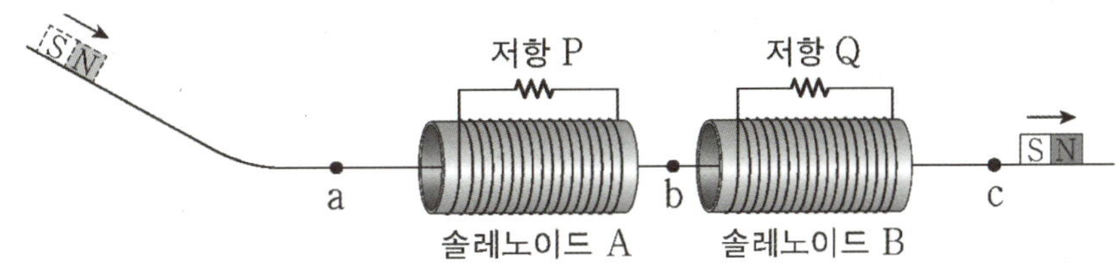

이에 대한 설명으로 옳은 것만을 <보기>에서 있는 대로 고른 것은? (단, A와 B 사이의 상호 작용은 무시한다.)

〈 보 기 〉

ㄱ. 자석의 속력은 c에서가 a에서보다 크다.
ㄴ. b에서 자석에 작용하는 자기력의 방향은 자석의 운동방향과 같다.
ㄷ. P에 흐르는 전류의 최댓값은 Q에 흐르는 전류의 최댓값보다 크다.
ㄹ. 자석이 b와 c를 지날 때, Q가 자석에 작용하는 자기력의 방향은 서로 반대이다.
ㅁ. 자석이 a와 b를 지날 때, P에 흐르는 전류의 방향은 같다.

---

1. 솔레노이드의 유도 전류는 항상 자석의 운동 방향을 방해하는 방향(운동 반대 방향)으로 생기기 때문에, 자석이 a에서 c로 이동할수록 속력이 줄어든다. **(ㄱ 틀림, ㄴ 틀림)**

2. 자석의 속력이 클수록 자석이 만드는 자기장에 의한 솔레노이드 내부 자기 선속의 변화율이 크고, 유도 전류의 세기 역시 크다. 따라서 P에 흐르는 전류의 최댓값은 Q에 흐르는 전류의 최댓값보다 크다. **(ㄷ 맞음)**

3. 자석이 b와 c를 지날 때 운동 방향은 같다. 유도 전류에 의한 자기력은 항상 운동 반대 방향으로 생기기 때문에, Q가 자석에 작용하는 자기력의 방향노 같다. **(ㄹ 틀림)**

4. 자석이 원형 코일이나 솔레노이드를 통과하는 상황에시, 들어가기 전과 후 유도 전류의 방향은 반대이다. **(ㅁ 틀림)**

정답 : ㄷ

2. 패러데이 법칙 (자기장과 도선)

시간 Δt동안 감은 수가 N인 코일을 통과하는 자기 선속의 변화가 $\Delta\Phi$이면 유도 기전력 V는 다음과 같다.

$$V = -N\frac{\Delta\Phi}{\Delta t}$$

기전력이란, 전류가 흐르기 위해서 이때 필요한 전압을 연속적으로 만들어주는 것이다.
따라서 유도 기전력이란, 매우 간단히 생각해서 유도 전류를 만들어주는 것이라 생각할 수 있겠다.

위 식에서 (−)부호는 유도 기전력이 자기 선속의 변화를 방해하는 방향으로 생긴다는 의미를 가지므로,
패러데이 법칙은 렌츠 법칙을 포함한다.

이 파트에서 나오는 준킬러 문제들은
1. 자기장의 세기가 균일한 영역을 도선이 지나갈 때
2. 시간에 따라 변화하는 균일한 자기장 영역에 도선이 있을 때
크게 이 두 가지 경우에, 자기장 영역의 세기 혹은 도선에 흐르는 유도 전류를 구하는 것이다. 이제 각각의 유형들을
살펴보자.

도선이 자기장 영역 밖에서 안으로 들어가거나, 도선이 위치한 영역의 자기장이 변화하는 등 도선 기준으로 내부의
자기 선속이 변화하면 도선에는 유도 전류가 흐르게 된다.

이때 도선은 변화를 싫어한다는 것을 기억하자.
다시 말해, 도선을 통과하는 자기 선속이 바뀔 때 유도 전류는 기존의 상태를 유지하려는 방향으로 흐른다.
도선을 통과하는 자기 선속의 변화를 저항하는 방향의 자기 선속을 만든다는 것이다.

(1) 세기가 일정한 균일한 자기장 영역을 일정한 속력으로 지나는 도선

먼저, 도선이 균일한 자기장 영역으로 들어갈 때를 살펴보자. (×는 종이면에 수직으로 들어가는 방향이다.)

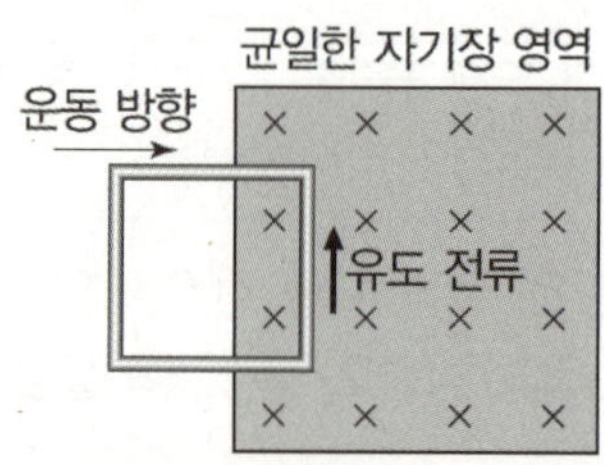

그림과 같이 도선 내부에서 ×방향의 자기 선속이 증가하는 중이므로, 도선은 원래 상태를 유지하기 위해 종이 면에서
수직으로 나오는 방향(◉라 하자)의 자기 선속을 만들어야 한다.
따라서 유도 전류에 의한 자기장의 방향이 ◉가 되려면, 유도 전류는 반시계 방향으로 흘러야 한다.

이제 도선이 균일한 자기장 영역에서 나올 때를 살펴보자.

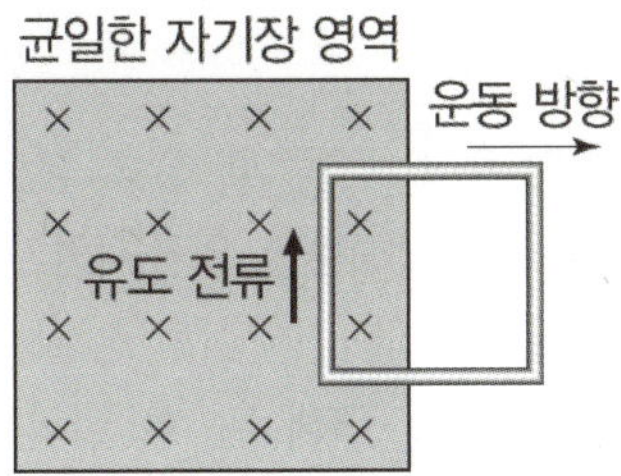

이번에는 도선 내부에서 ×방향의 자기 선속이 사라지는 중이므로,
도선은 원래 상태를 유지하기 위해 ×방향의 자기 선속을 만들어야 한다.
따라서 유도 전류에 의한 자기장이 ×방향이 되려면, 유도 전류는 시계 방향으로 흘러야 한다.

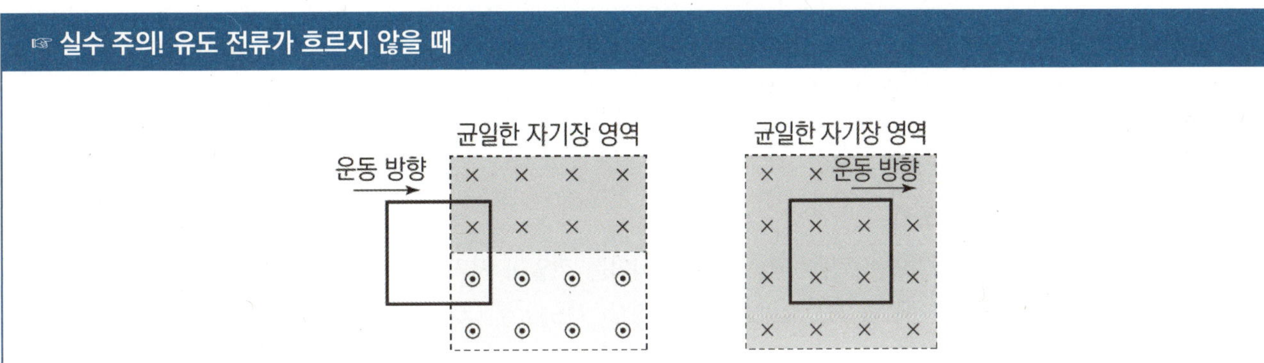

유도 전류는 도선 내부를 통과하는 **자기 선속이 변해야** 생기기 때문에, 위 그림의 경우에는 유도 전류가 흐르지 않는다.

명심하자. 도선 내부를 통과하는 **자기 선속이 변해야** 유도 전류가 흐른다.

① 유도 전류의 방향 쉽게 구하기

앞 상황에선 신기한 사실을 알 수 있다. 들어갈 때와 나올 때 일어나는 일이 정확히 반대라는 점이다. 자기장 영역의 자기장 방향이 ⊙일 때를 스스로 생각해보면 알겠지만, 들어가거나 나오는 자기장 영역의 자기장 방향이 ⊙, ×일 때 역시 정확히 반대의 일이 일어난다.

따라서 한 가지 경우에 대해 암기하면 각각의 경우에 대해 알 수 있어 문제를 손쉽게 풀 수 있다.

자기장 방향 도선의 방향	⊙ 방향	× 방향
들어갈 때	시계 방향	반시계 방향
나올 때	반시계 방향	시계 방향

들어가는 자기장 영역에 **들어갈 때**와 **나오는** 자기장 영역에서 **나올 때**, 유도 전류는 **반시계** **방향**으로 흐른다. 이를 **(들/들), (나/나)**로 외워서 **겹치면 반시계**로 암기하자. 반대로 (들/나), (나/들)처럼 앞글자가 안 겹치면 유도 전류가 시계 방향으로 흐른다.

② 유도 전류의 세기 쉽게 구하기

자기장 영역의 세기를 B, 코일의 속력을 v라 하고, 움직이는 코일이 자기장 영역으로 들어갈 때, 자기장 영역의 경계 부분에서 코일을 잘랐을 때 측정한 길이를 l이라 하자. l은 아래 그림과 같다.

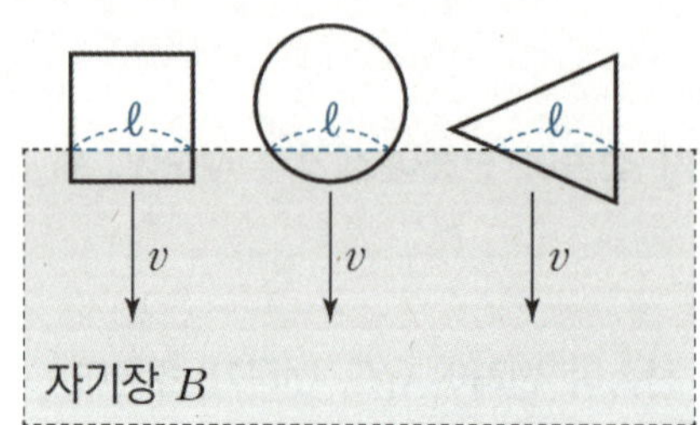

코일의 단면을 지나는 단위 시간당 자기 선속의 변화율은
$$\frac{\Delta \Phi}{\Delta t} = \frac{\Delta (BS)}{\Delta t} = \frac{B \Delta (S)}{\Delta t} = B \cdot l \cdot v$$
이므로[22], 유도 기전력 $V = -N\frac{\Delta \Phi}{\Delta t}$에서 $V \propto B \cdot l \cdot v$이다.
($B \cdot l \cdot v$를 브라보! 라고 외우자.)

따라서 **유도 전류의 세기 역시 $B \cdot l \cdot v$에 비례한다.**

---

22) $\Delta(BS) = B\Delta S$가 되기 위해서는 **두 구간에서의 자기장 차이가 일정**해야만 한다. 위 상황은 가장 자주 나오는 자기장이 고정된 상황을 나타낸 것이고, 이 식은 두 구간에서의 자기장 차이가 일정하지 않다면 성립하지 않는다.

(2) 도선이 시간에 따라 변하는 균일한 자기장 영역 내부에 있을 때

도선 내부를 통과하는 자기 선속이 변하면 유도 전류가 흐른다는 점에서 도선이 일정한 세기의 균일한 자기장
영역으로 들어가거나 나올 때의 경우와 흡사하다.

다만, 도선이 일정한 세기의 균일한 자기장 영역으로 들어가거나 나올 때와 달리,
$\dfrac{\Delta\Phi}{\Delta t} = \dfrac{\Delta(BS)}{\Delta t} = S \cdot \dfrac{\Delta(B)}{\Delta t}$ 에서 유도 기전력의 크기 및 유도 전류의 세기는 도선의 면적 S와 시간에 따른

자기장의 변화율 $\dfrac{\Delta B}{\Delta t}$ 에 비례한다.[23)]

따라서 도선이 시간에 따라 변하는 균일한 자기장 영역에 있을 때, 도선에 흐르는 **유도 전류의 세기는 도선의 면적과
시간에 따른 자기장 변화율에 각각 비례**한다.

(3) 도선이 둘 이상의 균일한 자기장 영역을 일정한 속력으로 지날 때

(3-1) 자기장 영역을 차례로 하나씩 지날 때

우선 유도 전류의 세기는 $B \cdot l \cdot v$에 비례하는데, 여기서 $l \cdot v$는 항상 일정하므로 유도 전류의 세기는 B에만
좌우된다.

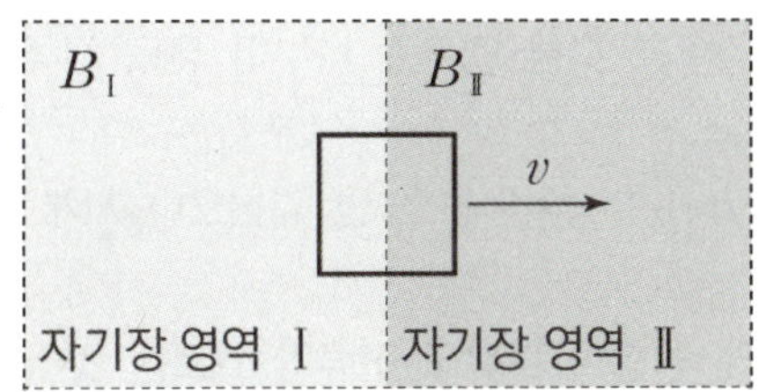

그림과 같이 자기장 영역 Ⅰ과 Ⅱ가 있고, 각각의 자기장 세기 및 방향을 B_{I}, B_{II}라 하자. 도선이 Ⅰ 영역에서
Ⅱ 영역으로 이동하면 도선 내부에서는 특정 면적만큼의 자기장 B_{I}이 사라지고, 똑같은 면적의 B_{II}이 생긴다. 따라서
단위 시간당 도선 내부 자기장의 변화는 $(-B_{\mathrm{I}}) + B_{\mathrm{II}}$임을 알 수 있다.

그러니 앞으로, 연속된 두 자기장 영역을 지날 때 도선에 흐르는 유도 전류는 이후 영역의 자기장의 세기 및 방향을
B_{II}, 이전 영역을 B_{I}이라 할 때 $(B_{\mathrm{II}} - B_{\mathrm{I}})$을 통해 계산하고 이를 **상대 자기장**[24)]이라 부르자.

예를 들어, $+$방향이 종이면을 뚫고 나오는 방향일 때 도선이 순서대로 $+B \rightarrow +2B \rightarrow 0$인 자기장 영역을 일정한
속력으로 이동힌다고 생각하자. 이때 상대 지기장이 $+B$, $-2B$이므로 유도 전류의 세기는 $1 : 2$이다. 또한, 순서대로
(나/들)과 (나/나)의 상황이므로 도선에 흐르는 유도 전류의 방향도 각각 시계 방향과 반시계 방향임을 알 수 있다.

---

23) $\Delta(BS) = S\Delta B$가 되기 위해서는 S가 **일정해야만 한다.** 따라서 도선의 면적이 변한다면 이 관계는 성립하지 않는다.

24) 이해를 돕기 위해 만든 용어이다. 더 좋은 말이 있다면 그렇게 불러도 좋다.

부호를 생각해서 그대로 빼야한다. 크기를 빼는 것이 아니다!
그리고 이전과 이후를 헷갈리면 안 된다. 이후 자기장에서 이전을 빼야 한다!

예를 들어 이후 자기장이 $-B$, 이전 자기장이 $+2B$라면 상대 자기장은 $-3B$인 것이다.
이후 자기장이 $+B$, 이전 자기장이 $-B$라면 상대 자기장은 $+2B$인 것이다.

변화량에 주목하는 것이기 때문에, 자기장의 세기분만이 아닌 방향까지 꼭 생각해야 한다!

(+)방향을 종이면을 뚫고 나오는 방향이라 하고, 앞서 제시한 예시를 다시 보자.

일정한 속력으로 움직이는 어떤 도선이 순서대로 자기장이 $+B \rightarrow +2B \rightarrow 0$인 영역을 이동했을 때,
상대 자기장이 $+B$, $-2B$인 것을 우리는 확인했다.

이때 방금은 각각의 경우에 (들/나), (나/나)를 각각 적용해 도선의 유도 전류 방향을 구했다.
그렇지만 사실 **상대 자기장의 부호와 유도 전류의 방향**을 하나만 대응해도,
나머지를 상대 자기장의 부호가 같은 경우와 다른 경우로 나누어 유도 전류의 방향을 구할 수 있다.

앞서 본 예시에서, 첫 번째 경우가 (들/나)의 상황이므로 안 겹쳤으니 시계 방향의 유도 전류가 흐르는 것을 확정했다고 하자.
그러면 상대 자기장이 양$(+)$일 때 시계 방향으로 유도 전류가 흐르는 것이므로,
이후의 상대 자기장이 음$(-)$이므로 반시계 방향으로 유도 전류가 흐를 것을 알 수 있다.

일정한 속력으로 $+x$방향을 향해 움직이는 도선이 있다. 각 자기장 영역의 자기장은 왼쪽부터 순서대로 $-B$, $+B$, $-2B$이다. 도선의 중심이 $x = 0$, $x = d$, $x = 2d$, $x = 3d$를 지날 때 도선에 흐르는 유도 전류의 세기를 각각 I_0, I_1, I_2. I_3이라 하자. $I_0 = I$일 때, 나머지 전류를 I로 나타낸 뒤 각각의 방향을 찾아보자. (단, 자기장이 들어가는 방향일 때를 $(-)$방향이라 한다.)

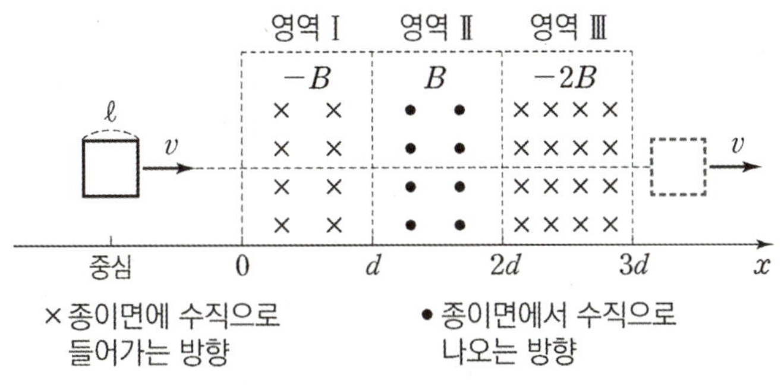

자기장 영역의 자기장을 왼쪽부터 순서대로 쓰면 $0 \rightarrow (-B) \rightarrow (+B) \rightarrow (-2B) \rightarrow 0$이다.

각각의 상대 자기장을 계산하면, 순서대로 $-B$, $+2B$, $-3B$, $+2B$이므로 각각의 유도 전류 세기의 비는 $1 : 2 : 3 : 2$이다.

처음 들어갈 때 (들/들)의 상황이므로, 유도 전류가 반시계 방향으로 흐른다. 따라서 상대 자기장이 음$(-)$일 때 반시계 방향의 유도 전류가 흐르는 걸 확정할 수 있다. 처음부터 유도 전류의 방향을 순서대로 쓰면 반시계 방향$(-)$, 시계 방향$(+)$, 반시계 방향$(-)$, 시계 방향$(+)$이다.

☞ Tip! 도선의 이동 과정에서 처음과 끝 자기장이 같으면 각각의 상대 자기장들의 합은 0이다.

예를 들어 위 예시에서 처음과 끝의 자기장이 0으로 같고,
상대 자기장은 순서대로 $-B$, $+2B$, $-3B$, $+2B$인데 이들을 모두 더하면 0임을 확인할 수 있다.
이는 문제 풀 때 사용하기 보다는, 풀고 난 뒤에 간단히 검토할 때 이용하는 것을 추천한다.

(3-2) 자기장 영역 두 개를 동시에 지날 때

$B \cdot l \cdot v$를 이용해 따로 계산 후 더해 유도 전류의 상댓값을 구한다.

연습 문항을 풀며 이해해보자.

아래와 같이 직사각형 모양으로 연속된 3개의 자기장 영역이 있다. 각 자기장 영역의 경계를 금속 도선 A, B 각각의 중심이 통과할 때, 두 도선에 흐르는 유도 전류의 세기와 방향을 비교하시오. (단, 자기장 이 종이면에 수직으로 들어가는 방향을 (−)방향으로 한다.)

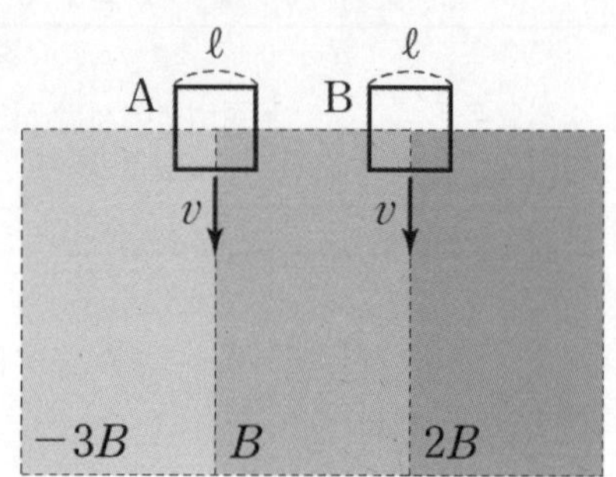

A를 반으로 갈라서 왼쪽과 오른쪽에 각각 $B \cdot l \cdot v$를 적용해 더하면
$(-3B)(0.5l)v + (+B)(0.5l)v = -Blv$이다. B를 반으로 갈라서 마찬가지로 왼쪽과 오른쪽에 각각
$B \cdot l \cdot v$를 적용해 더하면 $(+B)(0.5l)v + (+2B)(0.5l)v = 1.5Blv$이다. 이때 A는 전체 $B \cdot l \cdot v$ 값이
음수이고, B는 전체 $B \cdot l \cdot v$ 값이 양수이므로 유도 전류 방향은 반대일 것이다.

A의 전체 구역을 보면 사실상 들어가는 자기장에 들어가는 것과 같으므로[25], (들/들)의 상황에서 반시계 방향의 유도 전류가 흐름을 알 수 있다. 이는 음(−)의 $B \cdot l \cdot v$ 값에 대응한다.

따라서 B에 흐르는 유도 전류의 세기가 A의 1.5배이다. 유도 전류의 방향은 A가 반시계 방향, B는 시계 방향이다.

---

25) 들어가는 자기장의 세기가 나오는 자기장의 세기보다 세기 때문이다.

그림은 xy평면에 수직인 방향의 균일한 자기장 영역 Ⅰ, Ⅱ의 경계에서 변의 길이가 $4d$인 동일한 정사각형 도선 A, B, C가 각각 일정한 속력 v, v, $2v$로 직선 운동하는 어느 순간의 모습을 나타낸 것이다. A, B, C는 각각 $-y$, $+x$, $+y$ 방향으로 운동한다. Ⅰ과 Ⅱ에서 자기장의 방향은 서로 반대이고 A와 B에 흐르는 유도 전류의 세기는 같다.

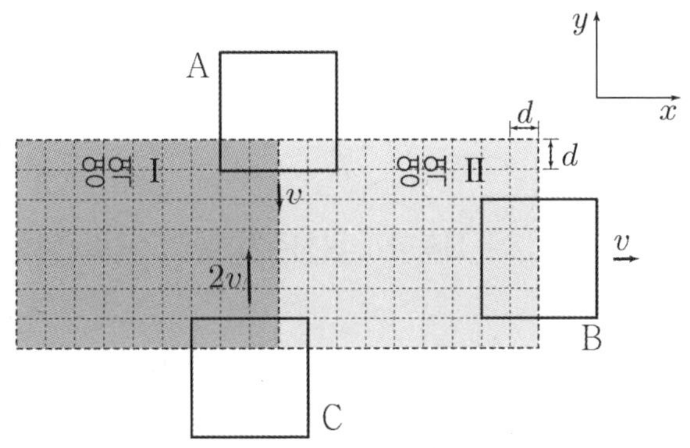

이에 대한 설명으로 옳은 것만을 <보기>에서 있는 대로 고른 것은? (단, 모눈 눈금은 동일하고, A, B, C 사이의 상호 작용은 무시한다.)

〈 보 기 〉

ㄱ. 자기장의 세기는 Ⅰ에서가 Ⅱ에서의 3배이다.

ㄴ. 유도 전류의 방향은 A에서와 B에서가 같다.

ㄷ. 유도 전류의 세기는 C에서가 A에서의 4배이다.

0. 문제 상황 파악하기

A, C는 두 개의 자기장 영역을 동시에 지나는 중이고, B는 영역 II에서 나가는 중이다.
각각의 길이 l과 속력 v를 모두 알고 있으니, $B \cdot l \cdot v$를 이용해야 할 것이다.

A와 B의 유도 전류의 세기가 같다고 했는데, 이는 둘의 자기 선속 변화량의 크기가 같다는 말이다.
A는 영역 I과 II를 절반씩 걸쳐 들어오고 있고 B는 영역 II를 그대로 나가고 있는데,
이때 둘의 $B \cdot l \cdot v$의 절댓값이 같아야 한다.

1. A, B에 $B \cdot l \cdot v$ 이용하기

이 문제에선 자기장과 유도 전류의 방향을 정확하게 말해주지 않았으므로, 이런 경우에는 스스로 부호와 방향을
결정해주는 것이 편하다.

먼저 영역 II의 자기장 부호를 양$(+)$으로 생각하면,
$B \cdot l \cdot v$에 의해 영역 II에서 나오는 방향의 유도 전류를 음$(-)$의 방향이라 할 수 있다.
계산이 복잡할 것 같으므로, 영역 II의 자기장을 임의로 $+1$이라 놓고 거리와 도선의 속도 미지수를 각각
$d = 1$, $v = 1$로 치환하자.
어차피 비율만 알면 되기에, 큰 문제가 되지 않는다.
결국 $B \cdot l \cdot v$의 계산에서 계수만 남고 다 약분될 것이기 때문이다.

그러면 B의 $B \cdot l \cdot v$는 $(-1) \times 4 \times 1 = (-4)$이므로, A의 $B \cdot l \cdot v$의 절댓값이 4가 되어야 한다.
A의 영역 II를 지나는 오른쪽 부분을 계산하면 $B \cdot l \cdot v$는 $+2$이므로, 영역 I을 지나는 왼쪽 부분이
$B \cdot l \cdot v = (-6)$[26]이어야 한다. 따라서 영역 I의 자기장은 (-3)이다. **(ㄱ 맞음)**

또한 $B \cdot l \cdot v$의 부호가 A와 B 모두 음$(-)$으로 같다. 따라서 둘의 유도 전류의 방향도 같음을 알 수 있다.
(ㄴ 맞음)

2. C에 $B \cdot l \cdot v$ 이용하기

C의 $B \cdot l \cdot v$는 $(-18) + 2 = (-16)$이고, A는 (-4)이다.
따라서 $B \cdot l \cdot v$의 절댓값의 크기가 C가 A의 4배이므로, 유도 전류의 세기는 C가 A의 4배이다. **(ㄷ 맞음)**

정답 : ㄱ, ㄴ, ㄷ

---

26) 두 영역의 자기장 방향이 반대이므로, 음수가 나와야만 한다,

그림 (가)는 사각형 금속 고리가 균일한 자기장 영역 Ⅰ, Ⅱ, Ⅲ을 향해 $+x$방향으로 운동하는 것을 나타낸 것이고, (나)는 고리가 등속도로 Ⅰ, Ⅱ, Ⅲ을 완전히 통과할 때까지 고리에 유도되는 전류를 고리의 위치에 따라 나타낸 것이다. Ⅰ에서 자기장의 세기는 B이고, 고리에 시계 방향으로 흐르는 유도 전류를 양(+)으로 표시한다.

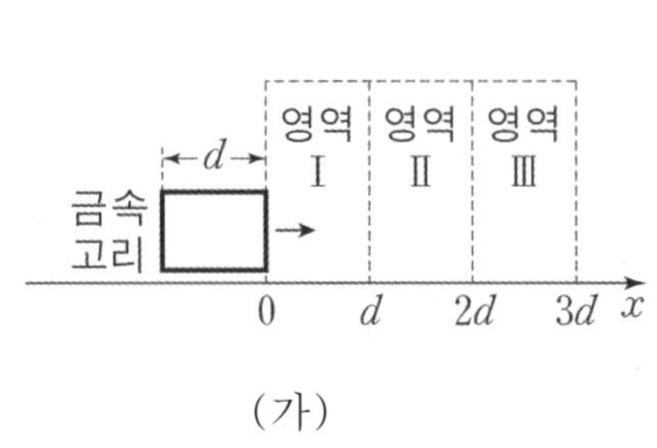

(가)

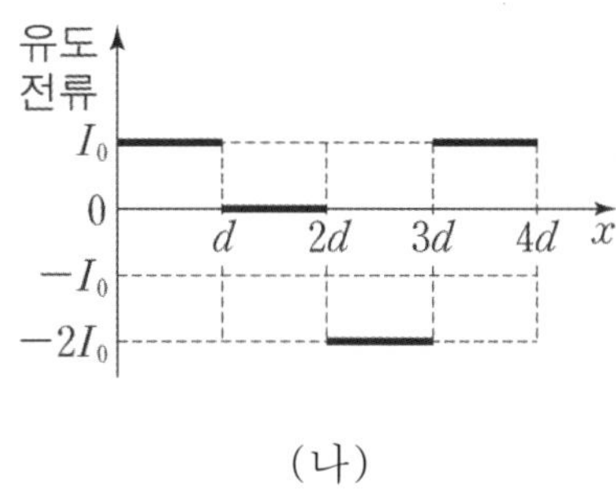

(나)

영역 Ⅰ, Ⅱ, Ⅲ의 자기장으로 가장 적절한 것은? (단, ⊙는 종이면에서 수직으로 나오는 방향을, ×는 종이면에 수직으로 들어가는 방향을 의미한다.)

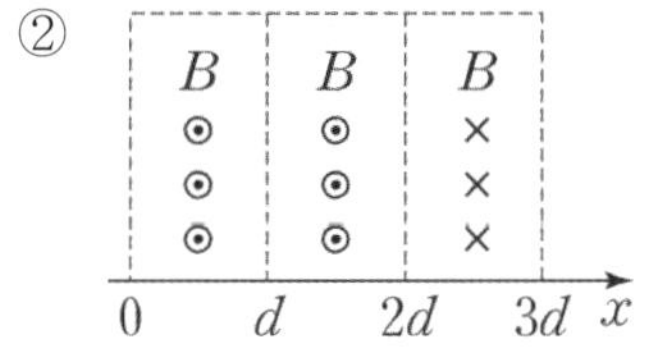

0. 문제 상황 파악하기

금속 고리에 시계 방향의 유도 전류가 흐르려면, (들/나) 혹은 (나/들)의 상황이어야 한다.
(나)에 유도 전류의 방향이 주어져 있으므로, 이를 통해 각 영역의 자기장 방향을 유추할 수 있다.

1. 자기장 방향 결정하기

금속 고리가 영역 I 로 들어갈 때 시계 방향의 $+I_0$의 유도 전류가 흐른다. 이는 나오는 자기장 영역으로 들어가는 (나/들) 상황이므로, 영역 I 의 자기장 방향은 ⊙방향임을 알 수 있다.

또한 영역 I 에서 II로 이동할 때 금속 고리에는 유도 전류가 흐르지 않는다.
따라서 영역 I , II의 자기장은 세기와 방향이 일치한다.

영역 III에서 나올 때를 보면 시계 방향으로 $+I_0$의 유도 전류가 흐른다. 이는 들어가는 자기장 영역에서 나오는 (들/나)의 상황이므로, 영역 III의 자기장 방향은 ×임을 알 수 있다.

또한, 금속 고리가 영역 I 로 들어갈 때와 영역 III에서 나올 때 유도 전류의 세기가 같으므로 두 영역의 자기장 세기가 같음을 알 수 있다.
따라서 정답은 자기장 영역에 순서대로 ⊙, ⊙, ×이 그려진 채, 각 영역 자기장의 세기가 모두 같은 ②이다.

정답 : ②

그림과 같이 p−n 접합 발광 다이오드(LED)가 연결된 한 변의 길이가 d인 정사각형 금속 종이면에 수직인 균일한 자기장 영역 Ⅰ, Ⅱ를 $+x$방향으로 등속도 운동하여 지난다. 고리의 중심이 $x = 4d$를 지날 때 LED에서 빛이 방출된다. A는 p형 반도체와 n형 반도체 중 하나이다.

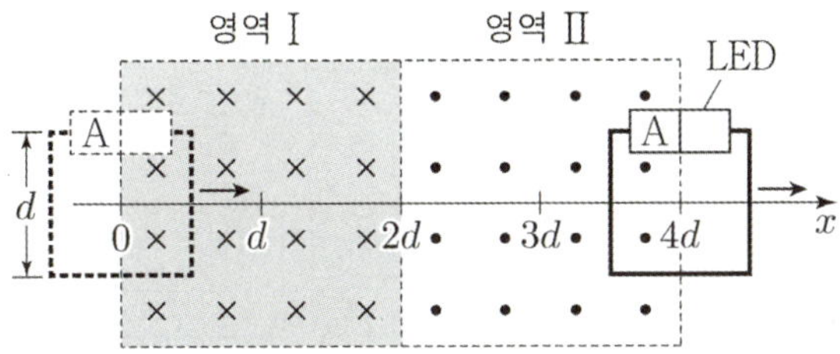

이에 대한 설명으로 옳은 것만을 <보기>에서 있는 대로 고른 것은?

〈 보 기 〉

ㄱ. A는 n형 반도체이다.
ㄴ. 고리의 중심이 $x = d$를 지날 때, 유도 전류가 흐른다.
ㄷ. 고리의 중심이 $x = 2d$를 지날 때, LED에서 빛이 방출된다.

0. 문제 상황 파악하기

특이하게도, 자기장 영역에서 움직이는 금속 고리에 p−n 접합 다이오드(LED)가 연결된 상태이다.
p−n 접합 다이오드는 전류를 p에서 n으로만 흐르게 하므로,
이런 경우에는 시계/반시계 방향 중 한쪽으로만 전류가 흐르게(= 빛이 방출되게) 된다.

즉, 문제에서 $x = 4d$를 지날 때 (나/나) 상황에서 LED에서 빛이 방출되었으므로, 이 LED는 전류를 반시계 방향으로만 흐르게 한다는 걸 알 수 있다. 따라서 A는 n형 반도체이다. (ㄱ 맞음)

1. 고리의 중심이 $x = d$, $x = 2d$를 지나는 상황을 상상하기

고리의 중심이 $x = d$를 지날 때는 금속 고리 내부의 자기장이 변하지 않으므로,
이때는 LED와 별개로 전류가 흐르지 않는다. (ㄴ 틀림)

고리의 중심이 $x = 2d$를 지날 때는 (들/나)와 (나/들)의 상황이므로, 만약 LED가 없었다면 고리에는 시계 방향으로 유도 전류가 흐를 것이다. 하지만 이 문제의 LED는 전류를 반시계 방향으로만 흐르게 하므로 이때는 전류가 흐르지 않는다. 즉, LED에서 빛이 방출되지 않는다. (ㄷ 틀림)

정답 : ㄱ

그림과 같이 한 변의 길이가 $4d$인 정사각형 금속 고리가 xy평면에서 $+x$방향으로 등속도 운동하며 자기장의 세기가 B_0으로 같은 균일한 자기장 영역 Ⅰ, Ⅱ, Ⅲ을 지난다. 금속 고리의 점 p가 $x = 7d$를 지날 때, p에는 유도 전류가 흐르지 않는다. Ⅲ에서 자기장의 방향은 xy평면에 수직이다.

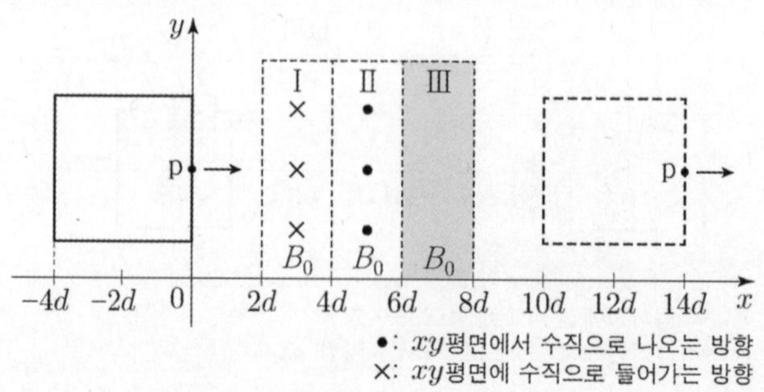

이에 대한 설명으로 옳은 것만을 <보기>에서 있는 대로 고른 것은?

──────── 〈 보 기 〉 ────────

ㄱ. 자기장의 방향은 Ⅰ에서와 Ⅲ에서가 같다.

ㄴ. p가 $x = 3d$를 지날 때, p에 흐르는 유도 전류의 방향은 $+y$방향이다.

ㄷ. p에 흐르는 유도 전류의 세기는 p가 $x = 5d$를 지날 때가 $x = 3d$를 지날 때보다 크다.

0. 문제 상황 파악하기

금속 고리의 한 변의 길이가 $4d$인데, 자기장 영역의 길이는 $2d$밖에 되지 않는다.
따라서 이 문제에서는 금속 고리가 자기장 영역을 세 개까지 겹칠 수 있다.

이런 상황에서는 복잡하게 생각할 것 없이, **금속 고리 내부의 자기장 변화**만을 생각하면 된다.
이미 포함되어 변하지 않는 자기장은 무시한 채 새롭게 <u>추가되는 자기장</u>과, <u>사라지는 자기장</u> 이렇게 두 개만
신경 쓰면 된다는 것이다.

1. p가 $x = 7d$를 지나는 상황 생각하기

문제에서 p가 $x = 7d$를 지날 때 고리에 유도 전류가 흐르지 않는다고 했다.
즉, 금속 고리 내부 자기장에 변화가 없다는 말이다.

고리의 왼쪽에서 영역 Ⅰ의 자기장이 사라지고, 오른쪽에서 영역 Ⅲ의 자기장이 새롭게 추가되는데 고리 내부
자기장 변화가 없다. 따라서 영역 Ⅰ, Ⅲ의 자기장의 방향과 세기가 똑같다는 걸 알 수 있다. **(ㄱ 맞음)**

2. p가 $x = 3d$를 지나는 상황 생각하기

p가 $x = 3d$를 지날 때는 금속 고리에 영역 Ⅰ의 자기장만이 추가되고 있으므로 (들/들)의 상황이다.
이때 고리에 유도 전류는 반시계 방향으로 흐른다. 따라서 p에 흐르는 전류의 방향은 $+y$방향이다. **(ㄴ 맞음)**

3. p가 $x = 5d$를 지나는 상황 생각하기

p가 $x = 5d$를 지날 때는 금속 고리에 영역 Ⅱ의 자기장만이 추가되고 있다. 영역 Ⅰ과 Ⅱ의 자기장 세기는
같으므로, 이때 p에 흐르는 유도 전류의 세기는 p가 $x = 3d$를 지날 때와 $x = 5d$를 지날 때가 같다. **(ㄷ 틀림)**

정답 : ㄱ, ㄴ

참고)

<u>p가 $x = 5d$를 지날 때 영역 Ⅰ도 포함된 게 아닌가?</u> 싶은 생각이 들 수 있다.
하지만, p가 $x = 5d$를 지날 때는 영역 Ⅰ이 금속 고리 내부에 포함되어 있어서 새롭게 생기거나 추가되는
자기장에 영향을 주지 않는다. 즉, **고리 내부의 자기장 변화**에 영향을 주지 않으므로 p가 $x = 5d$를 지날 때는
유도 전류를 생각할 때 영역 Ⅰ을 무시해도 괜찮다.

그림과 같이 한 변의 길이가 $4d$인 직사각형 금속 고리가 xy평면에서 자기장 세기가 각각 B_0, $2B_0$인 균일한 자기장 영역 Ⅰ, Ⅱ를 $+x$방향으로 등속도 운동을 하며 지난다. 금속 고리의 점 a가 $x = d$와 $x = 7d$를 지날 때, a에 흐르는 유도 전류의 방향은 같다. Ⅰ, Ⅱ에서 자기장의 방향은 xy평면에 수직이다.

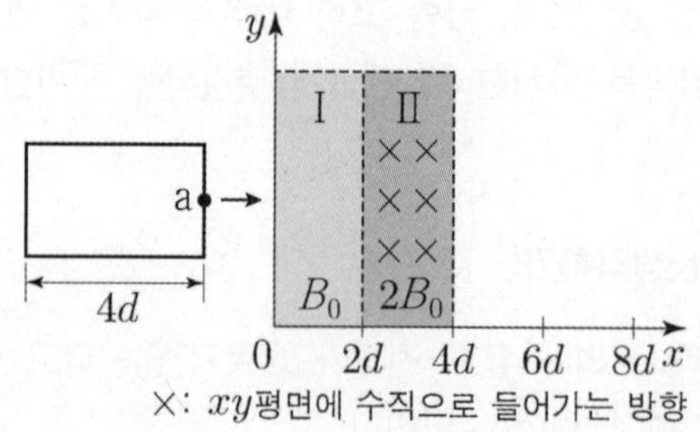

a의 위치에 따른 a에 흐르는 유도 전류를 나타낸 그래프로 가장 적절한 것은? (단, a에 흐르는 유도 전류의 방향은 $+y$방향이 양(+)이다.)

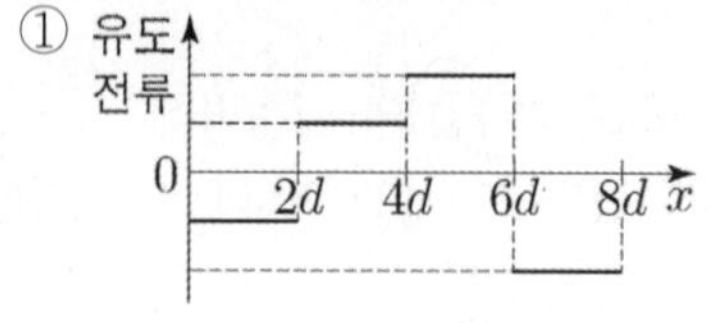

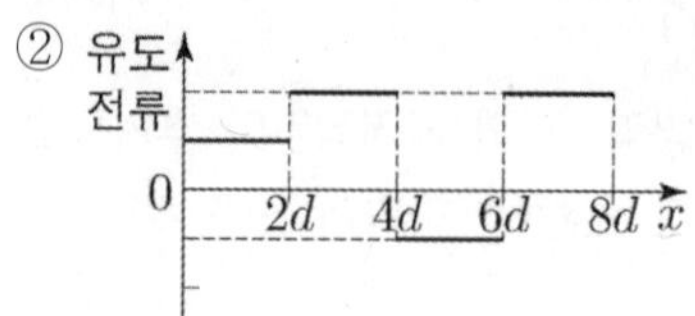

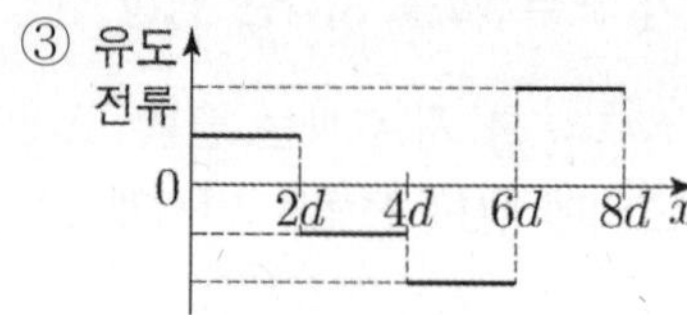

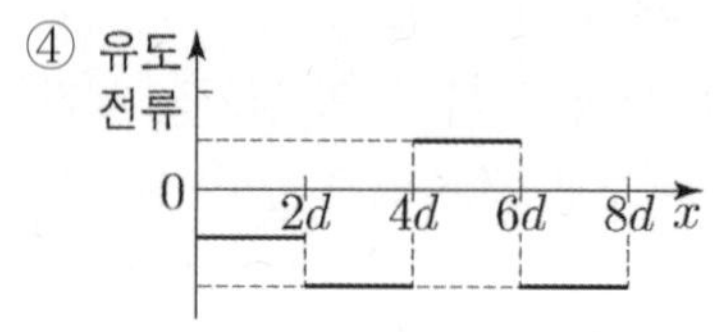

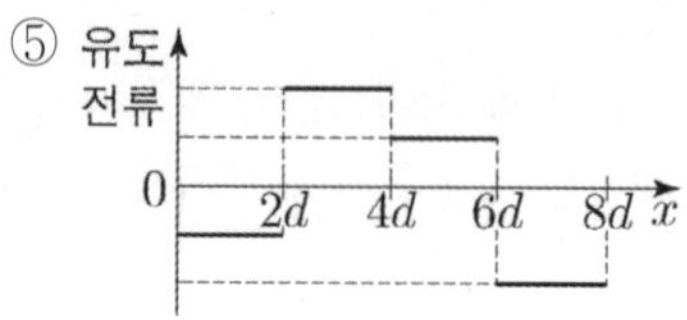

0. 문제 상황 파악하기

금속 고리의 점 a가 $x = 7d$를 지날 때, (들/나)의 상황이므로 고리에는 시계 방향의 유도 전류가 흐른다.

문제에서 점 a가 $x = d$와 $x = 7d$를 지날 때, 고리에 흐르는 유도 전류의 방향이 같다고 하였으므로,
점 a가 $x = d$를 지날 때 고리는 (나오는 자기장으로/들어가는), (나/들) 상황임을 알 수 있다.

즉, 영역 Ⅰ의 자기장의 방향은 종이면에서 수직으로 나오는 방향이다.

1. 상대 자기장 이용하기

자기장이 종이면에서 수직으로 나오는 방향을 양$(+)$의 방향이라 하자.

점 a가 $(x = d) \rightarrow (x = 3d) \rightarrow (x = 5d) \rightarrow (x = 7d)$를 지날 때,
상대 자기장은 $(+ B_0) \rightarrow (- 2B_0) \rightarrow (- B_0) \rightarrow (+ 2B_0)$ 이다.

이때 점 a가 $x = d$를 지날 때, (나/들)의 상황이므로 도선에는 시계 방향으로 유도 전류가 흐른다.
즉 a에는 $-y$ 방향으로 전류가 흐르므로, 이때 그래프에서 유도 전류는 음$(-)$의 방향으로 흐른다.

도선의 속력이나 길이가 변하지 않으므로, 도선에 흐르는 유도 전류 세기는 상대 자기장에 비례한다.
그리고 상대 자기장의 부호가 양$(+)$일 때 유도 전류의 방향은 음$(-)$이므로,

유도 전류의 비는 $(- 1) : 2 : 1 : (- 2)$이다.
따라서 정답은 ⑤이다.

정답 : ⑤

그림과 같이 한 변의 길이가 $2d$인 정사각형 금속 고리가 xy평면에서 균일한 자기장 영역 Ⅰ~Ⅲ을 $+x$ 방향으로 등속도 운동을 하며 지난다. 금속 고리의 한 변의 중앙에 고정된 점 p가 $x=d$와 $x=5d$를 지날 때, p에 흐르는 유도 전류의 세기는 같고 방향은 $-y$방향이다. Ⅰ, Ⅱ에서 자기장의 세기는 각각 B_0이고, Ⅲ에서 자기장의 세기는 일정하고 방향은 xy평면에 수직이다.

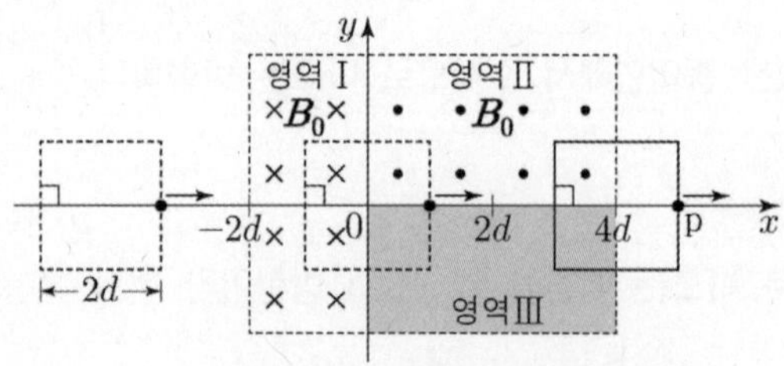

p에 흐르는 유도 전류를 p의 위치에 따라 나타낸 그래프로 가장 적절한 것은? (단, p에 흐르는 유도 전류의 방향은 $+y$방향이 양(+)이다.)

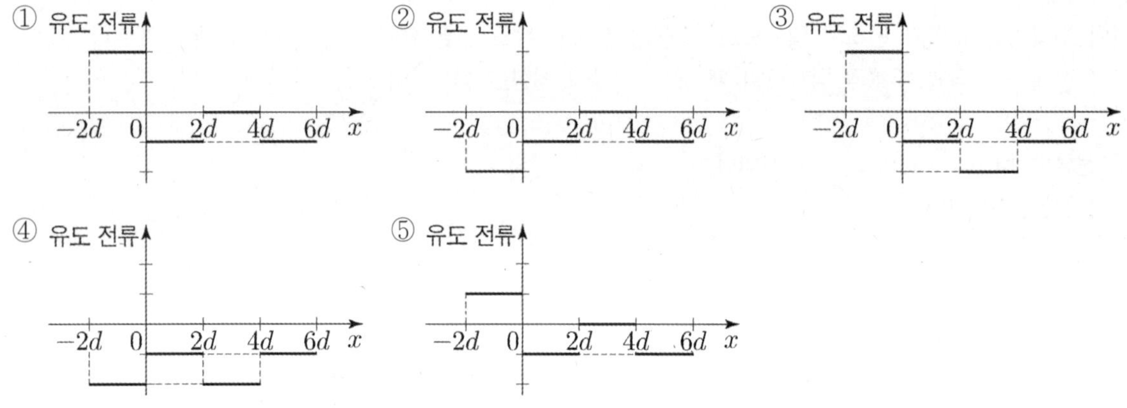

0. 문제 상황 파악하기

도선이 특정 영역들을 지나고, 구간별 유도 전류를 적절히 알아내는 문항이다.
상대 자기장을 통해 유도 전류의 비를 구해보자.

---

1. 상대 자기장 이용하기

도선은 항상 영역 Ⅱ, Ⅲ을 함께 지나므로, 두 영역의 자기장의 합을 임의로 $+B$라 하자.
영역 Ⅰ의 자기장을 $-B_0$라 하면,
p의 위치가 $(x=-d) \to (x=d) \to (x=3d) \to (x=5d)$일 때
상대 자기장은 순서대로 $(-B_0) \to (B+B_0) \to 0 \to (-B)$이다.

조건에서 p가 $x=d$와 $x=5d$를 지날 때, p에 흐르는 유도 전류의 세기와 방향이 같으므로
$B+B_0 = -B$, 즉 $B = -\dfrac{1}{2}B_0$이다.

정리하면 p의 위치가 $(x=-d) \to (x=d) \to (x=3d) \to (x=5d)$일 때
상대 자기장은 순서대로 $(-B_0) \to \left(+\dfrac{1}{2}B_0\right) \to 0 \to \left(+\dfrac{1}{2}B\right)$이다.

이때 점 p가 $x=-d$를 지날 때, (들/들)의 상황이므로 도선에는 반시계 방향으로 유도 전류가 흐른다.
즉 p에는 $+y$ 방향으로 전류가 흐르므로, 이때 그래프에서 유도 전류는 양$(+)$의 방향으로 흐른다.

도선의 속력이나 길이가 변하지 않으므로, 도선에 흐르는 유도 전류 세기는 상대 자기장에 비례한다.
그리고 상대 자기장의 부호가 음$(-)$일 때 유도 전류의 방향은 양$(+)$이므로,

유도 전류의 비는 $2 : (-1) : 0 : (-1)$이다.
따라서 정답은 ①이다.

정답 : ①

번외 풀이)

도선이 자기장 구간들을 지난 후 처음 상태로 돌아오는 경우, 모든 상대 자기장의 합은 0이다.
그런데 모든 유도 전류의 합이 0이 되는 상황은 선택지 중에서 ①번밖에 없다.
따라서 정답은 ①번!

그림과 같이 두 변의 길이가 각각 d, $2d$인 동일한 직사각형 금속 고리 A, B가 xy평면에서 $+x$방향으로 등속도 운동하며 균일한 자기장 영역 I, II를 지난다. I, II에서 자기장의 방향은 xy평면에 수직이고 세기는 각각 일정하다. A, B의 속력은 같고, 점 p, q는 각각 A, B의 한 지점이다. 표는 p의 위치에 따라 p에 흐르는 유도 전류의 세기와 방향을 나타낸 것이다.

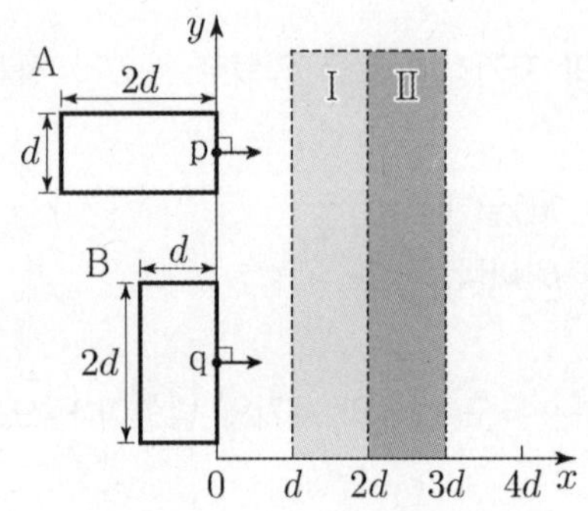

p의 위치	p에 흐르는 유도 전류	
	세기	방향
$x = 1.5d$	I_0	$+y$
$x = 2.5d$	$2I_0$	$-y$

이에 대한 설명으로 옳은 것만을 <보기>에서 있는 대로 고른 것은? (단, A와 B의 상호 작용은 무시한다.)

<보 기>

ㄱ. p의 위치가 $x = 3.5d$일 때, A에 흐르는 유도 전류의 세기는 I_0이다.

ㄴ. q의 위치가 $x = 2.5d$일 때, B에 흐르는 유도 전류의 세기는 $3I_0$보다 크다.

ㄷ. p와 q의 위치가 $x = 3.5d$일 때, p와 q에 흐르는 유도 전류의 방향은 서로 반대이다.

0. 문제 상황 파악하기

자기장의 방향을 xy평면에서 수직으로 나오는 방향이 ⊙, 들어가는 방향이 ×라 하자.
자기장이 없는 구역을 구역 O라 하자.

표에서 p의 위치가 $x = 1.5d$일 때, A는 O → I 로 들어가게 된다.
이때 유도 전류의 방향이 반시계 방향이므로 (들/들)의 상황과 같고, I 의 자기장 방향은 ×이다.

표에서 p의 위치가 $x = 2.5d$일 때, A의 내부에는 이미 I 에 대해서는 변화가 새롭게 일어나지 않는다. 즉
A의 내부 자기장 변화만을 따졌을 때, 이는 O → II 로 들어가는 상황과 정확히 일치한다.
이때 유도 전류의 방향이 시계 방향이므로 (나/들)의 상황과 같고, II 의 자기장 방향은 ⊙이다.

또한, p의 위치가 $x = 3.5d$일 때는 A 가 I 에서 O로 나오는 것과 같은 (들/나) 상황이므로, 유도 전류의
세기는 p의 위치가 $x = 1.5d$일 때와 같은 I_0이고 방향은 시계 방향이다. **(ㄱ 맞음)**

1. I, II의 자기장 세기를 $B \cdot l \cdot v$를 통해 비교하기

유도 전류의 세기는 $(\Delta B) \cdot l \cdot v$에 비례한다. 도선 A, B의 속력은 항상 일정하므로, 이 문제 상황에 대
해서 유도 전류의 세기는 <u>도선의 면적</u>, 그리고 <u>도선 내부 자기장 변화</u>만이 영향을 준다.

즉, 이 문제 상황에서는 유도 전류의 세기가 $(\Delta B) \cdot l$에 비례한다고 보아도 무방하다.

I 의 자기장을 B_0라 하면, 표를 통해 p가 $x = 1.5d$일 때 $B_0 \cdot d$가 I_0에 대응되는 것을 알 수 있다. 또한
p가 $x = 3.5d$일 때 유도 전류가 $2I_0$인 것을 통해 II 의 자기장 세기가 $2B_0$임을 알 수 있다.

따라서 q의 위치가 $x = 2.5d$일 때, B는 I 에서 II 로 들어가는 상황이므로 자기장의 변화는 $3B_0$이다. 즉,
이때 B에 흐르는 유도 전류의 세기는 $3B_0 \cdot 2d$에 대응되므로, $6I_0$이다. **(ㄴ 맞음)**

2. ㄷ 선지 해결하기

p의 위치가 $x = 3.5d$일 때, 유도 전류의 방향은 시계 방향으로 앞서 알아냈다.
q의 위치가 $x = 3.5d$일 때, B는 II 에서 O로 나오는 (나/나)의 상황이므로 유도 전류의 방향은 반시계 방
향이다. **(ㄷ 맞음)**

정답 : ㄱ, ㄴ, ㄷ

그림과 같이 한 변의 길이가 $2d$인 정사각형 금속 고리가 xy평면에서 균일한 자기장 영역 Ⅰ, Ⅱ, Ⅲ을 $+x$방향으로 등속도 운동하며 지난다. 금속 고리의 점 p가 $x=2.5d$를 지날 때, p에 흐르는 유도 전류의 방향은 $+y$방향이다. Ⅰ, Ⅲ에서 자기장의 세기는 각각 B_0이고, Ⅱ에서 자기장의 세기는 일정하고 방향은 xy평면에 수직이다.

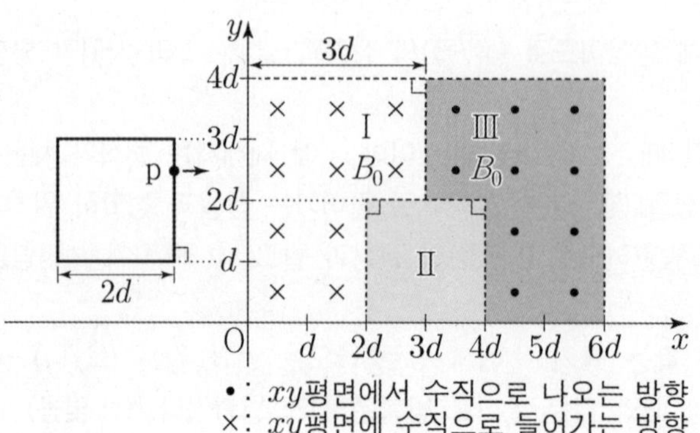

이에 대한 설명으로 옳은 것만을 <보기>에서 있는 대로 고른 것은?

─────────────── 〈보 기〉 ───────────────

ㄱ. 자기장의 방향은 Ⅰ에서와 Ⅱ에서가 같다.

ㄴ. p가 $x=4.5d$를 지날 때, p에 흐르는 유도 전류의 방향은 $-y$방향이다.

ㄷ. p에 흐르는 유도 전류의 세기는 p가 $x=5.5d$를 지날 때가 $x=2.5d$를 지날 때보다 크다.

0. 문제 상황 파악하기

점 p가 $x=2.5d$를 지날 때, 고리의 위쪽 d만큼의 영역에는 자기장 변화가 일어나지 않는다. 즉, 영역 Ⅱ의 자기장을 $B_{\text{Ⅱ}}$, 자기장이 존재하지 않는 영역을 영역 O라 한다면 고리는 $O \rightarrow \dfrac{B_{\text{Ⅱ}}}{2}$로 진입하는 상황인 것이다.

이때 p에 흐르는 유도 전류의 방향이 $+y$방향, 즉 도선에 흐르는 유도 전류의 방향이 반시계 방향이므로 (들/들)의 상황임을 알 수 있다. 따라서 Ⅱ의 자기장의 방향은 ×방향이다. **(ㄱ 맞음)**

1. ㄴ 해결하기

p가 $x=4.5d$를 지날 때, 도선의 위쪽 d만큼의 영역은 Ⅰ→Ⅲ, 아래쪽 d만큼의 영역은 Ⅱ→Ⅲ의 상황이다. 도선이 위/아래 영역에서 각각 Ⅰ, Ⅱ의 ×방향 자기장에서 나오고, Ⅲ의 ●방향 자기장으로 들어간다.

즉 도선 내부 자기장의 전체적인 변화를 살펴보았을 때, (들/나)이자 (나/들)의 상황임을 알 수 있다. 따라서 p가 $x=4.5d$를 지날 때, 도선에 흐르는 유도 전류의 방향은 시계 방향이고, p에 흐르는 유도 전류의 방향은 $-y$방향이다. **(ㄴ 맞음)**

2. ㄷ 해결하기

p가 $x=5.5d$를 지날 때와 $x=2.5d$를 지날 때 모두, 도선의 위쪽 d만큼의 영역은 자기장이 변화하지 않는다. 즉 도선의 아래쪽 d만큼의 영역만을 확인하여 문제를 해결할 수 있다.

p가 $x=5.5d$를 지날 때 도선의 아래 d만큼의 영역은 Ⅱ→Ⅲ, $x=2.5d$를 지날 때 도선의 아래 d만큼의 영역은 Ⅰ→Ⅱ의 상황이다. 영역 Ⅰ와 Ⅲ의 자기장의 크기는 같은데 Ⅰ→Ⅱ에서는 자기장의 방향이 변하지 않고, Ⅱ→Ⅲ에서는 자기장의 방향이 변한다. 따라서 p에 흐르는 유도 전류의 세기는 p가 $x=5.5d$를 지날 때가 $x=2.5d$를 지날 때보다 크다. **(ㄷ 맞음)**

정답 : ㄱ, ㄴ, ㄷ

(4) 도선이 지나는 영역의 자기장이 변할 때

도선이 지나는 영역에 흐르는 자기장이 변할 수도 있다.

앞서 상대 자기장을 정해서 유도 전류의 세기를 쉽게 구할 수 있었던 것은, 도선이 지나는 **두 구간에서의 자기장 차이가 일정해서** $\Delta(BS) = B\Delta S$를 쓸 수 있었기 때문이다.

두 구간의 차이가 일정하다는 보장을 할 수 없는, 변하는 자기장 영역을 도선이 지나는 경우엔 유도 전류를 구할 때 상대 자기장만을 이용해서는 쉽게 구할 수 없다.

이런 경우에는 변하는 자기장 영역이 도선에서 차지하는 부분을 따로 생각해야 한다.

예제(28) 연습문항

그림 (가)는 수평면 위에서 정사각형 도선이 자기장 영역을 일정한 속력으로 이동하는 것을 나타낸 것이고, (나)는 (가)의 도선이 자기장 영역에 들어가는 순간부터 완전히 빠져나올 때까지 자기장 영역의 자기장을 시간 t에 따라 나타낸 것이다. 도선은 $t = 1$초일 때 자기장 영역에 완전히 들어가고, $t = 3$초일 때부터 자기장 영역을 빠져나오기 시작한다.

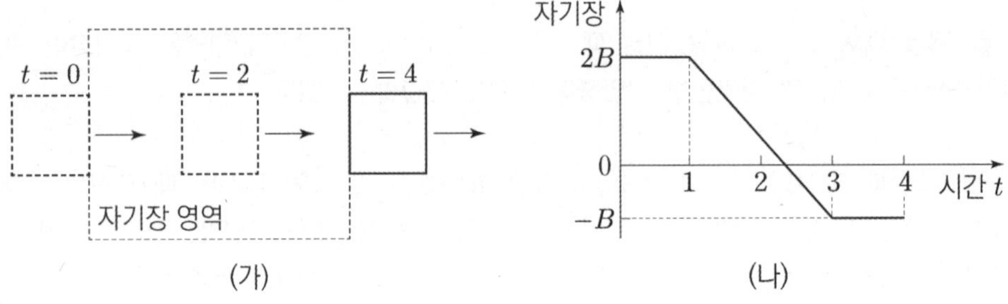

이에 대한 설명으로 옳은 것만을 <보기>에서 있는 대로 고른 것은? (단, 자기장의 방향은 xy평면에 수직이고, 자기장이 종이면에서 수직으로 나오는 방향을 양(+)으로 한다.)

〈 보 기 〉

ㄱ. 0.5초일 때 도선에는 시계 방향으로 유도 전류가 흐른다.
ㄴ. 도선에 흐르는 유도 전류의 세기는 0.5초일 때가 3.5초일 때보다 작다.
ㄷ. 유도 전류의 방향은 2초일 때와 3.5초일 때 서로 반대이다.

0. 문제 상황 파악하기

(나)를 보니 도선이 자기장 영역에 완전히 들어가 있을 때는 '자기장이 변하는 상황'으로,
자기장이 고정되어 있지 않다.
따라서 $B \cdot l \cdot v$를 이용할 때 보통 접했던 문제들과는 달리, 자기장 영역이 하나밖에 없음에도 B가 변하는
것을 인지하고 출발하자.

1. 0.5초일 때 유도 전류의 방향 파악하기

0.5초일 때 자기장의 방향은 종이면에서 수직으로 나오는 방향이다.
따라서 나오는 자기장 영역으로 들어가는 (나/들)의 상황이므로, 도선에는 시계 방향의 유도 전류가 흐른다.

(ㄱ 맞음)

2. 0.5초와 3.5초일 때 각각에 $B \cdot l \cdot v$ 이용하기

도선이 움직이는 동안, $B \cdot l \cdot v$에서 l과 v가 항상 일정하다.
따라서 B만 비교하면, 0.5초일 때가 3.5초일 때보다 유도 전류가 더 세게 흐름을 알 수 있다. **(ㄴ 틀림)**

3. 2초일 때와 3.5초일 때 유도 전류의 방향 구하기

2초일 때 도선은 자기장의 내부에 있는데,
자기장은 종이면에서 수직으로 나오는 방향에서 종이면으로 들어가는 방향으로 변한다.
따라서 도선 내부를 통과하는 ⊙방향 자기장이 줄어들었으므로, 이를 상쇄하기 위해 도선은 ⊙방향 자기장을
유도한다. 따라서 반시계 방향으로 유도 전류가 흐르게 된다.

또는 2초일 때 도선 내부를 통과하는 ⊙방향 자기장이 줄어든 상황을, 도선이 나오는 방향의 자기장 영역에서
나오는 (나/나) 상황으로 인식해도 좋다. 그럼 바로 도선에 반시계 방향 유도 전류가 흐르는 것을 알 수 있다.

3.5초일 때는 들어가는 방향의 자기장 영역에서 나오는 (들/나) 상황이므로,
도선에 시계 방향 유도 전류가 흐른다. 따라서 유도 전류의 방향은 2초일 때와 3.5초일 때 서로 반대이다.

(ㄷ 맞음)

정답 : ㄱ, ㄷ

그림 (가)는 균일한 자기장 영역 I, II가 있는 xy평면에 한 변의 길이가 $2d$인 정사각형 금속 고리가 고정되어 있는 것을 나타낸 것이다. I의 자기장의 세기는 B_0으로 일정하고, II의 자기장의 세기 B는 그림 (나)와 같이 시간에 따라 변한다.

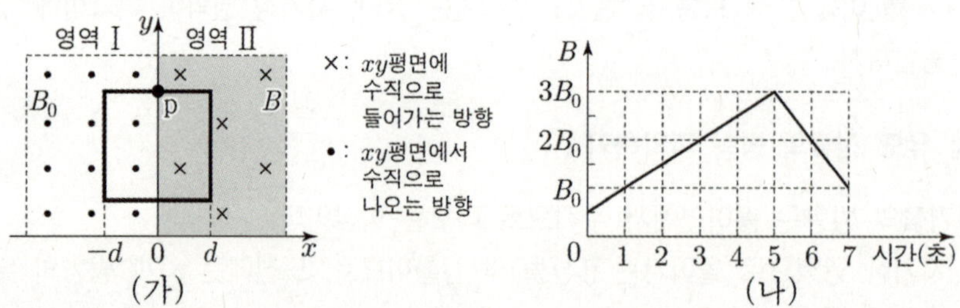

이에 대한 설명으로 옳은 것만을 <보기>에서 있는 대로 고른 것은?

―――――――― 〈 보 기 〉 ――――――――

ㄱ. 1초일 때, 고리에 유도 전류가 흐르지 않는다.
ㄴ. 2초일 때, 고리의 점 p에서 유도 전류의 방향은 $-x$방향이다.
ㄷ. 고리에 흐르는 유도 전류의 세기는 3초일 때와 6초일 때가 같다.

---

0. 문제 상황 파악하기

금속 고리가 영역 I, II에 절반씩 걸쳐있는 상황이다.
이때 영역 I의 자기장은 항상 일정하므로, 유도 전류는 영역 II의 자기장 변화에 의해서만 흐른다.

1초일 때, II에서 자기장의 세기가 변하므로 고리에 유도 전류가 흐른다. (ㄱ 틀림)

2초일 때, II에서 평면에 수직으로 들어가는 방향의 자기장의 세기가 증가하는데 이는 (들/들)의 상황이다.
즉 고리에는 반시계 방향의 유도 전류가 흐르고, 점 p에서 유도 전류의 방향은 $-x$방향이다. (ㄴ 맞음)

1. 그래프 이용하기

그래프를 통해, 영역 II에서 단위 시간당 자기장 변화량이 3초일 때보다 6초일 때가 큰 것을 알 수 있다.
따라서 고리에 흐르는 유도 전류의 세기 역시 3초일 때보다 6초일 때가 크다. (ㄷ 틀림)

정답 : ㄴ

그림 (가)와 같이 균일한 자기장 영역 Ⅰ과 Ⅱ가 있는 xy평면에 원형 금속 고리가 고정되어 있다. Ⅰ, Ⅱ의 자기장이 고리 내부를 통과하는 면적은 같다. 그림 (나)는 (가)의 Ⅰ, Ⅱ에서 자기장의 세기를 시간에 따라 나타낸 것이다.

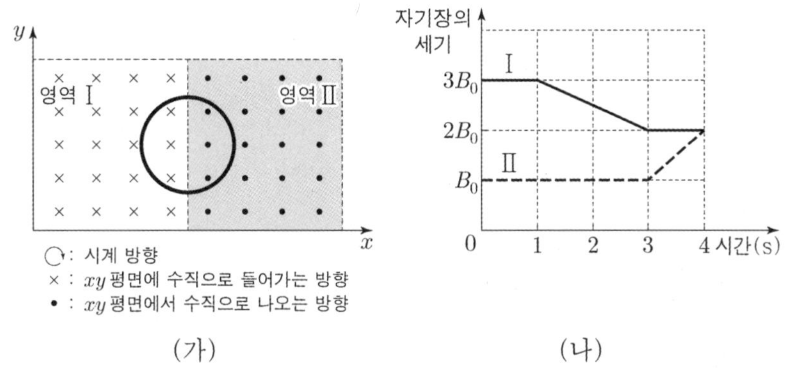

고리에 흐르는 유도 전류를 시간에 따라 나타낸 그래프로 가장 적절한 것은? (단, 유도 전류의 방향은 시계 방향이 양(+)이다.)

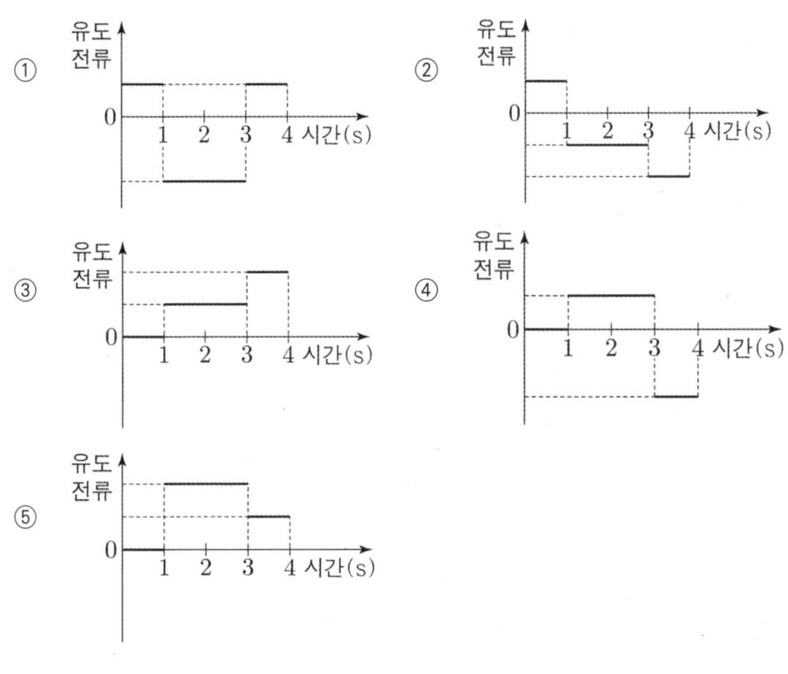

0. 문제 상황 파악하기

도선에 흐르는 유도 전류의 세기는 시간 당 자기장 변화와 비례한다.
시간에 따른 도선 내부 자기장의 변화를 관찰하자.

0~1초: 도선 내부에 어떤 변화도 일어나지 않는다.

1~3초: Ⅰ의 자기장이 감소한다. 시간 당 자기장의 변화는 $\dfrac{B_0}{2}$이다. 또한, ×방향 자기장이 줄어드는 (들/나)의 상황과 같으므로 유도 전류의 방향은 시계 방향(+)이다.

3~4초: Ⅱ의 자기장이 증가한다. 시간 당 자기장의 변화는 B_0이다. 또한, ⊙방향 자기장이 증가하는 (나/들)의 상황과 같으므로 유도 전류의 방향은 시계 방향(+)이다.

1. 정답 도출하기

1~3초에 흐르는 유도 전류의 세기를 I라 하자.
시간에 따른 도선에 흐르는 유도 전류의 그래프의 값은 다음을 만족한다.

0~1초: 0 / 1~3초: $+I$ / 3~4초: $+2I$
따라서 정답은 ③이다.

정답 : ③

▌전자기 유도 지엽 파트 정리

전류의 자기 작용 vs 전자기 유도

전류의 자기 작용과 전자기 유도를 구분하는 법은 생각보다 간단하다.
전류가 먼저인지(전류의 자기 작용) 혹은 **특정 행위로** 자기장 변화가 먼저인지(전자기 유도)만 확인하면 된다.

첫 번째 예시로, 스피커와 마이크를 비교해보자.

마이크는 전류가 필요하지만, 전류만으로는 소리가 입력되지 않는다. 우리가 직접 소리를 내서 마이크 내부 코일의
자기장을 변화시켜야 전류의 형태로 소리가 입력되는 것이다. 따라서 이는 전자기 유도의 예시이다.

이제 **스피커**를 살펴보자. 스피커는 우리가 들고 흔들거나, 무언가를 특별히 하지 않는다. 그냥 전류가 입력되면 소리가
난다. 그러므로 **전류가 먼저**이므로, 이는 전류의 자기 작용의 예시이다.

두 번째 예시로, 전자석 기중기와 무선 충전을 살펴보자.

전자석은 **전류를 가하면** 자석의 성질을 갖는 물질이다.
따라서 전류가 먼저이므로, 이를 이용하는 전자석 기중기는 전류의 자기 작용을 이용한 예시이다.

이제 무선 충전을 살펴보자. 무선 충전은 "아무것도 안 하고 전류만 연결하는 전류의 자기 작용인가?"라고 생각하기
쉽다. 그렇지만 이는 **전자기 유도**의 예시이다. 전류가 먼저 흘렀는지를 생각하면 편하다. 무선 충전은 핸드폰과
충전기를 케이블로 연결하지 않으므로, 전류가 먼저 흐르지 않았다. 따라서 전류의 자기 작용은 아닌 것이다.

무선 충전은 ① 충전 패드 속 코일에 변하는 전류가 흘러, ② 이 전류에 의한 자기장이 변해서,
③ **스마트폰 내부 코일에 흐르는 자기장이 변해서**, ④ 이로 인해 스마트폰에 유도 전류가 흘러 충전되는 방식이다.

여기서 전체 과정의 첫 시작인 ①은 전류가 먼저 흘렀지만, 스마트폰 입장에서 충전의 시작인 ③을 보면 **자기장의
변화가 먼저**이다. 따라서 무선 충전은 전자기 유도의 예시로 이용된다.

> ☞ **Tip! 전류의 자기 작용 vs 전자기 유도 구분**

전류의 자기 작용 : 전동기, 스피커, 전자석 기중기, 자기 부상 열차, 자기 공명 영상 장치(MRI)
전자기 유도 : 발전기, 마이크, 교통 카드, 무선 충전, 금속 탐지기

전자기 유도 현상을 활용하는 것만을 <보기>에서 있는 대로 고르시오.

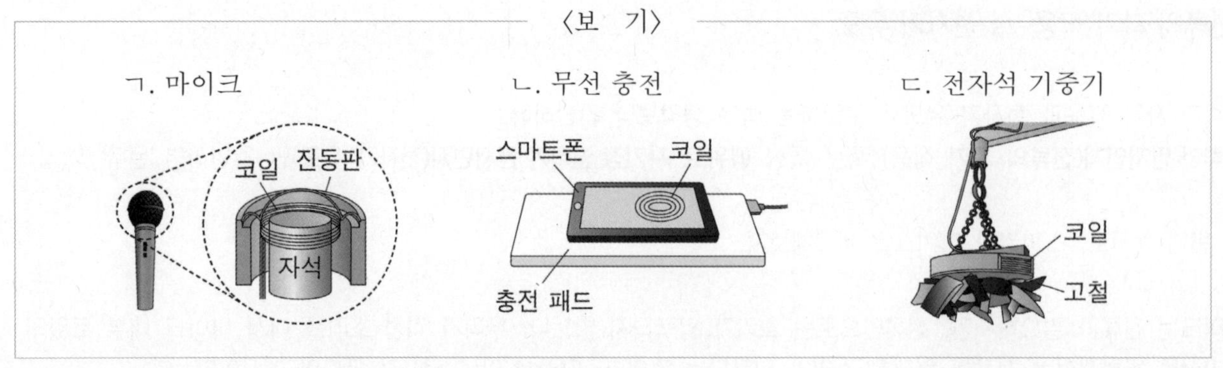

정답 확인하기

마이크와 무선 충전은 전자기 유도의 예시이다. 전자석 기중기는 전류의 자기 작용의 예시이다.

정답 : ㄱ, ㄴ

그림 A, B, C는 자기장을 활용한 장치의 예를 나타낸 것이다.

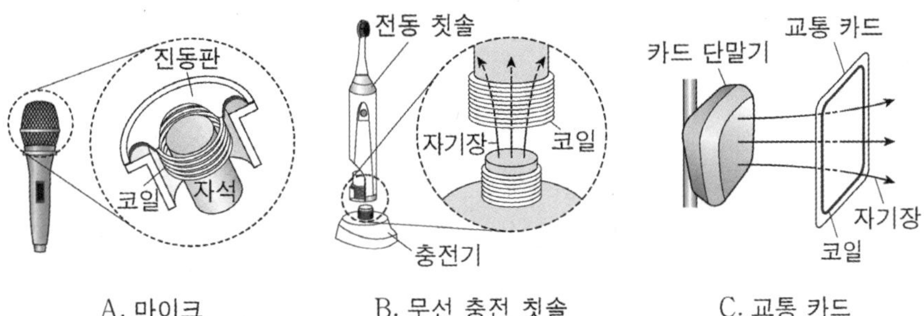

전자기 유도 현상을 활용한 예만을 있는 대로 고르시오.

정답 확인하기

마이크와 무선 충전, 교통 카드는 모두 전자기 유도의 예시이다.

정답 : A , B , C

01 17학년도 9월 평가원 9번

그림과 같이 무한히 긴 직선 도선 A, B, C가 종이면에 수직으로 고정되어 있다. A에 흐르는 전류의 방향은 종이면에 수직으로 들어가는 방향이다. 점 p에서 A와 B에 흐르는 전류에 의한 자기장은 0이고, 점 q에서 A, B, C에 흐르는 전류에 의한 자기장은 0이다. p와 q는 x축 상에 있다.

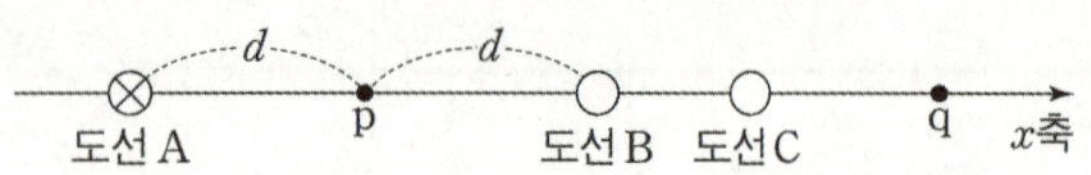

이에 대한 설명으로 옳은 것만을 <보기>에서 있는 대로 고른 것은?

---------------< 보 기 >---------------

ㄱ. 전류의 세기는 A와 B가 같다.

ㄴ. 전류의 방향은 B와 C가 같다.

ㄷ. A와 C에 흐르는 전류에 의한 자기장의 방향은 p와 q에서 서로 같다.

02 17학년도 수능 12번

그림과 같이 일정한 세기의 전류가 흐르고 있는 무한히 긴 두 직선 도선 A, B가 xy 평면 상에 고정되어 있고, 점 P, Q, R는 x축 상에 있다. 표는 P, Q에서 A, B에 흐르는 전류에 의한 자기장의 세기와 방향을 나타낸 것이다.
($\odot$: xy 평면에서 수직으로 나오는 방향)

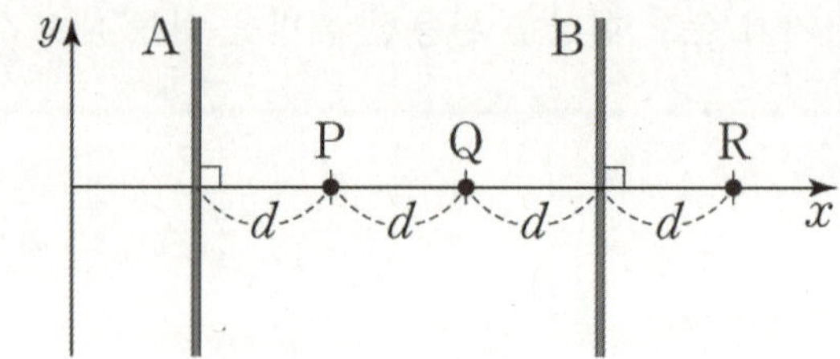

자기장 \ 위치	P	Q
세기	B_0	0
방향	$\odot$	없음

이에 대한 설명으로 옳은 것만을 <보기>에서 있는 대로 고른 것은?

---------------< 보 기 >---------------

ㄱ. A에는 $-y$방향으로 전류가 흐른다.

ㄴ. 전류의 세기는 A에서가 B에서보다 크다.

ㄷ. R에서 자기장의 방향은 P에서와 같다.

그림과 같이 무한히 긴 직선 도선 A, B가 xy평면에 고정되어 있다. A, B에는 세기가 I인 전류가 화살표 방향으로 흐른다. 점 p, q, r, s는 xy평면에 있다.

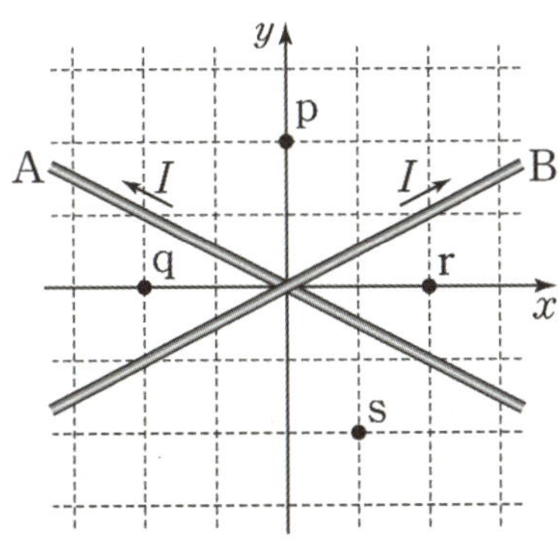

이에 대한 설명으로 옳은 것만을 <보기>에서 있는 대로 고른 것은?

<보 기>

ㄱ. 전류에 의한 자기장의 세기는 p에서가 r에서 보다 작다.

ㄴ. 전류에 의한 자기장의 방향은 q와 r에서 서로 반대이다.

ㄷ. s에서 전류에 의한 자기장의 방향은 xy평면 에 수직으로 들어가는 방향이다.

그림 (가)와 같이 무한히 긴 직선 도선 A, B가 xy평면에 수직으로 고정되어 있다. 점 p, q, r는 x축 상에 있다. B에 흐르는 전류의 방향은 xy평면에 수직으로 들어가는 방향이다. p에서 전류에 의한 자기장의 방향은 $-y$방향이다. 그림 (나)는 A, B에 흐르는 전류의 세기를 시간에 따라 나타낸 것이다.

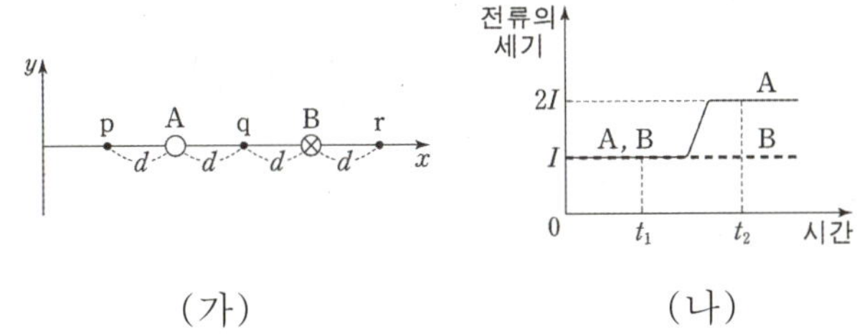

(가)   (나)

이에 대한 설명으로 옳은 것만을 <보기>에서 있는 대로 고른 것은?

<보 기>

ㄱ. A에 흐르는 전류의 방향은 xy평면에서 수직 으로 나오는 방향이다.

ㄴ. t_1일 때, 전류에 의한 자기장의 세기는 p에서 가 q에서보다 작다.

ㄷ. r에서 전류에 의한 자기장의 방향은 t_1일 때 와 t_2일 때가 같다.

그림 (가)는 원형 도선 P와 무한히 긴 직선 도선 Q가 xy평면에 고정되어 있는 모습을, (나)는 (가)에서 Q만 옮겨 고정시킨 모습을 나타낸 것이다. P, Q에는 각각 화살표 방향으로 세기가 일정한 전류가 흐른다. (가), (나)의 원점 O에서 자기장의 세기는 같고 방향은 반대이다.

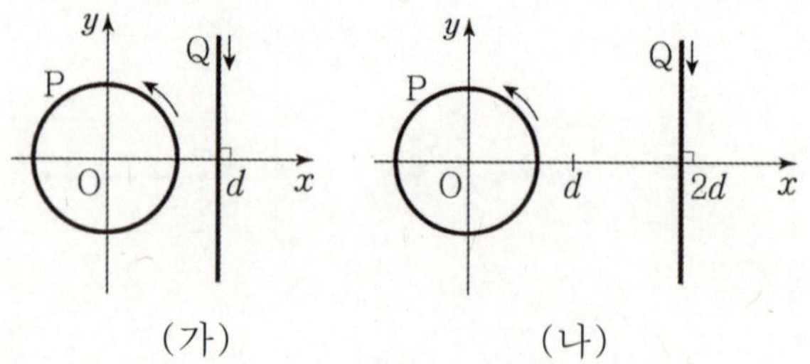

(가)의 O에서 P, Q의 전류에 의한 자기장의 세기를 각각 B_P, B_Q라고 할 때 $\dfrac{B_Q}{B_P}$는? (단, 지구 자기장은 무시한다.)

① $\dfrac{4}{3}$ ② $\dfrac{3}{2}$ ③ $\dfrac{8}{5}$

④ $\dfrac{5}{3}$ ⑤ $\dfrac{7}{4}$

그림과 같이 원형 도선 P와 무한히 긴 직선 도선 Q가 xy평면에 고정되어 있다. Q에는 세기가 I인 전류가 $-y$방향으로 흐른다. 원점 O는 P의 중심이다. 표는 O에서 P, Q에 흐르는 전류에 의한 자기장의 세기를 P에 흐르는 전류에 따라 나타낸 것이다.

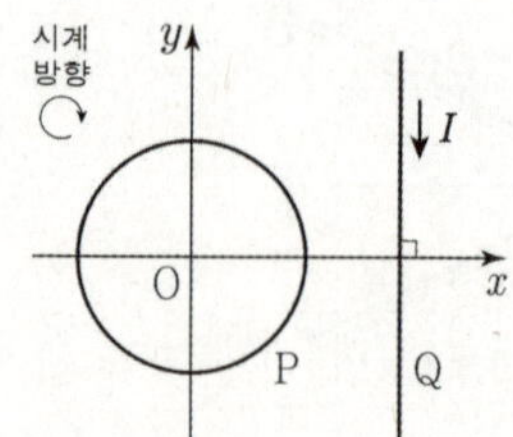

P에 흐르는 전류		O에서 P,Q에 흐르는 전류에 의한 자기장의 세기
세기	방향	
0	없음	B_0
I_0	㉠	0
$2I_0$	시계 방향	㉡

이에 대한 설명으로 옳은 것만을 <보기>에서 있는 대로 고른 것은?

<보 기>

ㄱ. O에서 Q에 흐르는 전류에 의한 자기장의 방향은 xy평면에 수직으로 들어가는 방향이다.

ㄴ. ㉠은 시계 방향이다.

ㄷ. ㉡은 $2B_0$보다 크다.

그림과 같이 종이면에 고정된 무한히 긴 직선 도선 A, B, C에 화살표 방향으로 같은 세기의 전류가 흐르고 있다. 종이면 위의 점 p, q, r는 각각 A와 B, B와 C, C와 A로부터 같은 거리만큼 떨어져 있으며, p에서 A의 전류에 의한 자기장의 세기는 B_0이다.

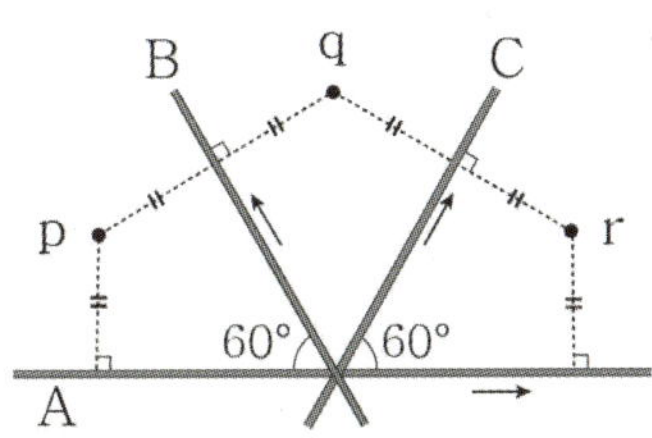

A, B, C의 전류에 의한 자기장에 대한 옳은 설명만을 <보기>에서 있는 대로 고른 것은?

─────< 보 기 >─────

ㄱ. q와 r에서 자기장의 세기는 서로 같다.

ㄴ. q와 r에서 자기장의 방향은 서로 같다.

ㄷ. p에서 자기장의 세기는 $\dfrac{B_0}{2}$이다.

그림과 같이 일정한 방향으로 전류가 흐르는 무한히 긴 직선 도선 P, Q, R가 xy평면에 고정되어 있다. P, R에 흐르는 전류의 세기는 일정하다. 표는 Q에 흐르는 전류의 세기에 따라 xy평면상의 점 a, b에서 P, Q, R의 전류에 의한 자기장을 나타낸 것이다.

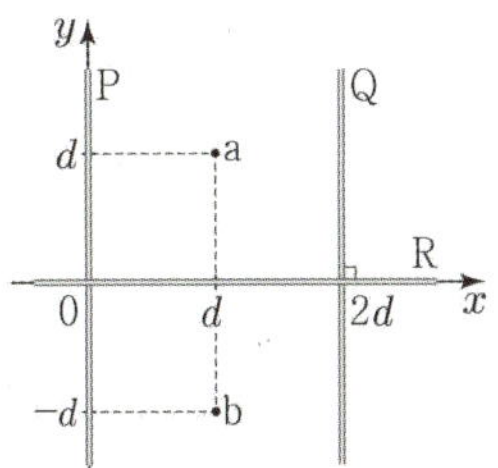

Q에 흐르는 전류의 세기	P, Q, R의 전류에 의한 자기장			
	a		b	
	방향	세기	방향	세기
I_0	⊙	$3B_0$	⊙	㉠
$2I_0$	⊙	$4B_0$	⊙	$2B_0$

⊙: xy평면에서 수직으로 나오는 방향

이에 대한 설명으로 옳은 것만을 <보기>에서 있는 대로 고른 것은?

─────< 보 기 >─────

ㄱ. Q에 흐르는 전류의 방향은 $+y$방향이다.

ㄴ. ㉠은 B_0이다.

ㄷ. P에 흐르는 전류의 세기는 I_0이다.

그림과 같이 일정한 세기에 전류가
각각 흐르는 무한히 긴 두 직선 도선
A, B가 xy 평면에 수직으로 y축에
고정되어 있다. 점 a, b, c는 y축 상
에 있다. A와 B의 전류에 의한 자기
장의 세기는 a에서가 b에서보다 크
고, 방향은 a와 b에서 서로 같다.

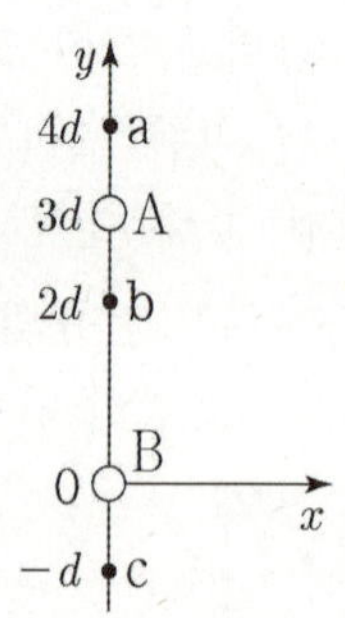

이에 대한 설명으로 옳은 것만을 <보기>에서 있는
대로 고른 것은?

———————— <보 기> ————————

ㄱ. 전류의 방향은 A와 B에서 서로 같다.

ㄴ. 전류의 세기는 B가 A보다 크다.

ㄷ. A와 B의 전류에 의한 자기장의 세기는 c에서
　 가 a에서보다 크다.

그림 (가)와 같이 무한히 긴 직선 도선 P, Q와 점 a
를 중심으로 하는 원형 도선 R가 xy평면에 고정되어
있다. P, Q에는 세기가 각각 I_0, $3I_0$인 전류가 $-y$방
향으로 흐른다. 그림 (나)는 (가)에서 Q만 제거한
모습을 나타낸 것이다. (가)와 (나)의 a에서 P, Q,
R의 전류에 의한 자기장의 방향은 서로 반대이고,
자기장의 세기는 각각 B_0, $2B_0$이다.

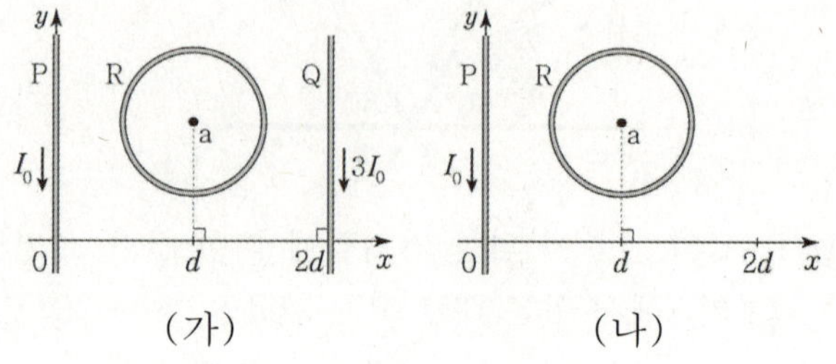

(가)　　　　　　　　(나)

a에서의 자기장에 대한 옳은 설명만을 <보기>에서
있는 대로 고른 것은?

———————— <보 기> ————————

ㄱ. (가)에서 Q의 전류에 의한 자기장의 세기는
　 P의 전류에 의한 자기장의 세기의 3배이다.

ㄴ. (나)에서 P, R의 전류에 의한 자기장의 방향
　 은 xy평면에 수직으로 들어가는 방향이다.

ㄷ. R의 전류에 의한 자기장의 세기는 B_0이다

그림과 같이 세기와 방향이 일정한 전류가 흐르는 무한히 긴 직선 도선 A, B, C, D가 xy평면에 고정되어 있다. 전류의 세기와 방향은 A와 B에서 서로 같고, C와 D에서 서로 같다. 점 p에서 A의 전류에 의한 자기장의 세기는 B_0이고, 점 q에서 A, B, C, D의 전류에 의한 자기장의 세기는 0이다.

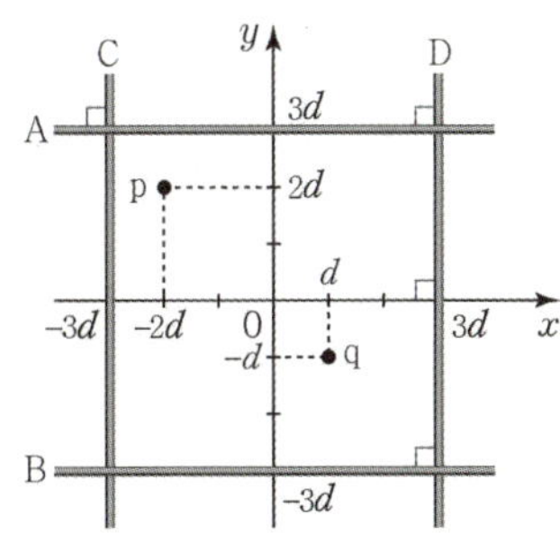

C와 D에 흐르는 전류의 세기가 각각 2배가 될 때, q에서 A, B, C, D의 전류에 의한 자기장의 세기는?

① $\dfrac{1}{4}B_0$ ② $\dfrac{1}{2}B_0$ ③ $\dfrac{3}{4}B_0$

④ B_0 ⑤ $\dfrac{5}{4}B_0$

그림과 같이 가늘고 무한히 긴 직선 도선 A, B, C와 원형 도선 D가 xy평면에 고정되어 있다. A ~ D에는 각각 일정한 전류가 흐르고, C, D에는 화살표 방향으로 전류가 흐른다. 표는 y축상의 점 p, q에서 A ~ C 또는 A ~ D의 전류에 의한 자기장의 세기를 나타낸 것이다. p에서 A, B, C까지의 거리는 d로 같다.

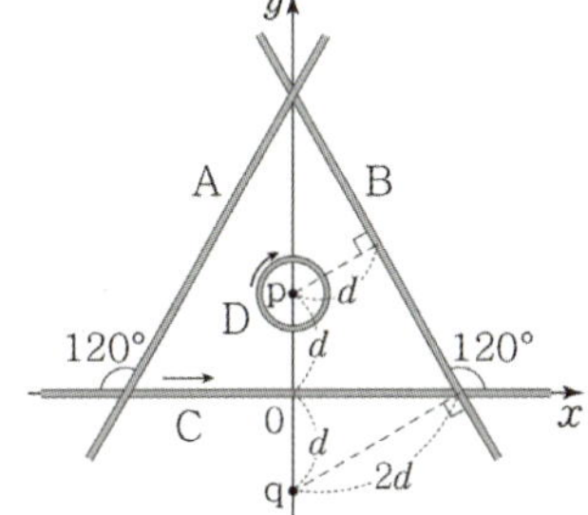

점	도선의 전류에 의한 자기장의 세기	
	A ~ C	A ~ D
p	$3B_0$	$5B_0$
q	0	

p에서, C의 전류에 의한 자기장의 세기 B_C와 D의 전류에 의한 자기장의 세기 B_D로 옳은 것은?

	$\dfrac{B_C}{B_0}$	$\dfrac{B_D}{B_0}$			$\dfrac{B_C}{B_0}$	$\dfrac{B_D}{B_0}$
①	B_0	$2B_0$		②	B_0	$8B_0$
③	$2B_0$	$2B_0$		④	$3B_0$	$2B_0$
⑤	$3B_0$	$8B_0$				

그림과 같이 세기와 방향이 일정한 전류가 흐르는 가늘고 무한히 긴 직선 도선 A, B, C가 xy평면에 고정되어 있다. C에는 $+x$방향으로 세기가 $10I_0$인 전류가 흐른다. 점 p, q는 xy평면상의 점이고, p와 q에서 A, B, C의 전류에 의한 자기장의 세기는 모두 0이다.

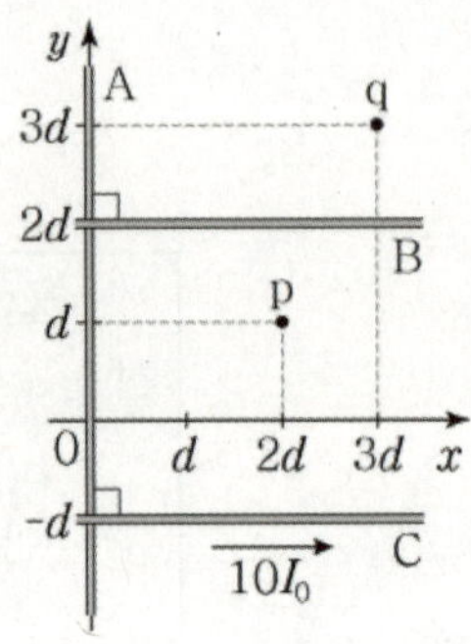

A에 흐르는 전류의 세기는?

① $7I_0$　　② $8I_0$　　③ $9I_0$

④ $10I_0$　　⑤ $11I_0$

그림과 같이 가늘고 무한히 긴 직선 도선 A, B, C가 xy평면에 고정되어 있다. A, B, C에는 방향이 일정하고 세기가 각각 I_0, $2I_0$, I_C인 전류가 흐르며, A와 B에 흐르는 전류의 방향은 반대이다. 표는 점 p, q에서 A, B, C의 전류에 의한 자기장을 나타낸 것이다.

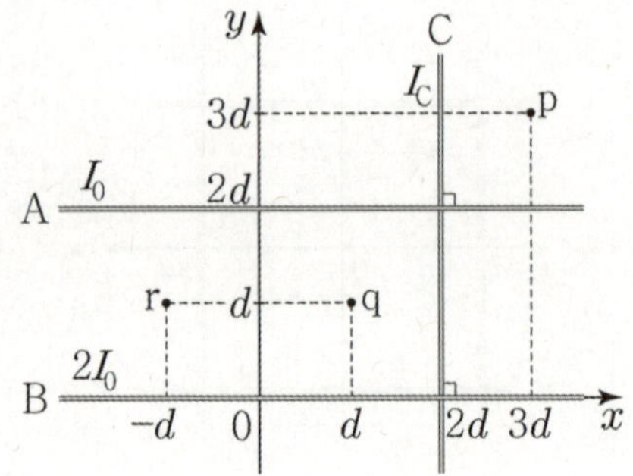

위치	A, B, C의 전류에 의한 자기장	
	방향	세기
p	×	B_0
q	해당 없음	0

×: xy평면에 수직으로 들어가는 방향

이에 대한 설명으로 옳은 것만을 <보기>에서 있는 대로 고른 것은? (단, p, q, r은 xy평면상의 점이다.)

―――――〈보 기〉―――――

ㄱ. $I_C = 3I_0$이다.

ㄴ. C에 흐르는 전류의 방향은 $-y$방향이다.

ㄷ. r에서 A, B, C의 전류에 의한 자기장의 세기는 $\dfrac{3}{4}B_0$이다.

15 24년 7월 교육청 15번

그림과 같이 가늘고 무한히 긴 직선 도선 A, B, C가 xy평면에 고정되어 있다. A, B, C에는 방향이 일정하고 세기가 각각 I_0, $2I_0$, I_C인 전류가 흐르고 있다. A, C의 전류의 방향은 화살표 방향이고, 점 p에서 A, B, C에 흐르는 전류에 의한 자기장은 0이다. p에서 A에 흐르는 전류에 의한 자기장의 세기는 B_0이다.

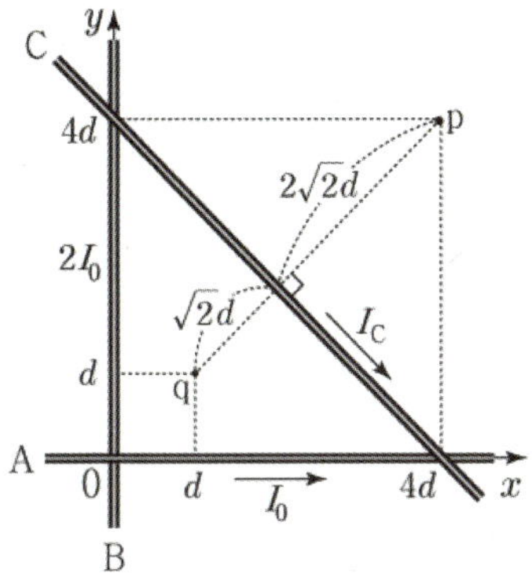

이에 대한 설명으로 옳은 것만을 <보기>에서 있는 대로 고른 것은?

<보 기>

ㄱ. B에 흐르는 전류의 방향은 $+y$방향이다.

ㄴ. $I_C = \dfrac{\sqrt{2}}{2} I_0$이다.

ㄷ. q에서 A, B, C에 흐르는 전류에 의한 자기장의 세기는 $6B_0$이다.

16 18학년도 6월 평가원 9번

그림 (가)와 같이 고정된 원형 자석 위에서 자석의 중심축을 따라 원형 도선을 운동시켰다. 그림 (나)는 원형 도선 중심의 위치를 시간에 따라 나타낸 것이다.

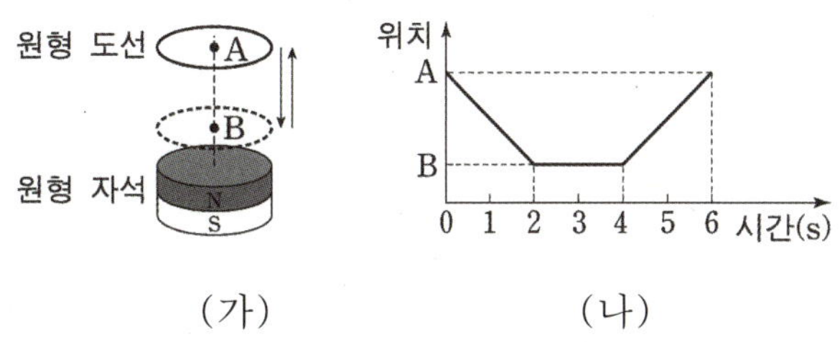

(가)   (나)

이에 대한 설명으로 옳은 것만을 <보기>에서 있는 대로 고른 것은? (단, 원형 도선이 이루는 면과 원형 자석의 윗면은 평행하다.)

<보 기>

ㄱ. 원형 도선에 흐르는 유도 전류의 방향은 1초일 때와 5초일 때가 서로 같다.

ㄴ. 원형 도선에 흐르는 유도 전류의 세기는 3초일 때가 5초일 때보다 크다.

ㄷ. 5초일 때 원형 도선과 자석 사이에 서로 당기는 방향의 자기력이 작용한다.

그림 (가)는 경사면에 금속 고리를 고정하고, 자석을 점 p에 가만히 놓았을 때 자석이 점 q를 지나는 모습을 나타낸 것이다. 그림 (나)는 (가)에서 극의 방향을 반대로 한 자석을 p에 가만히 놓았을 때 자석이 q를 지나는 모습을 나타낸 것이다. (가), (나)에서 자석은 금속 고리의 중심을 지난다.

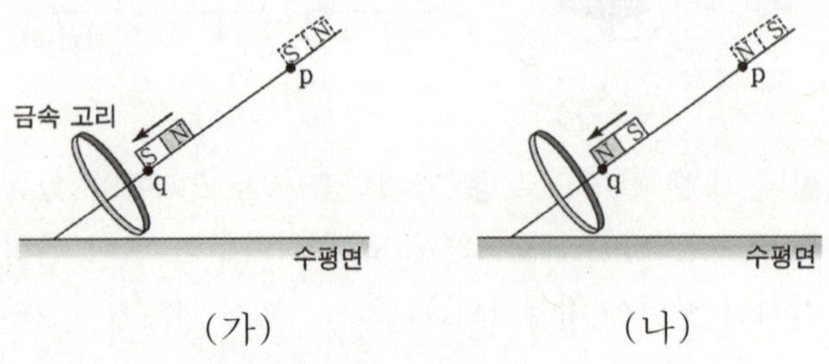

이에 대한 설명으로 옳은 것만을 <보기>에서 있는 대로 고른 것은? (단, 모든 마찰과 공기 저항은 무시한다.)

<보 기>

ㄱ. (가)에서 자석은 p에서 q까지 등가속도 운동을 한다.

ㄴ. 자석이 q를 지날 때 자석에 작용하는 자기력의 방향은 (가)에서와 (나)에서가 서로 같다.

ㄷ. 자석이 q를 지날 때 금속 고리에 유도되는 전류의 방향은 (가)에서와 (나)에서가 서로 반대이다.

그림은 마찰이 없는 빗면에서 자석이 솔레노이드의 중심축을 따라 운동하는 모습을 나타낸 것이다. 점 p, q는 솔레노이드의 중심축 상에 있고, 전구의 밝기는 자석이 p를 지날 때가 q를 지날 때보다 밝다.

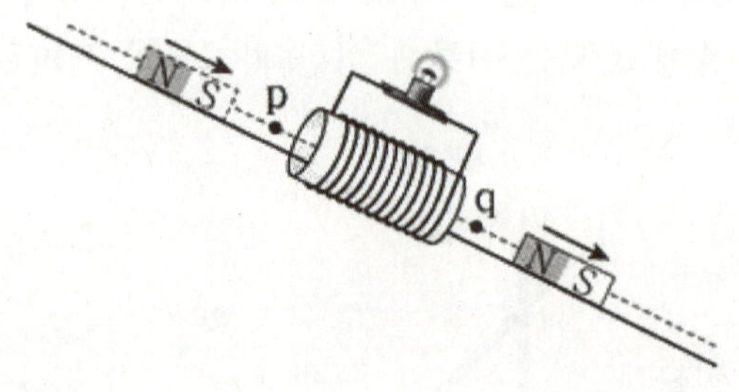

이에 대한 설명으로 옳은 것만을 <보기>에서 있는 대로 고른 것은? (단, 자석의 크기는 무시한다.)

<보 기>

ㄱ. 솔레노이드에 유도되는 기전력의 크기는 자석이 p를 지날 때가 q를 지날 때보다 크다.

ㄴ. 전구에 흐르는 전류의 방향은 자석이 p를 지날 때와 q를 지날 때가 서로 반대이다.

ㄷ. 자석의 역학적 에너지는 p에서가 q에서보다 작다.

다음은 전자기 유도에 대한 실험이다.

[실험 과정]

(가) 그림과 같이 플라스틱 관에 감긴 코일, 저항, p−n 접합 다이오드, 스위치, 검류계가 연결된 회로를 구성한다. 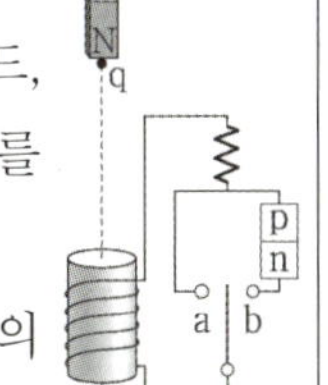

(나) 스위치를 a에 연결하고, 자석의 N극을 아래로 한다.

(다) 관의 중심축을 따라 통과하도록 자석을 점 q에서 가만히 놓고, 자석을 놓은 순간부터 시간에 따른 전류를 측정한다.

(라) 스위치를 b에 연결하고, 자석의 S극을 아래로 한다.

(마) (다)를 반복한다.

[실험 결과]

(다)의 결과	(마)의 결과
㉠	전류가 시간에 따라 양의 방향으로 한 개의 봉우리 모양으로 나타남

㉠으로 가장 적절한 것은?

① 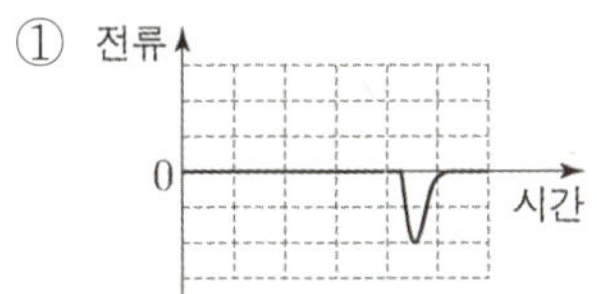

② 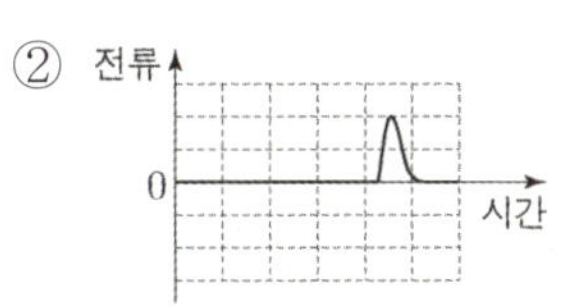

③ 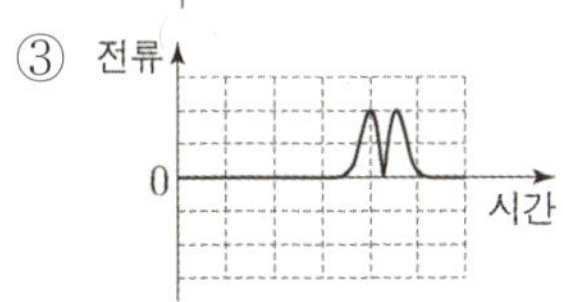

④ 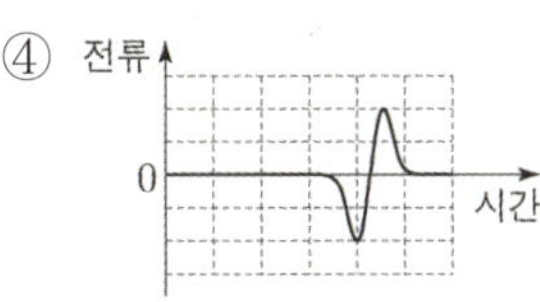

⑤ 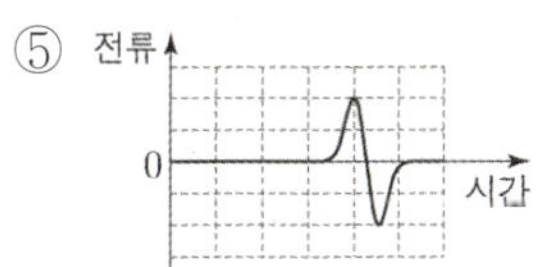

그림과 같이 N극이 아래로 향한 자석이 금속 고리의 중심축을 따라 운동하여 점 p, q를 지난다. p, q로부터 고리의 중심까지의 거리는 서로 같다. 고리에 흐르는 유도 전류의 세기는 자석이 p를 지날 때가 q를 지날 때보다 작다. 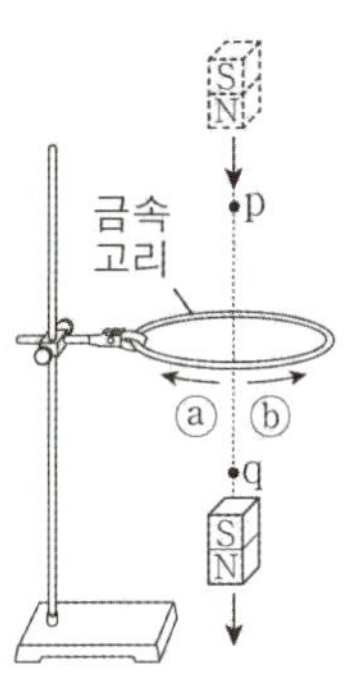

이에 대한 설명으로 옳은 것만을 <보기>에서 있는 대로 고른 것은? (단, 자석의 크기는 무시한다.)

─────── <보 기> ───────

ㄱ. 자석이 p를 지날 때 고리에 흐르는 유도 전류의 방향은 ⓐ방향이다.

ㄴ. 자석이 p를 지날 때의 속력은 자석이 q를 지날 때의 속력보다 작다.

ㄷ. 자석이 q를 지날 때 고리에 흐르는 유도 전류의 방향은 ⓐ방향이다.

21 22년 10월 교육청 5번

그림은 동일한 원형 자석 A, B를 플라스틱 통의 양쪽에 고정하고 플라스틱 통 바깥쪽에서 금속 고리를 오른쪽 방향으로 등속 운동시키는 모습을 나타낸 것이다. 금속 고리가 플라스틱 통의 왼쪽 끝에서 오른쪽 끝까지 운동하는 동안 금속 고리에 흐르는 유도 전류의 방향은 화살표 방향으로 일정하다.

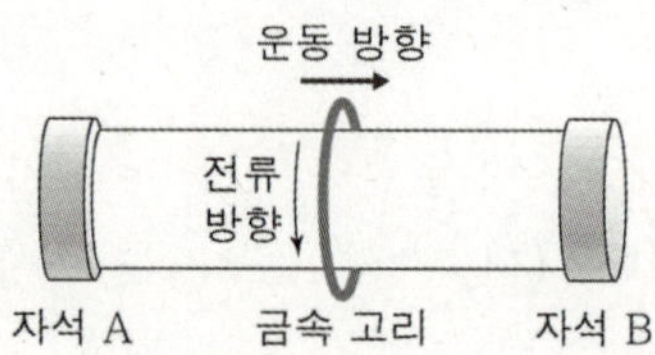

이에 대한 옳은 설명만을 <보기>에서 있는 대로 고른 것은?

<보 기>

ㄱ. A의 오른쪽 면은 N극이다.

ㄴ. B의 오른쪽 면은 N극이다.

ㄷ. 금속 고리를 통과하는 자기 선속은 일정하다.

---

22 18년 7월 교육청 9번

그림은 직사각형 금속 고리가 $t=0$일 때 종이면에 수직으로 들어가는 방향의 균일한 자기장 영역에 $+x$ 방향으로 들어가는 순간부터 고리의 위치를 1초 간격으로 나타낸 것이다. 금속 고리는 0초부터 1초까지와 3초부터 4초까지 각각 속력이 v인 등속도 운동을 하고, 1초에서 3초 사이에는 고리면이 자기장에 수직인 상태를 유지하면서 자기장 영역에서 $90\degree$만큼 회전하면서 이동한다.

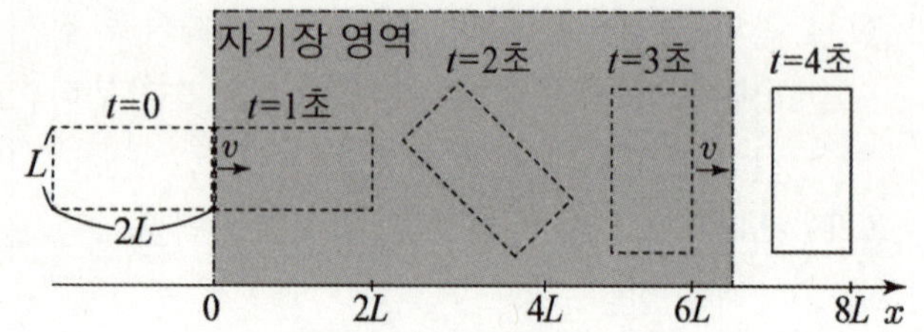

이에 대한 설명으로 옳은 것만을 <보기>에서 있는 대로 고른 것은?

<보 기>

ㄱ. $t=0.5$초일 때 금속 고리에는 시계 방향으로 유도 전류가 흐른다.

ㄴ. $t=2$초일 때 금속 고리에는 유도 전류가 흐르지 않는다.

ㄷ. 금속 고리에 흐르는 전류의 세기는 $t=0.5$초일 때가 $t=3.5$초일 때보다 크다.

그림 (가)는 고정된 도선의 일부가 균일한 자기장 영역 Ⅰ, Ⅱ에 놓여 있는 모습을 나타낸 것이다. 자기장의 방향은 도선이 이루는 면에 수직으로 들어가는 방향이고, 도선이 Ⅰ, Ⅱ에 걸친 면적은 각각 S, $2S$이다. 그림 (나)는 Ⅰ, Ⅱ에서의 자기장 세기를 시간에 따라 나타낸 것이다.

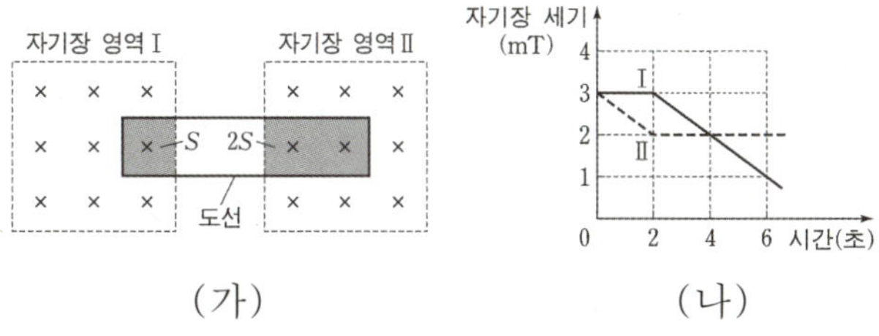

도선에 흐르는 유도 전류에 대한 설명으로 옳은 것만을 <보기>에서 있는 대로 고른 것은?

───── <보 기> ─────

ㄱ. 1초일 때, 전류는 시계 방향으로 흐른다.

ㄴ. 전류의 방향은 3초일 때와 5초일 때가 서로 반대이다.

ㄷ. 전류의 세기는 1초일 때가 5초일 때보다 작다.

그림은 xy평면에서 동일한 정사각형 금속 고리 P, Q, R가 각각 $-y$방향, $+x$방향, $+x$방향의 속력 v로 등속도 운동하고 있는 순간의 모습을 나타낸 것이다. 이때 Q에 흐르는 유도 전류의 방향은 시계 반대 방향이다. 영역 Ⅰ과 Ⅱ에서 자기장의 세기는 각각 B_0, $2B_0$으로 균일하다.

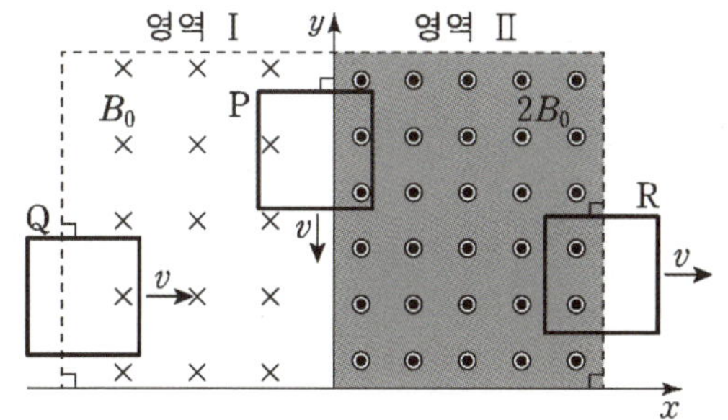

$\times$: xy평면에 수직으로 들어가는 방향
$\odot$: xy평면에서 수직으로 나오는 방향

이에 대한 설명으로 옳은 것만을 <보기>에서 있는 대로 고른 것은? (단, P, Q, R 사이의 상호 작용은 무시한다.)

───── <보 기> ─────

ㄱ. P에는 유도 전류가 흐르지 않는다.

ㄴ. R에 흐르는 유도 전류의 방향은 시계 방향이다.

ㄷ. 유도 전류의 세기는 Q에서가 R에서보다 작다.

그림 (가)는 균일한 자기장이 수직으로 통과하는 종이면에 원형 도선이 고정되어 있는 모습을 나타낸 것이고, (나)는 (가)의 자기장을 시간에 따라 나타낸 것이다. t_1일 때, 원형 도선에 흐르는 유도 전류의 방향은 시계 방향이다.

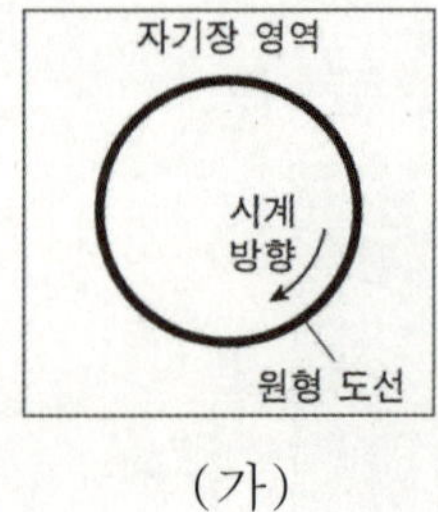

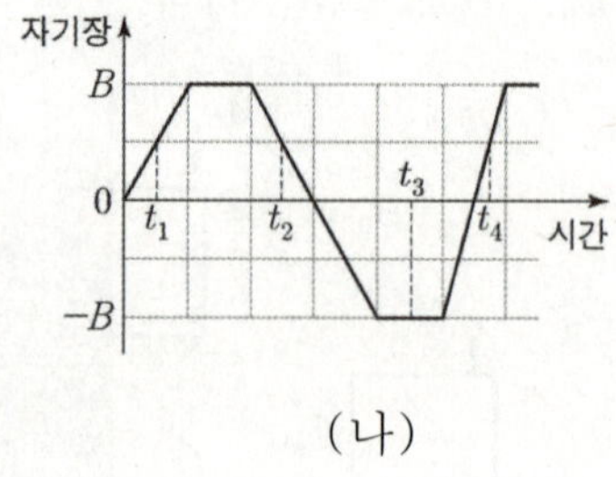

(가)   (나)

이에 대한 설명으로 옳은 것만을 <보기>에서 있는 대로 고른 것은?

─── <보 기> ───

ㄱ. t_2일 때, 유도 전류의 방향은 시계 방향이다.

ㄴ. t_3일 때, 자기장의 방향은 종이면에서 수직으로 나오는 방향이다.

ㄷ. 유도 전류의 세기는 t_2일 때가 t_4일 때보다 작다.

그림 (가)와 같이 한 변의 길이가 d인 정사각형 금속 고리가 xy평면에서 $+x$방향으로 자기장 영역 Ⅰ, Ⅱ, Ⅲ을 통과한다. Ⅰ, Ⅱ, Ⅲ에서 자기장의 세기는 각각 B, $2B$, B로 균일하고, 방향은 모두 xy평면에 수직으로 들어가는 방향이다. P는 금속 고리의 한 점이다. 그림 (나)는 P의 속력을 위치에 따라 나타낸 것이다.

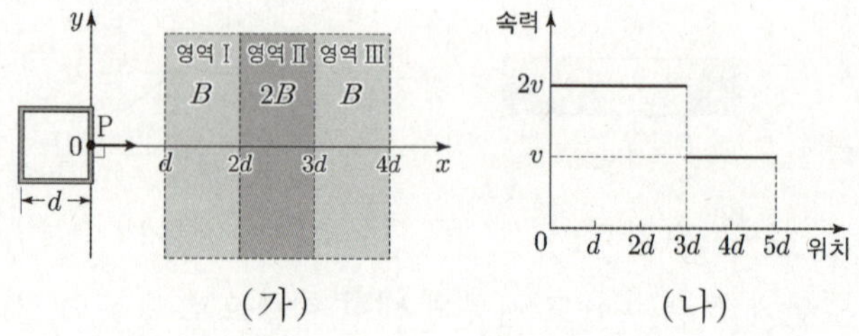

(가)   (나)

이에 대한 설명으로 옳은 것만을 <보기>에서 있는 대로 고른 것은?

─── <보 기> ───

ㄱ. P가 $x = 1.5d$를 지날 때, P에서의 유도 전류의 방향은 $-y$방향이다.

ㄴ. 유도 전류의 세기는 P가 $x = 1.5d$를 지날 때가 $x = 4.5d$를 지날 때보다 크다.

ㄷ. 유도 전류의 방향은 P가 $x = 2.5d$를 지날 때와 $x = 3.5d$를 지날 때가 서로 반대 방향이다.

그림 (가)와 같이 종이면에 수직으로 들어가는 방향의 균일한 자기장 영역 I과 II에서 종이면에 고정된 동일한 원형 금속 고리 P, Q의 중심이 각 영역의 경계에 있다. 그림 (나)는 (가)의 I과 II에서 자기장의 세기를 시간에 따라 나타낸 것이다.

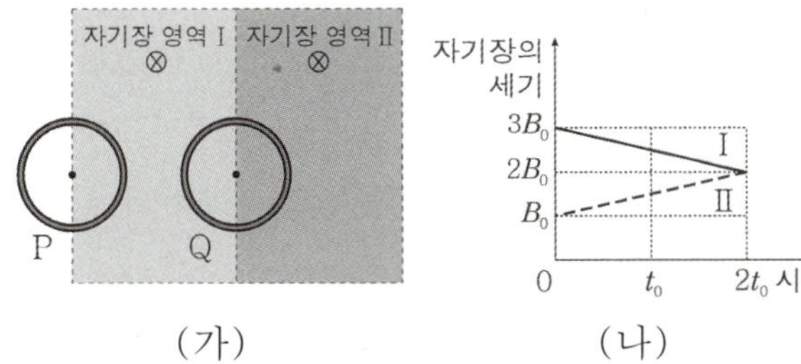

이에 대한 설명으로 옳은 것만을 <보 기>에서 있는 대로 고른 것은?

<보 기>

ㄱ. P의 유도 전류는 P의 중심에 수직으로 들어가는 방향의 자기장을 만든다.

ㄴ. Q에는 유도 전류가 흐르지 않는다.

ㄷ. I과 II에 의해 고리면을 통과하는 자기 선속의 크기는 Q에서가 P에서보다 크다.

그림 (가)와 같이 방향이 각각 일정한 자기장 영역 I과 II에 p−n 접합 다이오드가 연결된 사각형 금속 고리가 고정되어 있다. A는 p형 반도체와 n형 반도체 중 하나이다. 그림 (나)는 I과 II의 자기장의 세기를 시간에 따라 나타낸 것이다. t_0일 때, 고리에 흐르는 유도 전류의 세기는 I_0이다.

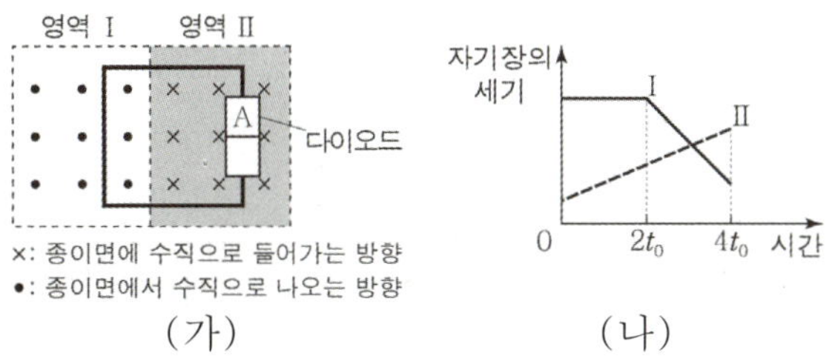

이에 대한 옳은 설명만을 <보기>에서 있는 대로 고른 것은?

<보 기>

ㄱ. t_0일 때 유도 전류의 방향은 시계 방향이다.

ㄴ. $3t_0$일 때 유도 전류의 세기는 I_0보다 작다.

ㄷ. A는 n형 반도체이다.

그림과 같이 한 변의 길이가 $4d$인 직사각형 금속 고리가 xy평면에서 $+x$방향으로 등속도 운동하며 균일한 자기장 영역 Ⅰ, Ⅱ, Ⅲ을 지난다. Ⅰ, Ⅱ, Ⅲ에서 자기장의 세기는 각각 B_0, B, B_0이고, Ⅱ에서 자기장의 방향은 xy평면에 수직이다. 표는 금속 고리의 점 p의 위치에 따른 p에 흐르는 유도 전류의 방향을 나타낸 것이다.

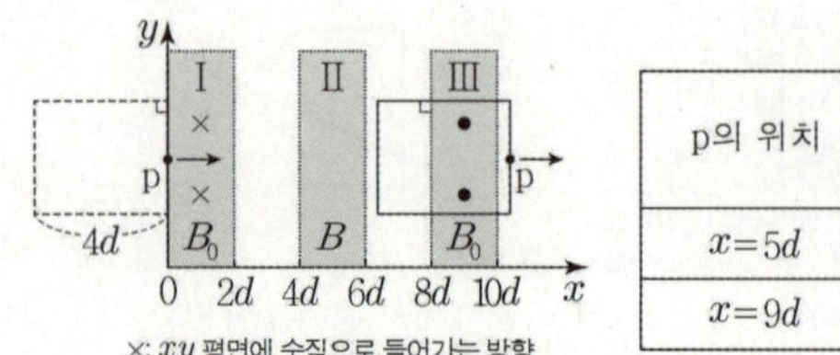

p의 위치	p에 흐르는 유도 전류의 방향
$x=5d$	㉠
$x=9d$	$+y$

×: xy 평면에 수직으로 들어가는 방향
●: xy 평면에서 수직으로 나오는 방향

이에 대한 설명으로 옳은 것만을 <보기>에서 있는 대로 고른 것은?

<보 기>

ㄱ. $B > B_0$이다.

ㄴ. ㉠은 '$-y$'이다.

ㄷ. p에 흐르는 유도 전류의 세기는 p가 $x=5d$를 지날 때가 $x=9d$를 지날 때보다 크다.

그림 (가)와 같이 p–n 접합 발광 다이오드(LED)가 연결된 한 변의 길이가 d인 정사각형 금속 고리가 용수철에 매달려 종이면에 수직으로 들어가는 방향의 균일한 자기장 영역에 정지해 있다. 그림 (나)는 (가)에서 금속 고리를 $-y$방향으로 d만큼 잡아당겨, 시간 $t=0$인 순간 가만히 놓아 금속 고리가 y축과 나란하게 운동할 때 LED의 변위 y를 t에 따라 나타낸 것이다. $t=t_2$일 때 금속 고리에 흐르는 유도 전류에 의해 LED에서 빛이 방출된다. A는 p형 반도체와 n형 반도체 중 하나이다.

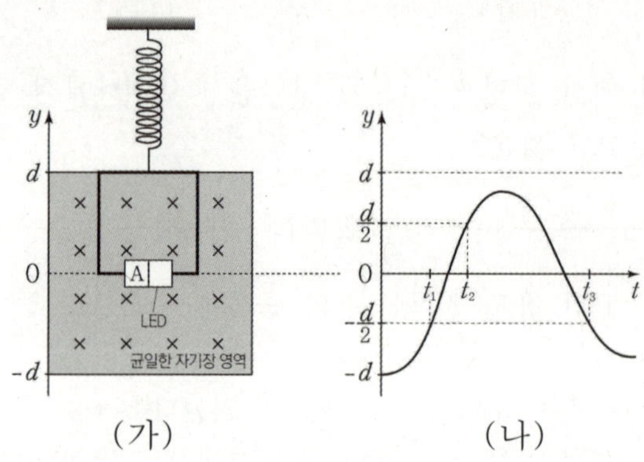

이에 대한 설명으로 옳은 것만을 <보기>에서 있는 대로 고른 것은? (단, 금속 고리는 회전하지 않으며, 공기 저항은 무시한다.)

<보 기>

ㄱ. A는 p형 반도체이다.

ㄴ. $t=t_1$일 때 LED에서 빛이 방출되지 않는다.

ㄷ. 금속 고리의 운동 에너지는 $t=t_1$일 때와 $t=t_3$일 때가 같다.

---

31 24년 4월 교육청 18번

그림과 같이 한 변의 길이가 $6d$인 직사각형 금속 고리가 xy평면에서 균일한 자기장 영역 Ⅰ, Ⅱ, Ⅲ을 $+x$방향으로 등속도 운동하며 지난다. Ⅰ, Ⅱ, Ⅲ에서 자기장의 세기는 일정하고, Ⅰ에서 자기장의 방향은 xy평면에 수직이다. 금속 고리의 점 p가 $x = 5d$를 지날 때와 $x = 8d$를 지날 때 p에 흐르는 유도 전류의 세기와 방향은 같다.

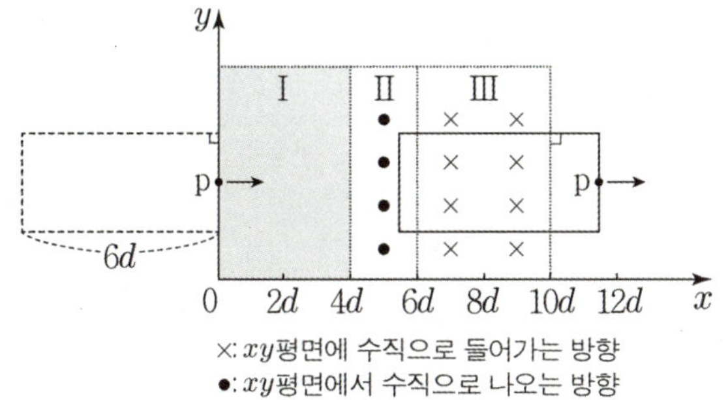

이에 대한 설명으로 옳은 것만을 <보기>에서 있는 대로 고른 것은?

─────── <보 기> ───────

ㄱ. 자기장의 세기는 Ⅰ에서가 Ⅲ에서보다 크다.

ㄴ. Ⅰ에서 자기장의 방향은 xy평면에서 수직으로 나오는 방향이다.

ㄷ. p에 흐르는 유도 전류의 세기는 p가 $x = 2d$를 지날 때가 $x = 11d$를 지날 때보다 크다.

Chapter 10

전반사

10 전반사

이 단원에서 속력과 굴절률의 개념이 나오는데, 둘은 반대의 느낌이므로 문제를 풀 때 무엇을 이용해도 좋다.

하나를 제대로 공부해두면 나머지 하나는 쉽게 판단할 수 있으므로, 굴절률을 기준으로 생각하는 관점 또는 속력을 기준으로 생각하는 관점 중 하나를 정해서 먼저 공부를 한 뒤에 두 관점 모두를 자유자재로 사용할 수 있게 확장하는 것을 추천한다.

이 단원에서는 빛의 속력과 매질의 굴절률 두 관점을 모두 서술할 것이고, 헷갈리지 않게끔 서술할 것이니 잘 따라주었으면 한다.

그렇지만 문제의 조건 혹은 선지에서 (보통 ㄴ에 등장한다) 굴절률이나 속력 중 하나를 비교하고 있다면 문제의 풀이 방향을 **발문에 주어지거나 선지에서 묻는 쪽**으로 맞추어야 한다.

예를 들면 21학년도 수능 15번에서 문제에 굴절률 조건이 나와 있다. 이런 경우에는 굴절률 관점으로 문제에 접근해야 한다.

22학년도 수능 11번에서는 ㄴ에서 빛의 파장을 비교하고 있다. 빛의 파장은 속력과 비례 관계이므로 이를 빛의 속력 비교로 생각할 수 있고, 이런 경우에는 시작부터 빛의 속력 관점으로 문제에 접근하면 좋다.

위 예시들은 모두 예제에 포함되어 있으니, 찾으러 가지 않아도 된다.
이 페이지에서는 그냥 "그렇구나~ ㅎㅎ" 하고 넘어가도록 하자.

❚ 들어가기 앞서

간단히 정리해둘 것이 있다. 먼저 **굴절률에 대한 이해**이다.

굴절률(n)이란 매질에서 빛의 속력 v에 대한 진공에서 빛의 속력 c의 비를 나타낸 것이고 $n = \dfrac{c}{v}$로 표기한다.
이 공식도 물론 알아야 하지만, 더 직관적으로 다음 굴절률의 느낌을 기억하기로 하자.

굴절률이 큰 매질일수록 이를 지나는 빛의 속력은 느리고, 빛은 굴절률이 큰 쪽으로 꺾인다.
마치 빛이 빽빽한 곳을 지날 때 속력이 느려지고, 더 무거운(중력이 큰)쪽으로 꺾이는 느낌이다.

따라서 이 느낌을 직관적으로 생각하면 다음과 같이 기억할 수 있겠다.

굴절률 = 매질의 무겁고 빽빽한 정도

(그리고 이건 팁인데, 거의 모든 매질에 비해 공기의 굴절률이 작다. 기억하면 문제 풀 때 편하다.)

다음으로 매질 간에 굴절률과 속력을 비교할 때 실수를 줄이고 최대한 한눈에 볼 수 있도록 하는 팁이 있는데,
바로 **크기 순서에 맞추어 크게 적는 것**이다.

흔히들 문제를 풀 때 $v_A > v_B$ 이런 식으로만 서술하다가 부등호 방향을 헷갈리는 실수를 범하곤 한다.
이런 상황을 방지하기 위해, 우리는 굴절률과 속력을 한눈에 확인할 수 있도록 아래 그림과 같이 **크기순에 맞추어
크게 적기**로 하자. 이때 계산할 때가 아니라 그림에 표시할 때는, v_A와 같이 속력 밑에 아래 첨자를 꼭 붙일 필요는
없다.

A	n_A	v_A
B	n_B	v_B
C	n_C	v_C

마지막으로 v(속력), f(진동수), λ(파장)을 식으로 나타내면 $v = f\lambda$인데,
진동수는 매질이 바뀌어도 변하지 않으므로 **빛의 속력과 파장은 비례**한다.
(이건 Ch11.빛의 간섭 단원에서 배우는 것이므로 지금은 그냥 외우자.)

이 단원에서는 정량적인 계산을 묻지는 않으므로,
하나의 빛이 여러 매질을 지나며 굴절되는 상황에서 속력과 파장을 비슷한 개념으로 인식하자.

▌파동의 진행과 굴절

(1) 굴절

파동이 진행할 때 서로 다른 매질의 경계면에서 진행 방향이 꺾이는데, 이를 파동의 **굴절**이라 한다.

이는 매질에 따라 파동의 속력이 달라지기 때문이고,
굴절이 일어날 때 파동의 **속력과 파장**은 변하지만 파동의 고유한 성질인 **진동수와 주기**는 변하지 않는다.
파동이 두 매질의 경계에서 굴절할 때,
파동은 두 매질에서의 속력 중 **더 느린 쪽으로 꺾이고**, 두 매질 중 **굴절률이 큰 쪽으로 꺾인다.**

(2) 입사각과 굴절각

두 매질의 경계면에 수직인 직선을 **법선**이라 하고, 입사각과 굴절각은 모두 법선을 기준으로 정한다.
가끔 매질의 경계면을 기준으로 생각해 실수하는 경우가 있는데, 기준은 경계면이 아님에 주의하자.
입사각과 굴절각을 정하는 기준은 법선이다.

알면서도 실수하기 매우 쉬운 부분이므로,
항상 경계면에 수직인 법선을 그려 법선으로부터 입사각과 굴절각을 읽는 습관을 들이도록 하자.

아래 그림과 같이 파동이 진행할 때,
입사각은 입사파의 진행 방향과 법선이 이루는 각이고 **굴절각**은 굴절파의 진행 방향과 법선이 이루는 각이다.

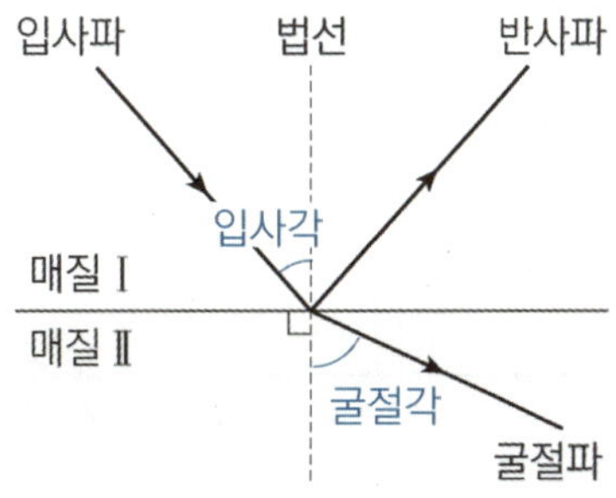

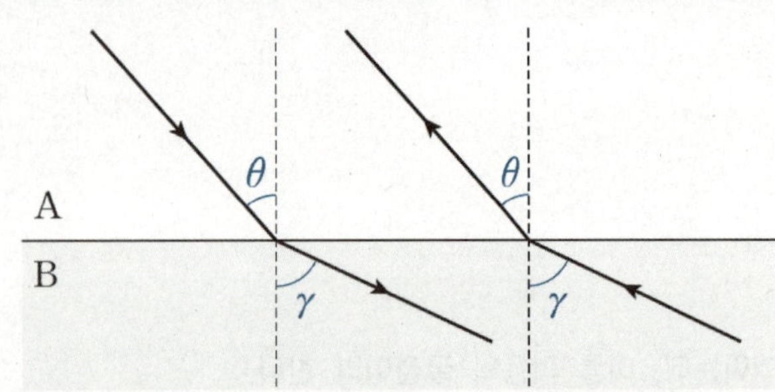

빛의 진행 방향을 뒤집으면 처음에 진행한 경로를
정확히 되짚어간다는 원리이다.
예를 들어, 그림과 같이 A에서 B로 진행하는 빛의
입사각이 θ, 굴절각이 γ라 하자.
이 빛이 진행 방향만 반대로 바뀌어 B에서 A로 입사각
γ로 진행한다면, 굴절각은 θ일 것이다.

빛이 진행하는 과정이 헷갈릴 때, 이처럼 역으로 진행하는 상황을 가정하면 편할 때가 종종 있다.

2. 굴절 법칙(스넬의 법칙)

그림과 같은 상황에서 매질 Ⅰ의 굴절률이 n_1, 매질 Ⅱ의 굴절률이 n_2라 하면 다음 관계가 성립한다.
이를 굴절 법칙이라 한다.

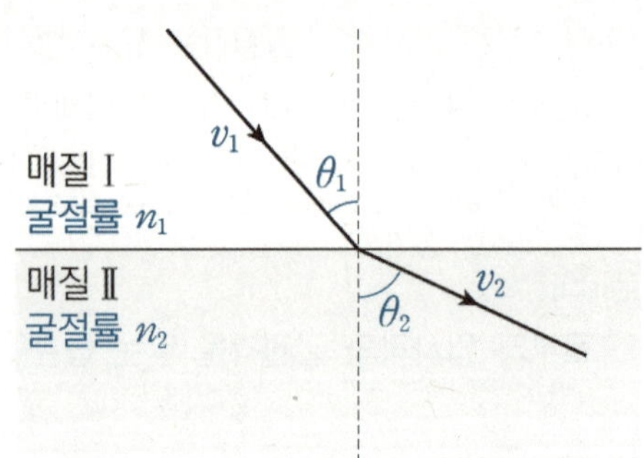

$$\frac{\sin\theta_1}{\sin\theta_2} = \frac{v_1}{v_2} = \frac{n_2}{n_1}$$

$$n_1\sin\theta_1 = n_2\sin\theta_2$$

(1) 두 매질 사이의 굴절 – 매질이 2개만 나올 때

두 매질 사이에서 빛이 굴절할 때, **빛은 매질의 굴절률이 큰 쪽으로, 또한 빛의 속력이 느린 쪽으로 꺾인다.**
이를 쉽게 설명하면 아래 그림과 같다.

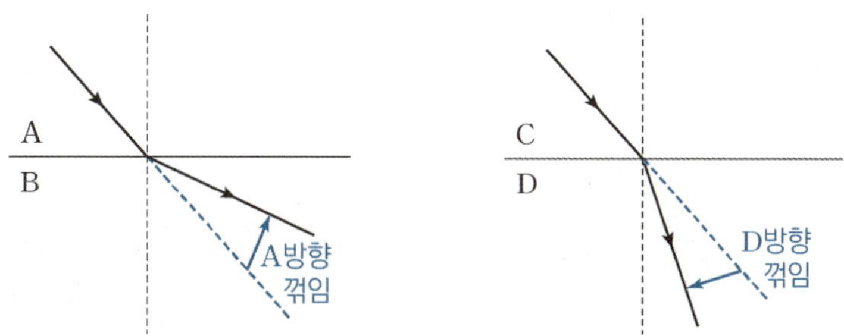

① A와 B를 지나는 빛을 보면, 원래 A에서 진행하던 방향에 비해 빛이 A쪽으로 꺾인 것을 확인할 수 있다.
빛은 굴절률이 크고 속력이 느린 쪽으로 꺾이므로,
따라서 이 경우엔 A의 굴절률이 B보다 크고, A를 지날 때 빛의 속력이 B에서보다 느린 것을 알 수 있다.

② 마찬가지로 C와 D를 지나는 빛을 보면,
원래 C에서 진행하던 방향에 비해 빛이 D쪽으로 꺾인 것을 확인할 수 있다.
빛은 굴절률이 크고 속력이 느린 쪽으로 꺾이므로,
따라서 이 경우엔 D의 **굴절률**이 C보다 크고, D를 지날 때 빛의 속력이 C에서보다 느린 것을 알 수 있다.

이를 조금 변형해서 생각하면 다음과 같은 사실을 알 수 있다.

> 빛이 두 매질을 연이어 진행할 때,
> 빛이 법선에서 더 먼 매질에서 굴절률이 작고, 빛의 속력이 빠르다.

빛과 법선이 멀리 떨어진 정도에 유의하며 앞의 경우를 다시 살펴보자.

①에서는 B에서의 빛의 진행 방향이 A에서보다 법선과 더 멀리 떨어져 있다.
따라서 B에서 굴절률이 더 작고, 빛의 속력이 더 빠르다.

②에서는 C에서의 빛의 진행 방향이 D에서보다 법선과 더 멀리 떨어져 있다.
따라서 C에서 **굴절률**이 더 작고, 속력이 더 빠르다.

이렇게 생각하면 빛이 어디서 어디로 꺾이는지 생각할 시간을 아낄 수 있고, 실수의 가능성도 줄어든다.

(2) 두 매질 사이의 굴절 - 매질이 3개 이상이 나올 때

두 매질 사이의 굴절이라 해서 매질이 두 개만 나오는 건 아니다.
매질 3개를 2개와 2개로 나눠 제시한 뒤, 공통되는 하나를 기준으로 나머지 두 개를 비교할 수도 있다.

예를 들어, 빛이 매질 A, B를 지나는 경우와 A, C를 지나는 경우를 모두 제시한 후에 A를 매개로 B와 C를
간접적으로 비교할 수 있다.

〈예시 1 : 입사각이 같을 때〉

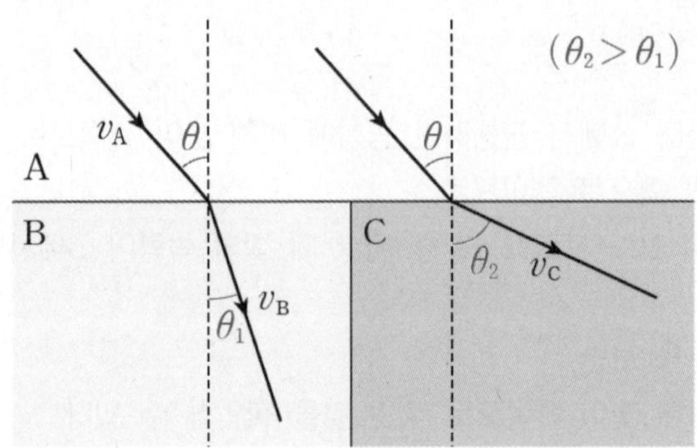

입사각이 같을 때에는 **입사파와 굴절파가 법선과 멀리 떨어진 정도**에 주목하면 된다.
A에서 B, C로 진행하는 두 빛은 동일한 빛이고, 입사각이 θ로 같다.
이때 A에 비해 B는 법선과 빛이 가깝고, C는 법선과 빛이 멀다.
따라서 속력의 크기는 C > A > B이고, 굴절률은 속력과 반대로 B > A > C이다.

〈예시 2 : 굴절각이 같을 때〉

입사각이 같을 때와 크게 다르지 않다. 기본적으로 법선과 빛이 멀리 떨어진 정도에 잘 주목하면 된다.

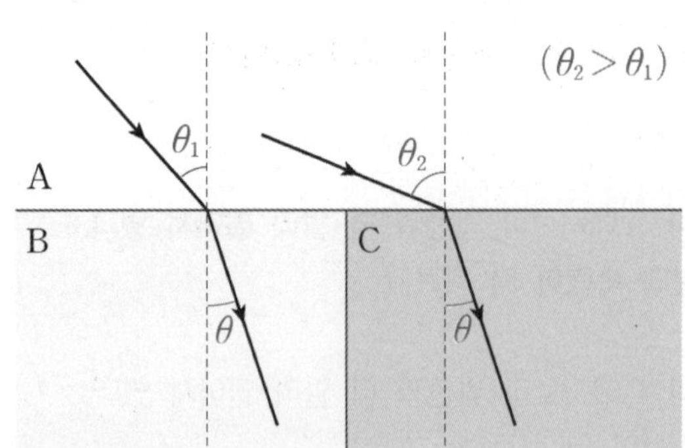

A를 지나는 빛은 B, C 모두에 비해 법선에서 더 멀리 있으므로
빛의 속력은 A를 지날 때 가장 크고 매질의 굴절률은 A가 가장 작다.

이제 매질 A, B, C를 지날 때 빛의 속력과 각 매질의 굴절률의 크기를 두 가지 방식으로 비교할 수 있다.

① 법선과 빛의 멀리 떨어진 정도 차이를 비교해 풀기

A를 지나는 빛이 법선으로부터 멀리 떨어진 정도를 기준으로 B와 C를 지나는 빛을 비교하면,
A와 C에서 빛이 법선과 **멀리 떨어진 정도의 차이**가 A와 B 사이에서보다 더 크다.

따라서 빛의 속력을 비교하면 A와 C 사이의 속력 차가 A와 B 사이에서보다 크기 때문에,
빛의 속력은 A > B > C이다. 마찬가지로 굴절률을 비교하면, 굴절률은 반대로 생각하면 C > B > A이다.

쉽게 생각하면 아래 그림과 같다.

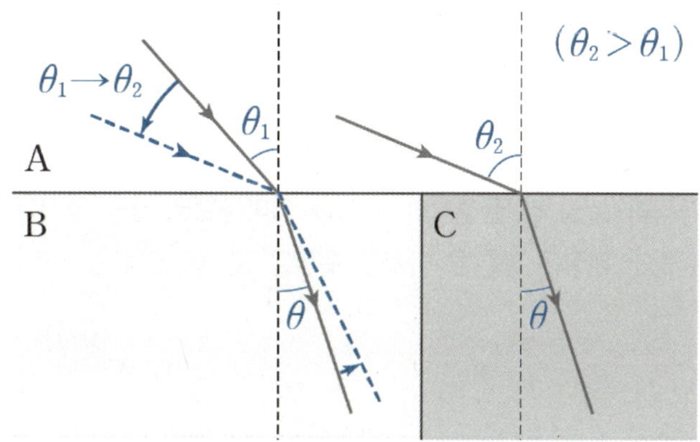

② 굴절각이 같은 상황을 입사각이 같은 상황으로 만들어주기

그림과 같이 A에서 B로 진행하는 빛의 입사각 θ_1을 θ_2까지 늘려주면, 굴절각 역시 θ보다 커진다.[27]
따라서 A로부터 들어오는 입사각이 같은 상황에 빛이 B를 지날 때가 C를 지날 때보다 법선으로부터 멀리 떨어져
있으므로, 빛의 속력은 B > C임을 알 수 있다. 이때 굴절률은 반대로 C > B이다.

따라서 빛의 속력은 A > B > C이고, 굴절률은 반대로 생각하면 C > B > A이다.

---

27) 굴절각이 커지는 정도를 정확히 구하는 건 복잡한 계산이 필요하니 몰라도 된다. 다만 입사각이 커짐에 따라 굴절각이 커지는
   건 확실하다.

(3) 세 매질 사이의 굴절

매질 세 개가 나란히 붙어있어 달라 보일 수 있지만, 사실은 (2)에서 이미 본 것이다. 앞에선 3개 이상의 매질들을 2개씩 나눠서 따로 보았는데, 이번 경우엔 매질들을 아예 하나로 합쳐 한 번에 보는 것이다. 위 경우와 마찬가지로, 법선으로부터 빛의 진행 방향이 얼마나 떨어져 있는지를 판단의 기준으로 한다.

들어가기에 앞서, 하나 정리하고 시작하자.

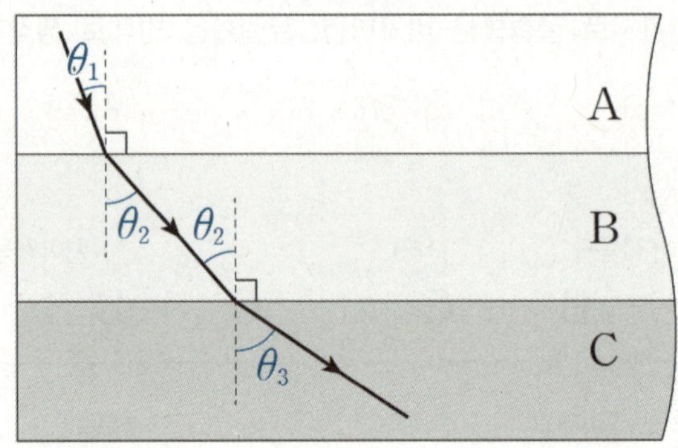

빛이 그림과 같이 매질 A, B, C를 차례로 지나는 상황에, 스넬의 법칙을 적용하면
$n_A \sin\theta_1 = n_B \sin\theta_2$, $n_B \sin\theta_2 = n_C \sin\theta_3$ 임을 알 수 있다.

이제 이 두 식을 좌변은 좌변끼리, 우변은 우변끼리 곱하면
$n_A \sin\theta_1 = n_C \sin\theta_3$ 가 되어 n_B 와 $\sin\theta_2$ 가 사라짐을 알 수 있다.

이는 A에서 C로 들어가는 입사각이 θ_1 일 때 굴절각이 θ_3 임을 의미하므로 결국 우리는 3개의 매질이 연속할 때, 처음 입사각과 마지막 굴절각에 **중간 매질은 영향을 미치지 못함**을 알 수 있다.

이를 정리하면 다음과 같다.

> 빛이 법선 2개가 서로 평행한 3개의 매질을 연속해서 지날 때,
> **중간 매질에 관계없이** 처음 입사각이 같다면 마지막 굴절각은 변하지 않는다.

이를 이용하면 처음 매질과 마지막 매질을 지날 때의 빛의 속력을 쉽게 비교할 수 있다.

이제 세 매질에서의 빛의 굴절을 살펴보자.

① 꺾이는 방향이 한 방향일 때

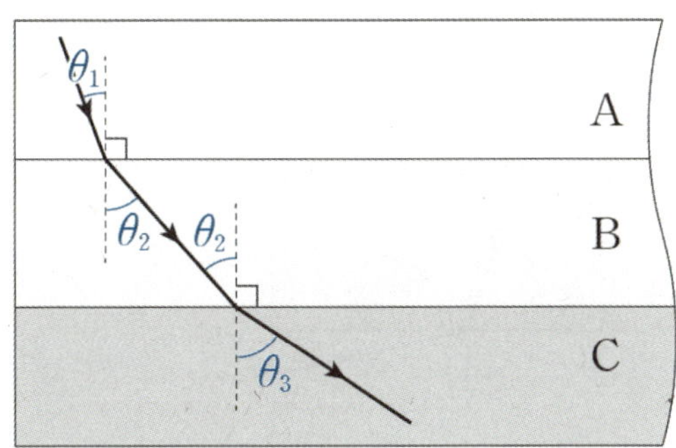

빛이 A, B, C를 차례로 지나면서 법선으로부터 **점점 멀어진다.**
이는 매질에 따른 빛의 속력이 A < B < C임을, 그리고 매질의 굴절률이 A > B > C임을 뜻한다.

이때 B를 다른 매질로 바꾸거나 없애더라도 A에서 입사각이 θ_1일 때 C에서 굴절각 θ_3은 변하지 않는다.

② 중간에 꺾이는 방향이 변할 때

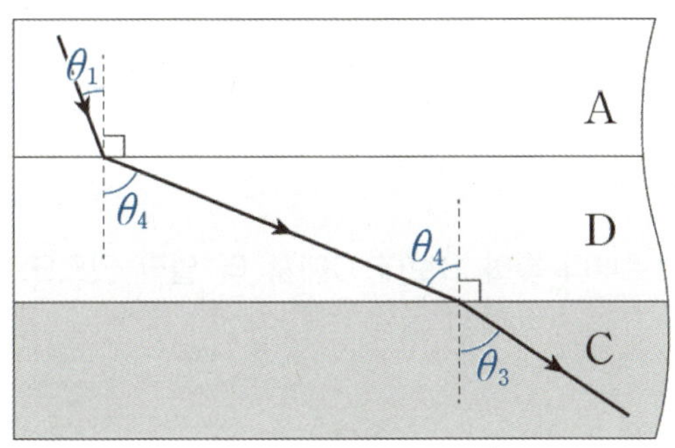

이제 빛이 A, D, C를 차례로 지날 때의 속력을 비교해보자. ①에서 매질 B를 D로 바꾼 상황이다.

A와 C에 비해 D에서 빛의 진행 방향이 법선과 더 멀리 떨어져 있으므로,
빛의 속력은 D를 지날 때 가장 크고 매질의 굴절률은 D가 가장 작다.

또한 D를 없애고 A와 C를 붙이더라도 입사각과 굴절각은 변하지 않으므로,
빛의 진행 방향이 C를 지날 때가 A를 지날 때보다 법선으로부터 멀리 떨어져 있음을 알 수 있다.
따라서 빛의 속력은 C를 지날 때가 A를 지날 때보다 크고, 굴절률은 C < A임을 알 수 있다.

따라서 매질에 따른 빛의 속력은 D > C > A이고, 굴절률은 A > C > D이다.

혹은 D에서 A와 C를 향해 빛을 입사하는 상황을 상상해도 좋다.
동일한 입사각 θ_4로 빛이 입사한다면,
굴절된 빛이 법선으로부터 떨어진 정도는 C에서가 A에서보다 더 클 것이 그림에서 자명하기 때문이다.

③ 매질이 수평으로 이어지지 않을 때

가장 기초적인 원리는 '중간 매질을 이용해 나머지 매질을 비교하기'로 같다.
아래 그림에서 매질 A, B, C를 차례로 지나는 빛의 속력 및 매질 간의 굴절률을 비교해보자.

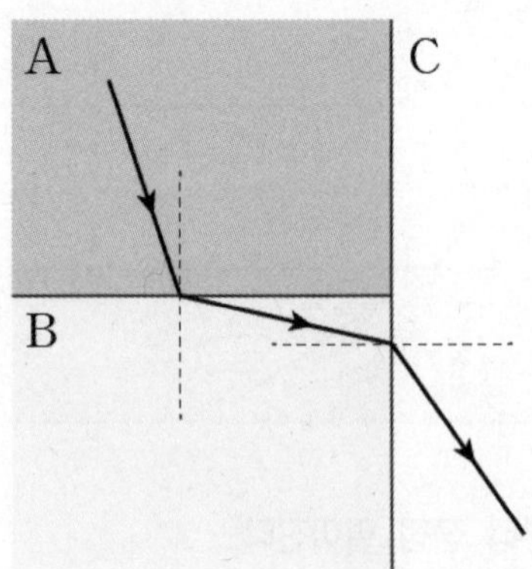

공통되는 매질인 B와 나머지 매질 A, C 각각을 비교하면 되므로, 위 ①, ②번의 상황과 크게 다를 것이 없다.

하지만 조심해야 할 것이 있다. A, B 사이 법선과 B, C 사이 법선의 방향이 다르다는 것이다.
따라서 이 경우에는 중간 매질을 없애면 상황이 달라질 수 있기에, **함부로 중간의 매질을 지우면 위험하다.**

A, B 사이에선 법선으로부터 빛이 A보다 B에서 더 멀리 있으므로 B에서 빛의 속력이 더 빠르고 B의 굴절률이 A보다 작다.

마찬가지로 B, C 사이를 보면 법선으로부터 빛이 B보다 C에서 더 멀리 있으므로 C에서 빛의 속력이 더 빠르고 C의 굴절률이 B보다 작다.

따라서 빛의 속력은 $A < B < C$, 굴절률은 $A > B > C$이다.

④ 매질이 원형일 때

아래 그림과 같이 반원형 매질 A, B를 붙여 만든 장치에 광선을 입사했다고 가정하자.

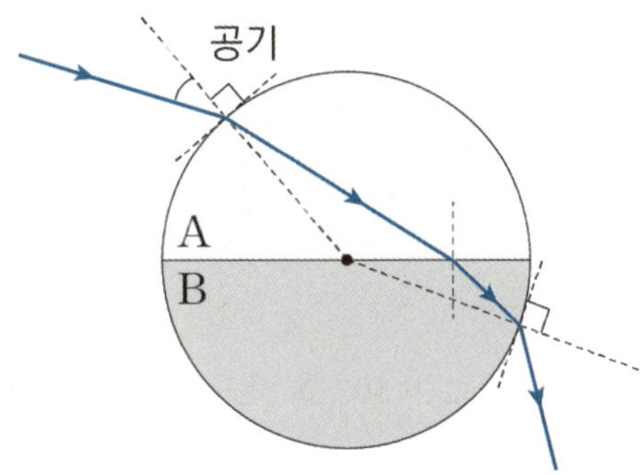

빛이 통과하는 매질이 공기에서 A로 변하는 경계점에서 원에 접선을 그으면, 빛은 마치 그 접선을 경계로 하는 매질 사이를 움직이는 것과 같다. 그은 **접선을 경계로 하는 두 평면 매질을 통과하는 상황**으로 생각할 수 있는 것이다.

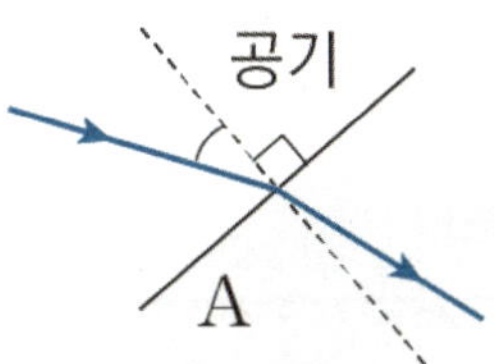

(이런 느낌으로 말이다.)

따라서 원형 장치의 중심으로부터 그 점을 이은 직선이 법선이 되고, B를 지나는 빛의 경로 역시 마찬가지의 방식으로 그릴 수 있다.

또한 법선이 원형 장치의 중심으로부터 뻗어나온 것이기 때문에,
빛이 원형 장치의 중심을 지난다면 무조건 그 빛은 법선의 일부 구간을 지난다.

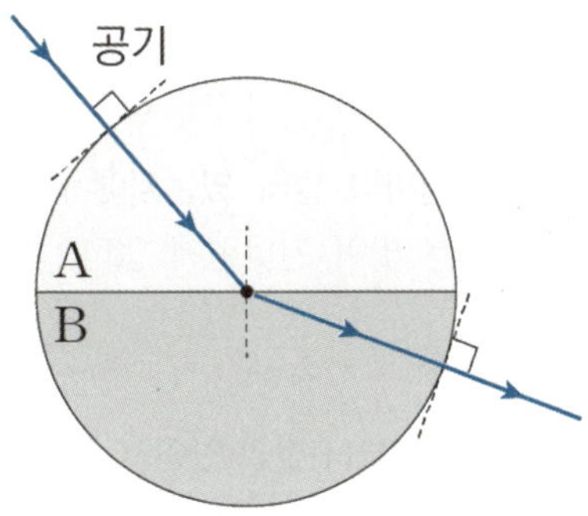

따라서 빛의 경로에 원형 장치의 중심이 포함되는 경우에는 원형 장치 내부 매질 사이에서만 굴절이 일어나고, 외부에서 내부로 들어갈 때는 굴절이 일어나지 않는다.

| 전반사

빛이 매질의 경계면에서 굴절되지 않고 **전부 반사**되는 현상이다.

1. 임계각

빛이 밀한 매질에서 소한 매질로 진행할 때[28], 굴절각 $90°$ 을 만드는 입사각의 크기 i_c를 임계각이라 한다.

전반사는 빛이 속력이 느린 곳에서 빠른 곳으로 진행할 때, 즉 굴절률이 큰 매질에서 작은 매질로 진행할 때만 일어난다.

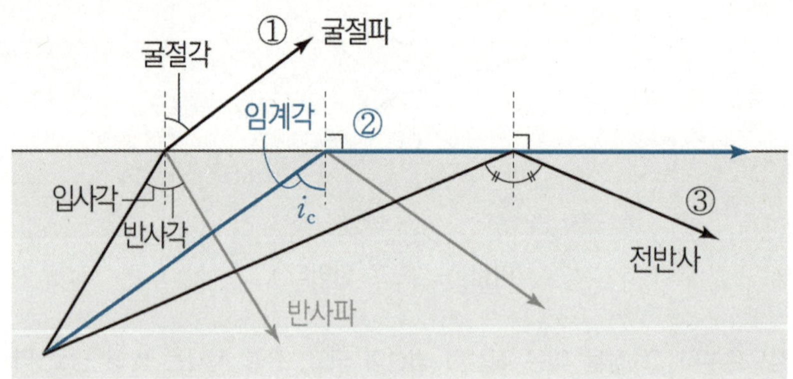

①번 경우에, 법선으로부터 거리는 입사 광선보다 굴절 광선이 더 멀다. 따라서 아래 매질에 비해 위 매질에서 빛의 속력이 더 빠른 것과 굴절률이 작은 것을 알 수 있다. 이때 빛의 일부는 반사되고 일부는 굴절된다.

②번 경우가 가장 중요하다. **굴절각이 $90°$ 이기 때문이다.**[29] **이때 입사각이 임계각(i_c)이고,** 임계각보다 더 큰 각으로 빛을 입사한 ③의 경우에는 전반사가 일어난다.

앞서 굴절되기 전후로 빛의 경로가 **법선으로부터 얼마나 멀리 있는지**에 따라 매질의 굴절률과 빛의 속력을 비교할 수 있었는데, 위의 ③처럼 전반사의 경우에는 굴절되는 빛이 건너편에 없다. 이때는 굴절률과 빛의 속력을 어떻게 빠르게 비교할 수 있을까?

전반사가 일어난 경우를 빛의 경로가 **법선으로부터 너무나 멀리 있어서** 건너편 매질에서 보이지 않는 것으로 생각하면 된다. 그러면 전반사가 일어난 경우를, 그렇지 않은 경우보다 무조건 건너편 매질에서 굴절률이 굉장히 작고 빛의 속력이 훨씬 빠른 것으로 보면 된다.

---

28) 빛의 속력은 밀한 매질을 지날 때가 소한 매질을 지날 때보다 느리다.

29) 그림에는 이해를 돕기 위해 ②에서 굴절파가 매질의 경계를 따라가는 것처럼 그려져 있지만, 엄밀하게는 ②번처럼 임계각으로 입사할 때도 전반사가 일어난다고 보는 것이 맞다.

2. 임계각의 크기

스넬의 법칙에 따르면, 두 매질 사이에서 밀한 매질의 굴절률을 소한 매질의 굴절률로 나눈 $\dfrac{n_{밀}}{n_{소}}$ 의 값이 클수록

굴절되는 정도인 $\dfrac{\sin\theta_{굴절}}{\sin\theta_{입사}}$ 도 커진다.

따라서 두 매질에서 빛이 진행할 때, 빠른 곳에서의 속력을 느린 곳에서의 속력으로 나눈 $\dfrac{v_{빠름}}{v_{느림}}$ 와, 굴절률이 큰

매질에서 작은 매질로 굴절률을 나눈 $\dfrac{n_{큰}}{n_{작은}}$ 가 클수록 **임계각이 작다**고 이해할 수 있다.

이때, 외우기 쉽도록 항상 속력 또는 굴절률을 **큰 것**에서 **작은 것을 나눈 값**을 기준으로 보자.

빛이 느린(굴절률이 큰) 매질에서 빠른(굴절률이 작은) 매질로 진행할 때,

$$\dfrac{n_{큰}}{n_{작은}} \text{과} \quad \dfrac{v_{빠름}}{v_{느림}} \text{의 값이 클수록 임계각이 작다.}$$

요즘은 매질 3개가 등장한 뒤, 하나의 매질을 공통으로 한 임계각 두 개를 비교하는 유형이 자주 출제된다.

빛이 3개의 매질을 지날 때에, 서로 다른 매질들의 굴절률 또는 각각의 매질을 지날 때의 속력을 크기순으로 나열한 상황을 생각해보자.

이때 만약 공통이 되는 매질의 굴절률이나 그 매질을 지나는 빛의 속력이 부등호의 중간에 위치한다면, 접합면에서 빛이 꺾이는 방향이 달라 한눈에 문제가 풀리므로 문제의 난이도가 너무 쉽게 되어버린다.

따라서 공통이 되는 매질의 굴절률과 그 매질을 지날 때의 빛의 속력은 대부분 가장 작거나 가장 크다.

공통되는 매질의 굴절률과 그 매질을 지날 때의 빛의 속력은, 대부분 가장 작거나 가장 크다.

---

(1) 접합면 이전 매질이 공통일 때

그림과 같이 빛이 A에서 동일한 입사각 θ_0으로 B, C를 향해 진행한다. 이때 B에서 전반사가 일어났고, C에서는 입사 광선의 일부는 반사되고 일부는 굴절되었다. 매질 A, B, C에서의 굴절률 및 빛의 속력을 비교해보자.

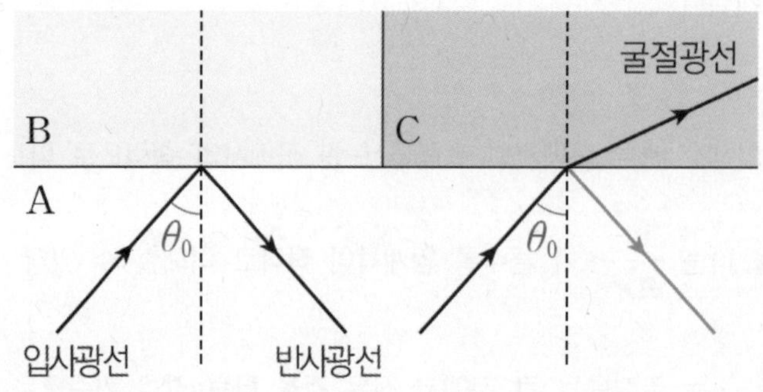

빛은 느린 쪽으로 꺾이므로, A에서 빛의 속력이 가장 느린 것을 확인할 수 있다.

이제 A에서 같은 입사각으로 입사할 때, B에서는 전반사가 일어났지만 C에서는 일어나지 않은 상황을 다음과 같이 생각할 수 있다.

'A에 대한 B의 굴절률은 **굉장히 작지만**, A에 대한 C의 굴절률은 **적당히 작다.** (A에서보다 B에서 빛이 **어어어엄청 더 빠르지만**, A에서보다 C에서 빛은 **적당히 더 빠르다.**)'

그러면 자연스럽게 굴절률이 $n_B < n_C < n_A$인 것과 빛의 속력이 $v_B > v_C > v_A$인 것을 파악할 수 있다.

위 상황을 임계각 관점으로도 접근할 수 있다. (A에서 빛의 속력이 가장 느린 건 이미 확인했다 하자.)

A와 B 사이에서 전반사가 일어난 것으로 보아 둘 사이 임계각이 θ_0보다 작은 걸, A와 C사이에 전반사가 일어나지 않은 것으로 보아 둘 사이 임계각은 θ_0보다 큰 걸 확인할 수 있다. 따라서 임계각은 A와 B사이 i_{AB}에서가 A와 C사이 i_{AC}에서보다 작다.

이를 통해 $\dfrac{v_{빠름}}{v_{느림}}$을 비교하면 $\dfrac{v_B}{v_A} > \dfrac{v_C}{v_A}$이므로 $v_B > v_C > v_A$이고,

이를 굴절률 관점으로 바라본다면 $\dfrac{n_{큰}}{n_{작은}}$을 비교해서 $\dfrac{n_A}{n_B} > \dfrac{n_A}{n_C}$이므로 $n_B < n_C < n_A$이다.

(2) 접합면 이후 매질이 공통일 때

그림과 같이 빛이 B, C에서 동일한 입사각 θ_0으로 A를 향해 진행한다. 이때 C에서 전반사가 일어났고, B에서는 입사 광선의 일부는 반사되고 일부는 굴절되었다. 매질 A, B, C의 굴절률과 각각의 매질을 통과할 때 빛의 속력을 비교하자.

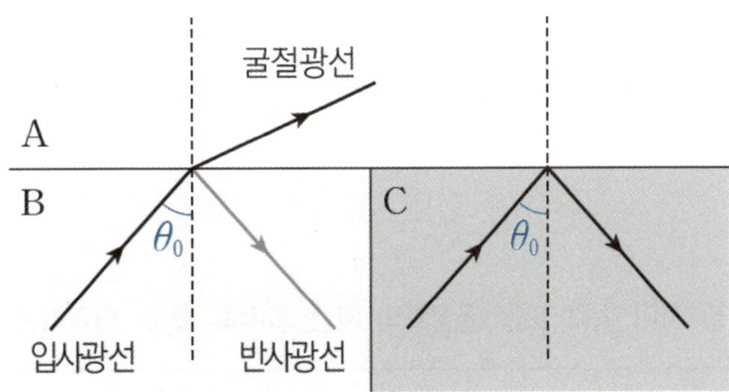

빛은 느린 쪽으로 꺾이므로, 위의 경우엔 A에서 빛의 속력이 가장 빠른 것을 알 수 있다.

전반사 여부를 살펴보면 빛이 B에서 A로 향할 때 임계각은 θ_0보다 크고, 빛이 C에서 A로 향할 때 임계각은 θ_0보다 작다. 따라서 $\dfrac{v_{빠름}}{v_{느림}}$을 비교하면 $\dfrac{v_A}{v_C} > \dfrac{v_A}{v_B}$이므로, $v_A > v_B > v_C$이다.

또한 $\dfrac{n_{큰}}{n_{작은}}$을 비교하면 $\dfrac{n_C}{n_A} > \dfrac{n_B}{n_A}$이므로, $n_C > n_B > n_A$이다.

위 상황을 정리하면 다음과 같은 사실을 알 수 있다.

> 3개의 매질이 나오는 상황에서
> 빛이 특정 매질(위 상황에서 B, C)을 지날 때와 공통되는 매질(위 상황에서 A)을 지날 때
> **매질의 굴절률 또는 빛의 속력의 차가 클수록, 임계각은 작고 빛은 많이 꺾인다.**

이를 이용하면 ①, ②에서 매질의 굴절률과 각 매질을 지날 때 빛의 속력을 굉장히 쉽게 비교할 수 있다.

①을 먼저 보자. 빛이 A에서 B를 향할 때가 C를 지날 때보다 더 많이 꺾이므로,
v_A와의 차는 v_B가 v_C보다 크다. 이때 v_A의 크기가 가장 작으므로, $v_B > v_C > v_A$이다.

다음으로 ②를 보자. 빛이 C에서 A를 향할 때가 B에서 A를 향할 때보다 더 많이 꺾이므로,
v_A와의 차는 v_C가 v_B보다 크다. 이때 v_A의 크기가 가장 크므로 $v_A > v_B > v_C$이다.

헷갈리지 말자. 핵심은 속력 자체가 크고 작은 게 아니라, **속력의 차**가 크고 작은 것이다.

특정 매질과 공통되는 매질을 지날 때 빛의 속력 차가 클수록 임계각이 작다고 했다.

그런데 문제를 빠르게 풀다 보면 굴절률 차와 속력 차가 커질 때 임계각도 왠지 모르게 커질 것만 같을 수 있다. 정말 많이 나오는 실수이므로, 전반사가 일어나기 좋은 조건을 생각해서 외우자.

광섬유에서 임계각이 작을수록 더 작은 입사각에서 전반사가 일어날 수 있으므로 전반사 성능이 좋아지고, 따라서 임계각이 작은 상황이 전반사가 일어나기 좋은 조건이다.

그러니 이렇게 외우자.

특정 매질과 공통이 되는 매질 사이 **속력 또는 굴절률의 차는 클수록 좋고, 임계각은 작을수록 좋다.**

예제(1) 12학년도 9월 평가원 15번

그림과 같이 공기에서 유리로 단색광을 점 P에 입사각 $40°$로 입사시켰더니 유리의 옆면에서 반사각 θ로 전반사하였다. 공기와 유리의 경계면에서의 임계각은 $42°$이다.

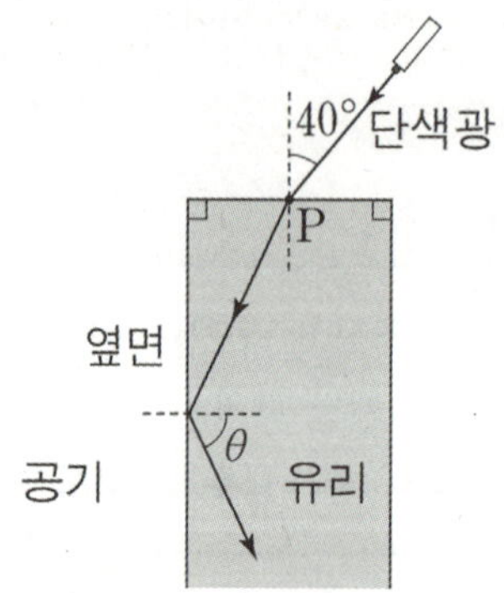

이에 대한 설명으로 옳은 것만을 <보기>에서 있는 대로 고른 것은?

〈 보 기 〉

ㄱ. 단색광의 파장은 유리에서가 공기에서보다 짧다.
ㄴ. θ는 임계각보다 크다.
ㄷ. 입사각이 $80°$가 되도록 단색광을 P에 입사시키면 유리의 옆면에서 전반사하지 않는다.

0. 문제 상황 파악하기

유리에서 공기로 θ의 각으로 입사할 때 전반사가 일어나므로, 우선 유리에서의 단색광의 속력이 공기에서보다 작음을 알 수 있다.

빛의 진동수는 매질과 무관하게 일정하므로 속력과 파장이 비례하는 것을 이용하면,
유리에서 파장이 공기에서보다 짧음을 알 수 있다. **(ㄱ 맞음)**
또한 전반사가 일어났다는 것은 θ가 임계각보다 크다는 것을 의미한다. **(ㄴ 맞음)**

1-1. 광선 역진의 원리 이용하기

그냥 입사각을 눈대중으로 늘리다보면 그럴듯하게 전반사가 될 것 같기도 하고 아닌 것 같기도 하다.
따라서 이런 경우에, 광선 역진의 원리를 이용할 수 있다.

공기와 유리면의 임계각은 $42°$ 이므로, 전반사가 일어나지 않기 위해서는 옆면에 도달한 빛이 유리에서 공기를 향해 빛이 $42°$ 보다 작은 각으로 입사해야 한다. 즉, 점 P에서 **공기→유리 방향으로 입사한 광선의 굴절각**이 최소한 $48°$ 보다는 커야 전반사가 일어나지 않는다는 뜻이다.

그러니 우리는 유리의 옆면에 빛이 임계각인 $42°$ 로 입사한다고 가정하고, 이때 처음 입사각을 찾기 위해 그림과 같이 광선 역진의 원리를 이용하자.

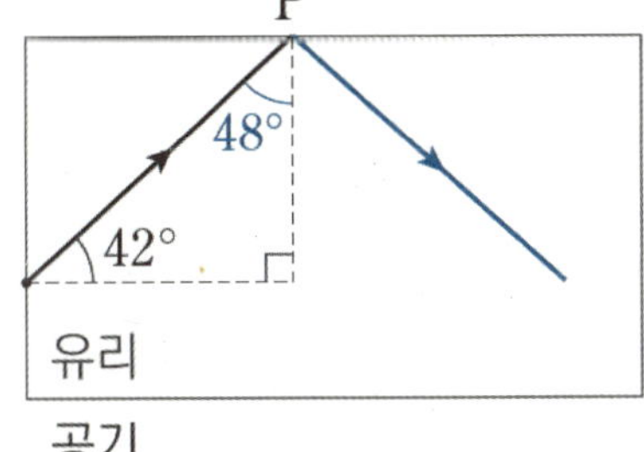

그러면 점 P에 도착한 광선은 $48°$ 의 각으로 유리에서 공기로 입사하는 셈인데, 이때 임계각 $42°$ 보다 큰 각으로 입사했으므로 전반사가 일어난다.

즉, 빛은 유리 윗면을 뚫고 나가지 못했으므로 **광선이 유리 밖에서 왔다는 가정에 애초부터 모순**이 일어난다. **(ㄷ 틀림)**

1-2. 점 P에서 빛의 굴절각과 옆면에서 빛의 입사각 관계 이용하기

공기와 유리 사이 임계각이 $42°$ 이므로, 공기에서 유리 방향으로 점 P에 입사되는 빛의 입사각이 $90°$ 에 매우 가까울 때조차 유리에서 굴절된 빛은 $42°$ 가 조금 안되는 굴절각을 만든다.

따라서 어떤 각으로 빛을 입사해도 **공기→유리 방향으로 점 P에 입사한 광선의 굴절각**이 $42°$ 보다는 작다는 걸 알 수 있다.

이는 옆면에 입사하는 빛의 입사각이 언제나 $48°$ 보다는 크다는 말이므로, 점 P에 입사되는 빛의 입사각에 관계없이 언제나 옆면에서 전반사가 일어난다는 사실을 알 수 있다. **(ㄷ 틀림)**

정답 : ㄱ, ㄴ

그림 (가)는 매질 A에 매질 B와 C로 만든 광섬유를 넣고, 단색광 a를 A와 B의 경계면에 입사각 θ로 입사시켰을 때 B와 C의 경계면에서 a가 전반사하는 모습을 나타낸 것이다. 그림 (나)는 (가)에서 A를 매질 D로 바꾸었을 때 a가 B와 C의 경계면에서 굴절하는 모습을 나타낸 것이다.

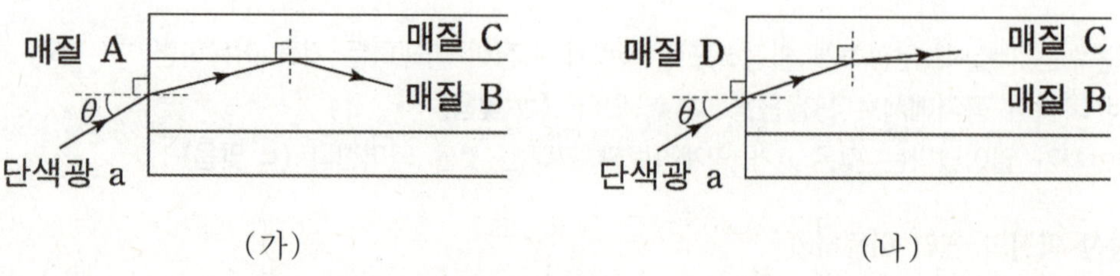

이에 대한 설명으로 옳은 것만을 <보기>에서 있는 대로 고른 것은?

〈 보 기 〉

ㄱ. a의 속력은 B에서가 C에서보다 작다.

ㄴ. 굴절률은 A가 D보다 작다.

ㄷ. (가)에서 0보다 크고 θ보다 작은 입사각으로 a를 B에 입사시키면 B와 C의 경계면에서 전반사가 일어나지 않는다.

---

0. 문제 상황 파악하기

다른 모든 조건이 같은 상황에서, 시작하는 매질만 (가)는 A, (나)는 D로 다른 상황이다. 또한 (가)의 B와 C 사이에서 전반사가 일어난 것으로 보아 a의 속력은 B에서가 C에서보다 작다. **(ㄱ 맞음)**

1. 꺾인 정도에 따른 굴절률의 차를 이용해 서로의 굴절률 비교하기

A와 D에서 동일한 입사각으로 B를 향했지만 (가)에서 더 많이 꺾였으므로 B와의 굴절률 차는 A가 D보다 더 큼을 알 수 있다. 이때 법선으로부터 단색광은 (가)와 (나) 모두에서 B에 가까우므로 굴절률은 B가 제일 크고, 이를 통해 굴절률을 비교하면 $B > D > A$ 이다. **(ㄴ 맞음)**

2. 입사각의 변화 관찰하기

(가)에서 0보다 크고 θ보다 작은 입사각으로 a를 B에 입사시키면 B와 C의 경계면에서 입사각이 θ일 때보다 커지므로, 전반사가 일어난다. **(ㄷ 틀림)**

정답 : ㄱ, ㄴ

그림 (가)는 단색광 X가 광섬유에 사용되는 물질 A, B, C를 지나는 모습을 나타낸 것이다. 그림 (나)는 A, B, C를 이용하여 만든 광섬유에 X가 각각 입사각 i_1, i_2로 입사하여 진행하는 모습을 나타낸 것이다. θ_1, θ_2는 코어와 클래딩 사이의 임계각이다.

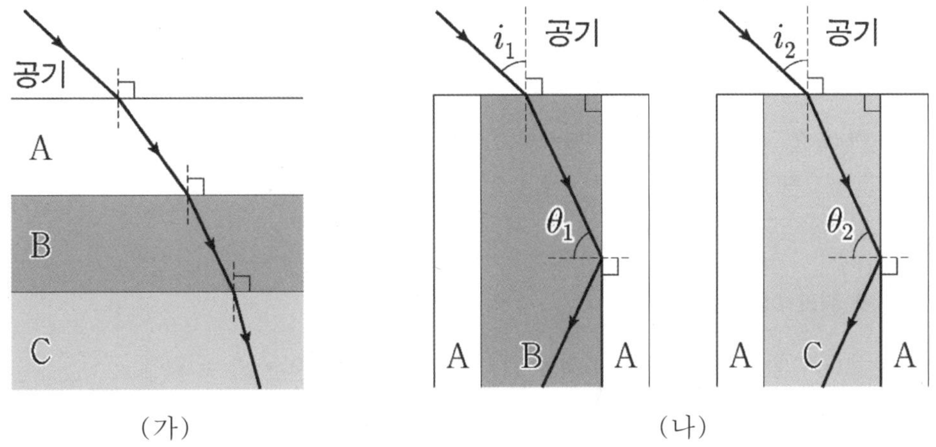

이에 대한 설명으로 옳은 것만을 <보기>에서 있는 대로 고른 것은?

<보 기>

ㄱ. 굴절률은 C가 A보다 크다.
ㄴ. $\theta_1 < \theta_2$이다.
ㄷ. $i_1 > i_2$이다.

0. 문제 상황 파악하기

(가) 그림에서 공기→A→B→C 순으로 빛이 진행하면서 점점 법선에 가까워 지는 것을 통해,
매질이 변할 때마다 빛의 속력이 점점 느려지는 걸 알 수 있다.
따라서 굴절률은 공기 $<$ A $<$ B $<$ C이다. **(ㄱ 맞음)**

1. 임계각의 성질을 이용하기

A, C 사이 굴절률의 차는 A, B 사이 굴절률의 차보다 크므로,
이를 이용해 (나) 그림에서 '굴절률의 차는 클수록 좋고 임계각은 작을수록 좋다.'는 성질을 적용하면
$\theta_2 < \theta_1$임을 알 수 있다. **(ㄴ 틀림)**

2. 광선 역진의 원리 이용하기

눈대중으로 비교하기 힘든 이러한 상황에서는 광선 역진의 원리를 이용할 수 있다.

공통 매질인 공기에 B와 C로부터 단색광이 입사하는 상황으로 문제 상황을 바꾸어 생각하자.
공기로 향하는 빛의 입사각이 $(90° - \theta_1) < (90° - \theta_2)$이므로,
입사각은 빛이 C에서 공기로 진행할 때가 B에서 공기로 진행할 때보다 크다.

또한 공기와 C 사이 굴절률의 차가 공기와 B 사이 굴절률의 차보다 크기 때문에,
빛은 C에서 공기로 진행할 때 더 많이 꺾인다.

정리하면 (나)에서 빛이 C→공기로 향할 때가 B→공기로 향할 때보다 입사각도 큰데 꺾이는 정도도 크다.
따라서 굴절각이 명백히 $i_1 < i_2$임을 알 수 있다. **(ㄷ 틀림)**

정답 : ㄱ

다음은 빛의 전반사에 대한 실험이다.

[실험 과정]

(가) 그림과 같이 단색광 P를 공기 중에서 매질 A의 윗면에
    입사시킨다.

(나) 입사각 θ를 변화시키며 매질의 옆면에서 P의 전반사 여부를
    관찰한다.

(다) (가)에서 A를 같은 모양의 매질 B로 바꾸고 (나)를 반복한다.

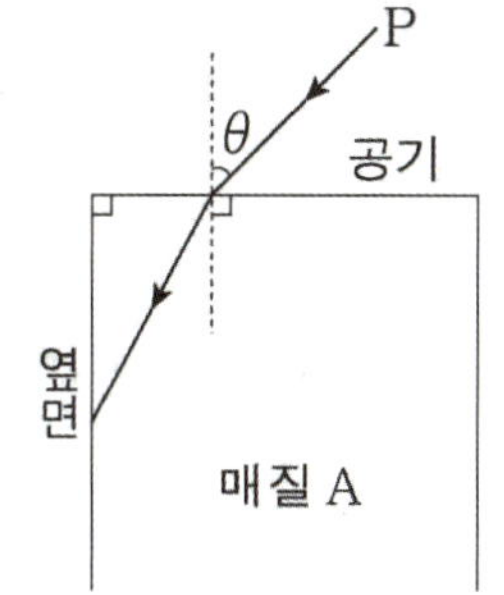

[실험 결과]

매질	θ	옆면에서 전반사 여부
A	$0 < \theta < 64°$	일어남
	$64° < \theta < 90°$	일어나지 않음
B	$0 < \theta < 90°$	일어남

이에 대한 옳은 설명만을 <보기>에서 있는 대로 고른 것은?

〈보 기〉

ㄱ. P의 속력은 B에서가 A에서보다 크다.

ㄴ. 매질에서 공기로 P가 진행할 때 임계각은 A에서가 B에서보다 크다.

ㄷ. A와 B로 광섬유를 만든다면 A를 코어로 사용해야 한다.

0. 문제 상황 파악하기

이 문제에서는 〈보기〉에 굴절률과 관련된 말이 없으므로,
빛의 속력 관점에 입각해서 문제를 바라보도록 하자.
빛이 매질 A, B에서 공기로 향할 때 전반사가 일어난 것을 보아, 빛의 속력은 공기를 지날 때 가장 빠르다는
걸 알 수 있다.

1. 문제 조건 해석하기

매질 A에서는 특정 각 이하로 입사해야만 전반사가 일어나는데, 매질 B에서는 어떻게 입사해도 전반사가
일어나는 상황이다.
따라서 전반사가 더 잘 일어나는 매질이 B이므로, 매질과 공기 사이의 임계각은 B가 A보다 작다. (ㄴ 맞음)

2. 임계각과 속력 차의 관계 이용하기

공기와 매질 사이 임계각이 B가 A보다 작다는 말은,
공기에서와 B에서의 속력 차가 공기에서와 A에서의 속력 차보다 큼을 의미한다.
빛의 속력은 공기를 지날 때 가장 빠르므로, 이를 통해 매질에 따른 빛의 속력을 정리하면
'공기 > A > B'이다.

(ㄱ 틀림)

따라서 A와 B로 광섬유를 만든다면 A를 클래딩으로 사용해야 한다. (ㄷ 틀림)

정답 : ㄴ

그림 (가), (나)는 각각 물질 X, Y, Z 중 두 물질을 이용하여 만든 광섬유의 코어에 단색광 A를 입사각 θ_0으로 입사시킨 모습을 나타낸 것이다. θ_1은 X와 Y 사이의 임계각이고, 굴절률은 Z가 X보다 크다.

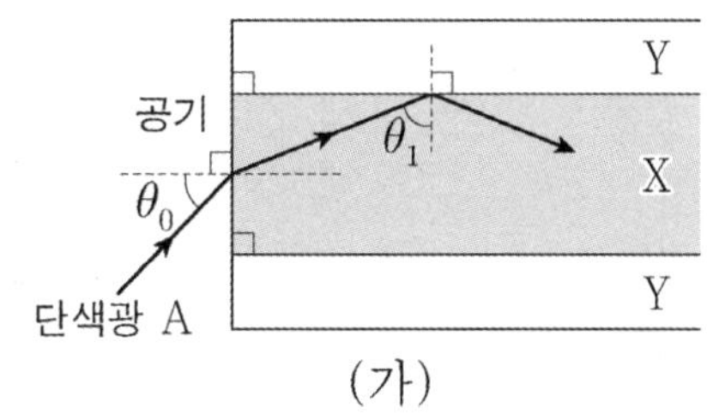

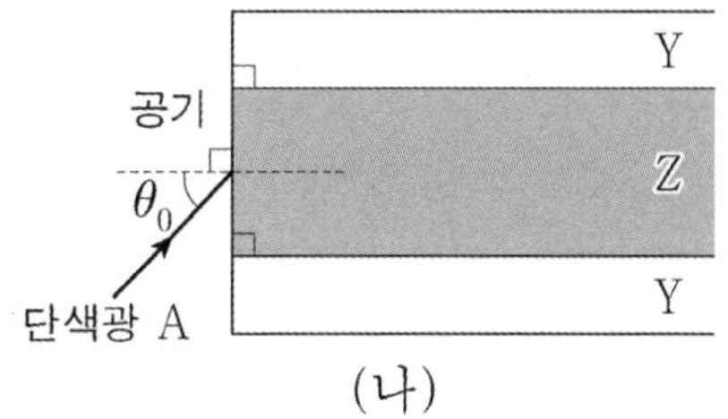

이에 대한 설명으로 옳은 것만을 <보기>에서 있는 대로 고른 것은?

〈보 기〉

ㄱ. (가)에서 A를 θ_0보다 큰 입사각으로 X에 입사시키면 A는 X와 Y의 경계면에서 전반사하지 않는다.
ㄴ. (나)에서 Z와 Y 사이의 임계각은 θ_1보다 크다.
ㄷ. (나)에서 A는 Z와 Y의 경계면에서 전반사한다.

문항에서 조건을 굴절률로 주었는데 〈보기〉에서 속력을 비교하지 않으므로, 굴절률의 관점으로 해석하는 것이 편하다.

0. 문제 상황 파악하기

(가)와 (나)에서 빛의 처음 입사각과 광섬유의 클래딩은 같은데, 코어만 X와 Z로 다르다.

(가)에서 법선으로부터 빛은 X에서보다 공기에서 멀리 떨어져 있다. 따라서 굴절률은 '공기< X'이고,
문제 발문에 따라 굴절률을 크기순으로 정리하면 '공기< X < Z'이다.

그리고 (가)에서 A를 θ_0보다 큰 입사각으로 X에 입사시키면 A는 X와 Y의 경계면에서 입사각이 임계각
θ_1보다 작아지기 때문에 전반사하지 않는다. **(ㄱ 맞음)**

1. 굴절률의 차를 이용해 임계각 비교하기

(가)에서 전반사가 일어난 것으로 보아, 굴절률은 Y < X임을 알 수 있다.

굴절률이 X < Z이기 때문에 Y와의 굴절률 차가 X보다 Z에서 더 클 것이고,
굴절률 차가 클수록 임계각이 작으므로 임계각은 (나)에서가 (가)에서보다 작다. **(ㄴ 틀림)**

2. (가)의 상황을 새로운 (나)의 상황에 적용하기

(나)에서 Y와 Z 사이 임계각이 (가)에서 X와 Y 사이 임계각보다 작은데, 공기에서 입사할 때 꺾이는 정도는
(나)에서가 (가)에서보다 크다.

따라서 (가)에 비해 (나)에서는 임계각이 작은데 심지어 코어와 클래딩의 경계면에서의 입사각이 더 큰
상황이므로, A는 무조건 Z와 Y의 경계면에서 전반사한다. **(ㄷ 맞음)**

정답 : ㄱ, ㄷ

다음은 빛의 성질을 알아보는 실험이다.

[실험 과정]

(가) 반원 Ⅰ, Ⅱ로 구성된 원이 그려진 종이면의 Ⅰ에 반원형 유리 A를 올려놓는다.

(나) 레이저 빛이 점 p에서 유리면에 수직으로 입사하도록 한다.

(다) 그림과 같이 빛이 진행하는 경로를 종이면에 그린다.

(라) p와 x축 사이의 거리 L_1, 빛의 경로가 Ⅱ의 호와 만나는 점과 x축 사이의 거리 L_2를 측정한다.

(마) (가)에서 Ⅰ의 A를 반원형 유리 B로 바꾸고, (나)~(라)를 반복한다.

(바) (마)에서 Ⅱ에 A를 올려놓고, (나)~(라)를 반복한다.

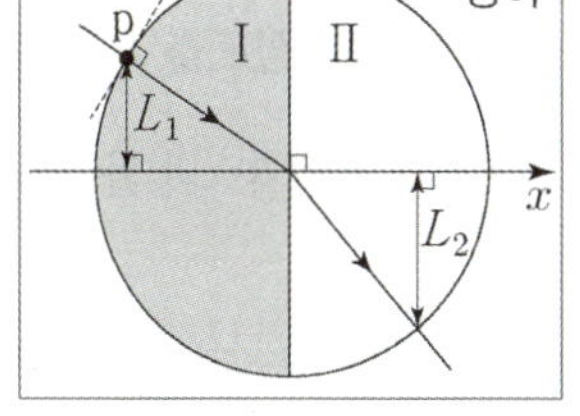

[실험 결과]

과정	Ⅰ	Ⅱ	L_1(cm)	L_2(cm)
(라)	A	공기	3.0	4.5
(마)	B	공기	3.0	5.1
(바)	B	A	3.0	㉠

이에 대한 설명으로 옳은 것만을 <보기>에서 있는 대로 고른 것은?

〈 보 기 〉

ㄱ. ㉠ > 5.1이다.

ㄴ. 레이저 빛의 속력은 A에서가 B에서보다 크다.

ㄷ. 임계각은 레이저 빛이 A에서 공기로 진행할 때가 B에서 공기로 진행할 때보다 크다.

0. 문제 상황 파악하기

반원형 공간 Ⅰ, Ⅱ에 각각 다른 매질을 채워넣고, 그에 따라 빛이 꺾이는 정도가 달라지는 상황이다.
ㄴ에서 레이저 빛의 속력을 비교하고 있으므로, 빛의 속력에 초점을 맞추어 문제를 해결하자.

1. 꺾이는 정도를 이용해 속력 대소 비교하기

표에서 (라)와 (마)를 비교하자.

빛은 같은 입사각으로 공기에 입사했지만, 꺾이는 정도가 A→공기로 입사한 (라)보다 B→공기로 입사한
(마)에서 더 크다. 또한 빛이 공기를 지날 때 법선으로부터 더 멀리 떨어져 있으므로, 공기에서 빛의 속력이
가장 빠른 것도 확인할 수 있다.

따라서 이를 종합하면 공기를 지나는 빛의 속력과 비교할 때, 빛이 A를 지날 때보다 B를 지날 때 더 느린
것을 알 수 있다.

따라서 매질에 따른 빛의 속력을 비교하면 'B < A < 공기' 이다. **(ㄴ 맞음)**

2. 속력 대소를 이용해 꺾이는 정도 비교하기

이제 역으로 속력을 이용해 꺾이는 정도를 유추해보자.

두 매질을 지나는 빛의 속력 차가 클수록 빛은 많이 꺾이므로,
빛이 B에서 공기로 진행할 때보다 B에서 A로 진행할 때 덜 꺾일 것이다.
따라서 ㉠ < 5.1이다. **(ㄱ 틀림)**

3. 매질 간 빛의 속력 차와 임계각 사이 관계 이용하기

두 매질을 지나는 빛의 속력 차가 클수록 임계각은 작다.
여기서는 빛이 B와 공기를 지날 때가 A와 공기를 지날 때보다 속력 차가 더 크므로, 임계각은 B에서 공기로
진행할 때가 A에서 공기로 진행할 때보다 작다. **(ㄷ 맞음)**

정답 : ㄴ, ㄷ

다음은 빛의 성질을 알아보는 실험이다.

[실험 과정]

(가) 반원형 매질 A, B, C를 준비한다.

(나) 그림과 같이 반원형 매질을 서로 붙여 놓고 단색광 P를 입사시켜 입사각과 굴절각을 측정한다.

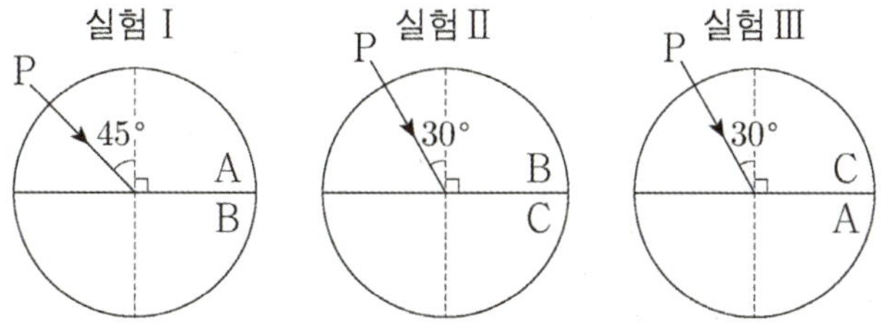

[실험 결과]

실험	입사각	굴절각
Ⅰ	$45°$	$30°$
Ⅱ	$30°$	$25°$
Ⅲ	$30°$	㉠

이에 대한 설명으로 옳은 것만을 <보기>에서 있는 대로 고른 것은?

〈 보 기 〉

ㄱ. ㉠은 $45°$ 보다 크다.

ㄴ. P의 파장은 A에서가 B에서보다 짧다.

ㄷ. 임계각은 P가 B에서 A로 진행할 때가 C에서 A로 진행할 때보다 작다.

이 문제를 보면, 바로 앞 예제였던 22학년도 6월 모의평가 16번과 굉장히 유사한 것을 확인할 수 있다.
이처럼 **당해 6월과 9월에 나온 문제에 쓰인 논리가 그대로 변형되어 수능에 나올 수 있다**는 걸 꼭 기억하자.

0. 문제 상황 파악하기

반원형 공간 위 아래에 각각 다른 매질을 채워넣고, 그에 따라 빛이 꺾이는 정도가 달라지는 상황이다.
ㄴ에서 빛의 파장을 비교하고 있는데, 이는 굴절률과 속력 중 속력에 비례한다. 따라서 빛의 속력에 초점을
맞추어 문제를 해결하자.

1. 법선에서 빛이 떨어진 정도를 이용해 속력 대소 비교하기

표의 첫 번째 줄을 먼저 살펴보자. 실험 I 에서 빛이 A보다 B를 지날 때 법선에 더 가까우므로,
매질에 따른 빛의 속력이 A > B임을 알 수 있다.

이제 표의 두 번째 줄을 살펴보자. 실험 II 에서는 빛이 B보다 C를 지날 때 법선에 더 가까우므로,
매질에 따른 빛의 속력이 B > C임을 알 수 있다. 정리하면 빛의 속력은 A > B > C이다.
빛의 속력은 파장과 비례하므로, 빛의 파장도 A > B > C이다. **(ㄴ 틀림)**

2. 속력 대소를 이용해 꺾이는 정도 비교하기

실험 III 에서는 C→A로 빛이 진행하는데, 이때 입사각이 30°이고 굴절각이 ㉠이다.
선지를 확인하면 ㄱ 선지에서 ㉠을 45°와 비교하고 있으므로, 우리는 30°와 45°의 관계를 찾아야 한다.

이렇게 목표를 정하면 실험 I에 이 각도가 고스란히 나와 있는 것을 확인할 수 있다.
이제 생각의 편의를 위해, 실험 I 을 B→A의 상황으로 생각해 실험 I 과 II 의 나중 매질을 통일시키자.

두 매질을 지나는 빛의 속력 차가 클수록 빛은 많이 꺾이므로,
빛이 B에서 A로 진행할 때보다 C에서 A로 진행할 때 더 많이 꺾일 것이다. 둘의 입사각이 30°로 같으므로,
㉠ > 45°이다. **(ㄱ 맞음)**

3. 매질 간 빛의 속력 차와 임계각 사이 관계 이용하기

두 매질을 지나는 빛의 속력 차가 클수록 임계각은 작다. 여기서는 A와 C를 지날 때가 A와 B를 지날 때보다
빛의 속력 차가 더 크므로, 임계각은 C에서 A로 진행할 때가 B에서 A로 진행할 때보다 작다. **(ㄷ 틀림)**

정답 : ㄱ

다음은 빛의 성질을 알아보는 실험이다.

[실험 과정]

(가) 그림과 같이 반원형 매질 A와 B를 서로 붙여 놓는다.

(나) 단색광은 A에서 B를 향해 원의 중심을 지나도록 입사시킨다.

(다) (나)에서 입사각을 변화시키면서 굴절각과 반사각을 측정한다.

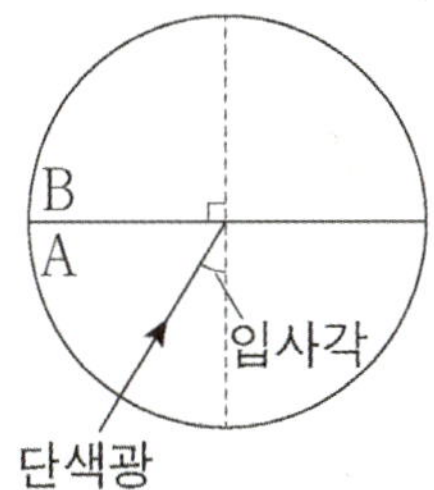

[실험 결과]

실험	입사각	굴절각	반사각
I	30°	34°	30°
II	㉠	59°	50°
III	70°	해당 없음	70°

이에 대한 설명으로 옳은 것만을 <보기>에서 있는 대로 고른 것은?

〈 보 기 〉

ㄱ. ㉠은 50°이다.

ㄴ. 단색광의 속력은 A에서가 B에서보다 크다.

ㄷ. A와 B 사이의 임계각은 70°보다 크다.

0. 문제 상황 파악하기

반원형 공간 위 아래에 각각 매질 A, B를 채워넣고, 입사각에 따른 굴절각과 반사각을 표로 제시했다.
가장 먼저, 입사각과 반사각은 항상 일치하는 것을 통해 ㉠이 50°인 것을 알 수 있다. **(ㄱ 맞음)**

1. 나머지 표 해석하기

세 실험 중 어떤 것을 보더라도, A에서 B를 향하는 빛의 입사각보다 굴절각이 더 크다. 그 말은 법선으로부터 떨어진 정도가 A < B라는 말이므로, 빛의 속력은 A에서가 B에서보다 작다. **(ㄴ 틀림)**

또한 실험 III을 보면, 입사각이 70°일 때 전반사가 일어났음을 알 수 있다.
따라서 A와 B 사이 임계각은 70°보다 작다는 것을 알 수 있다. **(ㄷ 틀림)**

정답 : ㄱ

그림 (가)는 단색광 X가 매질 Ⅰ, Ⅱ, Ⅲ의 반원형 경계면을 지나는 모습을, (나)는 (가)에서 매질을 바꾸었을 때 X가 매질 ㉠과 ㉡ 사이의 임계각으로 입사하여 점 p에 도달한 모습을 나타낸 것이다. ㉠과 ㉡은 각각 Ⅰ과 Ⅱ 중 하나이다.

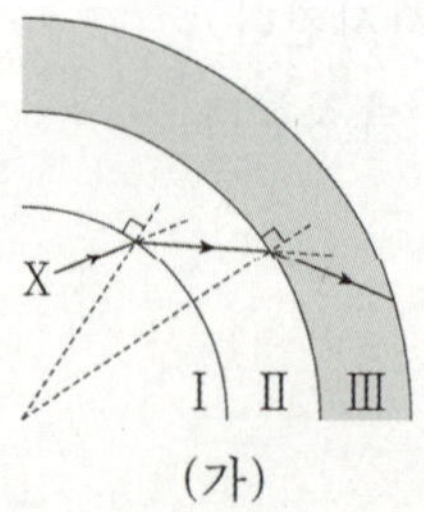
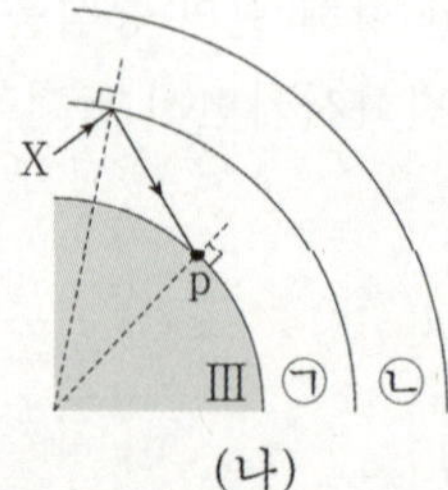

(가)   (나)

이에 대한 설명으로 옳은 것만을 <보기>에서 있는 대로 고른 것은?

〈 보 기 〉

ㄱ. 굴절률은 Ⅰ이 가장 크다.
ㄴ. ㉡은 Ⅱ이다.
ㄷ. (나)에서 X는 p에서 전반사한다.

---

0. 문제 상황 파악하기

(가)에서 X가 Ⅰ, Ⅱ, Ⅲ을 지나면서 법선에서 점점 멀어지고 있으므로, X의 속력이 Ⅰ, Ⅱ, Ⅲ 순으로 점점 빨라지고, 굴절률은 작아지는 것을 알 수 있다. 따라서 굴절률은 Ⅰ에서 가장 크다. **(ㄱ 맞음)**

1. (나) 해석하기

㉠에서 ㉡으로 진행할 때 전반사가 일어났으므로, ㉠의 굴절률이 ㉡보다 큰 것을 알 수 있다.
따라서 ㉠은 Ⅰ, ㉡은 Ⅱ이다. **(ㄴ 맞음)**

(나)의 p에서 X는, (나)의 Ⅰ과 Ⅱ 사이에서 전반사할 때보다 더 큰 입사각으로 입사한다.
Ⅰ과 Ⅱ 사이의 임계각보다 Ⅰ과 Ⅲ 사이 임계각이 더 작은데 입사각이 더 크므로, p에서 무조건 전반사가 일어난다. **(ㄷ 맞음)**

정답 : ㄱ, ㄴ, ㄷ

그림 (가)는 매질 A에서 원형 매질 B에 입사각 θ_1로 입사한 단색광 P가 B와 매질 C의 경계면에 임계각 θ_c로 입사하는 모습을, (나)는 C에서 B로 입사한 P가 B와 A의 경계면에서 굴절각 θ_2로 진행하는 모습을 나타낸 것이다.

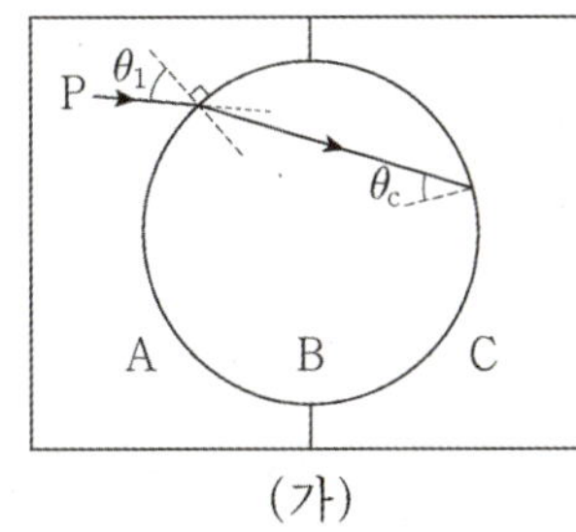
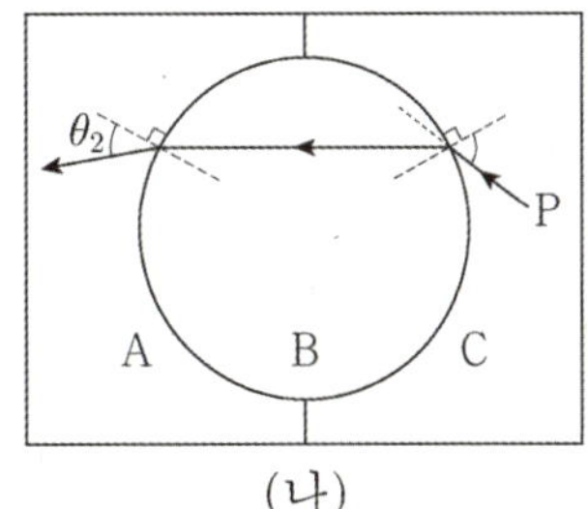

(가)   (나)

이에 대한 설명으로 옳은 것만을 <보기>에서 있는 대로 고른 것은?

〈 보 기 〉

ㄱ. P의 파장은 A에서가 B에서보다 길다.
ㄴ. $\theta_1 < \theta_2$이다.
ㄷ. A와 B 사이의 임계각은 θ_c보다 작다.

---

0. 문제 상황 파악하기

(가)에서 빛이 B에서 C로 진행할 때의 입사각이 임계각이므로, 빛이 지날 때의 속력은 B < C임을 알 수 있다. 그리고 (나)에서 P가 C→B로 진행할 때 굴절각과 B→A로 진행할 때 입사각이 같은데, AB 사이보다 BC에서 더 많이 꺾인다.

따라서 매질을 지날 때 빛의 속력은 C > A > B이다. (파장은 속력과 비례) **(ㄱ 맞음)**

1. (나) 해석하기

(나)에서 빛이 B→A로 진행할 때 입사각을 θ_0이라 하면, 이때 θ_0은 B와 C 사이 임계각 θ_c보다 작다. (가)와 (나)에서 빛이 B→A로 진행하는 상황에서 입사각이 θ_c일 때 굴절각이 θ_1이고, 입사각이 θ_0일 때 굴절각이 θ_2이다. 이때 입사각이 $\theta_0 < \theta_c$이므로, 따라서 굴절각은 $\theta_2 < \theta_1$이다. **(ㄴ 틀림)**

매질을 지날 때 빛의 속력이 C > A > B이므로, 속력의 차이가 C와 B에서보다 A와 B에서 더 작다. 임계각은 작을수록 좋으므로, A와 B 사이 임계각은 B와 C 사이의 θ_c보다 크다. **(ㄷ 틀림)**

정답 : ㄱ

그림 (가)는 단색광이 공기에서 매질 A로 입사각 θ_i로 입사한 후, 매질 A의 옆면 P에 임계각 θ_c로 입사하는 모습을 나타낸 것이다. 그림 (나)는 (가)에 물을 더 넣고 단색광을 θ_i로 입사시킨 모습을 나타낸 것이다.

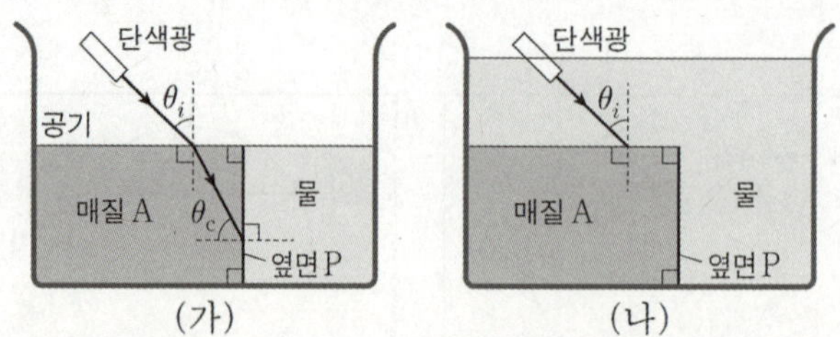

이에 대한 설명으로 옳은 것만을 <보기>에서 있는 대로 고른 것은?

〈 보 기 〉

ㄱ. A의 굴절률은 물의 굴절률보다 크다.
ㄴ. (가)에서 θ_i를 증가시키면 옆면 P에서 전반사가 일어난다.
ㄷ. (나)에서 단색광은 옆면 P에서 전반사한다.

0. 문제 상황 파악하기

(가)에서 빛이 A에서 물을 향해 진행할 때, 임계각이 존재한다.
따라서 A의 굴절률은 물의 굴절률보다 크다. **(ㄱ 맞음)**

또한, (가)에서 빛이 공기에서 A로 진행할 때의 입사각인 θ_i를 증가시키면 굴절각인 $(90° - \theta_c)$도 증가한다.
즉 옆면 P에서 빛의 입사각은 임계각인 θ_c보다 감소하고, P에서 전반사가 일어나지 않는다. **(ㄴ 틀림)**

1. (나) 해석하기

(나)에서 빛이 A의 윗면을 통과할 때의 입사각이 (가)에서와 같은 θ_i이다.
이때 물의 굴절률은 공기보다 크므로, A의 윗면에서의 굴절각은 (나)에서가 (가)에서보다 크다.

따라서 옆면 P를 통과할 때의 입사각이 (나)에서가 (가)에서보다 작고,
(나)에서 빛은 P에서 전반사하지 않는다는 걸 알 수 있다. **(ㄷ 틀림)**

정답 : ㄱ

그림은 동일한 단색광 A, B를 각각 매질 Ⅰ, Ⅱ에서 중심이 O인 원형 모양의 매질 Ⅲ으로 동일한 입사각 θ로 입사시켰더니, A와 B가 굴절하여 점 p에 입사하는 모습을 나타낸 것이다.

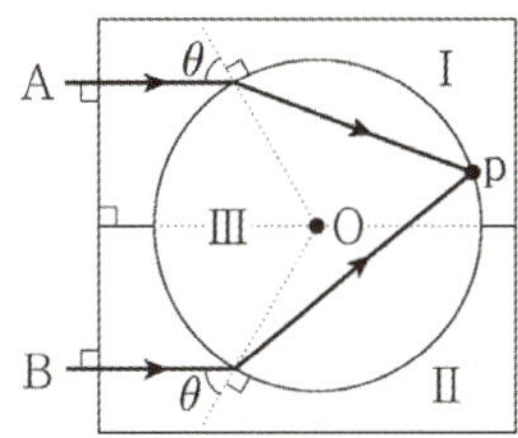

이에 대한 설명으로 옳은 것만을 <보기>에서 있는 대로 고른 것은?

〈 보 기 〉

ㄱ. A의 파장은 Ⅰ에서가 Ⅲ에서보다 길다.
ㄴ. 굴절률은 Ⅰ이 Ⅱ보다 크다.
ㄷ. P에서 B는 전반사한다.

0. 문제 상황 파악하기

A가 Ⅰ→Ⅲ으로 입사할 때, Ⅲ에서 법선에 더 가까우므로 속력은 Ⅲ에서가 Ⅰ에서보다 작다는 걸 알 수 있다.
또한 같은 방식으로 B가 Ⅱ→Ⅲ으로 입사할 때 속력은 Ⅲ에서가 Ⅱ에서보다 작다는 걸 알 수 있다.

따라서 Ⅲ을 지날 때 빛의 속력이 가장 느리고,
Ⅰ→Ⅲ보다 Ⅱ→Ⅲ에서 빛이 더 많이 꺾였으므로 빛의 속력은 Ⅱ > Ⅰ > Ⅲ임을 알 수 있다.

따라서 A의 파장은 Ⅰ에서가 Ⅲ에서보다 길고 **(ㄱ 맞음)**, 굴절률은 Ⅰ이 Ⅱ보다 크다. **(ㄴ 맞음)**

1. 광선 역진의 원리 적용하기

B가 Ⅱ→Ⅲ으로 입사각 θ로 진행할 때 굴절각을 θ_0이라 하자.
그렇다면 역으로, B가 Ⅲ→Ⅱ로 입사각 θ_0으로 진행한다면 그때 굴절각은 θ일 것이다.

p에서 B는 Ⅲ→Ⅰ로 입사각 θ_0으로 진행하는데,
B는 Ⅲ→Ⅰ로 진행할 때가 Ⅲ→Ⅱ보다 덜 꺾인다.
즉 p를 지난 후 굴절각은 θ보다 작고, 전반사는 일어나지 않는다. **(ㄷ 틀림)**

정답 : ㄱ, ㄴ

다음은 빛의 성질을 알아보는 실험이다.

[실험 과정 및 결과]

(가) 반원형 매질 A, B, C를 준비한다.

(나) 그림과 같이 반원형 매질을 서로 붙여 놓고, 단색광 P의 입사각(i)을 변화시키면서 굴절각(r)을 측정하여 $\sin r$ 값을 $\sin i$ 값에 따라 나타낸다.

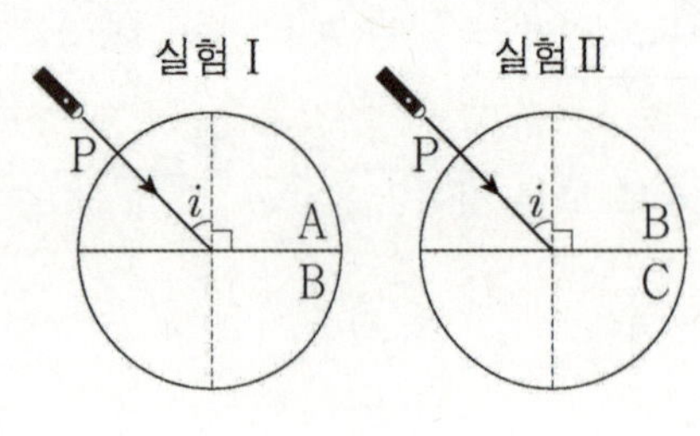

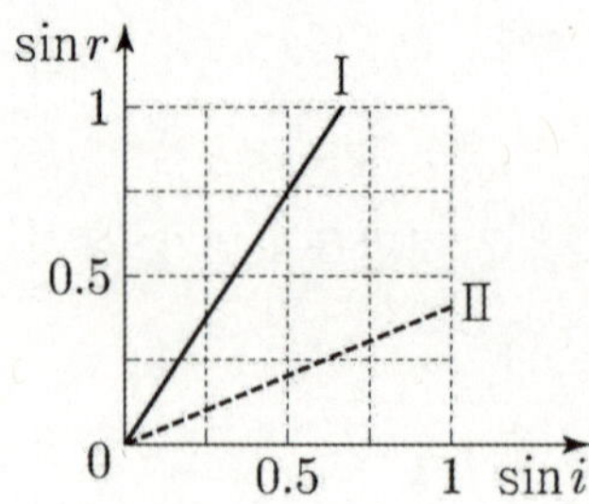

이에 대한 설명으로 옳은 것만을 <보기>에서 있는 대로 고른 것은?

〈보 기〉

ㄱ. 굴절률은 A가 B보다 크다.

ㄴ. P의 속력은 B에서가 C에서보다 작다.

ㄷ. I 에서 $\sin i_0 = 0.75$인 입사각 i_0으로 P를 입사시키면 전반사가 일어난다.

---

0. 문제 상황 파악하기

I 에서 $\sin i < \sin r$이므로, P가 A에서 B로 입사할 때 입사각보다 굴절각이 더 큰 것을 알 수 있다. 따라서 법선에서 떨어진 정도를 비교해보면 굴절률은 A가 B보다 크다. **(ㄱ 맞음)**

II 에서 $\sin i > \sin r$이므로, P가 B에서 C로 입사할 때 입사각보다 굴절각이 더 작은 것을 알 수 있다. 따라서 법선에서 떨어진 정도를 비교해보면 P의 속력은 B에서가 C에서보다 크다. **(ㄴ 틀림)**

1. 그래프 활용하기

그래프에서 $\sin r = 1$인 순간의 입사각이 임계각임을 알 수 있고, 그 값은 $\sin i = 0.75$일 때보다 작다. 따라서 I 에서 $\sin i_0 = 0.75$인 입사각 i_0으로 P를 입사시키면 전반사가 일어난다. **(ㄷ 맞음)**

정답 : ㄱ, ㄷ

예제(14) 25학년도 6월 평가원 15번

그림과 같이 단색광 P가 매질 I, II, III의 경계면에서 굴절하며 진행한다. P가 I 에서 II로 진행할 때 입사각과 굴절각은 각각 θ_1. θ_2이고, II에서 III으로 진행할 때 입사각과 굴절각은 각각 θ_3, θ_1이며, III에서 I 로 진행할 때 굴절각은 θ_2이다.

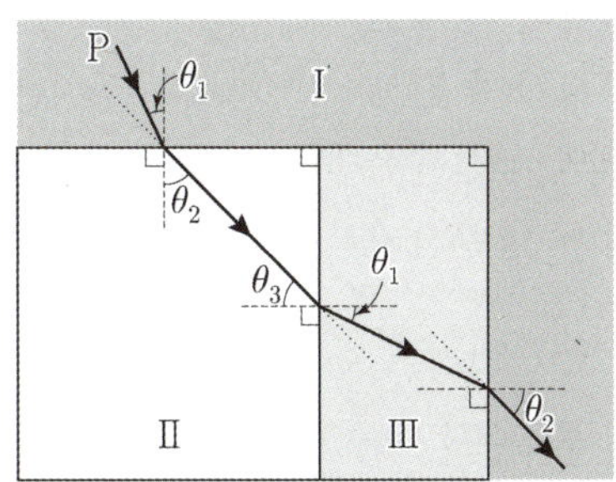

이에 대한 설명으로 옳은 것만을 <보기>에서 있는 대로 고른 것은?

<그림과 같이 단색광 P가 매질 I, II, III의 경계면에서 굴절하며 진행한다.>

───────── 〈보 기〉 ─────────

ㄱ. P의 파장은 I 에서가 II에서보다 짧다.
ㄴ. P의 속력은 I 에서가 III에서보다 크다.
ㄷ. $\theta_3 > \theta_2$이다.

문항 해결하기

P가 I에서 II로 진행할 때, 법선으로부터 P는 I에서보다 II에서 더 멀리 떨어져 있다.
즉, P의 속력과 파장은 I < II이다. **(ㄱ 맞음)**

또한 P가 II에서 III으로 진행할 때, 법선으로부터 P는 II에서가 III에서보다 더 멀리 떨어져 있다.
즉, P의 속력과 파장은 II > III이다. **(ㄴ 맞음)**

P가 III에서 I로 진행할 때, 법선으로부터 P는 I에서가 III에서보다 더 멀리 떨어져 있다.
즉, P의 속력과 파장은 I > III이다.

요약하면, P의 매질에 따른 속력과 파장은 II > I > III이다.
따라서 P가 I에서 II로 이동할 때보다, II에서 III으로 이동할 때 더 많이 꺾이게 된다.

즉, $\theta_3 > \theta_2$이다. **(ㄷ 맞음)**

정답 : ㄱ, ㄴ, ㄷ

01 14학년도 수능 16번

그림은 광섬유에서 단색광이 공기와 코어의 경계면에서 각 i로 입사하여 코어 내에서 전반사하며 진행하는 것을 나타낸 것이다. 코어와 클래딩의 굴절률은 각각 n_1, n_2이며, 코어와 클래딩 사이에서 전반사가 일어나는 i의 최댓값은 i_m이다.

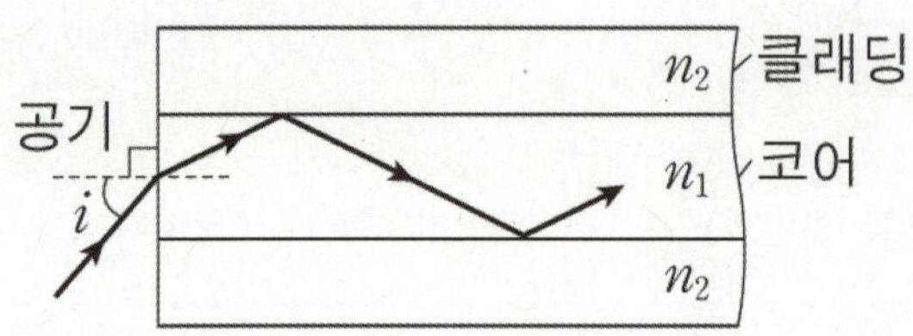

이에 대한 설명으로 옳은 것만을 <보기>에서 있는 대로 고른 것은?

───── <보 기> ─────

ㄱ. $n_1 > n_2$이다.

ㄴ. 단색광의 속력은 공기에서가 코어에서보다 크다.

ㄷ. n_2를 작게 하면 i_m은 작아진다.

02 14년 4월 교육청 16번

그림 (가)와 같이 단색광을 입사각 θ_1로 물질 A에서 물질 B로 입사시켰더니 단색광이 경계면에서 일부는 반사하고 일부는 굴절한다. 그림 (나)와 같이 이 단색광을 입사각 θ_2로 A에서 B로 입사시켰더니 경계면에서 전반사한다.

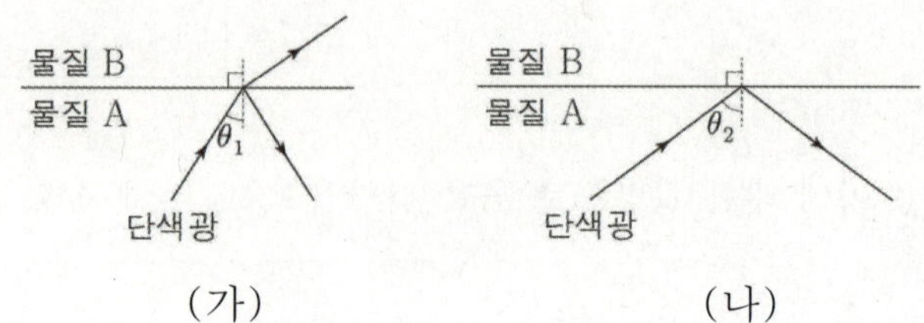

이에 대한 설명으로 옳은 것만을 <보기>에서 있는 대로 고른 것은?

───── <보 기> ─────

ㄱ. 굴절률은 A가 B보다 크다.

ㄴ. A와 B의 경계면에서 임계각은 θ_1보다 작다.

ㄷ. 이 단색광을 입사각 θ_2로 B에서 A로 입사시키면 경계면에서 전반사한다.

그림 (가)는 물질 A, B에서 레이저 빛이 각각 v_1, v_2의 속력으로 진행하는 모습을 나타낸 것이다. 그림 (나)는 A, B로 만든 광섬유에서 (가)의 레이저 빛이 전반사하며 진행하는 모습을 나타낸 것이다. (가), (나)에서 입사각은 각각 θ_1, θ_2이다.

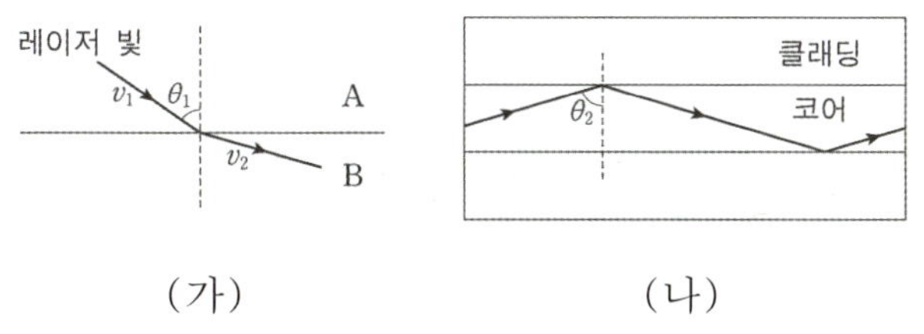

이에 대한 설명으로 옳은 것만을 <보기>에서 있는 대로 고른 것은?

───────< 보 기 >───────

ㄱ. $v_1 > v_2$이다.

ㄴ. 코어를 구성하는 물질은 A 이다.

ㄷ. $\theta_1 < \theta_2$이다.

그림 (가)는 두 물질 A, B 사이에서 일어나는 단색광의 굴절 현상과 입사각에 따른 굴절각을 나타낸 것이고, (나)는 (가)에서 사용된 단색광이 A, B로 만든 광섬유에서 전반사하여 진행하는 모습을 나타낸 것이다.

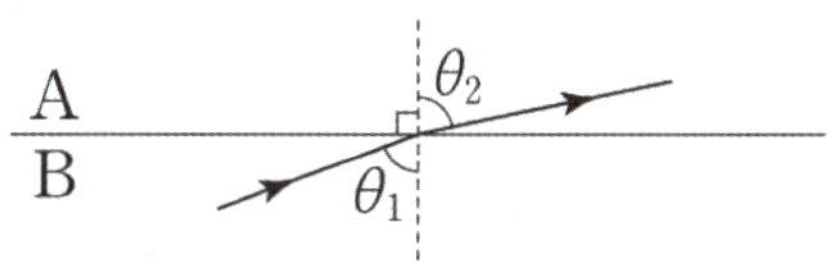

입사각(θ_1)	60.0°	70.0°	73.5°
굴절각(θ_2)	64.6°	78.5°	89.2°

(가)

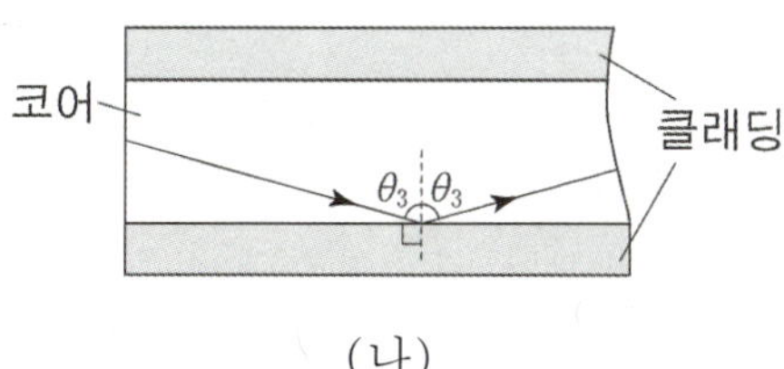

(나)

이에 대한 설명으로 옳은 것만을 <보기>에서 있는 대로 고른 것은?

───────< 보 기 >───────

ㄱ. 굴절률은 A가 B보다 크다.

ㄴ. (나)에서 클래딩은 A, 코어는 B이다.

ㄷ. (나)에서 $0° < \theta_3 < 73.5°$이다.

그림 (가)와 같이 단색광 A를 공기에서 매질 I로 입사각 θ_i로 입사시켰더니, 전반사하며 매질 I 내에서 진행하였다. 그림 (나)는 (가)에서 매질 II를 매질 III으로 바꾸어 A를 입사각 θ_i로 입사시킨 모습을 나타낸 것이다. III의 굴절률은 II의 굴절률보다 작다.

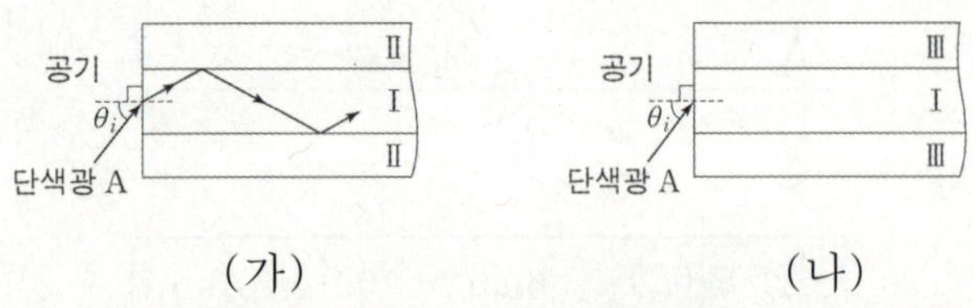

(가)   (나)

이에 대한 설명으로 옳은 것만을 <보기>에서 있는 대로 고른 것은?

─────── <보 기> ───────

ㄱ. 매질에서 A의 속력은 I에서가 II에서보다 작다.

ㄴ. (가)에서 0보다 크고 θ_i보다 작은 입사각으로 A를 입사시키면 I과 II의 경계에서 전반사가 일어나지 않는다.

ㄷ. (나)에서 A는 I과 III의 경계에서 전반사 한다.

그림과 같이 단색광을 매질 A, B의 경계면에 입사각 45°로 입사시켰더니, 단색광이 B로 굴절하여 B와 매질 C의 경계면에서 전반사하였다.

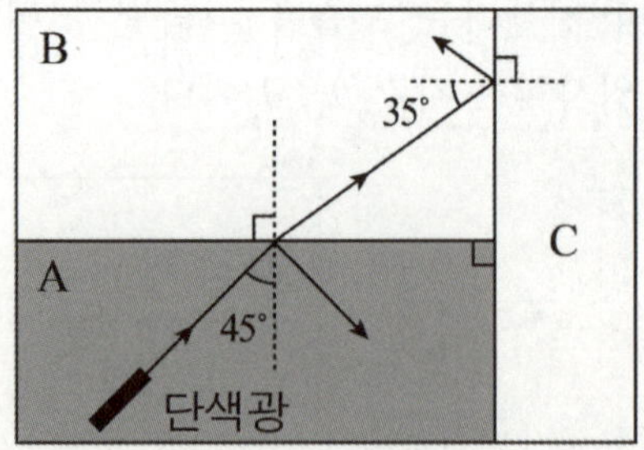

이에 대한 설명으로 옳은 것만을 <보기>에서 있는 대로 고른 것은?

─────── <보 기> ───────

ㄱ. 단색광이 A에서 B로 입사할 때 임계각은 45°보다 크다.

ㄴ. 단색광의 속력은 B에서가 C에서보다 크다.

ㄷ. A, B, C 중에서 굴절률이 가장 큰 것은 A이다.

그림과 같이 단색광을 매질 A, B의 경계면에 입사각 $45°$로 입사시켰더니 단색광이 A, B의 경계면에서 전반사한 후, A와 매질 C의 경계면에서 일부는 반사하고 일부는 C로 굴절하였다. A, B, C의 굴절률은 각각 n_A, n_B, n_C이다.

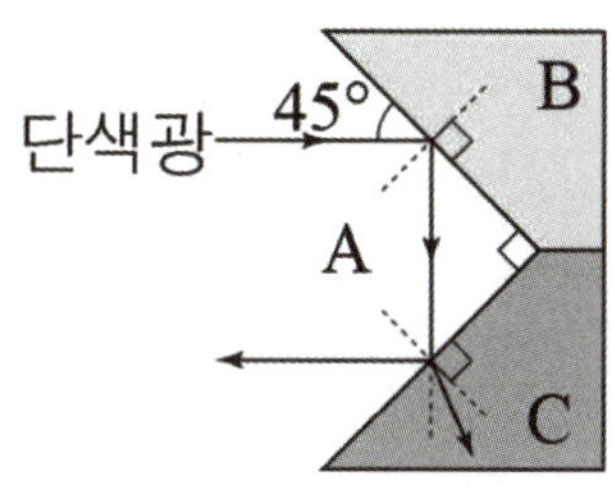

A, B, C의 굴절률의 크기를 옳게 비교한 것은?

① $n_A > n_B > n_C$ ② $n_A > n_C > n_B$

③ $n_B > n_A > n_C$ ④ $n_B > n_C > n_A$

⑤ $n_C > n_A > n_B$

그림은 광섬유에 사용되는 물질 A, B, C 중 A와 C의 경계면과 B와 C의 경계면에 각각 입사시킨 동일한 단색광 X가 굴절하는 모습을 나타낸 것이다. θ는 입사각이고, θ_1과 θ_2는 굴절각이며, $\theta_2 > \theta_1 > \theta$이다.

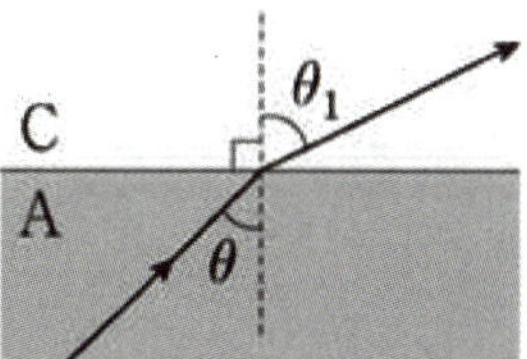

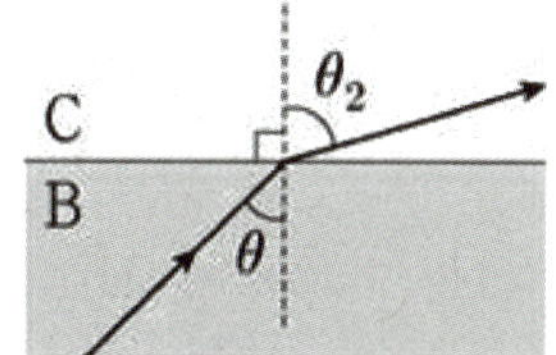

이에 대한 설명으로 옳은 것만을 <보기>에서 있는 대로 고른 것은?

———— <보 기> ————

ㄱ. X의 속력은 B에서가 A에서보다 크다.

ㄴ. X가 A에서 C로 입사할 때, 전반사가 일어나는 입사각은 θ보다 크다.

ㄷ. 클래딩에 A를 사용한 광섬유의 코어로 C를 사용할 수 있다.

09 20년 3월 교육청 18번

그림은 반원형 매질 A 또는 B의 경계면을 따라 점 P, Q 사이에서 광원의 위치를 변화시키며 중심 O를 향해 빛을 입사시키는 모습을 나타낸 것이다. 표는 매질이 A 또는 B일 때, O에서의 전반사 여부에 따라 입사각 θ의 범위를 I, II로 구분한 것이다.

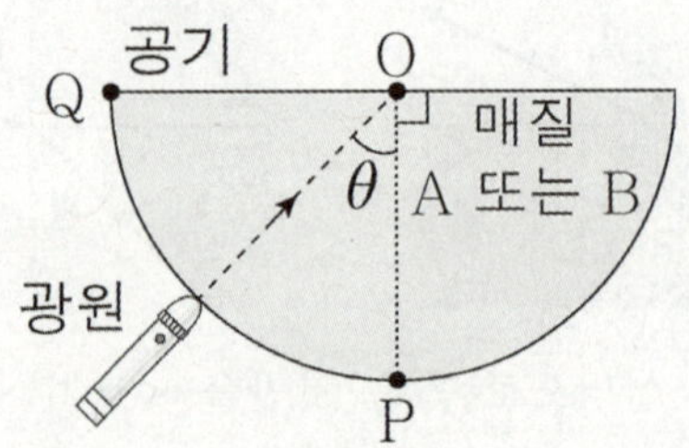

매질	I	II
A	$0 < \theta < 42°$	$42° < \theta < 90°$
B	$0 < \theta < 34°$	$34° < \theta < 90°$

이에 대한 옳은 설명만을 <보 기>에서 있는 대로 고른 것은?

<보 기>

ㄱ. 전반사가 일어나는 범위는 I이다.

ㄴ. 굴절률은 A가 B보다 작다.

ㄷ. A와 B로 광섬유를 만든다면 A를 코어로 사용해야 한다.

10 20년 4월 교육청 17번

그림 (가)는 공기에서 물질 A로 입사한 단색광 P가 A와 물질 C의 경계면에서 전반사하는 모습을, (나)는 공기에서 물질 B로 입사한 P가 B와 C의 경계면에 입사하는 모습을 나타낸 것이다.

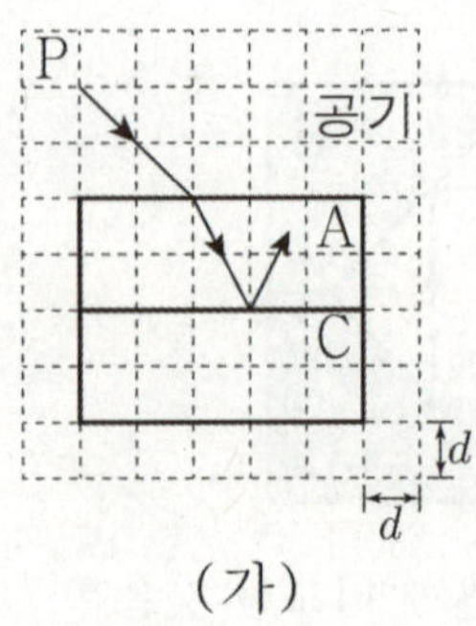

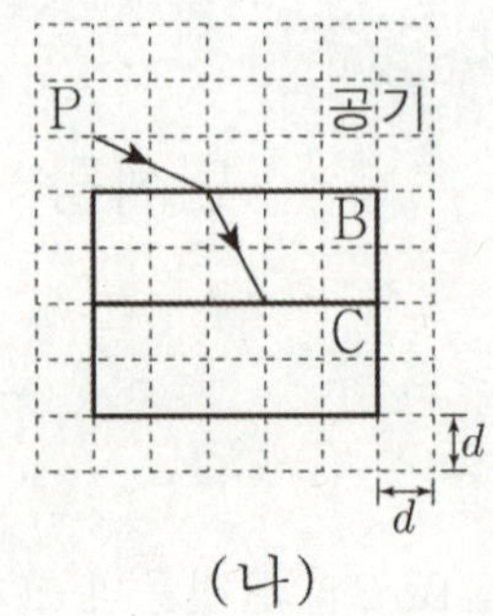

이에 대한 설명으로 옳은 것만을 <보기>에서 있는 대로 고른 것은?

<보 기>

ㄱ. 굴절률은 A가 C보다 크다.

ㄴ. (나)에서 P는 B와 C의 경계면에서 전반사 한다.

ㄷ. 코어에 A를 사용한 광섬유의 클래딩으로 B를 사용할 수 있다.

11 21학년도 6월 평가원 16번

그림은 단색광 P를 매질 A와 B의 경계면에 입사각 θ로 입사시켰을 때 P의 일부는 굴절하고, 일부는 반사한 후 매질 A와 C의 경계면에서 전반사하는 모습을 나타낸 것이다.

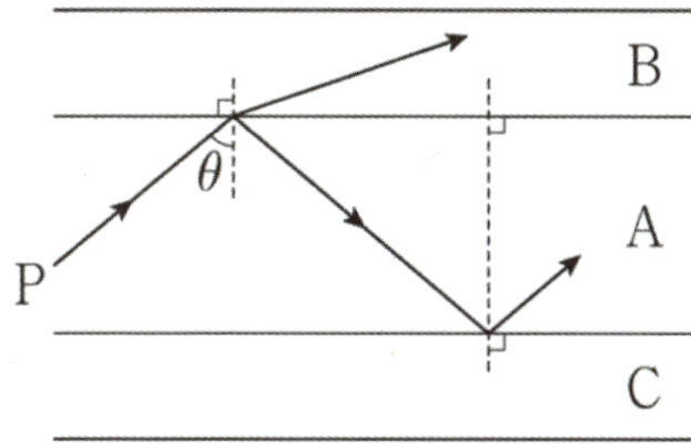

이에 대한 설명으로 옳은 것만을 <보기>에서 있는 대로 고른 것은?

─── <보 기> ───

ㄱ. P의 속력은 A에서가 B에서보다 작다.

ㄴ. θ는 A와 C 사이의 임계각보다 크다.

ㄴ. C를 코어로 사용한 광섬유에 B를 클래딩으로 사용할 수 있다.

12 20년 7월 교육청 14번

다음은 빛의 굴절에 대한 실험이다.

[실험 과정]

(가) 그림과 같이 광학용 물통의 절반을 물로 채운 후 레이저를 물통의 둥근 부분 쪽에서 중심을 향해 비추어 빛이 물에서 공기로 진행하도록 한다.

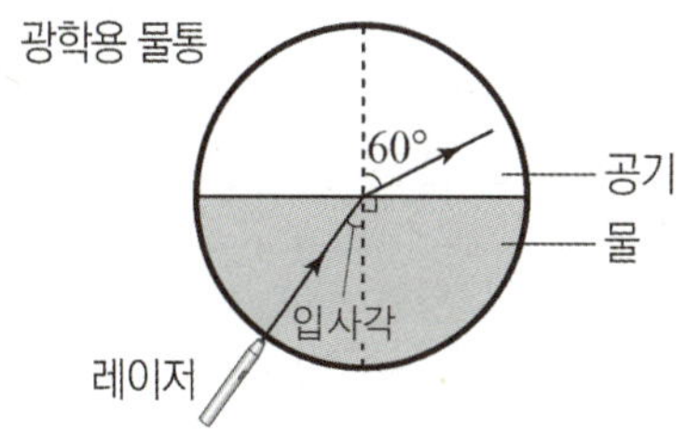

(나) (가)에서 입사각을 변화시키면서 굴절각이 60°가 되는 입사각을 측정한다.

(다) (가)에서 물을 액체 A, B로 각각 바꾸고 (나)를 반복한다.

[실험 결과]

액체의 종류	입사각	굴절각
물	41°	60°
A	38°	60°
B	35°	60°

이에 대한 설명으로 옳은 것만을 <보기>에서 있는 대로 고른 것은?

─── <보 기> ───

ㄱ. 빛의 속력은 물에서가 A에서보다 크다.

ㄴ. 굴절률은 A가 B보다 크다.

ㄷ. 공기와 액체 사이의 임계각은 A일 때가 B일 때보다 크다.

그림과 같이 단색광 P가 공기로부터 매질 A에 θ_i로 입사하고 A와 매질 C의 경계면에서 전반사하여 진행한 뒤, 매질 B로 입사한다. 굴절률은 A가 B보다 작다. P가 A에서 B로 진행할 때 굴절각은 θ_B이다.

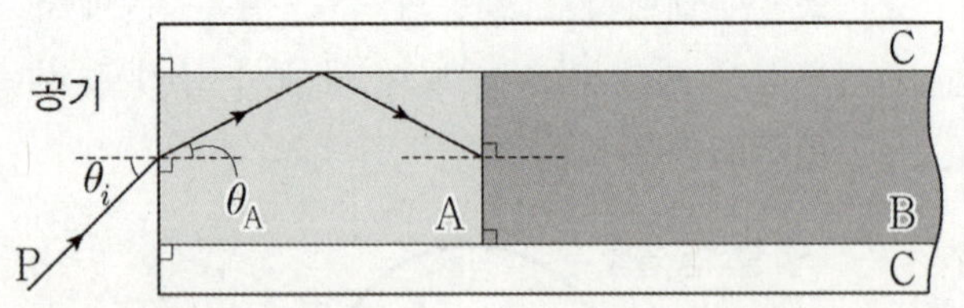

이에 대한 설명으로 옳은 것만을 <보기>에서 있는 대로 고른 것은?

<보 기>

ㄱ. 굴절률은 A가 C보다 크다.

ㄴ. $\theta_A < \theta_B$이다.

ㄷ. B와 C의 경계면에서 P는 전반사한다.

그림과 같이 매질 A와 B의 경계면에 입사각 45°로 입사시킨 단색광 X, Y가 굴절하여 각각 B와 공기의 경계면에 있는 점 p와 q로 진행하였다. X, Y는 p, q에 같은 세기로 입사하며, p와 q중 한 곳에서만 전반사가 일어난다.

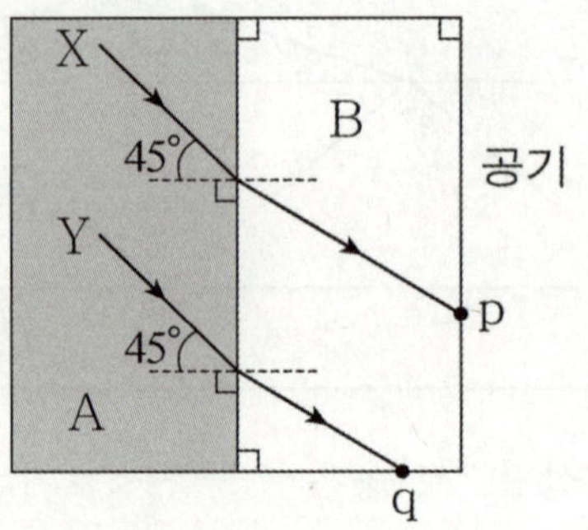

이에 대한 옳은 설명만을 <보기>에서 있는 대로 고른 것은? (단, X, Y의 진동수는 같다.)

<보 기>

ㄱ. 굴절률은 A가 B보다 작다.

ㄴ. q에서 전반사가 일어난다.

ㄷ. p에서 반사된 X의 세기는 q에서 반사된 Y의 세기보다 작다.

그림과 같이 물질 A와 B의 경계면에 50°로 입사한
단색광 P가 전반사하여 A와 물질 C의 경계면에 굴
절한 후, C와 B의 경계면에 입사한다. A와 B 사이
의 임계각은 45°이다.

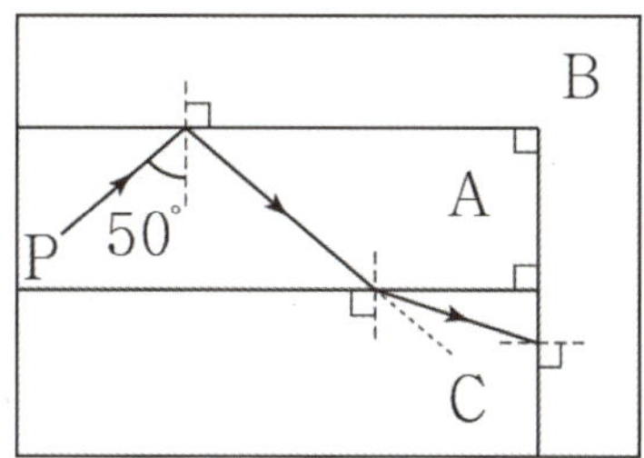

이에 대한 설명으로 옳은 것만을 <보기>에서 있는
대로 고른 것은?

<보 기>

ㄱ. 굴절률은 A가 B보다 크다.

ㄴ. P의 속력은 A에서가 C에서보다 크다.

ㄷ. C와 B의 경계면에서 P는 전반사한다.

그림은 단색광 P가 매질 A와 중심이 O인 원형 매질
B의 경계면에 입사각 θ로 입사하여 굴절한 후, B와
매질 C의 경계면에 임계각 i_c로 입사하는 모습을 나
타낸 것이다.

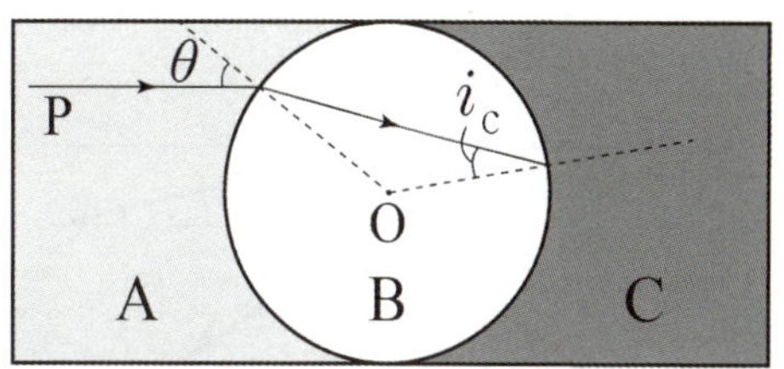

이에 대한 설명으로 옳은 것만을 <보기>에서 있는
대로 고른 것은?

<보 기>

ㄱ. P의 파장은 A에서가 B보다 길다.

ㄴ. θ가 작아지면 P는 B와 C의 경계면에서
    전반사한다.

ㄷ. 클래딩에 A를 사용한 광섬유의 코어로 C를
    사용할 수 있다.

그림과 같이 단색광 X가 입사각 θ로 매질 I 에서 매질 II로 입사할 때는 굴절하고, X가 입사각 θ로 매질 III에서 II로 입사할 때는 전반사한다.

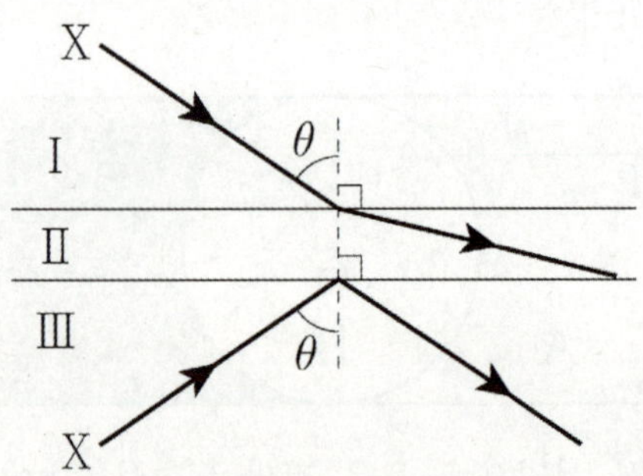

이에 대한 설명으로 옳은 것만을 <보기>에서 있는 대로 고른 것은?

─────< 보 기 >─────

ㄱ. 굴절률은 II가 가장 크다.

ㄴ. X가 II에서 III으로 진행할 때 전반사한다.

ㄷ. 임계각은 X가 I 에서 II로 입사할 때가 III에서 II로 입사할 때보다 크다.

그림은 단색광 P가 매질 X, Y, Z에서 진행하는 모습을 나타낸 것이다. θ_0과 θ_1은 각 경계면에서의 P의 입사각 또는 굴절각이고, P는 Z와 X의 경계면에서 전반사한다.

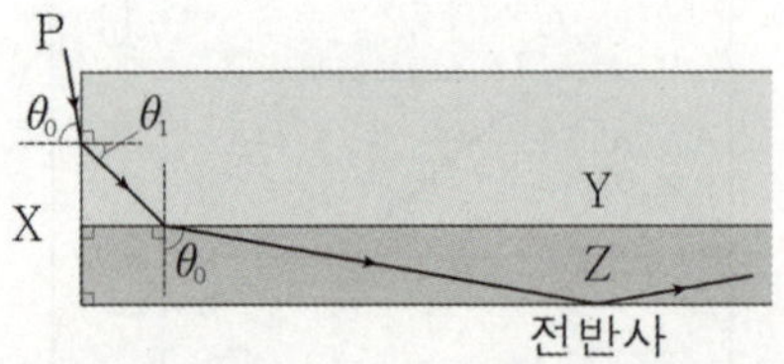

이에 대한 옳은 설명만을 <보기>에서 있는 대로 고른 것은?

─────< 보 기 >─────

ㄱ. P의 속력은 Y에서가 Z에서보다 크다.

ㄴ. 굴절률은 Z가 X보다 크다.

ㄷ. θ_1은 $45°$보다 크다.

그림과 같이 매질 A와 B의 경계면에 입사한 단색광이 굴절한 후 B와 A의 경계면에서 반사하여 B와 매질 C의 경계면에 입사한다. θ는 B와 A 사이의 임계각이고, 굴절률은 A가 C보다 크다. 이에 대한 설명으로 옳은 것만을 <보기>에서 있는 대로 고른 것은?

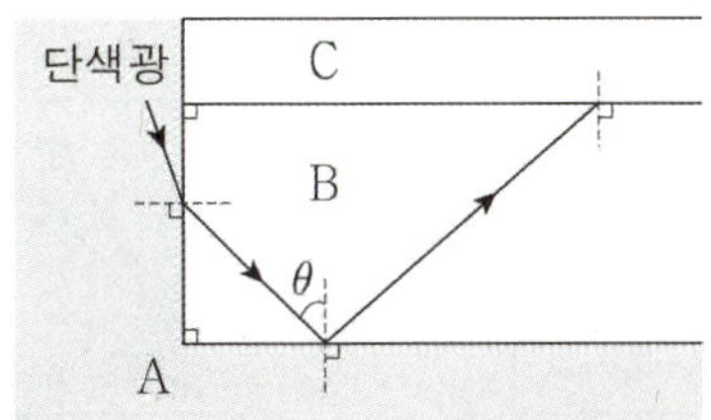

이에 대한 설명으로 옳은 것만을 <보기>에서 있는 대로 고른 것은?

─────< 보 기 >─────

ㄱ. 단색광의 속력은 A에서가 B에서보다 크다.

ㄴ. θ는 45°보다 작다.

ㄷ. 단색광은 B와 C의 경계면에서 전반사한다.

[실험 과정]

(가) 그림과 같이 동일한 단색광을 크기와 모양이 같은 직육면체 매질 A, B의 옆면의 중심에 각각 입사시켜 윗면의 중심에 도달하도록 한다.

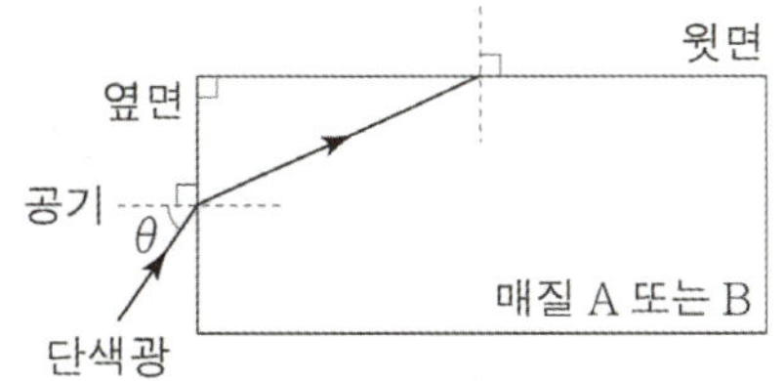

(나) (가)에서 옆면의 중심에서 입사각 θ를 측정하고, 윗면의 중심에서 단색광이 전반사하는지 관찰한다.

[실험 결과]

매질	A	B
θ	θ_1	θ_2
전반사	전반사함	전반사 안 함

이에 대한 설명으로 옳은 것만을 <보기>에서 있는 대로 고른 것은?

─────< 보 기 >─────

ㄱ. 굴절률은 A가 B보다 크다.

ㄴ. $\theta_1 > \theta_2$이다.

ㄷ. A와 B로 광섬유를 만들 때 코어는 B를 사용해야 한다.

그림 (가), (나)와 같이 단색광 P가 매질 X, Y, Z에서 진행한다. (가)에서 P는 Y와 Z의 경계면에서 전반사한다. θ_0과 θ_1은 각 경계면에서 P의 입사각 또는 굴절각으로, $\theta_0 < \theta_1$이다.

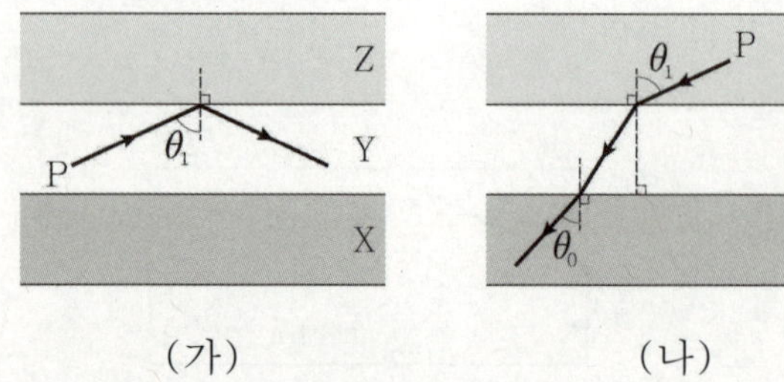

(가)   (나)

이에 대한 설명으로 옳은 것만을 <보기>에서 있는 대로 고른 것은?

――――――――< 보 기 >――――――――

ㄱ. Y와 Z 사이의 임계각은 θ_1보다 크다.

ㄴ. 굴절률은 X가 Z보다 크다.

ㄷ. (나)에서 P를 θ_1보다 큰 입사각으로 Z에서 Y로 입사시키면 P는 Y와 X의 경계면에서 전반사할 수 있다.

그림 (가)는 매질 A와 B의 경계면에 입사한 단색광 P가 B와 매질 C의 경계면에 임계각 θ_1로 입사하는 모습을, (나)는 B와 A의 경계면에 입사각 θ_2로 입사한 P가 A와 C의 경계면에 입사각 θ_1로 입사하는 모습을 나타낸 것이다. $\theta_1 < \theta_2$이다.

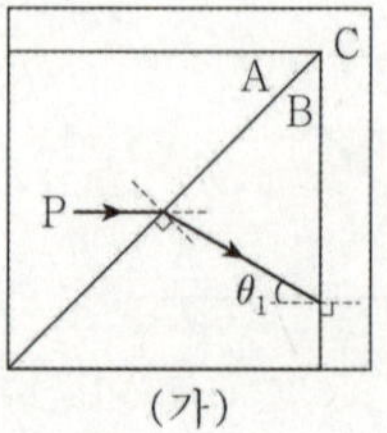 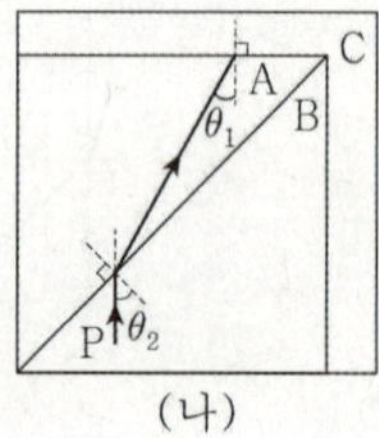

(가)   (나)

이에 대한 설명으로 옳은 것만을 <보기>에서 있는 대로 고른 것은?

――――――――< 보 기 >――――――――

ㄱ. P의 파장은 A에서가 B에서보다 짧다.

ㄴ. 굴절률은 A가 C보다 크다.

ㄷ. (나)에서 P는 A와 C의 경계면에서 전반사한다.

그림과 같이 진동수가 동일한 단색광 X, Y가 매질 A에서 각각 매질 B, C로 동일한 입사각 θ_0으로 입사한다. X는 A와 B의 경계면의 점 p를 향해 진행한다. Y는 B와 C의 경계면에 입사각 θ_0으로 입사한 후 p에 임계각으로 입사한다.

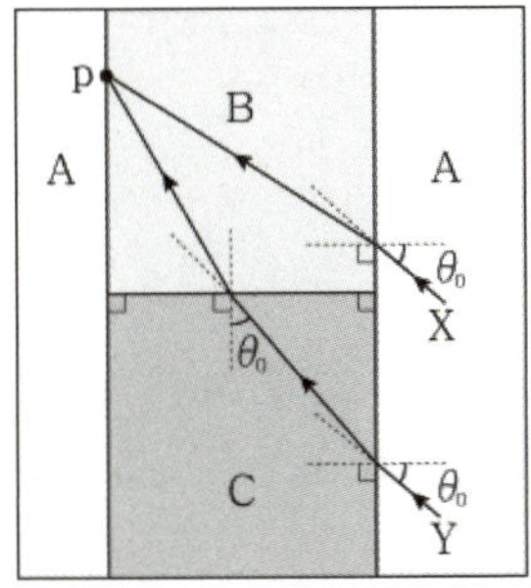

이에 대한 옳은 설명만을 <보기>에서 있는 대로 고른 것은?

———— <보 기> ————

ㄱ. $\theta_0 < 45°$ 이다.

ㄴ. p에서 X의 굴절각은 Y의 입사각보다 크다.

ㄷ. 임계각은 A와 B 사이에서가 B와 C 사이에서
보다 작다.

Chapter 11

파동의 간섭

11 파동의 간섭

이 단원에선 그림이나 그래프를 해석해서 구하고자 하는 값을 찾아내는 것이 핵심이다.
들어가기에 앞서 파동 단원의 기본적인 개념들을 정리해보자.

☞ 기초 용어 정리

- 파동은 파장(λ), 진폭(A), 주기(T), 진동수(f)로 표현할 수 있다.

- 주기(T)와 진동수(f)는 $f = \dfrac{1}{T}$의 역수 관계가 성립하고, 진폭(A)은 한 주기 동안 파동 변위의 최대 크기이다. 그래프에서 진동의 중심으로부터 마루 또는 골까지의 거리를 보면 쉽게 찾을 수 있다.

- 진동수(f)는 파동에서 같은 상태가 1초 동안 몇 번 반복되는지를 나타낸 값이다. 쉽게 이해하자면, 파동의 진동수가 두 배가 되면 한 번 진동할 시간에 두 번 진동한다.

- 파장(λ)은 변위-위치 그래프에서 파동의 위상이 같은 가장 가까운 두 점 사이의 거리이다.

- 주기(T)는 변위-시간 그래프에서 파동의 위상이 같은 가장 가까운 두 점 사이의 거리이다.

- 파동의 속력(v)은 $v = \dfrac{\lambda}{T} = f\lambda$이다.

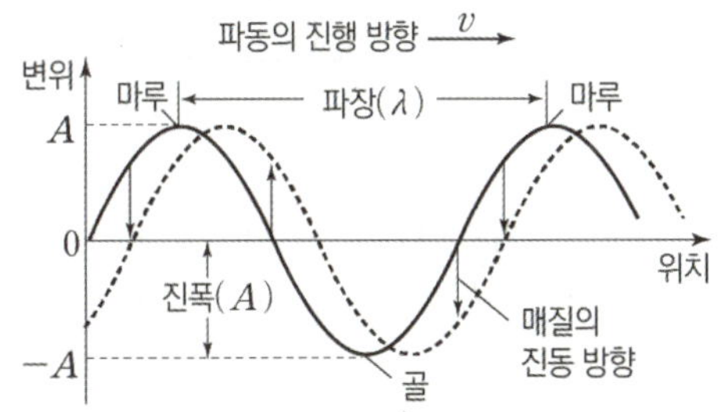

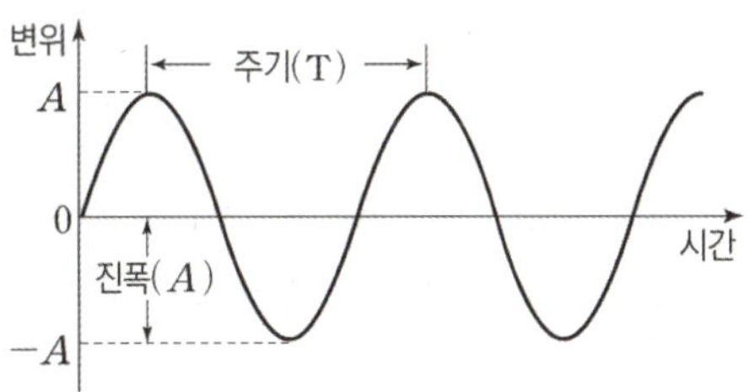

- 파동의 위상이란 매질의 각 점들의 위치와 진동(운동) 상태를 나타내는 물리량이다.

▌ 파동의 표현

파동의 변위는 크게 위치와 시간에 따라 표현할 수 있다.

파동은 위치로 표현될 때 한 파장(λ)마다, 시간으로 표현될 때 한 주기(T)마다 **같은 상태가 반복된다.** 또한 파동의 파장과 주기를 알면 이들을 이용해 파동의 속력, 진동수 등등 많은 정보를 알아낼 수 있으므로 우리가 주목해야 할 것은 파장(λ)과 주기(T)이다.

파장은 매질이 한 번 진동하는 동안 파동이 진행한 거리이고, 주기는 매질을 구성하는 각각의 점이 한 번 진동하는 데 걸린 시간이다. 그러므로 파장은 위치와, 주기는 시간과 더 밀접한 관련이 있다.

따라서 파동의 그래프를 주고 값을 계산하는 유형의 문제를 풀 때는 **가로축의 값이 위치인지 시간인지를 확인**하는 습관이 가장 중요하다.

1. 가로축이 위치일 때

위치에 따른 파동의 변위를 그린 변위(y)-위치(x) 그래프는, 마치 특정 시점 t에 진동하고 있는 매질 위 무수히 많은 점의 '순간적인 위치'를 사진으로 찍은 느낌이다.

특정 시점 t에 그려진 변위-위치 그래프를 더 쉽게 비유하자면, 파동이 매질을 타고 쭉 이동하는 동영상을 보다가 시점 t에서 일시 정지를 한 상황을 생각해 볼 수도 있겠다.

따라서 이 그래프는 **한순간의 사진과 같은 것**이라 이것 하나만으로는 주기를 알 수 없으므로, 주기가 아닌 **파장에 초점을 맞추는 것**이 맞다.

앞서 말했듯이 파동의 변위가 위치에 따라 표현되어 있으면 **한 파장마다 같은 위상이 반복된다.**
반대로 생각하면, 특정 지점과 그 지점으로부터 파장의 정수 배만큼 떨어져 있는 곳에서 파동의 위상이 서로 같다.

그런데 파장이 생각보다 간단히 구해지지 않는 경우가 있다.

바로 다음 페이지의 그림과 같이 그래프에 반파장의 홀수 배를 그려주는 경우인데, 해결책은 간단하다.
그냥 **반파장**을 구해서 두 배를 하면 파장을 비교적 간단히 구할 수 있다.

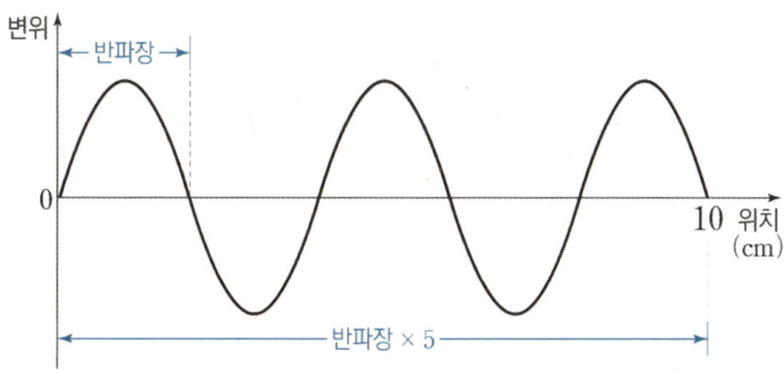

위 그림의 경우에는 한눈에 바로 파장이 보이지 않을 수도 있지만, 반파장이 눈에 들어온다면 한눈에 반파장은
2cm임을 알 수 있다. 따라서 우리는 파장이 바로 보이지 않는 경우에 생각을 넓혀 반파장을 기준으로 생각할 수
있는 준비가 되어 있어야 한다.

2. 가로축이 시간일 때

시간에 따른 파동의 변위를 그린 변위(y)-시간(t) 그래프는, 파동의 특정 지점의 변위를 시간에 따라 관찰한 것이다.

특정 지점을 관찰한 변위-시간 그래프를 더 쉽게 비유하자면, 매질의 특정 지점 하나에만 주목하면서 그 매질의 한
지점이 올라갔다 내려갔다 하는 것을 동영상으로 보는 느낌이다.

따라서 이 그래프는 **단 하나의 지점에서 연속된 순간의 동영상과 같은 것**이라 이것만으로는 파장을 알 수 없으므로,
이 경우엔 파장이 아닌 **주기에 초점을 맞추는 것**이 맞다.

앞서 말했듯이 파동의 변위가 시간에 따라 표현되어 있으면 **한 주기마다 같은 위상이 반복**된다.
반대로 생각하면, 그래프 위 특정 지점과 그 지점으로부터 주기의 정수 배만큼 떨어져 있는 곳에서 파동의 위상은
정확히 일치한다.

이를 변위-위치 그래프에 적용해 생각하면, 변위-위치 그래프 위 특정 지점에서 시간이 주기의 정수 배만큼 차이나는
두 시점에서의 위상이 서로 같다.

그런데 주기 역시 생각보다 간단히 구해지지 않는 경우가 있다.

파장과 마찬가지로 그래프에 반주기의 홀수 배를 그려주는 경우인데, 이때도 그냥 반주기를 구하면 된다.
정리하면 다음과 같다.

> 가로축이 위치일 때는 파장, 시간일 때는 주기에 초점을 맞춰서 문제를 푼다.
> 이때 한눈에 파장이나 주기가 구해지지 않는다면 반파장이나 반주기를 통해 접근할 수 있다.

그림 (가)는 진행하는 두 파동 A와 B의 어느 한 점의 변위를 시간에 따라 나타낸 것이고, 그림 (나)는 어느 순간에 A와 B 중 하나의 변위를 위치에 따라 나타낸 것이다. 진행 속력은 A가 B의 2배이다.

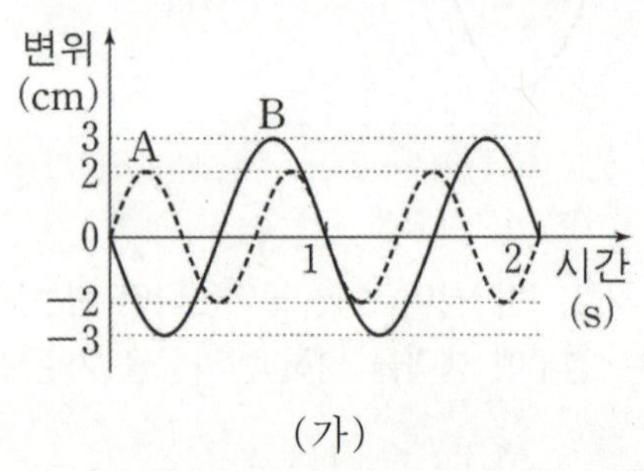

(가)

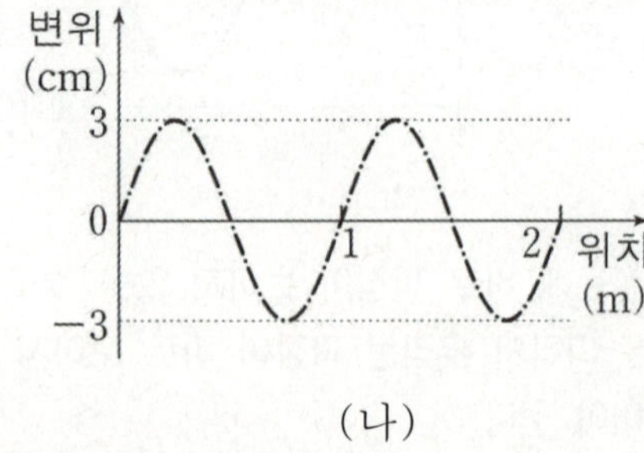

(나)

이에 대한 설명으로 옳은 것만을 <보기>에서 있는 대로 고른 것은?

〈 보 기 〉

ㄱ. 진동수는 A가 B의 2배이다.
ㄴ. B의 파장은 1m이다.
ㄷ. A의 진행 속력은 2m/s이다.

1. 반주기 이용하기

(가)에서 B와 달리 A의 주기는 한눈에 보이지 않기 때문에, 반주기를 이용하면 A의 반주기의 3배와 B의 반주기의 2배가 같다. 따라서 진동수는 절대 A가 B의 2배가 될 수 없다. (ㄱ 틀림)

2. 진폭 이용하기

(나)는 A 또는 B의 변위를 위치에 따라 나타낸 것인데 진폭이 3cm이다.
따라서 (나)는 B를 나타낸 것이고 B의 파장은 1m임을 알 수 있다. (ㄴ 맞음)

3. B의 속력을 이용해 A의 속력 구하기

B의 주기는 1s인데 파장이 1m이므로 속력은 1m/s이다.
따라서 문제 발문에 따르면 A의 속력은 B의 2배이므로 2m/s이다. (ㄷ 맞음)

정답 : ㄴ, ㄷ

그림은 소리 분석기로 분석한 소리 A의 파형을 나타낸 것이다.

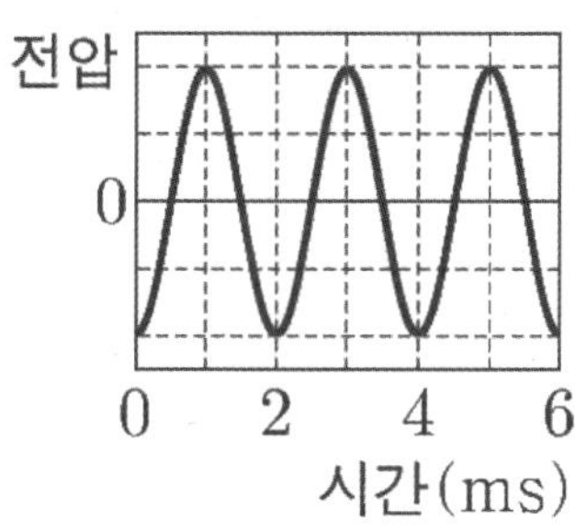

진동수가 A의 $\dfrac{3}{2}$배인 소리의 파형으로 가장 적절한 것은?

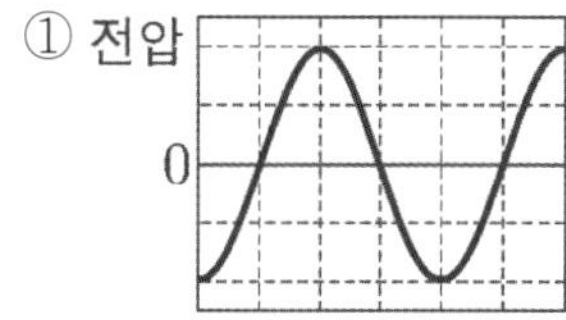

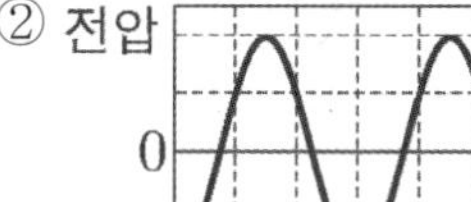
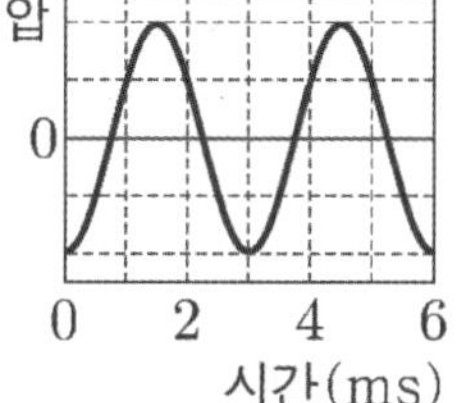

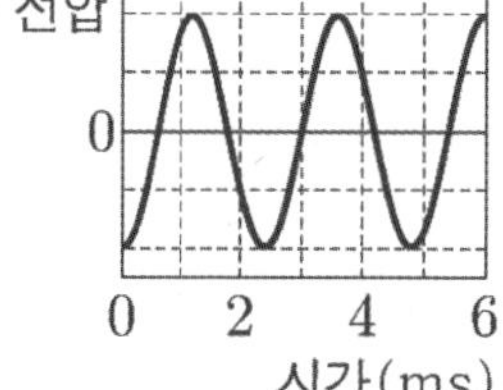

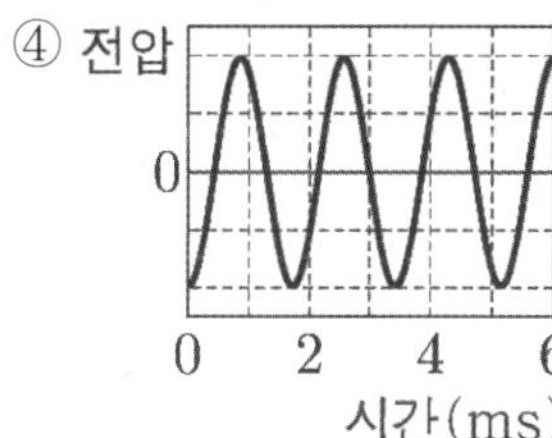

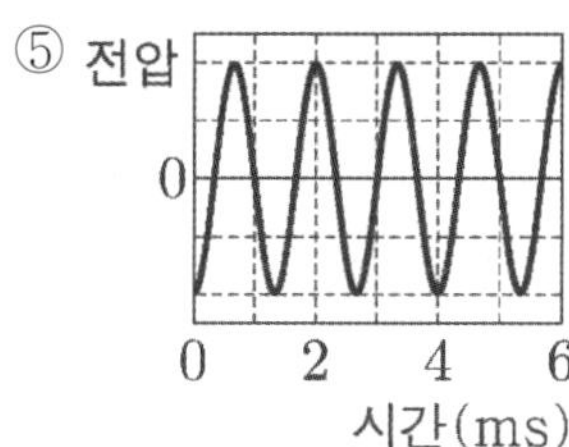

진동수의 개념 정확히 이해하기

파동의 진동수가 $\dfrac{3}{2}$배가 되면, 특정 시간 구간에 대해서 정확히 1.5배만큼 진동하게 된다.

쉽게 생각하면 두 번 진동할 시간에 세 번 진동한다는 말이다.

소리 A의 파형을 보니 6초 동안 3번 진동했다.

따라서 우리가 찾는 소리는 6초 동안 4.5번 진동할 것이다. 따라서 답은 ⑤이다.

정답 : ⑤

그림 (가)는 $t = 0$일 때, 일정한 속력으로 x축과 나란하게 진행하는 파동의 변위 y를 위치 x에 따라 나타낸 것이다. 그림 (나)는 $x = 2$cm에서 y를 시간 t에 따라 나타낸 것이다.

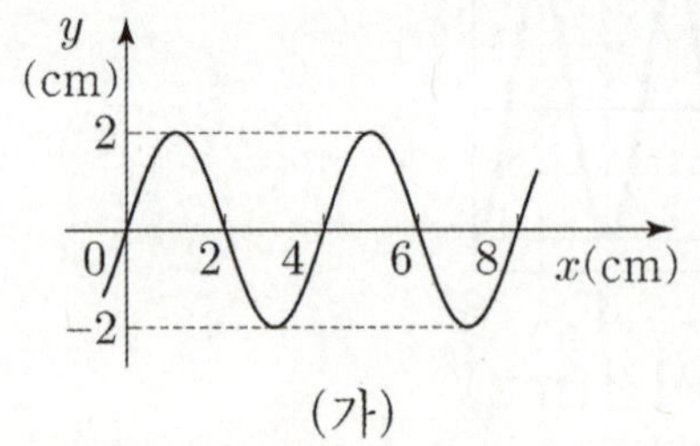
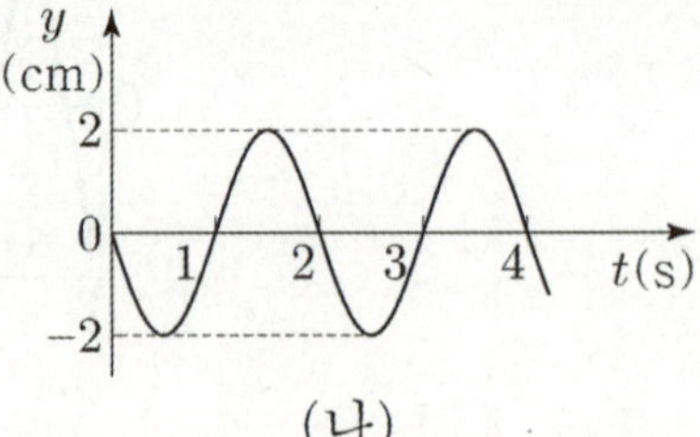

(가)   (나)

이에 대한 설명으로 옳은 것만을 <보기>에서 있는 대로 고른 것은?

〈 보 기 〉

ㄱ. 파동의 진행 방향은 $-x$방향이다.
ㄴ. 파동의 진행 속력은 8cm/s이다.
ㄷ. 2초일 때, $x = 4$cm에서 y는 2cm이다.

1. 파동의 진행 방향 파악하기

(가)의 $x = 2$cm에서 시간에 따른 파동의 변위를 나타낸 것이 (나)인데,
$t = 0$부터 $t = 1$까지 변위 y가 음수이므로 파동의 진행 방향이 $-x$방향임을 알 수 있다. (ㄱ 맞음)

2. 파동의 파장 및 주기 파악하기

(가)를 보면 파장이 4cm임을 알 수 있고, (나)를 보면 주기가 2초임을 알 수 있다.

따라서 속력은 $\dfrac{4\text{cm}}{2\text{s}} = 2$cm/s이다. (ㄴ 틀림)

3. 파동의 성질을 이용해 새로운 곳에서 변위 구하기

앞서 한 주기마다 파동의 위상은 반복되는 것을 배웠는데, 이를 이용하면 0초일 때와 2초일 때 $x = 4$cm에서 파동의 위상은 같다.

따라서 0초일 때 $x = 4$cm에서 y는 0cm이므로, 2초일 때 $x = 4$cm에서 y는 0cm이다. (ㄷ 틀림)

정답 : ㄱ

그림은 10m/s의 속력으로 x축과 나란하게 진행하는 파동의 변위를 위치 x에 따라 나타낸 것으로, 어떤 순간에는 파동의 모양이 P와 같고, 다른 어떤 순간에는 파동의 모양이 Q와 같다. 표는 파동의 모양이 P에서 Q로, Q에서 P로 바뀌는 데 걸리는 최소 시간을 나타낸 것이다.

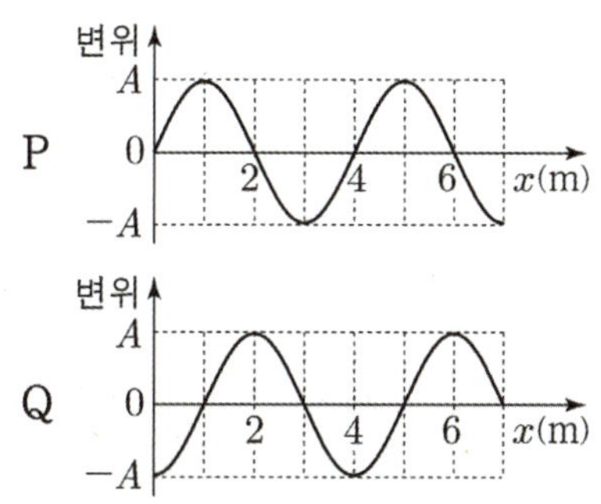

구분	최소 시간(s)
P에서 Q	0.3
Q에서 P	0.1

이에 대한 설명으로 옳은 것만을 <보기>에서 있는 대로 고른 것은?

〈 보 기 〉

ㄱ. 파장은 4m이다.
ㄴ. 주기는 0.4s이다.
ㄷ. 파동은 $+x$방향으로 진행한다.

1. 파동의 파장 및 주기 파악하기

그림을 통해 파동의 파장이 4m인 것을 확인할 수 있다. (ㄱ 맞음)
또한 조건에 따라 파동의 속력이 10m/s이므로, 주기가 0.4s인 것도 알 수 있다. (ㄴ 맞음)

2. 파동의 진행 방향 파악하기

파동의 모양이 P에서 Q까지 바뀌는 데 걸리는 최소 시간은 파동이 $+x$방향으로 진행한다면 0.1초이고, $-x$방향으로 진행한다면 0.3초이다.

표에서 이 값이 0.3초이므로, 파동은 $-x$방향으로 진행한다는 걸 알 수 있다. (ㄷ 틀림)

정답 : ㄱ, ㄴ

그림은 줄에서 연속적으로 발생하는 두 파동 P, Q가 서로 반대 방향으로 x축과 나란하게 진행할 때, 두 파동이 만나기 전 시간 $t = 0$인 순간의 줄의 모습을 나타낸 것이다. P와 Q의 진동수는 0.25Hz로 같다.

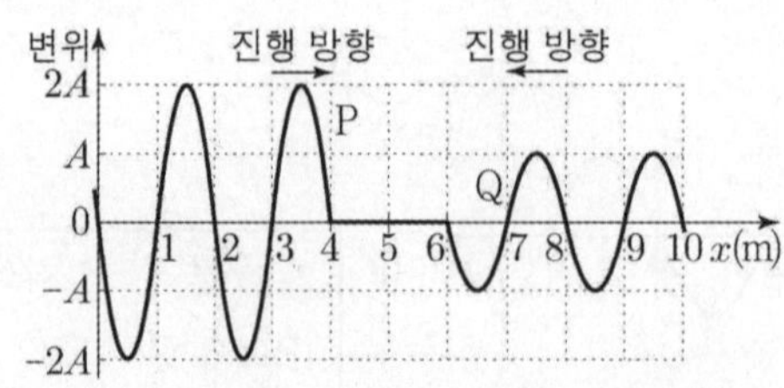

$t = 2$초부터 $t = 6$초까지, $x = 5$m에서 중첩된 파동의 변위의 최댓값은?

① 0 ② A ③ $\dfrac{3}{2}A$ ④ $2A$ ⑤ $3A$

---

1. 파동의 속력이 같다 = 같은 시간동안 움직인 거리가 같다.

두 파동의 주기와 파장이 같으므로, 속력이 서로 같음을 알 수 있다.

따라서 같은 시간 동안 파동이 움직이는 거리는 P, Q가 서로 같으므로,
$t = 2$초부터 $t = 6$초까지 $x = 5$m에는 P의 마루가 도착할 때는 Q의 골이,
Q의 마루가 도착할 때는 P의 골이 도착한다.

P, Q의 마루와 골이 항상 반대로 도달하는 셈이므로, 중첩된 파동의 변위의 최댓값은 A이다.

정답 : ② A

▎파동의 중첩

중첩 원리란, 두 파동이 겹칠 때 합성된 파동의 변위는 각 파동의 변위의 합과 같다는 원리이다. 이때 두 파동은 중첩 이후에 다른 파동에 아무런 영향을 주지 않으며, 본래의 특성을 그대로 유지하며 진행한다.

1. 보강 간섭과 상쇄 간섭

(1) 보강 간섭

보강 간섭은 같은 위상의 두 파동이 중첩될 때 일어나는 간섭이다. 마루와 마루 또는 골과 골이 만나기 때문에 합성된 파동의 진폭은 본래 파동의 진폭보다 커진다.

문제에서 만약 진폭이 같은 두 파동이 간섭할 때 마루와 마루, 골과 골이 만나는 지점이 주어진다면, 그 지점에선 두 파동이 언제나 같은 위상으로 만날 것이다.
따라서 이러한 상황에서는 항상 진폭이 본래 진폭의 2배인 보강 간섭이 일어난다.

단, 언제나 2배의 진폭을 유지하는 것이 아니다. 보강 간섭이 일어난 경우, 진폭(=최대 변위)이 원래 진폭의 2배가 된다는 것이지 언제나 변위가 진폭과 같다는 것이 아니라는 말이다. 주의하자.

(2) 상쇄 간섭

상쇄 간섭은 반대 위상의 두 파동이 중첩될 때의 간섭이다.

같은 진폭의 두 파동이 간섭할 때 마루와 골이 만나는 지점이 있다면, 그 지점을 포함한 다른 지점에서도 두 파동이 언제나 정반대의 위상으로 만날 것이다. 따라서 이 경우에는 합성된 파동의 진폭이 항상 0이다.

반대로 만약 상쇄 간섭하는 두 파동의 진폭이 서로 다르다면, 간섭된 파동의 진폭은 0이 아니다.

(3) 빛과 소리의 간섭

앞서 두 파동이 보강 간섭할 때는 합성된 파동의 진폭이 증가하고, 상쇄 간섭할 때는 합성된 파동의 진폭이 감소한다고 했다. 이제 문제에 자주 등장하는 빛과 소리의 보강/상쇄 간섭을 생각해보자.

만약 빛이 보강 간섭한다면 그 지점은 주위에 비해 밝게 보일 것이고, 상쇄 간섭한다면 주위에 비해 어둡게 보일 것이다.

만약 소리가 보강 간섭한다면 그 지점에서는 소리가 주위에 비해 크게 들릴 것이고, 상쇄 간섭한다면 주위에 비해 작게 들릴 것이다.

예를 들어, 문제를 풀다가 스피커 두 개에서 나온 소리가 보강 간섭 한 지점을 찾아야 한다면, 주위에 비해 소리가 유독 큰 지점을 찾으면 된다.

(4) 파동의 보강 간섭과 상쇄 간섭 판단하기

파원 S_1, S_2로부터 파동이 나올 때 어떤 점 P에서의 보강 간섭과 상쇄 간섭 여부는 점 P와 두 파원 사이의 경로차(Δ)인 $\Delta = |\overline{S_1P} - \overline{S_2P}|$를 통해 다음과 같이 알 수 있다.

---

① 두 파원에서 나오는 파동의 위상이 동일할 때

두 파원으로부터 특정 지점까지의 경로차가 **파장의 정수 배**일 때, **보강 간섭**이 일어난다.
($\Delta = 0,\ \lambda,\ 2\lambda,\ 3\lambda,\ \cdots$)

또한 경로차가 **반파장의 홀수 배**일 때, **상쇄 간섭**이 일어난다.
($\Delta = \dfrac{1}{2}\lambda,\ \dfrac{3}{2}\lambda,\ \dfrac{5}{2}\lambda,\ \cdots$)

② 두 파원에서 나오는 파동의 위상이 반대일 때

앞서 말한 상황과 정확히 반대이다.
두 파원으로부터 특정 지점까지의 경로차가 파장의 정수 배일 때 상쇄 간섭이 일어나고,
반파장의 홀수 배일 때 보강 간섭이 일어난다.

---

2. 물결파의 간섭

일반적으로 물결파에서 마루는 실선, 골은 점선으로 그린다.
이때 **마루와 마루 사이, 골과 골 사이 거리가 한 파장**이다. (실선과 실선 혹은 점선과 점선 사이 거리)

물결파 역시 파동이므로 위에 나온 대로 경로차를 이용해 간섭의 종류를 판단할 수 있지만,
가장 쉽게 보강 간섭과 상쇄 간섭을 찾는 방법은 그림 상에서 실선과 점선을 보는 것이다.

특정 지점에서 **실선끼리 혹은 점선끼리** 만나면 그 점에선 **항상 보강 간섭**이 일어나고,
실선과 점선이 만나면 그 점에선 **항상 상쇄 간섭**이 일어난다.

진폭, 진동수, 파장이 모두 같은 파동을, 같거나 반대인 위상으로 발생시키는 파원 S_1, S_2가 있다고 생각하자.

이때, 선분 $\overline{S_1S_2}$ 안에서 보강 간섭과 상쇄 간섭은 언제나 번갈아 $\dfrac{\lambda}{4}$ 간격으로 일어난다.

다시 말해 보강 간섭 → 상쇄 간섭 → 보강 간섭 → 상쇄 간섭 이런 식으로 종류를 번갈아 $\dfrac{\lambda}{4}$ 간격으로 간섭이 발생한다는 뜻이다.

이를 통해 선분 $\overline{S_1S_2}$ 상에서 보강/상쇄 간섭의 분포는 S_1, S_2의 중점으로부터 대칭이고, 중점을 제외한 모든 부분에서 보강/상쇄 간섭의 개수는 각각 짝수 개가 된다는 사실을 알 수 있다.

직접 보강 간섭과 상쇄 간섭을 번갈아 써보면 이해를 더욱 쉽게 할 수 있다.

예를 들면 다음과 같다.

① 상쇄 – 보강 – 상쇄
② 보강 – 상쇄 – 보강 – 상쇄 – 보강

①과 ② 모두 **간섭의 양상이 중간 지점으로부터 대칭임**을 확인할 수 있고, 중간 지점을 제외한 나머지 보강/상쇄 간섭의 개수가 각각 짝수 개인 것도 확인할 수 있다.

이들의 개수가 홀수인지 짝수인지는 중간 지점의 간섭에 따라 나뉘는데, 만약 두 파동의 위상이 같다면 중간 지점으로부터 경로차는 0이므로 항상 중간 지점은 보강 간섭이다. (위상이 반대라면 반대로 상쇄 간섭일 것이다.)

따라서 이 경우에는 파원 둘을 선분으로 이었을 때 언제나 보강 간섭은 홀수 개, 상쇄 간섭은 짝수 개가 된다.

그림 (가)는 두 점 S_1, S_2에서 같은 진폭과 파장으로 발생시킨 두 수면파의 시간 $t = 0$일 때의 모습을 평면상에 나타낸 것이다. 점 P, Q는 평면상의 고정된 지점이고, S_1과 S_2 사이의 거리는 0.2m이다. 그림 (나)는 P에서 중첩된 수면파의 변위를 t에 따라 나타낸 것이다.

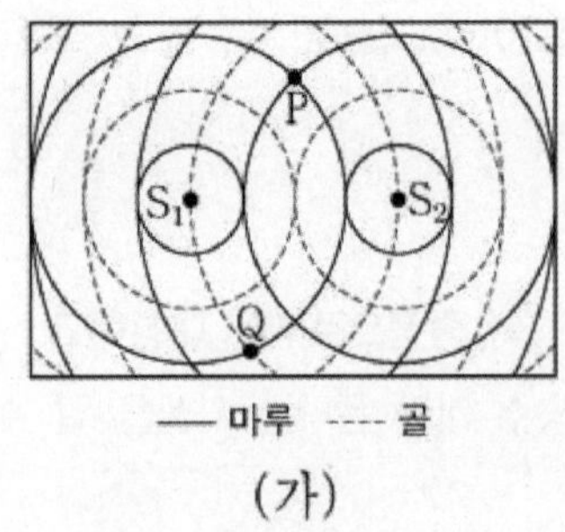

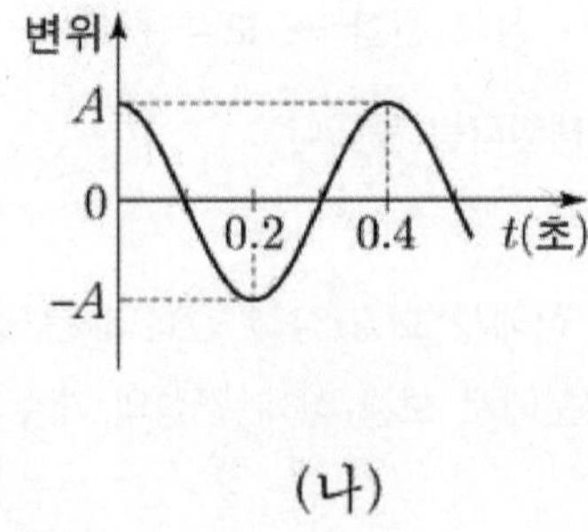

이에 대한 설명으로 옳은 것만을 <보기>에서 있는 대로 고른 것은? (단, 물의 깊이는 일정하다.)

〈 보 기 〉

ㄱ. 선분 $\overline{S_1S_2}$에서 상쇄 간섭이 일어나는 지점의 개수는 4개다.

ㄴ. $t = 0.2$초일 때 Q에서 중첩된 수면파의 변위는 A이다.

ㄷ. S_1에서 발생시킨 수면파의 속력은 0.2m/s이다.

0. 문제 상황 판단하기

(가)를 보면 점 P에서는 마루와 마루가 만났기 때문에 보강 간섭이 일어나는 지점이고,
점 Q에서는 골과 마루가 만났기 때문에 상쇄 간섭이 일어난다.

(나)를 보면 중첩된 파동의 진폭이 A, 주기가 0.4초인 것을 알 수 있다.
발문에서 S_1과 S_2 사이의 거리가 0.2m라 했는데 (가)를 보면 이는 파장의 2배만큼의 거리이다.

따라서 파장은 0.1m이고 속력은 $\dfrac{0.1\text{m}}{0.4\text{s}} = 0.25\text{m/s}$이다. **(ㄷ 틀림)**

1. 두 파원을 이은 선분에서 간섭의 종류가 번갈아 나오는 것을 이용하기

선분 $\overline{S_1S_2}$에서 마루와 마루, 골과 골이 만나는 지점을 세어보면 3개인데,
파원부터 보강 간섭이 일어나는 점 각각 사이의 중점을 세보면 상쇄 간섭이 일어나는 지점의
개수는 4개다.

(ㄱ 맞음)

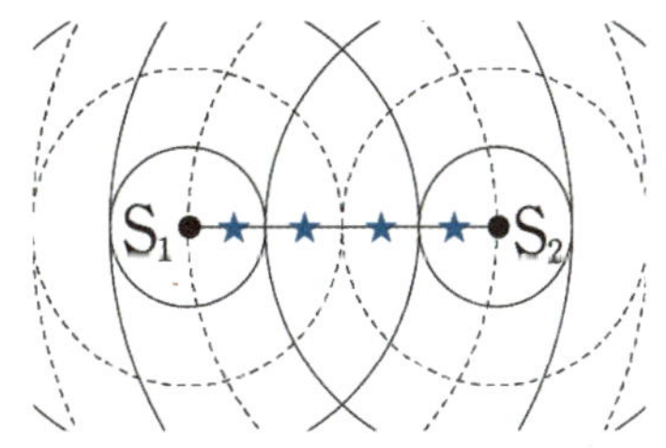

위 그림에서 빨간 별이 상쇄 간섭이 일어나는 지점이다.

2. 상쇄 간섭의 성질 이용하기

(가)의 Q에서 마루와 골이 만나 진폭이 0인 상쇄 간섭이 일어나므로,
Q에서 중첩된 수면파의 변위는 시점에 상관없이 언제나 0이다. **(ㄴ 틀림)**

정답 : ㄱ

그림과 같이 파원 S_1, S_2에서 진폭과 위상이 같은 물결파를 0.5Hz의 진동수로 발생시키고 있다. 물결파의 속력은 1m/s로 일정하다.

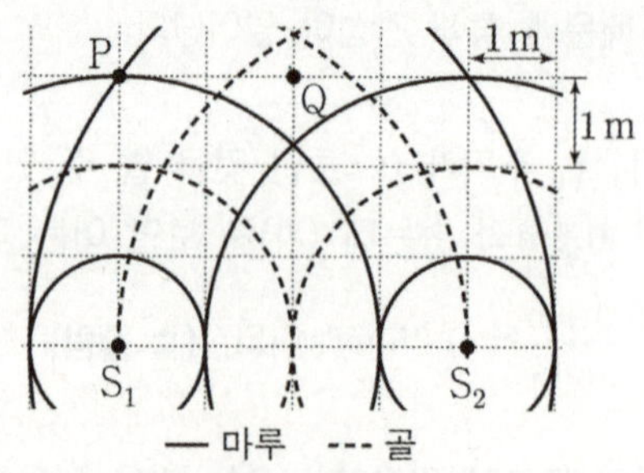

이에 대한 설명으로 옳은 것만을 <보기>에서 있는 대로 고른 것은? (단, 두 파원과 점 P, Q는 동일 평면 상에 고정된 지점이다.)

───────────── 〈보 기〉 ─────────────

ㄱ. P에서는 보강 간섭이 일어난다.
ㄴ. Q에서 수면의 높이는 시간에 따라 변하지 않는다.
ㄷ. $\overline{PQ}$에서 상쇄 간섭이 일어나는 지점의 수는 2개이다.

0. 문제 상황 판단하기

그림을 통해 마루와 마루가 만나는 P에서,
그리고 두 파원으로부터의 경로차가 0인 Q에서 모두 보강 간섭이 일어나는 것을 알 수 있다. (ㄱ 맞음)
또한 Q에서 수면의 높이는 시간에 따라 변화한다. (ㄴ 틀림)

1. 두 파원을 이은 선분에서 상쇄 간섭 확인하기

두 파원으로부터의 경로차는 P에서 한 파장, Q에서 0이다.
따라서 선분 $\overline{PQ}$에서 상쇄 간섭이 일어나는 지점,
즉 경로차가 반 파장의 홀수 배가 되는 지점은 경로차가 반 파장인 1m인 지점 하나뿐이다. (ㄷ 틀림)

정답 : ㄱ

그림은 빛의 간섭 현상을 알아보기 위한 실험을 나타낸 것이다. 스크린상의 점 O는 밝은 무늬의 중심이고, 점 P는 어두운 무늬의 중심이다.

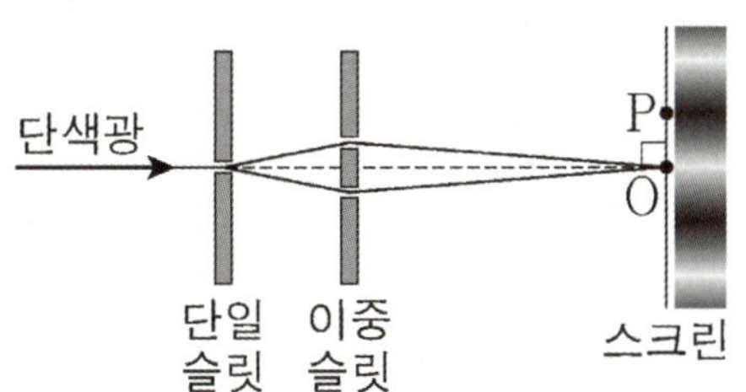

이에 대한 설명으로 옳은 것만을 <보기>에서 있는 대로 고른 것은?

〈 보 기 〉

ㄱ. O에서는 보강 간섭이 일어난다.
ㄴ. 이중 슬릿을 통과하여 P에서 간섭한 빛의 위상은 서로 같다.
ㄷ. 간섭은 빛의 입자성을 보여 주는 현상이다.

0. 문제 상황 판단하기

위 실험에서 우리는 빛의 파동성을 확인할 수 있다. 만약 빛이 입자성만 가진다면,
단일 슬릿을 지난 빛은 이중 슬릿을 통과할 수 없을 것이다.

따라서 스크린에 간섭 현상이 나타난 것으로 보아, 빛은 이중 슬릿을 통과하였으므로
빛이 파동성을 갖는다는 걸 확인할 수 있다. (ㄷ 틀림)

1. 보강 간섭과 상쇄 간섭 판단하기

빛이 단일 슬릿을 지나 이중 슬릿을 통과하면,
위 문제처럼 스크린에는 밝은 무늬와 어두운 무늬가 번갈아서 나타난다.

이때 밝은 무늬는 스크린에서 간섭한 빛의 위상이 서로 같아 보강 간섭해 나타난 것이고,
이두운 무늬는 간섭한 빛의 위상이 반대여서 상쇄 간섭되어 나타난 것이다.

O에서는 밝은 무늬가 나타났으므로 보강 간섭이 일어났고, P에서는 어두운 무늬가 나타났으므로 상쇄 간섭이
일어났다. 따라서 P에서 간섭한 빛의 위상은 서로 반대이다. (ㄱ 맞음) (ㄴ 틀림)

정답 : ㄱ

그림 (가)는 진폭이 1cm, 속력이 5cm/s로 같은 두 물결파를 나타낸 것이다. 실선과 점선은 각각 물결파의 마루와 골이고, 점 P, Q, R는 평면상의 고정된 지점이다. 그림 (나)는 R에서 중첩된 물결파의 변위를 시간에 따라 나타낸 것이다.

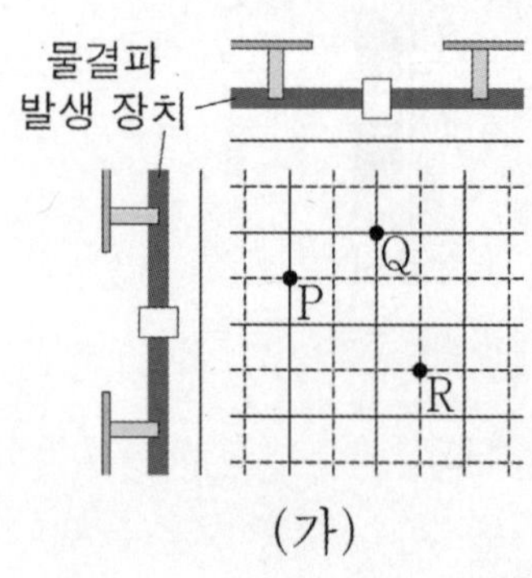

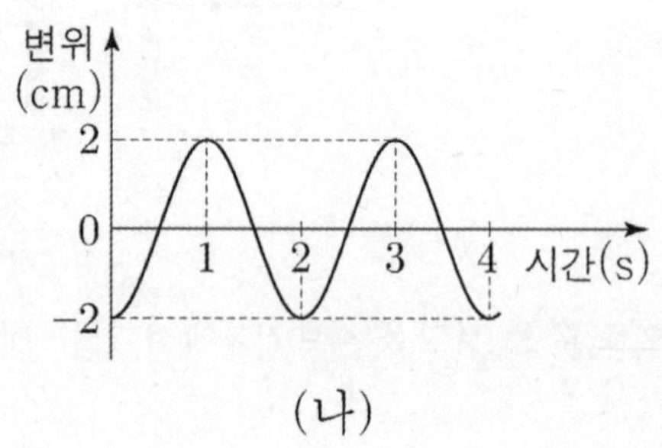

이에 대한 설명으로 옳은 것만을 <보기>에서 있는 대로 고른 것은?

───────────────── 〈 보 기 〉 ─────────────────

ㄱ. 두 물결파의 파장은 10cm로 같다.

ㄴ. 1초일 때, P에서 중첩된 물결파의 변위는 2cm이다.

ㄷ. 2초일 때, Q에서 중첩된 물결파의 변위는 0이다.

0. 문제 상황 파악하기

(나)를 통해 점 R에서 진폭이 2배가 되는 보강 간섭이 일어났음을 알 수 있고,
(가)를 통해 P에서 상쇄 간섭이, Q, R에선 보강 간섭이 일어나는 상황임을 알 수 있다.

1. 파장 구하기

진폭이 2배가 되는 보강 간섭이 일어나려면 두 파동의 진폭, 파장, 진동수가 모두 같아야 한다.
(나)를 통해 물결파의 주기가 2초임을 알 수 있고 발문에 속력이 5cm/s임이 나와 있으므로,
두 물결파의 파장이 10cm로 같다는 것을 알 수 있다. (ㄱ 맞음)

2. 상쇄 간섭의 성질 이용하기

같은 위상의 두 파동이 만든 상쇄 간섭이므로 어떤 시점이든 P에서 중첩된 물결파의 변위는 0이다. (ㄴ 틀림)

3. 그림 이용하기

(가)의 상황을 보면, Q에서는 마루와 마루가 만나 보강 간섭이 생긴 상황이고, R에서는 골과 골이 만나 보강 간섭이 생긴 상황이므로 이 두 위치에서 중첩된 파동의 위상은 언제나 정반대이다.

그런데 2초일 때 R에서 중첩된 파동의 변위는 -2cm이므로,
이때 Q에서 중첩된 파동의 변위는 2cm이다. (ㄷ 틀림)

정답 : ㄱ

그림은 주기가 2초인 파동이 x축과 나란하게 매질 I 에서 매질 II로 진행할 때, 시간 $t=0$인 순간과 $t=3$초인 순간의 파동의 모습을 각각 나타낸 것이다. 실선과 점선은 각각 마루와 골이다.

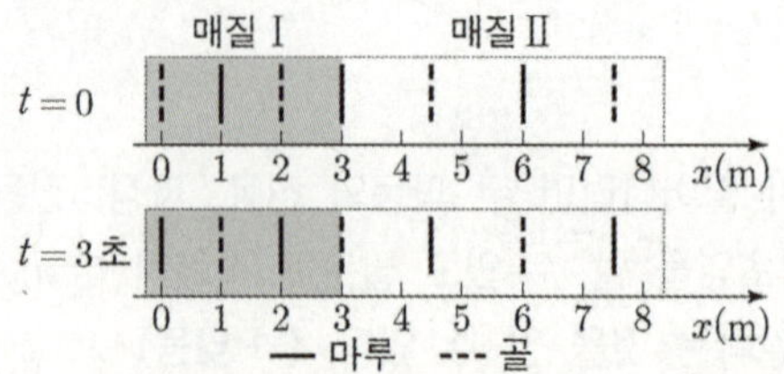

이에 대한 설명으로 옳은 것만을 <보기>에서 있는 대로 고른 것은?

―――― ⟨ 보 기 ⟩ ――――

ㄱ. I 에서 파동의 파장은 1m이다.

ㄴ. II 에서 파동의 진행 속력은 $\dfrac{3}{2}$m/s이다.

ㄷ. $t=0$부터 $t=3$초까지, $x=7$m에서 파동이 마루가 되는 횟수는 2회이다.

---

0. 문제 상황 파악하기

매질 I 에서 파동의 파장은 마루-마루, 골-골 사이의 거리인 2m이다. **(ㄱ 틀림)**

매질 II 에서 파동의 파장이 3m이고, 주기가 2초이므로 파동의 진행 속력은 $\dfrac{3}{2}$m/s이다. **(ㄴ 맞음)**

1. 주기 이용하기

$t=0$일 때 파동이 $x=6$m에서 마루이므로, $t=\dfrac{2}{3}$초일 때 파동은 처음으로 $x=7$m에서 마루가 된다.

파동의 주기는 2초이므로, 다음으로 $x=7$m에서 마루가 될 때는 $t=\dfrac{8}{3}$초이다.

따라서 $t=0$부터 $t=3$초까지, $x=7$m에서 파동이 마루가 되는 횟수는 2회이다. **(ㄷ 맞음)**

정답 : ㄴ, ㄷ

파동 지엽 암기하기

1. 전자기파의 진동수(파장) 순서 외우기

스토리텔링 식으로 할테니 잘 따라오자.

옛날 옛날에 나와 엑스라는 친구가 있었다. 엑스는 내 물건을 자기 것이라 우겨서 나와 자주 싸우곤 했다.
그러던 어느 날, 또 내 물건을 자기 것이라 우기는 엑스에게 나는 너무나 화난 나머지 이렇게 소리쳤다.

얌마! 엑스! 다 가 져 가 라!

감마! 엑스! 자 가 적 마 라!

γ선　　X선　　자외선　가시광선　적외선　마이크로파　라디오파

이 순서가 빛의 진동수(파장)의 순서이다. 왼쪽으로 갈수록 진동수가 크고, 오른쪽으로 갈수록 파장이 크다.

2. 전자기파의 예시 외우기

☞ 전자기파 활용 외우기!

- **감마(γ)선**은 에너지와 투과율이 굉장히 높아서 **암 치료**에 이용된다.
- **엑스(X)선**은 투시에 이용된다. **엑스레이, 공항의 수하물 검색** 등이다.
- **자외선**은 **소독(살균), 형광등, 위조지폐 감별** 등에 이용된다.
- **적외선**은 흔히 열선으로도 부르는데, 열을 감지하는 것들에 이용된다.
  적외선 온도계, 야간 투시경 등이다. **티비 리모컨**에도 이용된다.
- **마이크로파**는 **전자레인지**에 이용된다. 전자레인지를 영어로 하면 마이크로웨이브 오븐이다.
- **라디오파**는 전파라고 알아도 무방하며, **라디오 통신, 안테나 수신** 등에 이용된다.

3. 파동의 간섭 예시

☞ 파동의 간섭 예시 외우기!

- **보강 간섭** : 악기, 초음파 충격 수술, 지폐의 위조 방지(보는 각도에 따라 지폐의 숫자 색이 달라짐), 빛의 이중
  슬릿 실험에서 밝은 부분
- **상쇄 간섭** : 소음 제거 헤드폰, 안경 렌즈의 무반사 코팅, 빛의 이중 슬릿 실험에서 어두운 부분

그림은 스마트폰에서 쓰이는 파동 A, B, C를 나타낸 것이다.

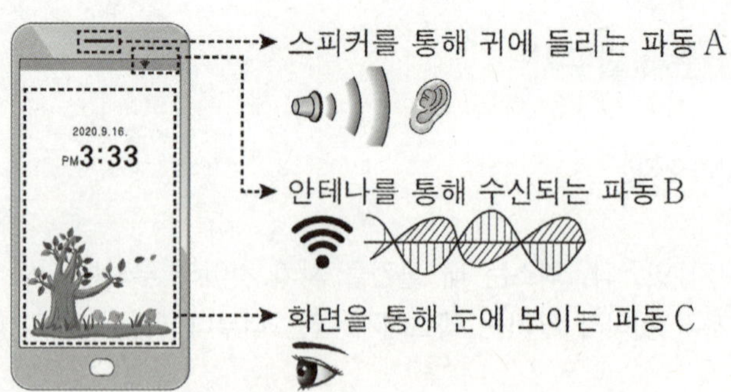

이에 대한 설명으로 옳은 것만을 <보기>에서 있는 대로 고른 것은?

〈보 기〉

ㄱ. A는 전자기파에 속한다.
ㄴ. 진동수는 B가 C보다 작다.
ㄷ. C는 매질에 관계없이 속력이 일정하다.

1. A는 전자기파이고, 귀에 들리는 건 소리이다. (ㄱ 틀림)

2. 안테나는 전파를 수신하므로 B는 라디오파이고, 우리 눈에 보이는 파동인 C는 가시광선이다.
   라디오파(B)의 진동수는 가시광선(C)의 진동수보다 작다. (ㄴ 맞음)

3. **광속 불변의 법칙 생각했으면 큰일난다.**
   상대성 이론에서 등장하는 광속 불변의 법칙은 빛이 진공을 진행할 때만 적용되는 법칙이다.
   파동의 속력은 매질이 결정하기 때문에, 빛 역시 매질이 변하면 당연히 속력도 변한다. (ㄷ 틀림)

정답 : ㄴ

그림은 버스에서 이용하는 전자기파를 나타낸 것이다.

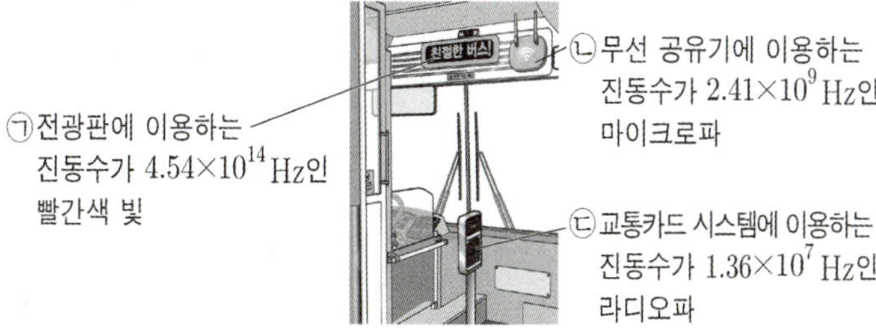

이에 대한 설명으로 옳은 것만을 <보기>에서 있는 대로 고른 것은?

〈보 기〉

ㄱ. ⓐ은 가시광선 영역에 해당한다.
ㄴ. 진공에서 속력은 ⓐ이 ⓒ보다 크다.
ㄷ. 진공에서 파장은 ⓒ이 ⓑ보다 짧다.

1. 전광판의 빨간색 빛은 가시광선이다. **(ㄱ 맞음)**

2. 매질이 같은 곳에서 전자기파의 속력은 서로 같다. **(ㄴ 틀림)**

3. 진공에서의 파장은 마이크로파가 라디오파보다 짧다. **(ㄷ 맞음)**

정답 : ㄱ, ㄷ

01 11학년도 수능 17번

그림 (가)는 물체 A, B가 x축 상에서 거리 d만큼 떨어져 수면에 떠 있고, 진동수가 f_0, 진폭이 y_0, 파장이 λ_0인 수면파가 $+x$ 방향으로 진행하고 있는 것을 모식적으로 나타낸 것이다. 그림 (나)는 수면파가 B에 도달한 이후 $y_A - y_B$를 시간 t에 따라 나타낸 것이다. y_A, y_B는 t일 때 A, B의 변위이다.

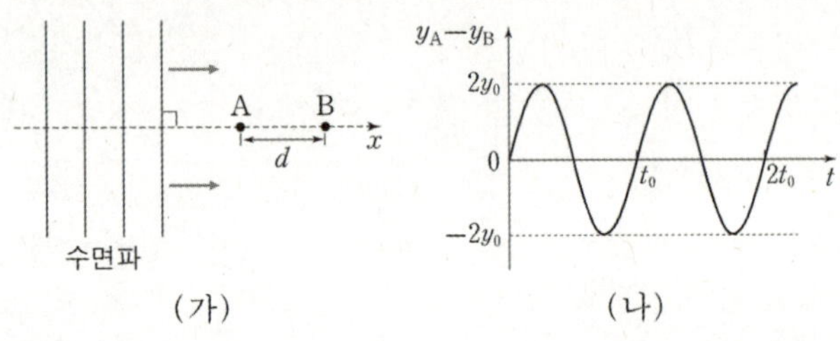

(가)   (나)

이에 대한 설명으로 옳은 것만을 <보기>에서 있는 대로 고른 것은? (단, A, B는 연직 방향으로만 움직이고, A, B의 크기는 무시한다.)

<보 기>

ㄱ. (나)에서 t_0은 $\dfrac{1}{f_0}$이다.

ㄴ. d는 λ_0의 정수 배이다.

ㄷ. A가 수면파의 마루에 있을 때 B는 수면파의 골에 있다.

---

02 20년 3월 교육청 16번

그림 (가)는 매질 A와 매질 B에서 $+x$방향으로 진행하는 파동의 어느 순간의 변위를 위치 x에 따라 나타낸 것이다. 그림 (나)는 (가)의 순간부터 매질 위의 점 P의 변위를 시간 t에 따라 나타낸 것이다.

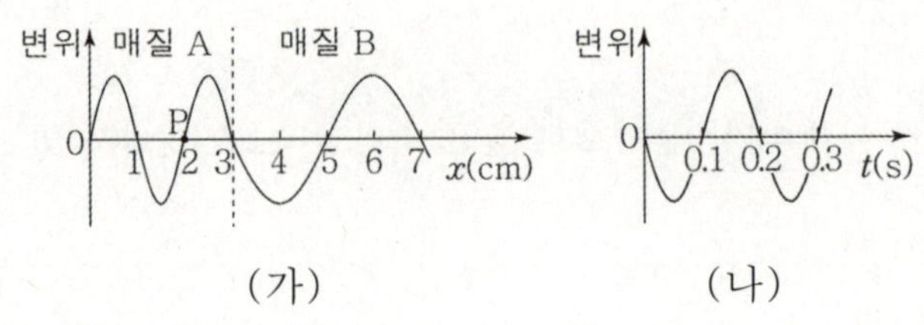

(가)   (나)

B에서 파동의 속력은?

① 5 cm/s   ② 10 cm/s   ③ 15 cm/s

④ 20 cm/s   ⑤ 30 cm/s

그림과 같이 파원 S_1, S_2에서 진동수와 진폭이 같은 물결파를 같은 위상으로 발생시켰다. 점 P는 S_1과 S_2로부터 각각 45cm, 40cm 떨어져 있다. 두 물결파의 진동수는 2Hz이며 속력은 20cm/s이다.

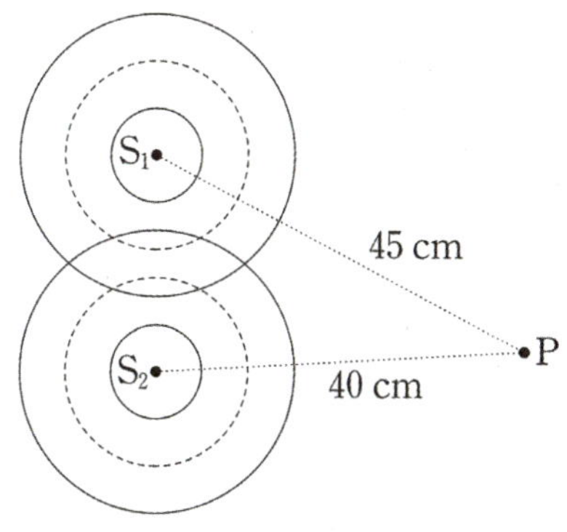

이에 대한 설명으로 옳은 것만을 <보기>에서 있는 대로 고른 것은?

———<보 기>———

ㄱ. 물결파의 파장은 10cm이다.

ㄴ. P에서 상쇄 간섭이 일어난다.

ㄷ. S_1, S_2에서 같은 위상으로 파장이 2cm인 물결파를 발생시키면, P에서 보강 간섭이 일어난다.

그림과 같이 정사각형의 두 꼭짓점에 놓인 스피커 A, B에서 세기가 같고 진동수가 440Hz인 소리가 같은 위상으로 발생한다. 점 O는 두 꼭짓점 P, Q를 잇는 선분 $\overline{PQ}$의 중점이다. A, B에서 발생한 소리는 P에서 상쇄 간섭하고 O에서 보강 간섭한다.

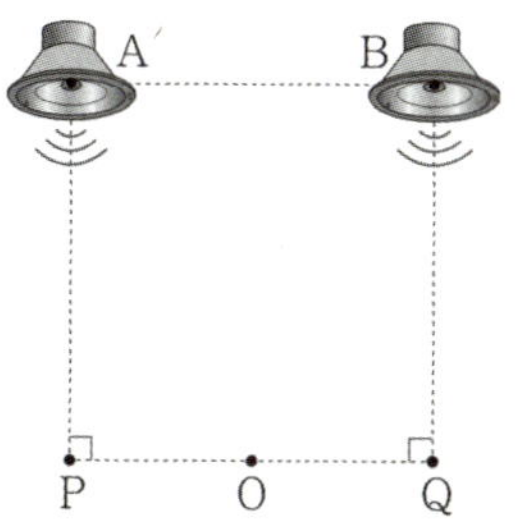

A, B에서 발생한 소리의 간섭에 대한 옳은 설명만을 <보기>에서 있는 대로 고른 것은?

———<보 기>———

ㄱ. Q에서 상쇄 간섭한다.

ㄴ. 중첩된 소리의 세기는 P와 O에서 같다.

ㄷ. $\overline{PQ}$에서 보강 간섭하는 지점은 짝수 개다.

그림은 주기와 파장이 같고, 속력이 일정한 두 수면파가 진행하는 어느 순간의 모습을 평면상에 모식적으로 나타낸 것이다. 두 수면파의 진폭은 A로 같다. 실선과 점선은 각각 수면파의 마루와 골의 위치를, 점 P, Q는 평면상의 고정된 지점을 나타낸 것이다.

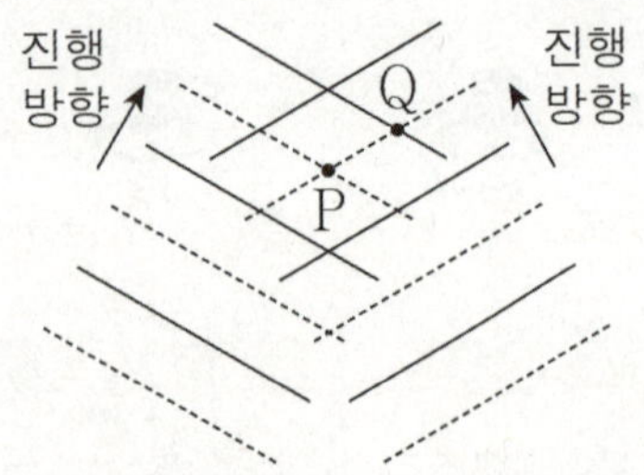

P, Q에서 중첩된 수면파의 변위를 시간에 따라 나타낸 것으로 가장 적절한 것을 <보기>에서 고른 것은?

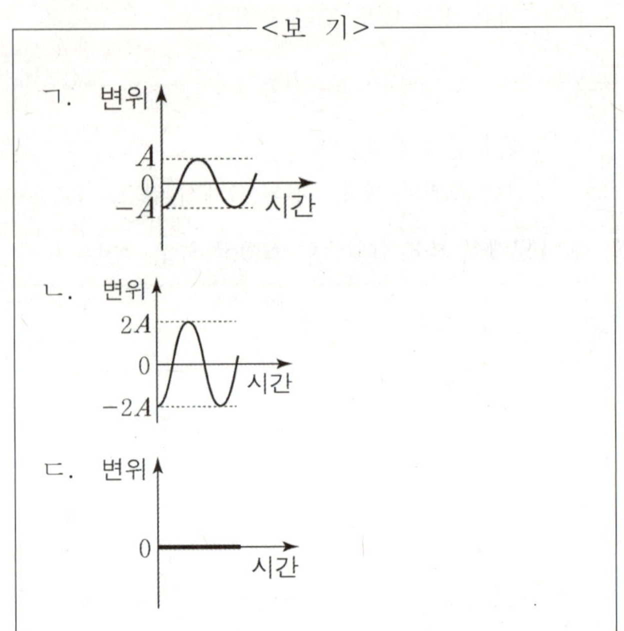

	P	Q		P	Q
①	ㄱ	ㄴ	②	ㄱ	ㄷ
③	ㄴ	ㄱ	④	ㄴ	ㄷ
⑤	ㄷ	ㄴ			

그림 (가)는 파장과 속력이 같고 연속적으로 발생되는 두 파동 A, B가 서로 반대 방향으로 진행할 때 시간 $t=0$인 순간의 모습을 나타낸 것이다. 그림 (나)는 (가)에서 $t=1$초일 때, A, B가 중첩된 모습을 나타낸 것이다.

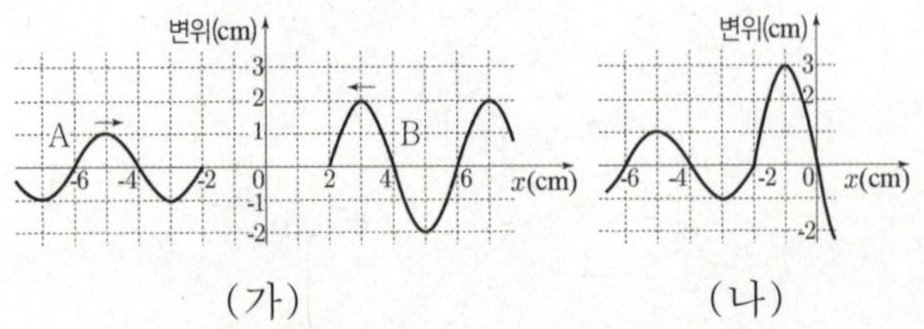

(가)   (나)

이에 대한 설명으로 옳은 것만을 <보기>에서 있는 대로 고른 것은?

<보 기>

ㄱ. A의 속력은 $2\,\mathrm{cm/s}$이다.

ㄴ. B의 주기는 1초이다.

ㄷ. $t=2$초일 때 $x=-5\,\mathrm{cm}$에서 변위의 크기는 $3\,\mathrm{cm}$이다.

다음은 소리의 간섭 실험이다.

[실험 과정]

(가) 약 1m 떨어져 서로 마주 보고 있는 스피커 A, B에서 진동수가 ㉠인 소리를 같은 세기로 발생시킨다.

(나) 마이크를 A와 B 사이에서 이동시키면서 ㉡ 소리의 세기가 가장 작은 지점을 찾아 마이크를 고정시킨다.

(다) 소리의 파형을 측정한다.

(라) B만 끈 후 소리의 파형을 측정한다.

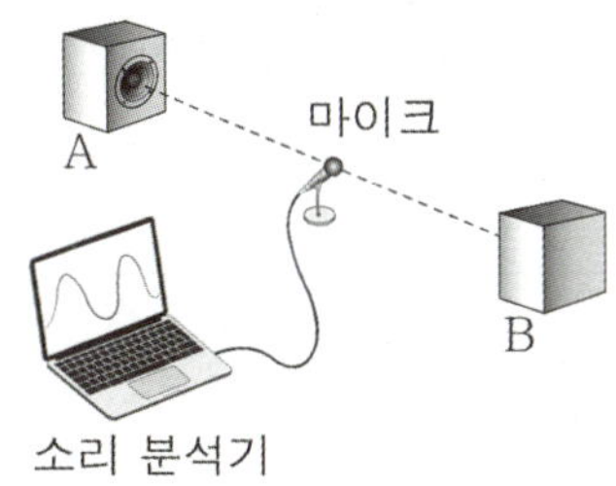

[실험 결과]

• X, Y : (다), (라)의 결과를 구분 없이 나타낸 그래프

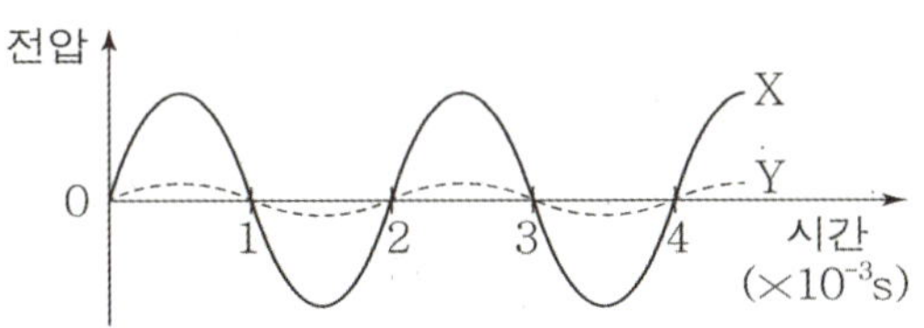

이에 대한 옳은 설명만을 <보기>에서 있는 대로 고른 것은?

─────── <보 기> ───────

ㄱ. ㉠은 500 Hz이다.

ㄴ. ㉡에서 간섭한 소리의 위상은 서로 같다.

ㄷ. (라)의 결과는 Y이다.

그림 (가)는 진폭이 2cm이고 일정한 속력으로 진행하는 물결파의 어느 순간의 모습을 나타낸 것이다. 실선과 점선은 각각 물결파의 마루와 골이고, 점 P, Q는 평면상의 고정된 지점이다. 그림 (나)는 P에서 물결파의 변위를 시간에 따라 나타낸 것이다.

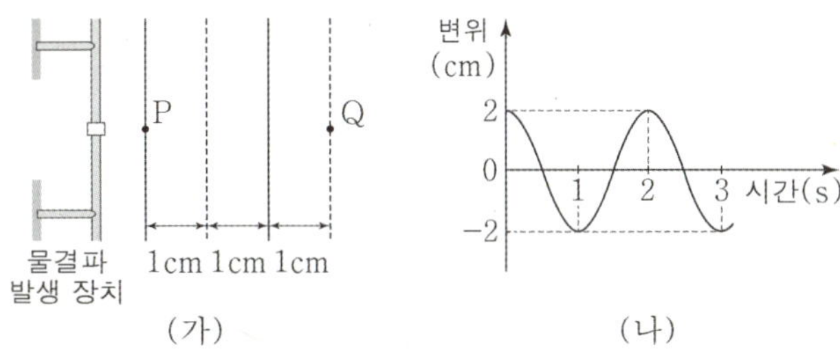

물결파에 대한 설명으로 옳은 것만을 <보기>에서 있는 대로 고른 것은?

─────── <보 기> ───────

ㄱ. 파장은 2cm이다.

ㄴ. 진행 속력은 1cm/s이다.

ㄷ. 2초일 때, Q에서 변위는 -2cm이다.

09

다음은 소리의 간섭 실험이다.

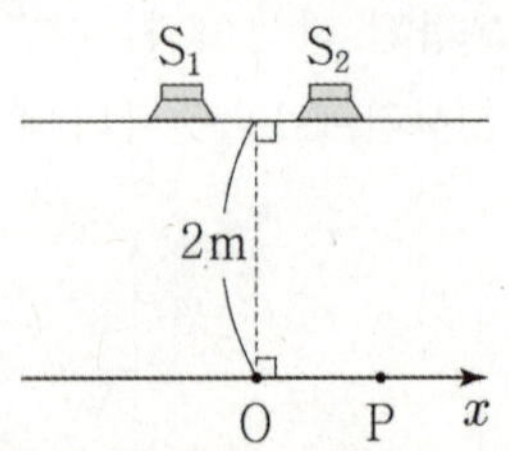

[실험 과정]

(가) 그림과 같이 나란하게 놓인 스피커 S_1과 S_2 사이의 중앙 지점에서 수직 방향으로 2m 떨어진 점 O를 표시한다.

(나) S_1, S_2에서 진동수가 340 Hz이고 위상과 진폭이 동일한 소리를 발생시킨다.

(다) O에서 $+x$방향으로 이동하며 소리의 세기를 측정하여 처음으로 보강 간섭하는 지점과 상쇄 간섭하는 지점을 표시한다.

[실험 결과]

• (다)의 결과

	보강 간섭	상쇄 간섭
지점	O	P

• O에서 P까지의 거리는 1m이다.

이에 대한 설명으로 옳은 것만을 <보기>에서 있는 대로 고른 것은?

<보 기>

ㄱ. S_1, S_2에서 발생한 소리의 위상은 O에서 서로 반대이다.

ㄴ. O에서 $-x$방향으로 1m만큼 떨어진 지점에서는 S_1, S_2에서 발생한 소리가 상쇄 간섭한다.

ㄷ. S_1에서 발생하는 소리의 위상만을 반대로 하면 S_1, S_2에서 발생한 소리가 O에서 보강 간섭한다.

10

그림은 전자기파를 파장에 따라 분류한 것이고, 표는 전자기파 A, B, C가 사용되는 예를 순서 없이 나타낸 것이다.

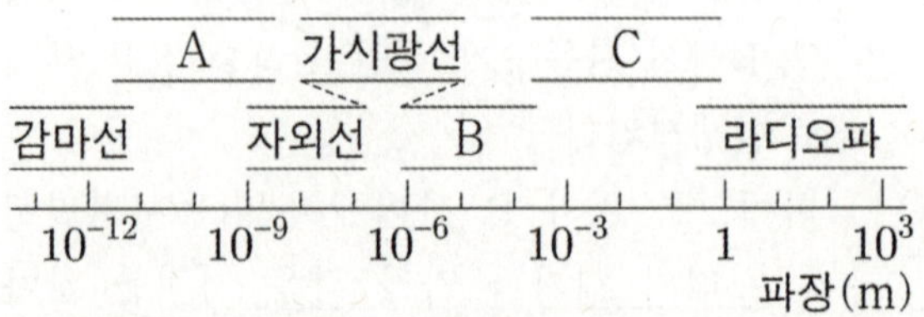

전자기파	사용되는 예
(가)	체온을 측정하는 열화상 카메라에 사용된다.
(나)	음식물을 데우는 전자레인지에 사용된다.
(다)	공항 검색대에서 수하물의 내부 영상을 찍는 데 사용된다.

(가), (나), (다)에 해당하는 전자기파로 옳은 것은?

	(가)	(나)	(다)
①	A	B	C
②	A	C	B
③	B	A	C
④	B	C	A
⑤	C	A	B

11   22학년도 6월 평가원 15번

그림과 같이 두 개의 스피커에서 진폭과 진동수가 동일한 소리를 발생시키면 $x = 0$에서 보강 간섭이 일어난다. 소리의 진동수가 f_1, f_2일 때 x축상에서 $x = 0$으로부터 첫 번째 보강 간섭이 일어난 지점까지의 거리는 각각 $2d$, $3d$이다.

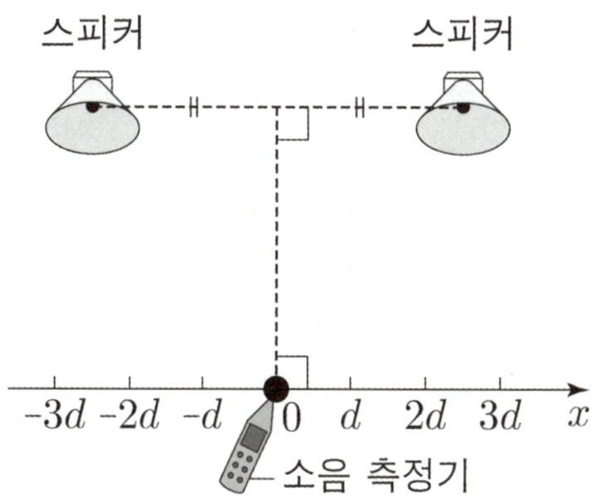

이에 대한 설명으로 옳은 것만을 <보기>에서 있는 대로 고른 것은?

———<보 기>———

ㄱ. $f_1 < f_2$이다.

ㄴ. f_1일 때 $x = 0$과 $x = 2d$ 사이에 상쇄 간섭이
　 일어나는 지점이 있다.

ㄷ. 보강 간섭된 소리의 진동수는 스피커에서
　 발생한 소리의 진동수보다 크다.

12   22학년도 9월 평가원 9번

그림 (가)는 파동이 매질 A에서 매질 B로 진행하는 모습을, (나)는 (가)의 파동이 매질 Ⅰ에서 매질 Ⅱ로 진행하는 경로를 나타낸 것이다. Ⅰ, Ⅱ는 각각 A, B 중 하나이다.

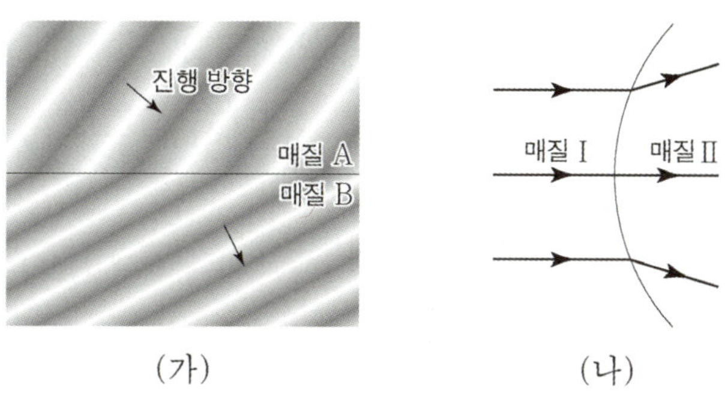

이에 대한 설명으로 옳은 것만을 <보기>에서 있는 대로 고른 것은?

———<보 기>———

ㄱ. (가)에서 파동의 속력은 B에서가 A에서
　 보다 크다.

ㄴ. Ⅱ는 B이다.

ㄷ. (나)에서 파동의 파장은 Ⅱ에서가 Ⅰ에서
　 보다 길다.

13 23학년도 6월 평가원 10번

그림은 시간 $t = 0$일 때 2m/s의 속력으로 x축과 나란하게 진행하는 파동의 변위를 위치 x에 따라 나타낸 것이다.

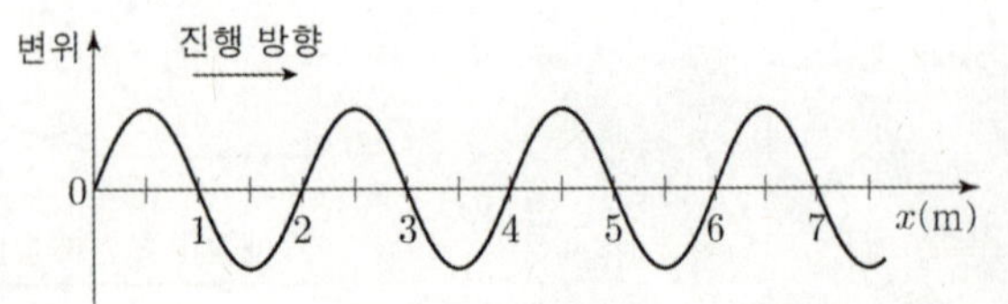

$x = 7$m에서 파동의 변위를 t에 따라 나타낸 것으로 가장 적절한 것은?

① 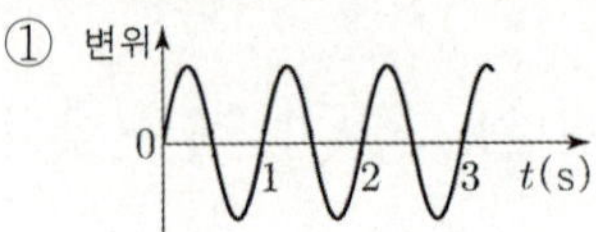

② 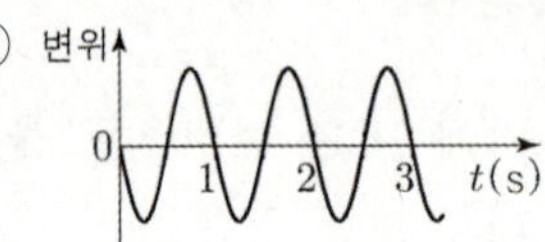

③ 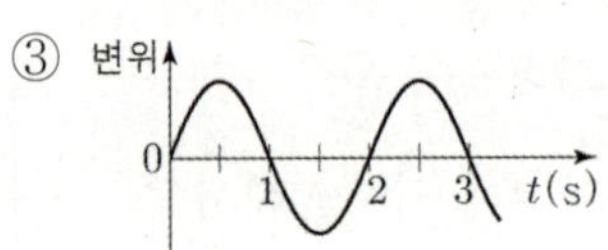

④ 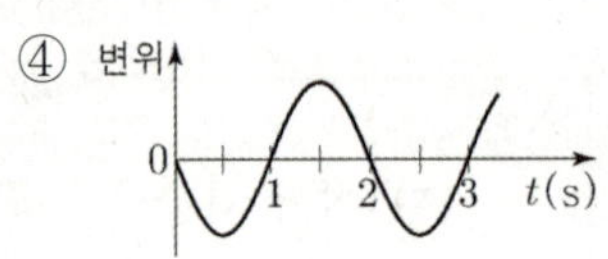

⑤ 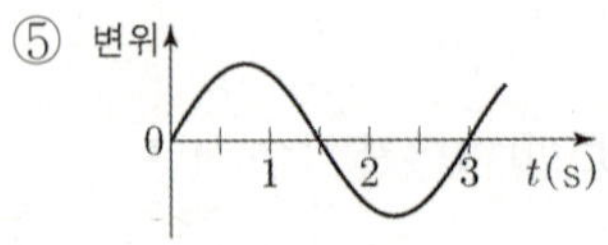

14 23학년도 수능 8번

그림 (가)는 시간 $t = 0$일 때, x축과 나란하게 매질 A에서 매질 B로 진행하는 파동의 변위를 위치 x에 따라 나타낸 것이다. 점 P, Q 중 한 지점에서 파동의 변위를 t에 따라 나타낸 것이다.

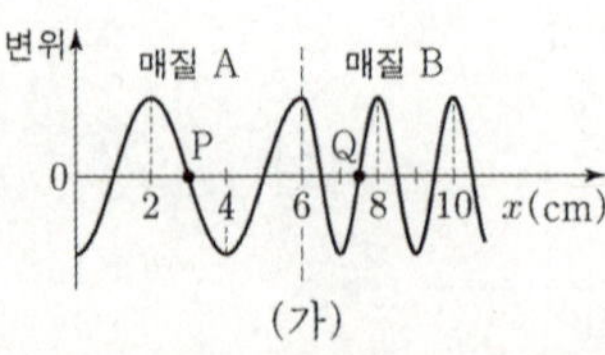

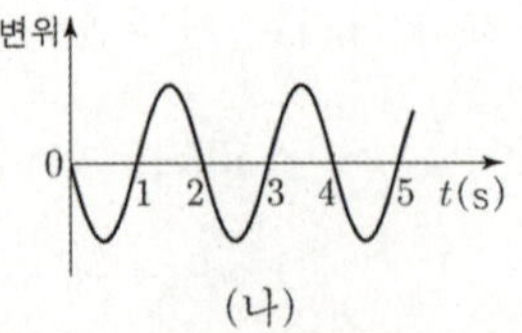

이에 대한 설명으로 옳은 것만을 <보기>에서 있는 대로 고른 것은?

───── <보 기> ─────

ㄱ. 파동의 진동수는 2Hz이다.

ㄴ. (나)는 Q에서 파동의 변위이다.

ㄷ. 파동의 진행 속력은 A에서가 B에서의 2배이다.

15 23년 3월 교육청 8번

그림 (가)는 시간 $t = 0$일 때, x축과 나란하게 매질 Ⅰ에서 매질 Ⅱ로 진행하는 파동의 변위를 위치 x에 따라 나타낸 것이다. 그림 (나)는 $x = 2\text{cm}$에서 파동의 변위를 t에 따라 나타낸 것이다.

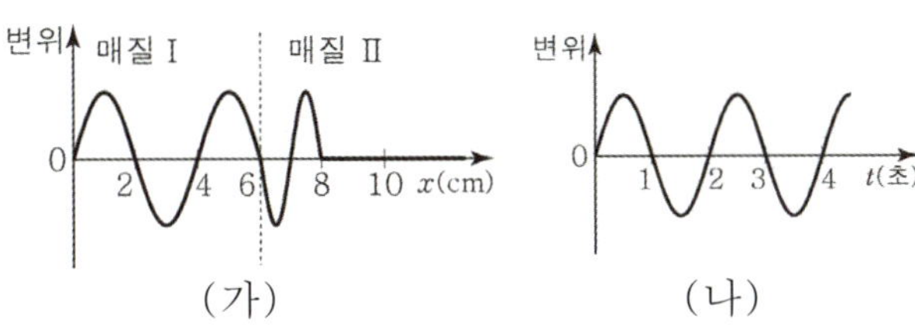

(가)　　　　　　(나)

$x = 10\text{cm}$에서 파동의 변위를 t에 따라 나타낸 것으로 가장 적절한 것은?

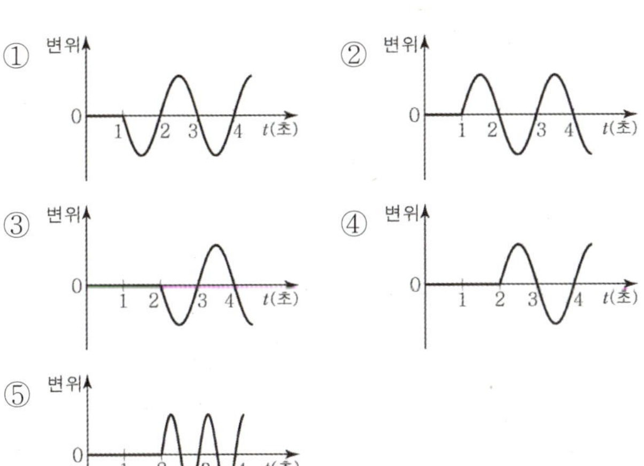

16 23년 7월 교육청 9번

그림 (가)는 파동이 매질 A에서 매질 B로 진행하는 모습을 나타낸 것이고, 그림 (나)는 A 위의 점 p의 변위를 시간에 따라 나타낸 것이다. A에서 파동의 파장은 10cm이다.

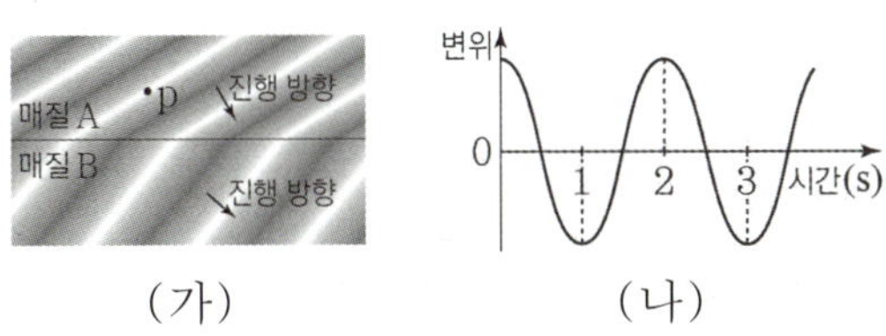

(가)　　　　　　(나)

이에 대한 설명으로 옳은 것만을 <보기>에서 있는 대로 고른 것은?

─── <보 기> ───

ㄱ. 파동의 진동수는 2Hz이다.

ㄴ. (가)에서 입사각이 굴절각보다 작다.

ㄷ. B에서 파동의 진행 속력은 5cm/s보다 크다.

17 24년 4월 교육청 6번

그림은 시간 $t=0$일 때, 매질 A, B에서 x축과 나란하게 한쪽 방향으로 진행하는 파동의 변위 y를 위치 x에 따라 나타낸 것으로, 점 P와 Q는 x축상의 지점이다. A에서 파동의 진행 속력은 1cm/s이고, $t=1$초일 때 Q에서 매질의 운동 방향은 $-y$방향이다.

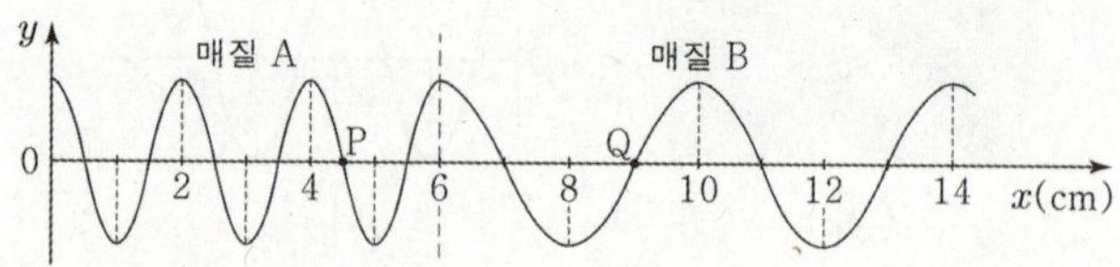

이에 대한 설명으로 옳은 것만을 <보기>에서 있는 대로 고른 것은?

< 보 기 >

ㄱ. B에서 파동의 진행 속력은 4cm/s이다.

ㄴ. P에서 파동의 변위는 $t=0$일 때와 $t=2$초일 때가 같다.

ㄷ. 파동의 진행 방향은 $+x$방향이다.

---

18 24년 4월 교육청 15번

그림 (가)는 두 점 S_1, S_2에서 발생시킨 진동수, 진폭, 위상이 같은 두 물결파가 일정한 속력으로 진행하는 순간의 모습을, (나)는 (가)의 순간부터 점 P, Q 중 한 점에서 중첩된 물결파의 변위를 시간에 따라 나타낸 것이다.

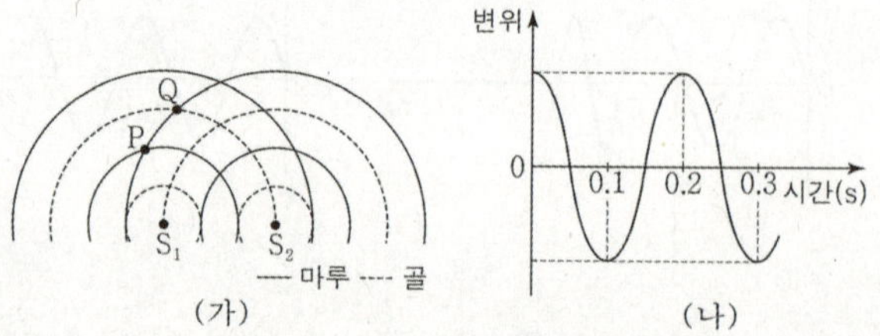

이에 대한 설명으로 옳은 것만을 <보기>에서 있는 대로 고른 것은? (단, S_1, S_2, P, Q는 동일 평면상에 고정된 지점이다.)

< 보 기 >

ㄱ. (나)는 P에서의 변위를 나타낸 것이다.

ㄴ. S_1에서 발생시킨 물결파의 진동수는 5Hz이다.

ㄷ. $\overline{S_1S_2}$에서 보강 간섭이 일어나는 지점의 수는 3개이다.

광전 효과와 물질의 이중성

12 광전 효과와 물질의 이중성

이 단원은 문제의 스타일이 정해져 있고, 문항의 출제 포인트 및 선지에서 묻는 지점들도 몇 가지로 정해져 있다. 따라서 한 번 정확히 이해하게 되면 그 뒤는 크게 막힘이 없을 것이다.

☞ 광전 효과의 기초 용어 정리

광전 효과

금속에 문턱 진동수보다 큰 진동수의 빛을 비출 때 금속에서 전자(광전자)가 방출되는 현상

문턱 진동수 (한계 진동수)

금속에서 전자가 방출되기 위한 최소한의 빛의 진동수이며, 일반적으로 진동수 f에 아래 첨자 0을 붙여 f_0으로 표기한다. 문턱 진동수보다 작은 진동수의 빛은 광전자를 방출시키지 못한다.

일함수

전자를 금속으로부터 떼어 내는 데 필요한 에너지이며, 각 금속의 종류마다 서로 다른 고유한 값이다.
일함수의 값은 문턱 진동수에 플랑크 상수를 곱한 값인 hf_0과 같다.

광전자의 최대 운동 에너지

금속에 빛을 가해 광전자가 방출될 때, 떨어져 나온 광전자에 남아있는 에너지의 최댓값이다.
방출된 광전자의 최대 운동 에너지는 빛의 세기와는 무관하고, 빛의 진동수(f)와 금속의 문턱 진동수(f_0)에 의해 결정된다. 이는 가해진 빛의 에너지(hf)와 일함수 (hf_0)에 의해 결정된다는 것과 같다.

빛의 진동수(f)와 파장(λ)

빛의 진동수(f)와 파장(λ)은 반비례 관계이고, 빛의 진동수(f)는 광자 1개의 에너지(E)에 비례한다.

광전 효과

1. 광전자의 최대 운동 에너지

금속에 진동수가 f인 빛을 비추면, 빛이 금속 내의 전자와 충돌하여 전자에 에너지를 가하게 된다.

이때 광자 1개의 에너지 hf가 전자를 금속으로부터 떼어 내는 데 필요한 에너지인 일함수 $W = hf_0$보다 크면 즉시 광전자가 방출되고, 이때 광전자의 최대 운동 에너지 E_K는 $E_K = hf - W$로 표현할 수 있다.

$$E_K = \begin{cases} 0 & (f \le f_0) \\ hf - W & (f > f_0) \end{cases}$$

여기서 운동 에너지는 $\frac{1}{2}mv^2$이므로 최대 운동 에너지는 광전자의 속력이 클수록 크다.

플랑크 상수 h와 금속의 일함수 W는 고정된 값이므로, 빛의 진동수에 따른 광전자의 최대 운동 에너지 그래프를 그릴 수 있는데, 진동수가 문턱 진동수보다 작을 때와 클 때를 나누어 그려주면, 아래 그림과 같다.

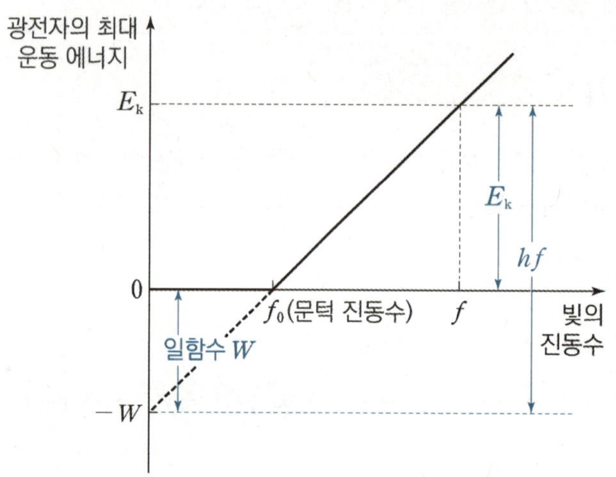

최대 운동 에너지와 일함수, 그리고 빛의 에너지의 관계를 정리하면 다음과 같다.

> 1. 광전자의 최대 운동 에너지 E_K는 빛의 진동수 f가 커짐에 따라 커지지만, 빛의 진동수 f가 문턱 진동수 f_0보다 작을 때 $E_K = 0$이다.
> 2. 광자 1개의 에너지인 hf는 언제나 E_K보다 크다.
> 3. 광전자가 방출되었다면, 광자의 에너지인 hf는 W보다 크다.

가장 대표적인 실수는 다음과 같다.

- 문턱 진동수 f_0보다 작은 진동수의 빛을 비출 때, 빛의 세기를 증가시키면 광전자가 튀어나온다.
- 문턱 진동수 f_0보다 큰 진동수의 빛을 비출 때, 빛의 세기를 증가시키면 광전자의 최대 운동 에너지가 커진다.

위 예시는 둘 다 잘못된 생각이다. 빛의 세기는 튀어나오는 광전자의 수와 관련이 있고,
빛의 세기와 광전자의 최대 운동 에너지는 아무런 관련이 없다.

위의 두 예시 중 첫 번째 예시를 옳게 고친다면 아래와 같다.
- 문턱 진동수 f_0보다 작은 진동수의 빛을 비출 때, 빛의 진동수를 f_0보다 크게 증가시키면 광전자가 튀어나온다.
- 문턱 진동수 f_0보다 작은 진동수의 빛을 비출 때, 빛의 세기를 증가시켜도 아무 변화가 없다.

두 번째 예시를 옳게 고친다면 아래와 같다.
- 문턱 진동수 f_0보다 큰 진동수의 빛을 비출 때,
  빛의 진동수를 증가시키면 광전자의 최대 운동 에너지가 커진다.
- 문턱 진동수 f_0보다 큰 진동수의 빛을 비출 때,
  빛의 세기를 증가시키면 단위 시간, 단위 면적당 튀어나오는 광전자의 개수가 많아진다.

빛의 진동수와 빛의 세기의 차이에 대하여 정리하면 다음과 같다. 문항에서 워낙 자주 물어보는 지점이므로, 혼동하지
않도록 각별히 주의하자.

> 빛의 진동수 : 광전자의 방출 여부, 최대 운동 에너지를 결정
> 빛의 세 기 : 광전자가 방출되는 상황에서, 방출되는 광전자의 수(전류의 크기)를 결정[30]
> (※ 광전자가 방출되지 않는 상황에서는 아무 효과가 없음)

그리고 여러 개의 단색광을 동시에 하나의 금속판에 비출 때 튀어나오는 광전자의 수는 문턱 진동수를 넘는 빛의
세기의 합에 비례하지만, 광전자의 최대 운동 에너지는 가장 큰 진동수의 단색광에만 영향을 받는다.

---

30) 금속판에 비추는 빛의 세기가 세질수록 튀어나오는 광전자의 수가 늘어나고, 이에 따라 광전관에 흐르는 전류의 크기도 커진다.

문제를 풀다보면 선지에 "단색광 A의 세기를 증가시키면 금속판에서 광전자가 방출된다."라는 식의 서술이 자주 나온다. 이를 유심히 보면 현재 A를 비추었을 때 금속판에서 광전자가 방출되지 않는 상황임을 알 수 있다. (A를 그냥 비추어도 광전자가 방출된다면, 굳이 세기를 증가시켜 물어볼 이유가 없기 때문이다.)

이는 A의 진동수가 금속판의 문턱 진동수보다 작음을 의미하고, 따라서 A의 세기를 증가시켜도 금속판에선 광전자가 방출되지 않는다는 걸 알 수 있다.

정리하면, 문제에서 **"단색광의 세기를 증가시키면 금속판에서 안 나오던 광전자가 방출된다."**와 같은 의미의 선지가 등장했을 때 그건 **애초부터 틀린 선지**일 가능성이 높다.

빛의 입자성의 예시로는 광 다이오드, 전하 결합 소자(CCD)가 있다.

전하 결합 소자(CCD)는 광 다이오드로 구성되어 있다. 빛의 입자성을 활용해 세기만을 파악할 수 있어서, 색 필터가 없으면 자체적으로 색을 구분할 수 없다. 혹시 모르니 암기하자.

그림 (가)는 금속판 P에 빛을 비추었을 때 광전자가 방출되는 모습을 나타낸 것이고, (나)는 (가)에서 방출되는 광전자의 최대 운동 에너지를 빛의 진동수에 따라 나타낸 것이다. 진동수가 f이고 세기가 I인 빛을 비추었을 때, 방출되는 광전자의 최대 운동 에너지는 E이다.

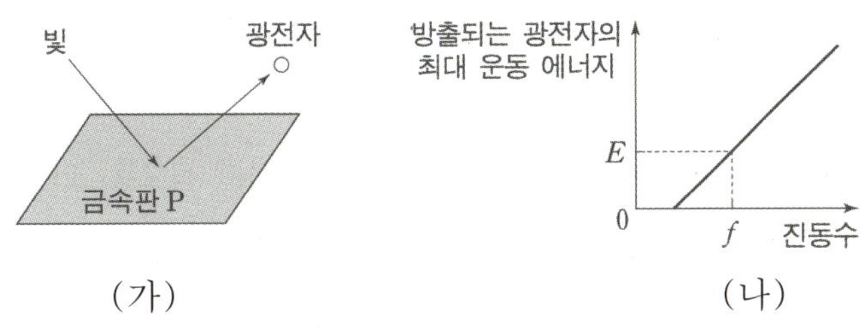

이에 대한 설명으로 옳은 것만을 <보기>에서 있는 대로 고른 것은?

〈 보 기 〉

ㄱ. 진동수가 f이고 세기가 $2I$인 빛을 P에 비추면, 방출되는 광전자의 최대 운동 에너지는 E이다.
ㄴ. 진동수가 $2f$이고 세기가 I인 빛을 P에 비추면, 방출되는 광전자의 최대 운동 에너지는 E보다 크다.
ㄷ. 빛의 입자성을 보여주는 현상이다.

1. 세기를 증가시켜도 방출되는 광전자의 최대 운동 에너지는 변하지 않는다. (ㄱ 맞음)

2. 비추는 빛의 진동수가 문턱 진동수보다 클 때,
   빛의 진동수를 증가시키면 방출되는 광전자의 최대 운동 에너지도 증가한다. (ㄴ 맞음)

3. 광전 효과는 빛의 입자성을 보여주는 현상이다. (ㄷ 맞음)

정답 : ㄱ, ㄴ, ㄷ

문제를 풀 때 단색광 여러 개의 진동수와 금속판의 문턱 진동수를 서로 비교해야 할 때가 많다.

단색광의 진동수와 금속판의 문턱 진동수를 크기순으로 나열할 때, 금속판과 금속판이 이웃하면 둘의 문턱 진동수 크기를 비교할 수 없고, 단색광과 단색광이 이웃하면 역시 둘의 진동수 크기를 비교할 수 없으므로 이러한 유형의 한 가지 특징을 알 수 있다.

진동수들을 크기순으로 나열하면 단색광 – 금속판 – 단색광 – 금속판 이런 식으로 교대로 나열된다는 것이다.

> 진동수들을 크기순으로 나열할 때,
> 단색광의 진동수와 금속판의 문턱 진동수는 교대로 나열된다.

이를 바탕으로 문제 풀 때의 행동 강령을 다음과 같이 정리할 수 있다.

> **1. 극단적인 경우를 찾는다.**
> **2. 이 극단적인 경우를 기준으로 나머지 값들을 채운다.**

극단적인 경우의 예시로는 단색광 두 개를 비추었지만 어떤 광전자도 방출되지 않은 금속판이나, 모든 금속판에서 광전자를 방출시키는 단색광 등등이 있다.

☞ TIP! 진동수들은 이름 그대로 표시하는 것이 편하다.

예를 들어 단색광 A, B와 금속판 P, Q가 있다고 생각하자.

진동수들을 이름 그대로 표시한다는 말은, 이들을 비교할 때 f_0처럼 아래 첨자를 이용하는 것이 아니라 $A < P < B < Q$처럼 직관적으로 알아보기 쉽도록 단색광의 진동수는 단색광 이름으로, 금속판의 문턱 진동수는 금속판의 이름으로 쓰는 것이다.

만약 금속판이 하나만 등장해 이름이 없다면 $A < 판 < B$처럼 그냥 "판"으로 쓰자.

그림은 두 광전관의 금속판 P, Q에 단색광 A, B, C를 하나씩 비추는 모습을 나타낸 것이다. 표는 A, B, C를 하나씩 비추었을 때 P, Q에서의 광전자 방출 여부를 나타낸 것이다.

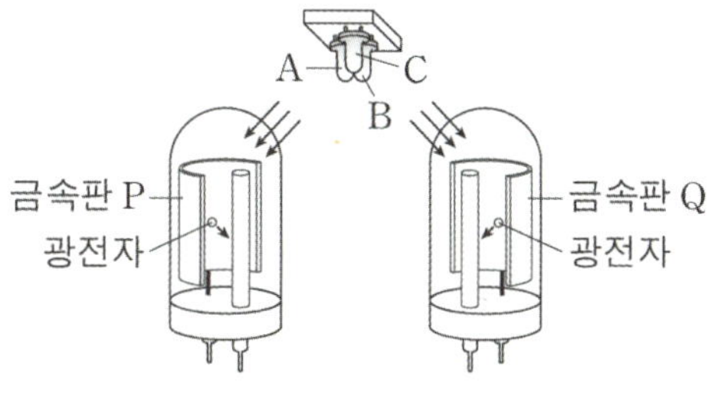

단색광	광전자 방출 여부	
	P	Q
A	×	○
B	○	㉠
C	×	×

(○ : 방출됨, × : 방출 안 됨)

이에 대한 설명으로 옳은 것만을 <보기>에서 있는 대로 고른 것은?

〈보 기〉

ㄱ. 진동수는 A가 C보다 크다.
ㄴ. 문턱 진동수는 금속판 P가 Q보다 크다.
ㄷ. ㉠은 ○이다.

1. 극단적인 경우 찾기

위 문제에서 단색광 C는 단색광 A, B와 달리 어떤 금속판에서도 빛을 방출시키지 못한다.
따라서 가장 작은 진동수는 C임을 알 수 있다.

그리고 A의 진동수는 C보다는 크지만 P의 문턱 진동수보다는 작고, B의 진동수는 P의 문턱 진동수보다 크므로 따라서 이를 토대로 각각의 진동수를 비교하면 C < A < P < B이다. (ㄱ 맞음)

2. 나머지 채우기

남은 것은 Q인데, 단색광 A를 Q에 비추었더니 광전자가 방출되었고 단색광 C를 Q에 비추었더니 광전자가 방출되지 않은 것을 통해 Q의 문턱 진동수가 A와 C 사이에 있음을 알 수 있다.

따라서 진동수를 정리하면, C < Q < A < P < B이다. (ㄴ 맞음)

B의 진동수는 Q의 문턱 진동수보다 크므로, ㉠은 ○이다. (ㄷ 맞음)

정답 : ㄱ, ㄴ, ㄷ

그림은 단색광 A, B, C를 광전관의 금속판에 비추는 모습을 나타낸 것이고, 표는 A, B, C를 켜거나 (ON) 끄면서(OFF) 광전 효과에 의한 광전자 방출 여부와 광전자의 최대 운동 에너지 E_{max}의 측정 결과를 나타낸 것이다.

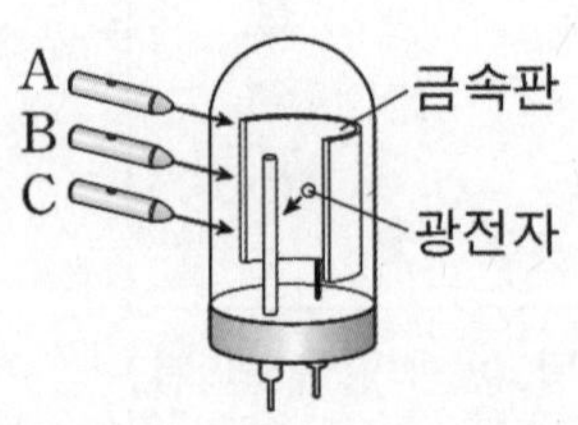

실험	A	B	C	광전자 방출 여부	E_{max}
I	ON	OFF	OFF	방출됨	E_0
II	OFF	ON	ON	방출됨	㉠
III	ON	ON	ON	방출됨	$2E_0$
IV	OFF	OFF	ON	방출되지 않음	-

이에 대한 설명으로 옳은 것만을 <보기>에서 있는 대로 고른 것은?

─────────── 〈보 기〉 ───────────

ㄱ. ㉠은 E_0이다.

ㄴ. 단색광의 진동수는 B가 A보다 크다.

ㄷ. 실험 IV에서 C의 세기를 증가시키면 광전자가 방출된다.

1. 극단적인 경우 찾기

위 상황에선 극단적인 경우보다는 단순한 경우 여러 개가 먼저 보인다.

먼저 실험 Ⅰ에서는 A의 진동수가 금속판의 문턱 진동수보다 큰 것을 알 수 있고,
실험 Ⅳ에서는 C의 진동수가 금속판의 문턱 진동수보다 작은 것을 알 수 있다.

이를 간략하게 나타내면 C < 판 < A 이다.

2. 나머지 채우기

실험 Ⅱ에서 B와 C를 동시에 비추었을 때 광전자가 방출되었으므로, 판 < B임을 알 수 있다.

그리고 A, B, C 모두를 함께 비춘 Ⅲ에서 광전자의 최대 운동 에너지가,
A만 비춘 Ⅰ에서 광전자의 최대 운동 에너지보다 큰 것을 보면 C < 판 < A < B임을 확정할 수 있다.
(ㄴ 맞음)

광전자의 최대 운동 에너지는 비추어진 빛 중 진동수가 가장 높은 빛의 영향을 받으므로,
실험 Ⅲ에서 B의 영향을 받아 최대 운동 에너지가 $2E_0$인 것을 보아 ㉠은 $2E_0$이다. **(ㄱ 틀림)**

그리고 문턱 진동수보다 낮은 진동수의 빛을 아무리 강하게 비추어도 광전자는 방출하지 않는다. **(ㄷ 틀림)**

("단색광의 세기를 증가시키면 금속판에서 안 나오던 광전자가 방출된다."와 같은 말이므로
ㄷ은 바로 **틀린 선지**임을 알 수 있다.)

정답 : ㄴ

그림 (가)는 단색광이 이중 슬릿을 지나 금속판에 도달하여 광전자를 방출시키는 실험을, (나)는 (가)의 금속판에서의 위치에 따라 방출된 광전자의 개수를 나타낸 것이다. 점 O, P는 금속판 위의 지점이다.

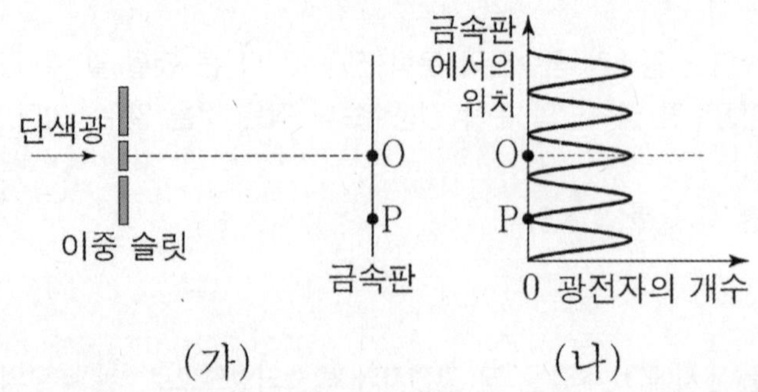

이에 대한 설명으로 옳은 것만을 <보기>에서 있는 대로 고른 것은?

<보 기>

ㄱ. 단색광의 세기를 증가시키면 O에서 방출되는 광전자의 개수가 증가한다.
ㄴ. 금속판의 문턱 진동수는 단색광의 진동수보다 작다.
ㄷ. P에서 단색광의 상쇄 간섭이 일어난다.

0. 문제 상황 파악하기

빛의 파동성과 입자성이 융합된 유형이다. 이런 상황에서는, 둘을 구분해서 순서대로 풀면 된다.

빛이 이중 슬릿을 통과하면서 금속판에 도달하는 과정에서는 빛의 파동성에 주목하고,
금속판에 빛이 도달한 이후에는 빛의 입자성에 주목하면 된다.

1. 빛의 입자성에 주목하기

금속판의 문턱 진동수보다 단색광의 진동수가 크기 때문에, 광전자가 방출된다. **(ㄴ 맞음)**

이미 O에서는 광전자가 방출되고 있었으므로,
여기서 단색광의 세기를 더 증가시키면 O에서 방출되는 광전자의 개수가 더 증가한다. **(ㄱ 맞음)**

(앞서 나온 **"단색광의 세기를 증가시키면 금속판에서 안 나오던 광전자가 방출된다."** 와는 다른 말이다.
왜냐하면 이 문제에서는 O에서 이미 광전자가 방출되는 상황이기 때문이다.)

2. 빛의 파동성에 주목하기

금속판에 닿는 빛의 세기가 셀수록 광전자는 많이 방출된다. 따라서 광전자가 하나도 방출되지
않는 P에는 빛이 거의 도달하지 않았다고 볼 수 있고, 이는 단색광이 상쇄 간섭했기 때문이다. **(ㄷ 맞음)**

정답 : ㄱ, ㄴ, ㄷ

▎물질의 이중성

빛 입자가 파동의 성질과 입자의 성질을 모두 지니는 것처럼,
입자들로 구성된 물질도 파동의 성질과 입자의 성질을 모두 지닌다.
이때 **파동성을 띠는 물질 입자의 파동**을 **물질파**라 부른다.

질량이 m인 입자가 v의 속력으로 이동할 때, 물질파의 파장은 운동량과 반비례한다.
이를 식으로 나타내면 다음과 같다. 외워야 한다. (h는 플랑크 상수)

$$\lambda = \frac{h}{p} = \frac{h}{mv}$$

문제를 풀 때, 우리는 정확한 값을 구하는 것이 아니라 비례 관계만을 이용하는 경우가 많다.
따라서 편의를 위해, 위 식을 변형해서 **값이 언제나 일정한 식**을 만들어보자.[31]

그러면 물질파의 공식을 다음과 같이 변형할 수 있다. 언제나 값이 일정한 식이다. 이것도 꼭 외우도록 하자.

$$p\lambda, \ mv\lambda, \ E_K m\lambda^2$$

예를 들어, 문제를 풀다 운동량과 물질파 사이 관계에 대한 선지가 나오면 $p\lambda$가 일정함을 이용하면 된다.
마찬가지로 운동 에너지와 물질파 사이 관계에 대한 선지가 나오면 $E_K m\lambda^2$이 일정함을 이용하면 된다.

---

31) 운동 에너지가 $E_K = \frac{1}{2}mv^2$인 것을 이용해 $\lambda = \frac{h}{\sqrt{2mE_K}}$임을 구할 수 있다.

　　이제 h만 남기고 식을 전부 넘기면, $E_K m\lambda^2 = h^2$이 되어 양쪽이 모두 상수로 변한다.

그림은 입자 A, B, C의 물질파 파장을 속력에 따라 나타낸 것이다.

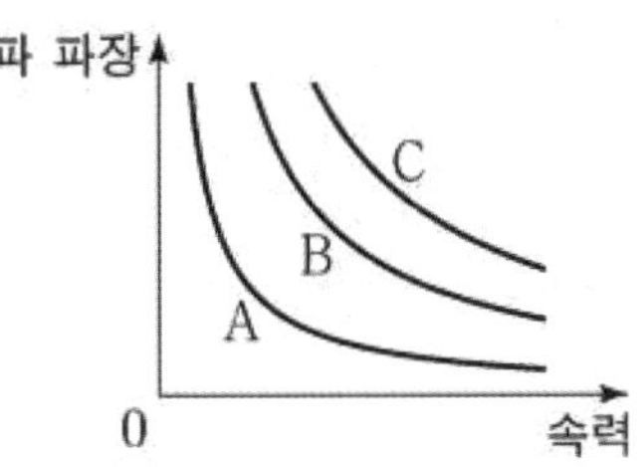

이에 대한 설명으로 옳은 것만을 <보기>에서 있는 대로 고른 것은?

─────────── 〈보 기〉 ───────────

ㄱ. A, B의 운동량 크기가 같을 때, 물질파 파장은 A가 B보다 짧다.

ㄴ. A, C의 물질파 파장이 같을 때, 속력은 A가 C보다 작다.

ㄷ. 질량은 B가 C보다 작다.

1. 문제 상황 파악하기

물질파와 관련된 그래프가 그려진 상황에서, 한 가지 값이 일정할 때 다른 값을 비교하는 문제이다.

2. 그래프 이용하기

운동량의 크기와 물질파 파장은 정확히 반비례한다. 따라서 운동량 크기가 같다면 물질파 파장도 같다.

(ㄱ 틀림)

아래와 같이 그래프에서 물질파 파장이 같도록 x축에 평행한 선을 그으면, 속력은 A가 C보다 작다. **(ㄴ 맞음)**

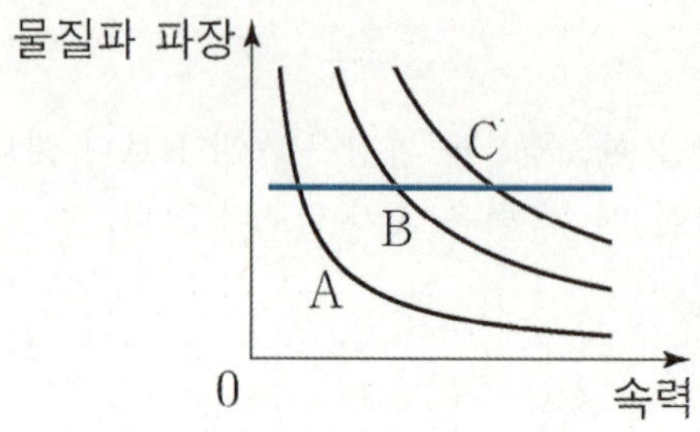

3. 외운 공식 적용하기

지금 문제에서 주어진 조건은 파장과 속력이고, ㄷ에서 질량을 물었다. 따라서 이것들이 포함된
$mv\lambda$가 일정하다는 식을 사용하자.

여기서 주의할 점이 있다!!
미지수가 3개인 상태로는 문제를 진행할 수가 없기에, **하나를 꼭 고정해야 한다**는 점이다.

B와 C의 물질파 파장이 같은 상황을 살펴보자. 앞서 ㄴ에서 했듯이 물질파 파장이 같도록 x축에 평행한 선을 그으면, 속력은 B가 C보다 작다는 것을 알 수 있다.

따라서 $mv\lambda$가 일정하기 위해서는 질량이 B가 C보다 크다는 것을 알 수 있다. **(ㄷ 틀림)**

$$m \cdot v \cdot \lambda$$
$$B > C \quad B < C \quad B = C$$

정답 : ㄴ

그림은 금속판 P, Q에 단색광을 비추었을 때, P, Q에서 방출되는 광전자의 최대 운동 에너지 E_K를 단색광의 진동수에 따라 나타낸 것이다.

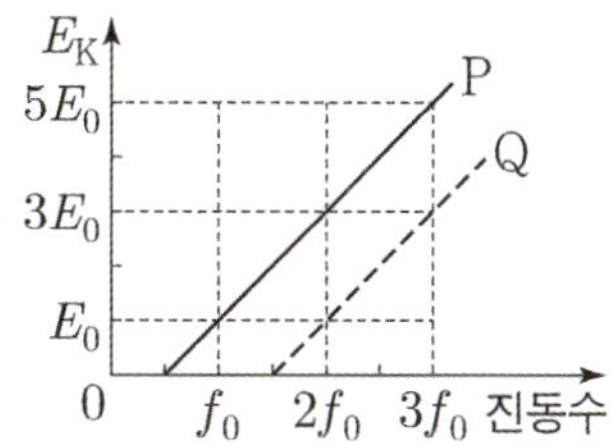

이에 대한 설명으로 옳은 것만을 <보기>에서 있는 대로 고른 것은?

〈보 기〉

ㄱ. 문턱 진동수는 P가 Q보다 작다.
ㄴ. 광양자설에 의하면 진동수가 f_0인 단색광을 Q에 오랫동안 비추어도 광전자가 방출되지 않는다.
ㄷ. 진동수가 $2f_0$일 때, 방출되는 광전자의 물질파 파장의 최솟값은 Q에서가 P에서의 3배이다.

1. 광전자 방출 유무로 문턱 진동수 비교하기

진동수가 f_0인 단색광을 비추었을 때, P에서는 광전자가 방출되었고 Q에서는 방출되지 않았다.
따라서 P의 문턱 진동수, Q의 문턱 진동수를 간략히 표현하면 P $< f_0 <$ Q이다. (ㄱ 맞음)

광양자설에 의하면 문턱 진동수보다 낮은 진동수의 단색광을 오랫동안 비추어도 광전자는 방출되지 않는다.
따라서 진동수가 f_0인 단색광을 Q에 오랫동안 비추어도 광전자가 방출되지 않는다. (ㄴ 맞음)

2. 물질파 파장과 운동 에너지의 관계 적용하기

단색광의 진동수가 f_0일 때, 방출되는 광전자의 에너지는 P에서가 Q에서의 3배이다.
물질파에서 에너지를 통해 파장을 구하려면 $E_K m \lambda^2$이 일정함을 이용할 수 있겠다.

P와 Q에서 나온 광전자의 운동 에너지 비가 $3:1$이므로, 파장은 $1:\sqrt{3}$이다. (ㄷ 틀림)

정답 : ㄱ, ㄴ

그림은 입자 P, Q의 물질파 파장의 역수를 입자의 속력에 따라 나타낸 것이다. P, Q는 각각 중성자와 헬륨 원자를 순서 없이 나타낸 것이다.

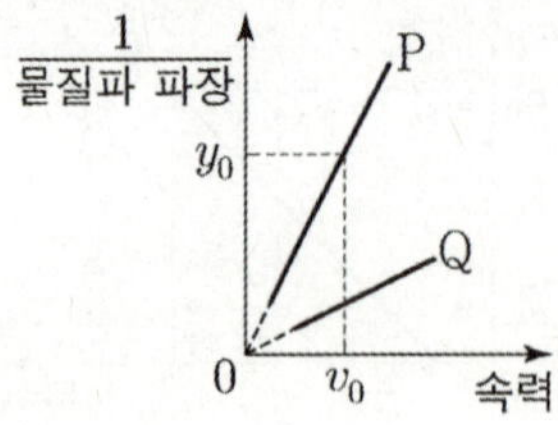

이에 대한 설명으로 옳은 것만을 <보기>에서 있는 대로 고른 것은? (단, h는 플랑크 상수이다.)

〈보 기〉

ㄱ. P의 질량은 $h\dfrac{y_0}{v_0}$이다.

ㄴ. Q는 중성자이다.

ㄷ. P와 Q의 물질파 파장이 같을 때, 운동 에너지는 P가 Q보다 작다.

1. 특정한 값이 같을 때를 먼저 살펴보기

P의 속력이 v_0일 때, 물질파 파장은 $\dfrac{1}{y_0}$이다. 따라서 $\lambda = \dfrac{h}{mv}$에 대입하면 P의 질량은 $h\dfrac{y_0}{v_0}$이다. (ㄱ 맞음)

속력이 v_0로 같을 때, 물질파 파장은 P < Q이므로 $m \cdot v \cdot \lambda$가 일정한 것을 이용하면 질량은 P > Q이다. 따라서 P는 헬륨 원자이고, Q는 중성자이다. (ㄴ 맞음)

$$m \cdot v \cdot \lambda$$
P > Q   P = Q   P < Q

또한 물질파 파장이 같을 때, 질량은 P > Q이므로 운동 에너지의 크기를 비교할 때 $E \cdot m \cdot \lambda^2$이 일정한 것을 이용할 수 있겠다. 이때 아래 그림과 같이 운동 에너지는 P < Q이다. (ㄷ 맞음)

$$E \cdot m \cdot \lambda^2$$
P < Q   P > Q   P = Q

정답 : ㄱ, ㄴ, ㄷ

물질파를 증명하는 대표적인 실험은 다음과 같다.

톰슨의 전자 회절 실험	데이비슨 · 거머의 실험	전자의 이중 슬릿 실험
얇은 금속박에 전자선을 입사시켜 회절 무늬를 얻으면, X **선이 만든 회절 무늬와 매우 비슷하다.** 따라서 **전자와 같은 물질 입자도 파동성을 지닌다**는 걸 알 수 있다.	니켈 결성에 54 V 의 전압으로 가속한 전자선을 쏘면, 입사한 전자선과 튀어나오는 전자가 이루는 **각도가 50 °인 곳에서 전자가 가장 많이 검출된다.** 이는 **전자가 마치 파동처럼 보강 간섭**했기 때문이다.	전자가 닿으면 빛나는 형광판을 항해 전자를 쏘아 단일 슬릿과 이중 슬릿을 연속으로 통과시키면, 파동성을 지니는 빛과 비슷하게 형광판에 **밝은 무늬(보강 간섭)와 어두운 무늬(상쇄 간섭)가 번갈아 나타난다.**

전자 현미경은 빛이 아닌 전자선을 이용하는 현미경이다. 당연히 광학 현미경으로 볼 때보다 더 잘 보인다.
(만약 성능이 더 좋지 않았다면, 굳이 잘 보이는 가시광선을 두고 전자를 이용할 이유가 없기 때문이다.)

분해능은 두 점을 구분할 수 있는 최소한의 각도이다. 따라서, 분해능의 크기가 작을수록 더 잘 보인다.
쉽게 생각해서 **얼마나 잘 보이는지**를 뜻한다고 보아도 무방하다.

전자 현미경이 사용하는 **전자선의 파장이 짧을수록, 속력이 빠를수록 분해능이 좋다. (= 더 잘 보인다.)**

전자 현미경의 종류는 다음과 같다.

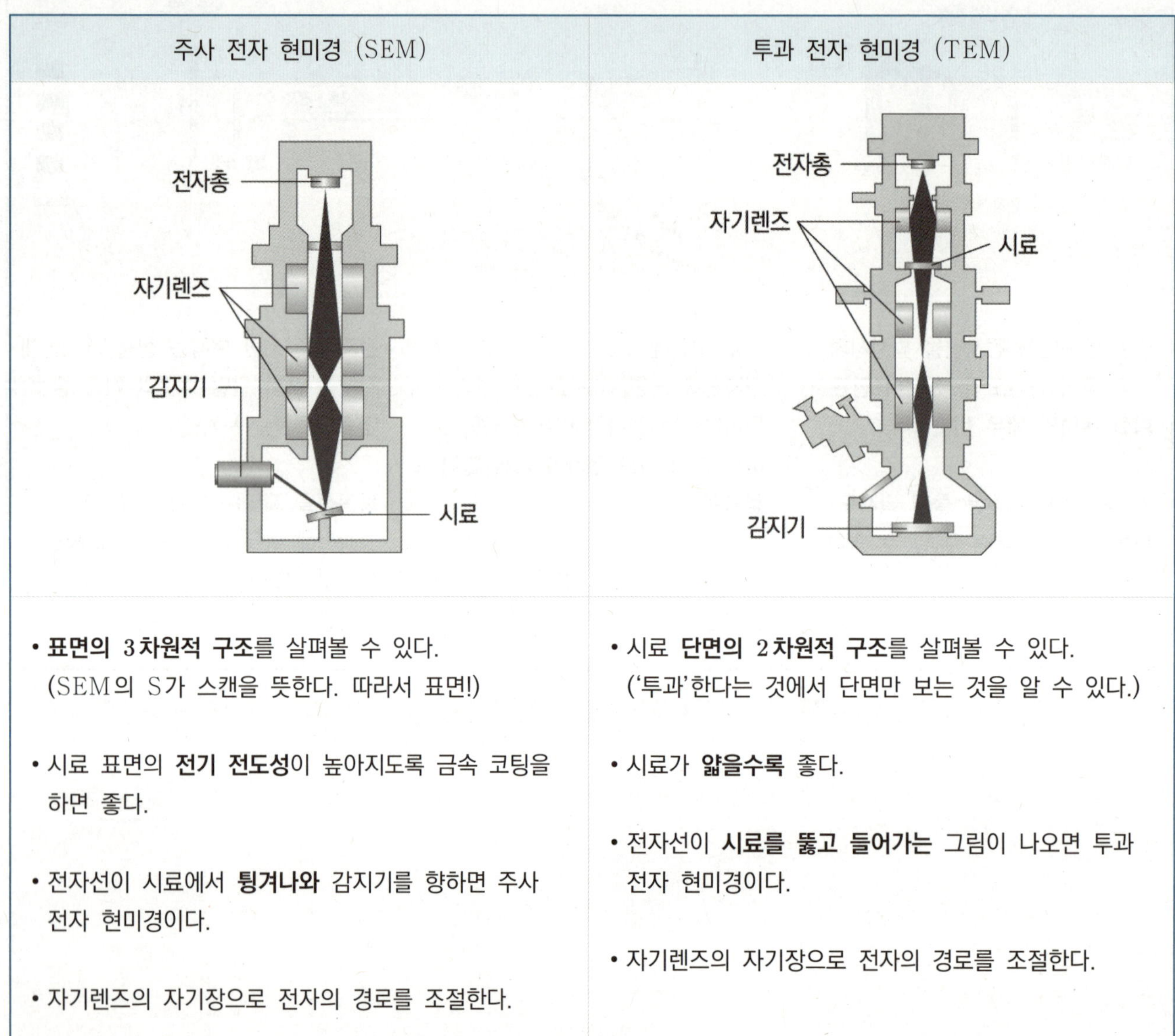

주사 전자 현미경 (SEM)	투과 전자 현미경 (TEM)

• **표면의 3차원적 구조**를 살펴볼 수 있다.
  (SEM의 S가 스캔을 뜻한다. 따라서 표면!)
	• 시료 **단면의 2차원적 구조**를 살펴볼 수 있다.
	  ('투과'한다는 것에서 단면만 보는 것을 알 수 있다.)

• 시료 표면의 **전기 전도성**이 높아지도록 금속 코팅을 하면 좋다.	• 시료가 **얇을수록** 좋다.
• 전자선이 시료에서 **튕겨나와** 감지기를 향하면 주사 전자 현미경이다.	• 전자선이 **시료를 뚫고 들어가는** 그림이 나오면 투과 전자 현미경이다.
• 자기렌즈의 자기장으로 전자의 경로를 조절한다.	• 자기렌즈의 자기장으로 전자의 경로를 조절한다.

그림은 투과 전자 현미경(TEM)의 구조를 나타낸 것이다. 전자총에서 방출된 전자의 운동 에너지가 E_0 이면 물질파 파장은 λ_0이다.

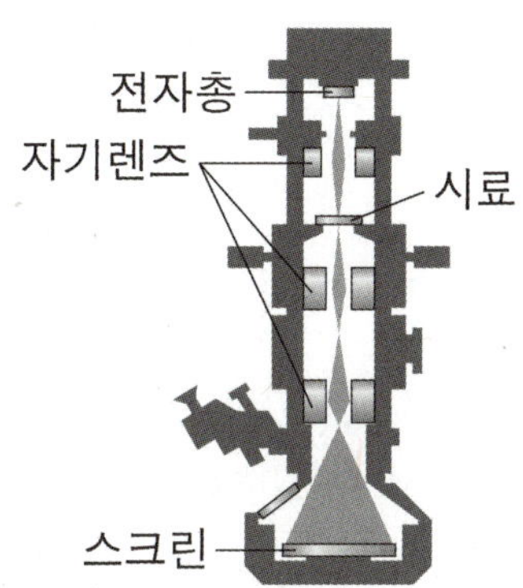

이에 대한 설명으로 옳은 것만을 <보기>에서 있는 대로 고른 것은?

―――――――― 〈 보 기 〉 ――――――――

ㄱ. 시료를 투과하는 전자기파에 의해 스크린에 상이 만들어진다.

ㄴ. 자기렌즈는 자기장을 이용하여 전자의 진행 경로를 바꾼다.

ㄷ. 운농 에너지가 $2E_0$인 전자의 불질파 파장은 $\frac{1}{2}\lambda_0$이다.

---

1. 전자 현미경의 특징 생각하기

전자와 전자기파는 다르다!! **전자기파**를 이용하는 현미경은 **광학 현미경**이다. **(ㄱ 틀림)**
또한, 자기렌즈는 자기장을 이용하여 전자의 진행 경로를 바꾼다. **(ㄴ 맞음)**

2. 공식 적용하기

ㄷ에서는 운동 에너지와 파장 간의 관계를 묻고 있다. 이때 일정한 것은 무엇일까?
전자의 **질량**이 일정할 것이다.

$E_K m\lambda^2$이 일정하기 위해서, 운동 에너지가 두 배가 될 때 파장은 $\frac{1}{\sqrt{2}}$배가 되어야만 한다.

따라서 운동 에너지가 $2E_0$인 전자의 물질파 파장은 $\frac{1}{\sqrt{2}}\lambda_0$이다. **(ㄷ 틀림)**

정답 : ㄴ

그림 (가)는 주사 전자 현미경(SEM)의 구조를 나타낸 것이고, 그림 (나)는 (가)의 전자총에서 방출되는 전자 P, Q의 물질파 파장 λ와 운동 에너지 E_K를 나타낸 것이다.

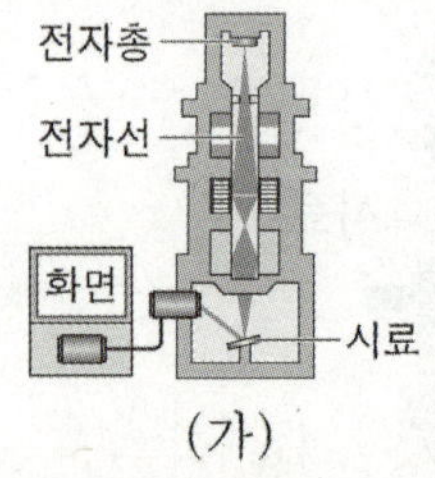

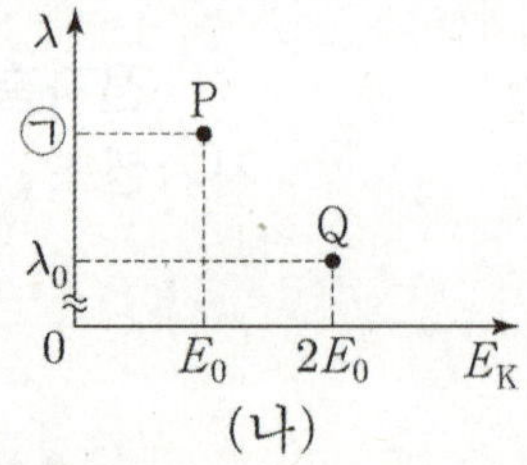

이에 대한 설명으로 옳은 것만을 <보기>에서 있는 대로 고른 것은?

〈 보 기 〉

ㄱ. 전자의 운동량의 크기는 Q가 P의 $2\sqrt{2}$ 배이다.

ㄴ. ㉠은 $2\lambda_0$이다.

ㄷ. 분해능은 Q를 이용할 때가 P를 이용할 때보다 좋다.

---

1. 운동 에너지와 운동량의 관계 적용하기

운동 에너지를 통해 운동량을 구하려면 $E_K = \dfrac{p^2}{2m}$ 을 이용할 수 있다.

P와 Q의 운동 에너지 비가 $1 : 2$이므로, 운동량 비는 $1 : \sqrt{2}$ 이다. **(ㄱ 틀림)**

2. 물질파 파장과 운동 에너지의 관계 적용하기

물질파에서 운동 에너지를 통해 파장을 구하려면 $E_K m \lambda^2$이 일정함을 이용할 수 있다.

P와 Q의 운동 에너지 비가 $1 : 2$이므로, 파장은 $\sqrt{2} : 1$이다. 따라서 ㉠은 $\sqrt{2}\lambda_0$이다. **(ㄴ 틀림)**

3. 물질파 파장과 분해능의 관계 적용하기

물질파 파장이 짧을수록 분해능이 좋고, 물질파 파장은 Q가 P보다 짧다.

따라서 분해능은 Q를 이용할 때가 P를 이용할 때보다 좋다. **(ㄷ 맞음)**

정답 : ㄷ

그림은 입자 A, B, C의 운동 에너지와 속력을 나타낸 것이다.

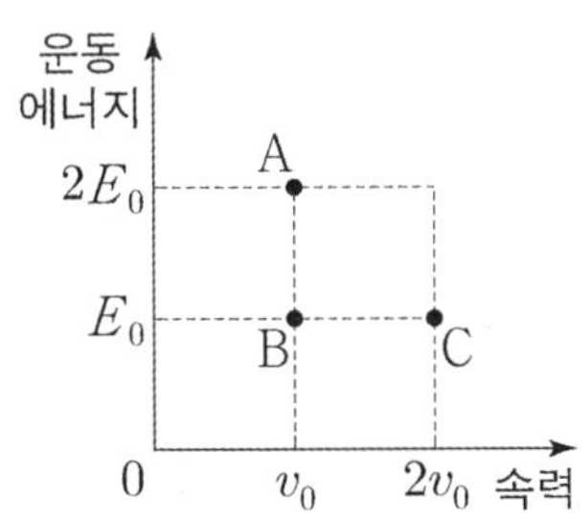

A, B, C의 물질파 파장을 각각 λ_A, λ_B, λ_C 라고 할 때, λ_A, λ_B, λ_C를 비교한 것으로 옳은 것은?

① $\lambda_A > \lambda_B > \lambda_C$ ② $\lambda_A > \lambda_B = \lambda_C$ ③ $\lambda_B > \lambda_A > \lambda_C$

④ $\lambda_B > \lambda_A = \lambda_C$ ⑤ $\lambda_C > \lambda_B > \lambda_A$

0. 문제 상황 파악하기

A, B, C 각각의 운동 에너지(E)와 속력(v) 정보가 주어져 있고, 이에 따른 파장(λ)을 비교하는 문제이다. 따라서 $\dfrac{E \cdot \lambda}{v}$ 는 일정하다는 것을 이용하면 되겠다.

1. 문제 상황에 맞게 식 변형하기

파장을 비교하기 위해 살짝 변형하면, $\lambda \propto \dfrac{v}{E}$ 라 할 수 있다.

따라서 A, B, C의 파장은 $\dfrac{1}{2} : 1 : 2$ 이고, $\lambda_C > \lambda_B > \lambda_A$ 이다.

정답 : ⑤

그림은 빛과 물질의 이중성에 대해 학생 A, B, C가 대화하는 모습을 나타낸 것이다.

제시한 내용이 옳은 학생만을 있는 대로 고르시오.

학생 A: 광전 효과에서 문턱 진동수보다 큰 진동수의 빛을 비추었을 때 광전자가 즉시 방출되는 현상은 빛의 입자성 때문이다. (맞음)

학생 B: 물질파 파장에 대하여 $mv\lambda$는 일정하므로, 운동량이 같은 두 입자의 물질파 파장은 속력과 관계없이 서로 같다. (틀림)

학생 C: 전자 현미경에서 전자의 운동 에너지가 클수록 전자의 운동량의 크기가 커진다. 즉, 전자의 물질파 파장이 짧아지게 되어 더 작은 구조를 구분하여 관찰할 수 있다. (맞음)

정답 : A , C

01 13학년도 수능 16번

그림은 일함수가 E_0인 금속판에 단색광을 비추어 광전자를 방출시키는 것을 나타낸 것이다. 표는 다른 조건을 동일하게 하고, 단색광의 파장과 세기를 변화시킬 때 금속판에서 방출되는 광전자의 최대 운동 에너지를 나타낸 것이다.

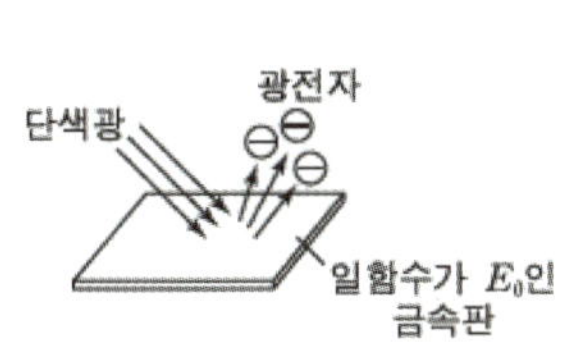

단색광	세기	최대 운동 에너지
A	I	$5E_0$
B	$2I$	$5E_0$
C	I	$2E_0$

이에 대한 설명으로 옳은 것만을 <보 기>에서 있는 대로 고른 것은?

───── <보 기> ─────

ㄱ. 단위 시간당 방출되는 광전자 수는 B일 때가 A일 때보다 많다.

ㄴ. 파장은 A가 B보다 길다.

ㄷ. 진동수는 A가 C의 3배이다.

02 14학년도 수능 14번

그림은 광전 효과를 이용하여 빛을 검출하는 광전관을 나타낸 것이다. 금속판에 단색광 A를 비추었을 때에는 광전자가 방출되었고, 단색광 B를 비추었을 때에는 광전자가 방출되지 않았다.

이에 대한 설명으로 옳은 것만을 <보 기>에서 있는 대로 고른 깃은?

───── <보 기> ─────

ㄱ. 진동수는 A가 B보다 크다.

ㄴ. A의 세기가 클수록 방출되는 광전자의 개수가 많다.

ㄷ. A의 진동수가 클수록 방출되는 광전자의 운동 에너지(최대 운동 에너지)가 크다.

그래프는 단색광 A, B, C의 세기와 파장을, 그림은 A, B, C를 광전관의 금속판에 비추는 모습을 나타낸 것이다. B를 비추었을 때는 금속판에서 광전자가 방출되었으나 C를 비추었을 때는 광전자가 방출되지 않았다.

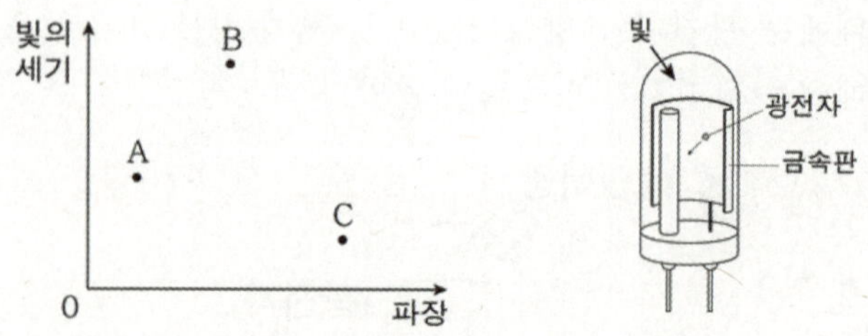

이에 대한 옳은 설명만을 <보 기>에서 있는 대로 고른 것은?

─────<보 기>─────

ㄱ. 빛의 진동수는 A가 B보다 크다.

ㄴ. A를 비추면 금속판에서 광전자가 방출된다.

ㄷ. B와 C를 동시에 비추면 B만 비추었을 때보다 광전자의 최대 운동 에너지가 커진다.

다음은 광전 효과에 대해 알아보는 실험이다.

[실험 과정]

(가) 금속판이 P인 광전관에 단색광 A, B, C를 각각 비추고, 전류의 발생 유무를 관찰한다.

(나) 금속판이 Q인 광전관에 단색광 A, B, C를 각각 비추고, 전류의 발생 유무를 관찰한다.

[실험 결과]

(가)의 결과

단색광	전류의 발생 유무
A	×
B	○
C	○

(나)의 결과

단색광	전류의 발생 유무
A	×
B	○
C	×

(○ : 흐름, × : 흐르지 않음)

이에 대한 옳은 설명만을 <보 기>에서 있는 대로 고른 것은?

─────<보 기>─────

ㄱ. 파장은 B가 A보다 길다.

ㄴ. 문턱 진동수는 P에서가 Q에서보다 작다.

ㄷ. Q에 비추는 C의 세기를 증가시키면 전류가 흐를 수 있다.

05 17년 10월 교육청 13번

그림은 두 광전관의 금속판 P, Q에 빛을 비추는 모습을 나타낸 것이다. 표는 P, Q에 단색광 A, B, C 중 두 빛을 함께 비추었을 때 광전자의 방출 여부를 나타낸 것이다.

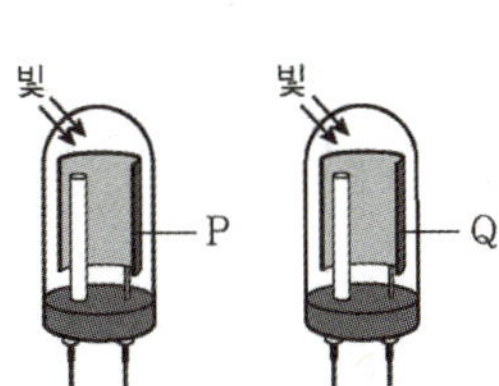

금속판	금속판에 비춘 빛	
	A, B	B, C
P	×	○
Q	○	○

(○ : 방출됨, × : 방출 안 됨)

이에 대한 옳은 설명만을 <보기>에서 있는 대로 고른 것은?

─────── <보 기> ───────

ㄱ. 문턱 진동수는 P가 Q보다 크다.

ㄴ. 빛의 진동수는 B가 C보다 크다.

ㄷ. Q에서 방출된 광전자의 최대 운동 에너지는
   A, B를 비출 때가 B, C를 비출 때보다 크다.

06 19학년도 수능 9번

그림 (가)는 단색광 A, B를 광전관의 금속판에 비추는 모습을 나타낸 것이고, (나)는 A, B의 세기를 시간에 따라 나타낸 것이다. t_1일 때 광전자가 방출되지 않고, t_2일 때 광전자가 방출된다.

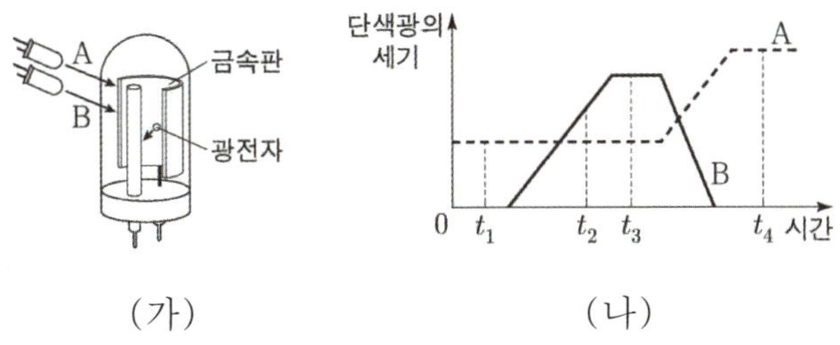

(가)   (나)

이에 대한 설명으로 옳은 것만을 <보기>에서 있는 대로 고른 것은?

─────── <보 기> ───────

ㄱ. 진동수는 A가 B보다 작다.

ㄴ. 방출되는 광전자의 최대 운동 에너지는 t_2일
   때가 t_3일 때보다 작다.

ㄷ. t_4일 때 광전자가 방출된다.

그림 (가)는 보어의 수소 원자 모형에서 에너지 준위와 전자가 전이할 때 방출된 빛 A, B, C를 나타낸 것이다. 그림 (나)는 (가)의 A, B, C 중 하나를 금속판 P에 비추는 것을 나타낸 것이다. P에 B를 비추었을 때는 광전자가 방출되었고 C를 비추었을 때는 광전자가 방출되지 않았다.

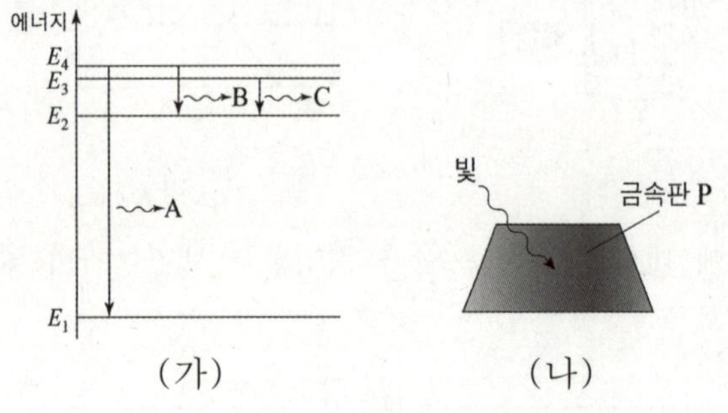

이에 대한 설명으로 옳은 것만을 <보기>에서 있는 대로 고른 것은?

─────── <보 기> ───────

ㄱ. A를 P에 비추면 광전자가 방출된다.

ㄴ. 파장은 B가 C보다 길다.

ㄷ. C의 세기를 증가시켜 P에 비추면 광전자가 방출된다.

표는 금속판 A, B에 비춘 빛의 파장과 세기에 따른 광전자의 방출 여부와 광전자의 최대 운동 에너지 E_{max}의 측정 결과를 나타낸 것이다.

금속판	빛의 파장	빛의 세기	광전자 방출 여부	E_{max}
A	λ	I	방출 안 됨	—
	㉠	I	방출됨	E
B	λ	I	방출됨	$2E$
	λ	$2I$	방출됨	㉡

이에 대한 옳은 설명만을 <보기>에서 있는 대로 고른 것은?

─────── <보 기> ───────

ㄱ. ㉠은 λ보다 크다.

ㄴ. 문턱 진동수는 A가 B보다 크다.

ㄷ. ㉡은 $2E$보다 크다.

09

표는 서로 다른 금속판 A, B에 진동수가 각각 f_X, f_Y인 단색광 X, Y 중 하나를 비추었을 때 방출되는 광전자의 최대 운동 에너지를 나타낸 것이다.

금속판	광전자의 최대 운동 에너지	
	X를 비춘 경우	Y를 비춘 경우
A	E_0	광전자가 방출되지 않음
B	$3E_0$	E_0

이에 대한 설명으로 옳은 것만을 <보 기>에서 있는 대로 고른 것은? (단, h는 플랑크 상수이다.)

<보 기>

ㄱ. $f_X > f_Y$이다.

ㄴ. $E_0 = hf_X$이다.

ㄷ. Y의 세기를 증가시켜 A에 비추면 광전자가 방출된다.

10

그림은 동일한 금속판에 단색광 A, B를 각각 비추었을 때 광전자가 방출되는 모습을 나타낸 것이다. 방출되는 광전자 중 속력이 최대인 광전자 a, b의 운동 에너지는 각각 E_a, E_b이고, $E_a > E_b$이다.

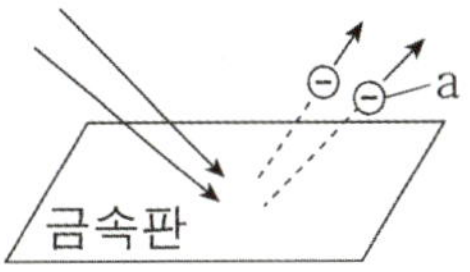

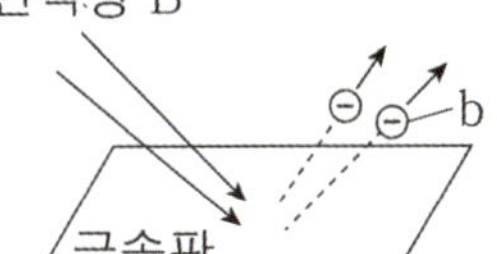

이에 대한 옳은 설명만을 <보 기>에서 있는 대로 고른 것은?

<보 기>

ㄱ. 진동수는 A가 B보다 크다.

ㄴ. 물질파 파장은 a가 b보다 크다.

ㄷ. B의 세기를 증가시키면 E_b가 증가한다.

11

그림은 주사 전자 현미경의 구조를 나타낸 것이다. 이에 대한 설명으로 옳은 것만을 <보기>에서 있는 대로 고른 것은?

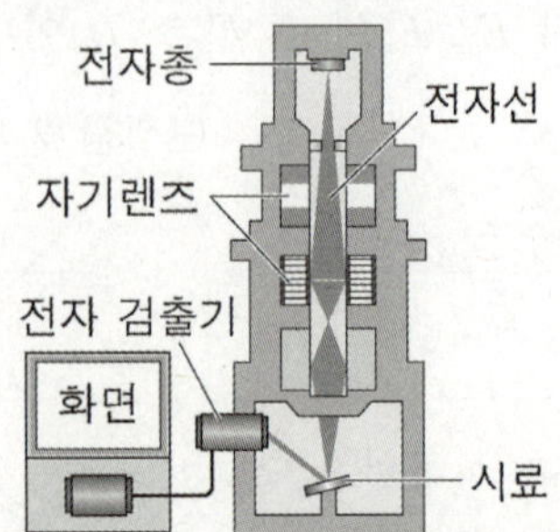

이에 대한 설명으로 옳은 것만을 <보기>에서 있는 대로 고른 것은?

―――――< 보 기 >―――――

ㄱ. 자기장을 이용하여 전자선을 제어하고 초점을 맞춘다.

ㄴ. 전자의 속력이 클수록 전자의 물질파 파장은 짧아진다.

ㄷ. 전자의 속력이 클수록 더 작은 구조를 구분하여 관찰할 수 있다.

12

다음은 전자 현미경에 대한 설명이다.

전자 현미경은 전자를 이용하여 시료를 관찰하는 장치이다. 전자 현미경에서 이용하는 ⊙ 전자의 물질파 파장은 가시광선의 파장보다 짧으므로 전자 현미경은 가시광선을 이용하여 시료를 관찰하는 광학 현미경보다 (가) 이/가 좋다.

전자 현미경에는 시료를 투과하는 전자를 이용하는 투과 전자 현미경(TEM)과 시료 표면에서 반사되는 전자를 이용하는 주사 전자 현미경(SEM)이 있다.

이에 대한 설명으로 옳은 것만을 <보기>에서 있는 대로 고른 것은?

―――――< 보 기 >―――――

ㄱ. 전자의 운동량이 클수록 ⊙은 길다.

ㄴ. '분해능'은 (가)에 해당된다.

ㄷ. 주사 전자 현미경(SEM)을 이용하면 시료의 표면을 관찰할 수 있다.

13 22학년도 9월 평가원 12번

그림과 같이 금속판에 초록색 빛을 비추어 방출된 광전자를 가속하여 이중 슬릿에 입사시켰더니 형광판에 간섭무늬가 나타났다. 금속판에 빨간색 빛을 비추었을 때는 광전자가 방출되지 않았다.

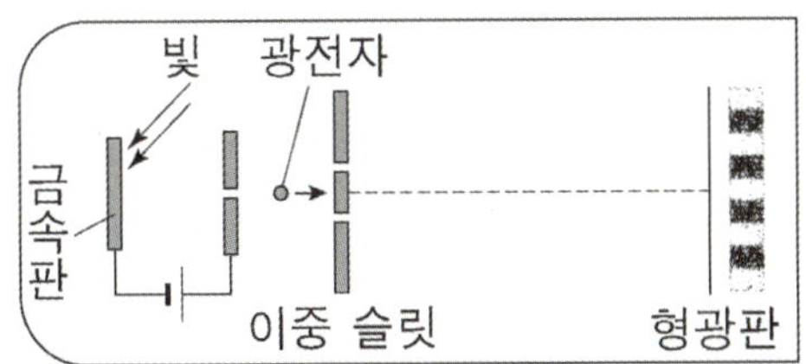

이에 대한 설명으로 옳은 것만을 <보 기>에서 있는 대로 고른 것은?

< 보 기 >

ㄱ. 광전자의 속력이 커지면 광전자의 물질파 파장은 줄어든다.

ㄴ. 초록색 빛의 세기를 감소시켜도 간섭무늬의 밝은 부분은 밝기가 변하지 않는다.

ㄴ. 금속판의 문턱 진동수는 빨간색 빛의 진동수보다 크다.

---

14 22년 3월 교육청 14번

그림은 현미경 A, B로 관찰할 수 있는 물체의 크기를 나타낸 것으로, A와 B는 각각 광학 현미경과 전자 현미경 중 하나이다. 사진 X, Y는 시료 P를 각각 A, B로 촬영한 것이다.

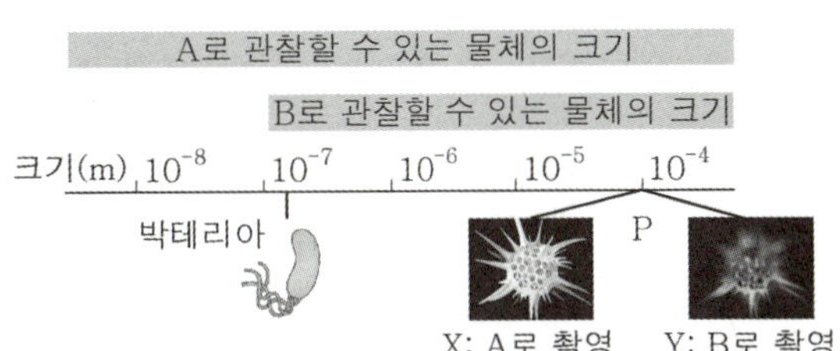

이에 대한 옳은 설명만을 <보 기>에서 있는 대로 고른 것은?

< 보 기 >

ㄱ. B는 전자 현미경이다.

ㄴ. X는 물질의 파동성을 이용하여 촬영한 사진이다.

ㄷ. 전자 현미경으로 박테리아를 촬영하려면 P를 촬영할 때보다 저속의 전자를 이용해야 한다.

---

15 23학년도 9월 평가원 4번

그림 (가)는 보어의 수소 원자 모형에서 양자수 n에 따른 에너지 준위의 일부와, 전자가 전이하면서 진동수가 f_a, f_b인 빛이 방출되는 것을 나타낸 것이다. 그림 (나)는 분광기를 이용하여 (가)에서 방출되는 빛을 금속판에 비추는 모습을 나타낸 것으로, 광전자는 진동수가 f_a, f_b인 빛 중 하나에 의해서만 방출된다.

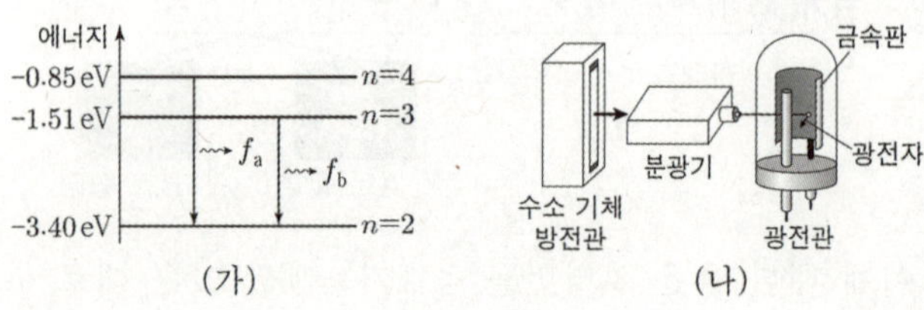

이에 대한 설명으로 옳은 것만을 <보기>에서 있는 대로 고른 것은?

───── <보 기> ─────

ㄱ. 진동수가 f_a인 빛을 금속판에 비출 때 광전자가 방출된다.

ㄴ. 진동수가 f_b인 빛은 적외선이다.

ㄷ. 진동수가 $f_a - f_b$인 빛을 금속판에 비출 때 광전자가 방출된다.

16 23년 4월 교육청 16번

그림 (가)와 같이 금속판 P에 단색광 A를 비추었을 때는 광전자가 방출되지 않고, P에 단색광 B를 비추었을 때 광전자가 방출된다. 그림 (나)와 같이 금속판 Q에 A, B를 각각 비추었을 때 각각 광전자가 방출된다.

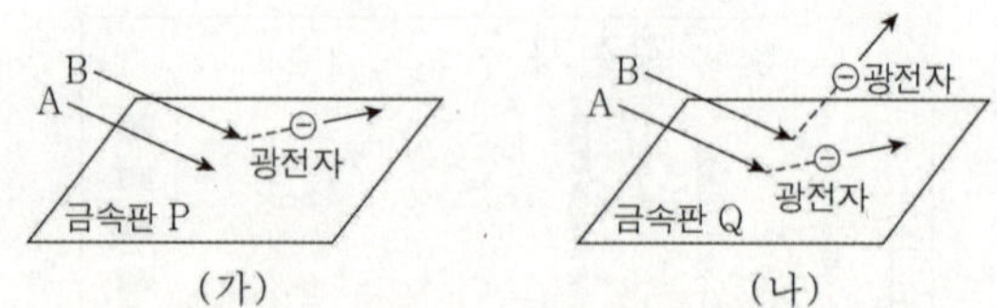

이에 대한 설명으로 옳은 것만을 <보기>에서 있는 대로 고른 것은?

───── <보 기> ─────

ㄱ. (가)에서 A의 세기를 증가시키면 광전자가 방출된다.

ㄴ. (나)에서 방출된 광전자의 최대 운동 에너지는 A를 비추었을 때가 B를 비추었을 때보다 작다.

ㄷ. B를 비추었을 때 방출되는 광전자의 물질파 파장의 최솟값은 (가)에서가 (나)에서보다 작다.

기출의 파급효과

과탐 영역

물리학 I (하)

해설

orbibooks

물리학 Ⅰ (하)
해설

빠른 정답

Chapter 6 (열역학)

문항번호	정 답	문항번호	정 답	문항번호	정 답	문항번호	정 답	문항번호	정 답
1	ㄴ	2	ㄴ, ㄷ	3	ㄱ, ㄴ, ㄷ	4	ㄱ, ㄴ, ㄷ	5	ㄴ
6	ㄴ	7	ㄱ, ㄴ, ㄷ	8	ㄱ, ㄷ	9	ㄱ, ㄴ, ㄷ	10	ㄱ
11	ㄱ	12	ㄱ, ㄷ	13	ㄴ, ㄷ	14	ㄱ	15	ㄱ, ㄷ
16	ㄷ	17	ㄱ, ㄴ, ㄷ	18	ㄴ, ㄷ	19	ㄱ	20	ㄱ, ㄴ, ㄷ
21	ㄷ	22	ㄱ, ㄷ	23	ㄴ	24	ㄱ, ㄴ, ㄷ	25	ㄱ, ㄷ
26	ㄱ, ㄷ	27	ㄱ						

Chapter 7 (특수 상대성 이론)

문항번호	정 답	문항번호	정 답	문항번호	정 답	문항번호	정 답	문항번호	정 답
1	ㄱ	2	ㄱ	3	ㄱ, ㄴ, ㄷ	4	ㄴ	5	ㄱ
6	ㄱ, ㄴ	7	ㄱ	8	ㄴ	9	ㄱ, ㄷ	10	ㄷ
11	ㄱ	12	ㄴ, ㄷ	13	ㄴ, ㄷ	14	ㄱ	15	ㄱ, ㄴ, ㄷ
16	ㄱ, ㄴ	17	ㄱ, ㄴ, ㄷ	18	ㄱ, ㄴ	19	ㄱ, ㄷ	20	ㄱ, ㄷ
21	ㄱ, ㄴ, ㄷ	22	ㄱ, ㄷ	23	⑤	24	ㄴ	25	ㄱ, ㄷ
26	ㄴ	27	ㄴ, ㄷ						

Chapter 8 (전기력)

문항번호	정 답	문항번호	정 답	문항번호	정 답	문항번호	정 답	문항번호	정 답
1	ㄱ, ㄴ, ㄷ	2	ㄱ	3	ㄴ, ㄷ	4	ㄱ, ㄴ, ㄷ	5	ㄴ, ㄷ
6	ㄱ	7	ㄴ, ㄷ	8	ㄱ, ㄴ, ㄷ	9	ㄱ, ㄴ, ㄷ	10	④
11	ㄴ	12	④	13	②	14	ㄱ, ㄴ	15	ㄴ
16	ㄱ	17	②	18	ㄱ	19	ㄱ, ㄴ	20	①
21	ㄱ, ㄴ	22	ㄱ	23	ㄴ	24	ㄱ		

Chapter 9 (자기장과 전자기 유도)

문항번호	정 답	문항번호	정 답	문항번호	정 답	문항번호	정 답	문항번호	정 답
1	ㄱ	2	ㄱ, ㄴ, ㄷ	3	ㄱ, ㄴ	4	ㄱ, ㄴ, ㄷ	5	①
6	ㄱ, ㄷ	7	ㄱ	8	ㄱ, ㄴ, ㄷ	9	ㄱ, ㄴ, ㄷ	10	ㄱ, ㄷ
11	①	12	②	13	③	14	ㄱ, ㄷ	15	ㄱ, ㄴ, ㄷ
16	ㄷ	17	ㄴ, ㄷ	18	ㄱ, ㄴ	19	⑤	20	ㄴ, ㄷ
21	ㄱ	22	ㄴ	23	ㄱ	24	ㄱ, ㄷ	25	ㄷ
26	ㄴ, ㄷ	27	ㄱ, ㄴ, ㄷ	28	ㄷ	29	ㄱ, ㄴ, ㄷ	30	ㄴ
31	ㄱ, ㄷ								

Chapter 10 (전반사)

문항번호	정 답	문항번호	정 답	문항번호	정 답	문항번호	정 답	문항번호	정 답
1	ㄱ, ㄴ	2	ㄱ	3	ㄴ, ㄷ	4	ㄴ	5	ㄱ, ㄷ
6	ㄱ, ㄷ	7	⑤	8	ㄴ	9	ㄴ	10	ㄱ, ㄴ
11	ㄱ, ㄴ	12	ㄱ, ㄷ	13	ㄱ, ㄷ	14	ㄱ, ㄴ, ㄷ	15	ㄱ
16	ㄱ	17	ㄷ	18	ㄴ	19	ㄱ, ㄷ	20	ㄱ, ㄴ
21	ㄴ	22	ㄴ	23	ㄱ				

Chapter 11 (파동의 간섭)

문항번호	정 답	문항번호	정 답	문항번호	정 답	문항번호	정 답	문항번호	정 답
1	ㄱ, ㄷ	2	④	3	ㄱ, ㄴ	4	ㄱ	5	④
6	ㄴ, ㄷ	7	ㄱ	8	ㄱ, ㄴ, ㄷ	9	ㄴ	10	④
11	ㄴ	12	ㄷ	13	①	14	ㄴ, ㄷ	15	④
16	ㄴ, ㄷ	17	ㄴ	18	ㄱ, ㄴ, ㄷ				

Chapter 12 (광전 효과와 물질의 이중성)

문항번호	정 답	문항번호	정 답	문항번호	정 답	문항번호	정 답	문항번호	정 답
1	ㄱ	2	ㄱ, ㄴ, ㄷ	3	ㄱ, ㄴ	4	ㄴ	5	ㄱ
6	ㄱ	7	ㄱ	8	ㄴ	9	ㄱ	10	ㄱ
11	ㄱ, ㄴ, ㄷ	12	ㄴ, ㄷ	13	ㄱ, ㄷ	14	ㄴ	15	ㄱ
16	ㄴ								

Chapter

06

열역학

06 열역학

01 15학년도 수능 17번

정답 : ㄴ

1. $Q = \Delta U + W$에 (가)와 (나)의 상황을 대입해보자.

   (가)는 등적 가열, (나)는 등압 팽창의 상황이므로 둘 다 온도가 증가하는 상황임을 알 수 있고,
   (ㄱ 틀림) Q가 동일한 상태인데 (가)에서 W는 0, (나)에서 $W > 0$이므로 ΔU는 (가)에서가
   (나)에서보다 크다. 따라서 가열 후 기체의 내부 에너지는 (가)에서가 (나)에서보다 크다. **(ㄴ 맞음)**

2. (가)에서 한 일(W)이 0이므로 기체의 내부 에너지 증가량은 Q이다. 그런데 (나)에서 온도가
   증가하기 때문에 내부 에너지 변화량은 0이 아니므로, $Q = \Delta U + W$에서 $W \neq Q$이다. **(ㄷ 틀림)**

02 16학년도 9월 평가원 18번

정답 : ㄴ, ㄷ

A는 단열 팽창 했으므로 압력이 낮아지고 **(ㄱ 틀림)**, 온도도 낮아진다 **(ㄴ 맞음)**. 온도와 내부 에너지는
비례 관계이므로, 기체 분자의 평균 속력도 작아진다. **(ㄷ 맞음)**

[※ 준평형 과정 이용해보기]
(가)에서 (나)로 변할 때 B의 압력이 서서히 감소하므로 준평형 과정에 의해 A와 B 사이 피스톤은
힘의 평형 상태에 있다. 따라서 문제 발문에 따르면 B의 압력이 감소하므로, A의 압력도 같은
정도로 감소한다는 것을 알 수 있다.

03 17학년도 수능 16번

정답 : ㄱ, ㄴ, ㄷ

1. 열효율이 0.2이므로 $\dfrac{W}{Q_1} = 0.2$이다. $Q_1 = W + Q_2$이므로 $Q_1 = 5W$, $Q_2 = 4W$이다. **(ㄱ 맞음)**

2. A→B 과정에서 한 일은 0인데 PV값이 증가했으므로 T도 증가하고, 따라서 $\Delta U > 0$이다.
   $Q = \Delta U + W$에서 $\Delta U > 0$이고, $W = 0$이므로 $Q > 0$임을 알 수 있다. **(ㄴ 맞음)**

3. B→C 과정은 단열 과정이므로 $Q = \Delta U + W$에서 $\Delta U + W = 0$이다. 따라서 B→C 과정에서
   기체가 한 일은 B→C 과정에서 기체의 내부 에너지 감소량과 같다. **(ㄷ 맞음)**

04 18학년도 6월 평가원 17번

정답 : ㄱ, ㄴ, ㄷ

1. (나)에서 단열 압축이 일어났으므로 온도는 증가한다. **(ㄱ 맞음)** 또한 (나)에서 기체는 단열 압축이 일어났으므로 (나)의 기체가 받은 W_0은 모두 내부 에너지 변화에 사용되었다. **(ㄴ 맞음)**

2. (가)와 (나)에서 열역학 과정 전후 각각의 온도와 내부 에너지가 서로 같으므로, 내부 에너지 변화량이 서로 같다.

   따라서 (가)와 (나)에서 내부 에너지 변화량을 ΔU라 한 후 (가)의 상황을 $Q = \Delta U + W$에 대입하면, $Q_0 = W_0 + W$이다. 그러므로 (가)의 기체가 Q_0을 흡수하는 동안 외부에 한 일은 $Q_0 - W_0$이다. **(ㄷ 맞음)**

05 18학년도 9월 평가원 17번

정답 : ㄴ

1. 피스톤이 이동하는 동안 기체 B는 단열 압축되어 일을 받으므로, 피스톤이 이동하는 동안 B의 온도는 증가한다. **(ㄱ 틀림)**

2. (나)에서 피스톤이 정지하여 있으므로 막대에 대해 힘의 평형이 이루어졌다. 그런데 막대와 A, B의 접촉 면적이 같으므로, 기체의 압력은 A와 B가 같다. **(ㄴ 맞음)**

3. A는 열량을 Q만큼 받은 뒤에 부피가 증가하므로, 외부에 일을 한다. 따라서 $Q = \Delta U + W$에 A의 상황을 대입하면, $W > 0$이므로 $\Delta U < Q$이다.

   즉, (가)에서 (나)로 변할 때 A의 내부 에너지 변화량은 Q보다는 작다. **(ㄷ 틀림)**

06 19학년도 수능 17번

정답 : ㄴ

1. A + B를 하나의 계로 보면 (가)에서 (나) 상황으로 변할 때 단열 압축이 일어난 것으로 볼 수 있다. 따라서 A + B의 온도는 증가하고, A와 B는 금속판으로 연결되어 있으므로 온도가 똑같이 증가한다. **(ㄱ 틀림)**

2. (나)에서 A와 B의 온도가 같은데 부피는 A > B이다. 따라서 압력은 A < B이다. **(ㄴ 맞음)**

3. (가)→(나) 과정에서 B가 받은 일은 A + B 전체의 내부 에너지 증가량과 같고, 이를 반으로 나눈 값이 A와 B 각각의 내부 에너지 증가량이다. 따라서 (가)→(나) 과정에서 B가 받은 일은 B의 내부 에너지 증가량보다 크다. **(ㄷ 틀림)**

정답 : ㄱ, ㄴ, ㄷ

1. A→B는 단열 압축 과정이므로 내부 에너지가 증가한다. **(ㄱ 맞음)**

2. 이상 기체가 A→B→C→D→A 순환 과정을 한 번 돌면 처음 상태와 같아지는 것으로 보아,
   열기관으로 볼 수 있다.

   열기관은 일을 하기 때문에 흡수한 열량은 항상 방출한 열량보다 크므로,
   B→C 과정에서 흡수한 열량은 D→A 과정에서 방출한 열량보다 크다. **(ㄴ 맞음)**

3. A→B는 단열 압축 과정이므로 내부 에너지가 증가하고, B→C도 등압 팽창이므로
   내부 에너지가 증가한다.

   따라서 이상 기체가 A→B→C로 변하는 동안 내부 에너지가 계속해서 증가하므로,
   온도는 C에서가 A에서보다 높다. **(ㄷ 맞음)**

08 20학년도 6월 평가원 16번

정답 : ㄱ, ㄷ

1. 같은 양의 동일한 이상 기체 A, B에서 t_0일 때 온도가 A > B이므로, 내부 에너지도 A > B이다.
   (ㄱ 맞음)

2. A와 B의 피스톤 단면적이 같기 때문에 t_0일 때 A와 B의 압력이 같음을 알 수 있다.
   그런데 이때 온도를 보면 A가 B보다 높기 때문에 부피도 A가 B보다 크다는 것을 알 수 있다.
   (ㄴ 틀림)

3. B는 등온 압축되었다. 앞서 우리는 등온 압축이 열을 방출하는 과정임을 외웠다! **(ㄷ 맞음)**

   ㄷ을 다른 관점으로 해결할 수도 있다. 만약 B가 단열된 실린더에 담겨 있었다고 생각해보자.
   그러면 B는 단열 압축되어 온도가 증가해야만 할 것이다.

   하지만 실제로는 B의 온도가 일정하므로. B가 외부에 열을 방출한 것을 알 수 있다. **(ㄷ 맞음)**

09 19년 7월 교육청 17번

정답 : ㄱ, ㄴ, ㄷ

1. 고정핀을 제거하기 전, 피스톤 Q가 정지해 있으므로 A와 C가 피스톤 Q에 가하는 힘이 힘의 평형을 이루는 것을 알 수 있다. 이때 A, C가 Q와의 접촉면의 면적이 같으므로 둘의 압력이 같다. **(ㄱ 맞음)**

2. 고정핀을 제거하기 전에 A의 압력이 B보다 작으므로, 피스톤 P를 미는 힘의 크기는 B에서가 A에서보다 크다. 따라서 고정핀을 제거하면 B에서 A 방향으로 P가 이동하므로 B의 입장에서는 단열 팽창이 일어난다.
즉, B에서 기체의 온도는 감소한다. **(ㄴ 맞음)**

3. 고정핀을 제거하면 A + C의 계는 단열 압축되므로 A의 압력이 증가한다.
이 때문에 피스톤 Q는 힘의 평형이 깨져 A에서 C방향으로 이동하게 된다.
즉, C에 단열 압축이 일어나므로
고정핀을 제거한 후 Q가 움직이는 동안 C에서 기체의 내부 에너지는 증가한다. **(ㄷ 맞음)**

10 21학년도 9월 평가원 15번

정답 : ㄱ

1. B→C 과정은 단열 팽창 과정이므로, B→C 과정에서 기체의 온도가 감소한다. **(ㄱ 맞음)**

2. 기체는 A→B 과정에서 250J의 열량을 흡수하고,
외부에 한 일과 외부로부터 받은 일의 차를 구하면 그래프가 둘러싼 부분의 넓이는 50J임을 알 수 있다.
따라서 열기관의 열효율은 0.2이다. **(ㄷ 틀림)**

3. (기체가 흡수한 열량)은 (한 번의 순환 과정 중에 열기관이 한 일)에 (기체가 방출한 열량)을 합한 값이므로, C→D 과정에서 기체가 방출한 열량은 200J이다. **(ㄴ 틀림)**

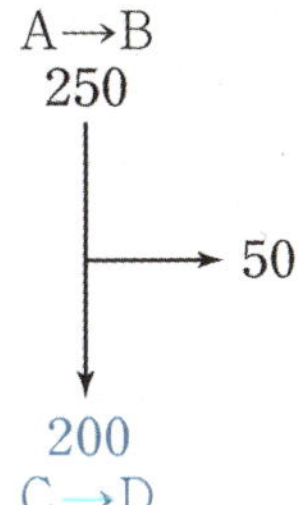

11 21학년도 수능 12번

정답 : ㄱ

1. 열기관의 순환 과정에서, 단열 과정을 제외한 A→B 과정과 C→D 과정에서는 열 출입이 반드시 일어나므로 둘은 각각 열을 흡수하는 과정과 방출하는 과정 중 하나에 대응될 것이다.

2. 등압 과정에서는 ΔV의 부호와 Q, ΔU, W의 부호가 일치한다. A→B 과정은 등압 팽창 과정이므로, 기체의 온도와 내부 에너지는 모두 증가하고 열을 흡수하는 것을 알 수 있다. **(ㄴ 틀림)**

   따라서 C→D 과정은 열을 방출하는 과정임을 알 수 있다. **(ㄷ 틀림)**

3. 열기관의 열효율이 0.3이고 열을 방출하는 건 C→D 과정밖에 없으므로, 열기관의 순환 과정에서 방출한 열량이 140J임을 알 수 있다. 이에 따라 대략적인 열기관의 모형을 그리면 다음과 같다. 우선 흡수한 열량과 한 일, 그리고 방출한 열량 사이의 비율 $10:3:7$을 먼저 적는다. 방출한 열량이 140J이므로, 이를 이용해 실제 값을 괄호 안에 손쉽게 채울 수 있다. 따라서 흡수한 열량인 ㉠은 200J임을 알 수 있다. **(ㄱ 맞음)**

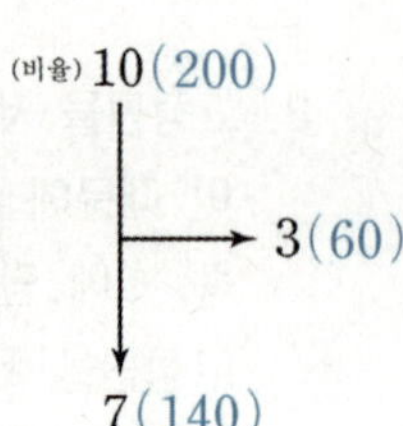

12 21년 3월 교육청 8번

정답 : ㄱ, ㄷ

1. 열기관의 순환 과정에서, 단열 과정이 없으므로 모든 과정에서 열 출입이 일어난다.

   등압 과정에서는 ΔV의 부호와 Q, ΔU, W의 부호가 일치한다. 따라서 A→B 과정은 등압 팽창 과정이므로, 기체의 내부 에너지 및 온도가 증가하고 열을 흡수한다. **(ㄱ 맞음)** 반면에 C→D 과정은 등압 수축 과정이므로, 기체의 내부 에너지 및 온도가 감소하고 열을 방출함을 알 수 있다. B→C 과정과 D→A 과정은 등적 과정이므로 한 일이 0인데, B→C 과정에서는 압력이 감소하므로 열을 방출하고 D→A 과정에서는 압력이 증가하므로 열을 흡수했음을 알 수 있다.

2. 열을 흡수하는 과정은 A→B 과정과 D→A 과정이고, 열을 방출하는 과정은 B→C 과정과 C→D 과정이다. 따라서 표에 제시된 열량을 이용해 열기관 모형을 그리면 다음과 같다. 이를 통해 기체가 한 번 순환하는 동안 한 일은 $4Q$임을 알 수 있다. **(ㄴ 틀림)**

3. 열기관이 1회 순환할 때 흡수한 열을 Q_1, 한 일을 W라 하면 열기관의 열효율은 $\dfrac{W}{Q_1}$이다.

   이에 따라 열효율(e)을 구하면, $e = \dfrac{4Q}{18Q} = \dfrac{2}{9}$이다. **(ㄷ 맞음)**

13 21년 4월 교육청 7번

정답 : ㄴ, ㄷ

1. 열기관의 순환 과정에서 단열 과정을 제외한 A→B 과정과 C→D 과정에서는 열 출입이 반드시 일어난다. 문제 발문에서 기체는 A→B 과정에서 Q_0의 열을 **흡수**한다고 했으므로, C→D 과정에서는 열을 방출한다는 것을 알 수 있다.

2. 등압 과정에서는 ΔV의 부호와 Q, ΔU, W의 부호가 일치한다. A→B 과정은 등압 팽창 과정이므로, 기체의 온도와 내부 에너지가 모두 증가했음을 알 수 있다.

따라서 열효율을 이용해 비율을 먼저 쓰고, A→B 과정에서 흡수한 열 Q_0를 이용해 실제 값을 괄호 안에 채우면 다음과 같은 열기관 모형을 그릴 수 있다.

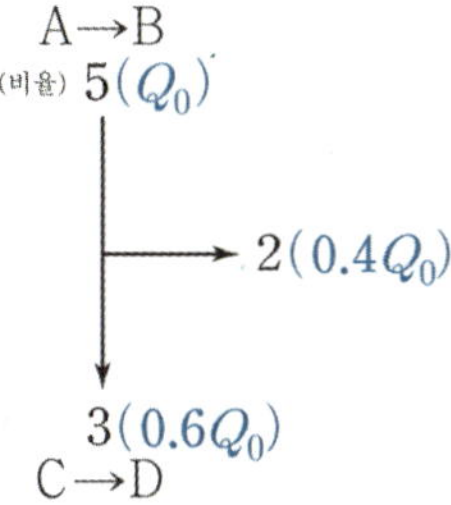

A→B 과정에서 흡수한 열은 Q_0이고 기체의 내부 에너지 변화량은 $\Delta U > 0$이므로, 이를 $Q = \Delta U + W$에 대입하면 이때 기체가 외부에 한 일은 Q_0보다 작음을 알 수 있다. **(ㄱ 틀림)**

열기관이 한 번 순환하는 동안 기체가 열을 방출하는 과정은 C→D 과정밖에 없다. 따라서 위 열기관 모형에 따라, C→D 과정에서 기체가 방출한 열은 $0.6Q_0$이다. **(ㄷ 맞음)**

3. B→C 과정은 단열 팽창 과정이므로 이때 기체의 내부 에너지는 감소한다. **(ㄴ 맞음)**

14 22학년도 6월 평가원 11번

정답 : ㄱ

1. 어려운 문제를 풀다가, 이처럼 기본적인 문항을 만나면 생소해 보일 수 있다. 이런 경우엔 문제 발문을 잘 읽어보자. 이 실험은 "열의 이동에 따른 기체의 부피 변화"를 알아보기 위한 실험이다.

우리는 "열이 이동함에 따라서 기체의 부피가 어떻게 변하는지"를 파악하면 된다.

2. (나)는 (가)의 주사기를 뜨거운 물에 담갔더니, 피스톤 내부 기체가 열을 흡수해서 부피가 커진 것을 나타낸 것이다. 이때 주사기를 뜨거운 물에 담갔으니 열평형에 의해 당연히 기체의 내부 에너지도 증가한다. **(ㄱ 맞음)**

3. (나) 과정에서 기체는 내부 에너지가 증가한다($\Delta U > 0$). 따라서 $Q = \Delta U + W$에서 $Q \neq W$이다.

(ㄴ 틀림)

4. (다) 과정에서 기체는 부피가 감소했으므로, 외부로부터 일을 받는다($W < 0$). 따라서 $Q = \Delta U + W$에서 $Q \neq \Delta U$이다. **(ㄷ 틀림)**

15 21년 7월 교육청 9번

정답 : ㄱ, ㄷ

1. B→C 과정과 D→A 과정에서 열 출입이 없으므로, 두 과정은 단열 과정임을 알 수 있다.

   $P-V$ 그래프에서 A→B 과정과 C→D 과정이 등적 과정임을 생각하면 A→B 과정은 열을 흡수하는 과정, C→D 과정은 열을 방출하는 과정임을 알 수 있다.

2. 또한 표를 보면 열기관이 한 번 순환할 때 외부에 한 일이 40J임도 알 수 있고, C→D 과정에서 방출한 열이 160J이라는 것도 확인할 수 있다.

   따라서 대략적 열기관 모형을 통해 오른쪽과 같이 상황을 나타내면, A→B 과정에서 흡수한 열이 200J이라는 사실을 알 수 있다.

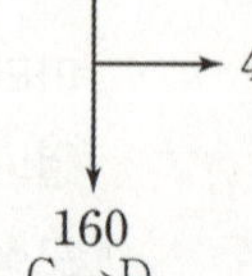

3. 이제 선지를 해결해보자.

   표를 보면 B→C 과정에서 $Q=0$이므로, B→C 과정은 단열 과정이다. **(ㄱ 맞음)**
   $Q_1 = W + Q_2$에 의해서 $Q_1 = 200$J이다. **(ㄴ 틀림)**

   또한 열효율(e) 공식에 의해 $e = \dfrac{W}{Q_1} = \dfrac{40\text{J}}{200\text{J}} = 0.2$이다. **(ㄷ 맞음)**

16 22년 3월 교육청 6번

정답 : ㄷ

1. 열 출입을 가장 우선으로 생각하면, 보이는 게 있을 것이다.
   바로 과정 I과 II에서 열을 흡수하는 과정이 A → B 과정으로 똑같다는 것이다.
   즉, 두 과정은 흡수한 열량이 서로 같다. **(ㄱ 틀림)**

2. 그래프 내부 면적은 과정 I에서보다 과정 II에서가 크므로, 한 번 순환할 때 열기관이 외부에 한 일이 $W_\text{I} < W_\text{II}$임을 알 수 있다.
   이때 흡수한 열량이 같으므로, 열효율은 과정 I보다 과정 II에서 크다. **(ㄷ 맞음)**

3. 알아낸 정보들을 활용해 열기관 모형을 다음과 같이 그리면, $Q_1 = W + Q_2$에서 기체가 방출한 열량이 과정 I에서가 과정 II에서보다 큰 것을 알 수 있다. **(ㄴ 틀림)**

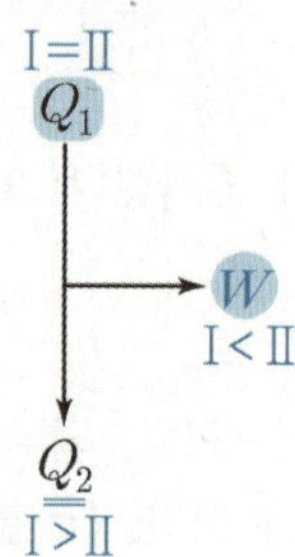

17 22년 4월 교육청 12번

정답 : ㄱ, ㄴ, ㄷ

1. 열 출입을 가장 우선으로 생각해보자.

    A→B, B→C 과정은 열을 흡수하는 과정이고, C→D, D→A 과정은 열을 방출하는 과정이다.
    (등적 과정과 등온 과정을 생각하면 쉽게 알 수 있다.)

    이때 그래프를 보면 A→B 과정에서 기체의 PV 값이 증가한다.
    그러므로 A→B 과정에서 내부 에너지는 당연히 증가한다. (**ㄱ 맞음**)

2. 이제 문제에 나와 있는 조건을 확인해보자.

    B→C 과정에서 기체가 흡수한 열량은 $4Q$이고, D→A 과정에서 기체가 방출한 열량은 $3Q$이다.

    이때 두 과정은 등온 과정이므로, B→C 과정에서 기체가 외부에 한 일은 $4Q$이고, D→A 과정
    에서 기체가 외부로부터 받은 일은 $3Q$인 것을 알 수 있다. (**ㄴ 맞음**)
    즉, 열기관이 한 번 순환하는 동안 외부에 한 일은 Q인 것이다.

3. 이제 알아낸 정보들과 열효율이 0.2인 것을 활용해 열기관 모형을 다음과 같이
    간단하게 그리면, 열기관이 한 번 순환하는 동안 총 흡수한 열량이 $5Q$이고 총
    방출한 열량이 $4Q$임을 알 수 있다.
    따라서 A→B 과정에서 기체가 흡수한 열량은 Q이고, C→D 과정에서 기체가
    방출한 열량도 Q이다. (**ㄷ 맞음**)

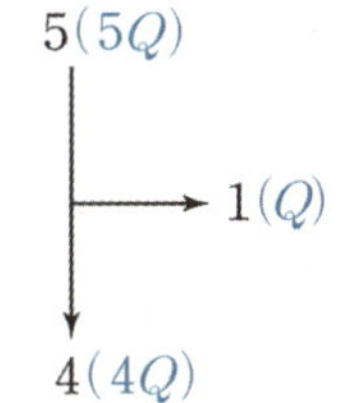

18 22년 7월 교육청 5번

정답 : ㄴ, ㄷ

1. 표가 상당히 복잡하게 생겼다. 이럴 때 값이 0인 과정이 존재한다면, 이를 먼저 판단해야 한다.
    과정 Ⅰ은 $\Delta U = 0$이므로, 등온 과정이다. 문제 조건에서 B→C 과정이 등온 과정이라 하였으므로
    <u>과정 Ⅰ은 B→C</u>인 것을 알 수 있다. (**ㄱ 틀림**)

2. 다음으로 과정 Ⅱ에서 $W = 0$인 것을 살펴보자. 이는 등적 과정이다.
    그래프에서 등적 과정은 A→B 과정이므로, <u>과정 Ⅱ는 A→B</u>임을 알 수 있다.
    따라서 남아있는 <u>과정 Ⅲ이 C→A</u>임을 알 수 있다.

3. 이제 열역학 제 1법칙 $Q = \Delta U + W$을 통해 표의 빈칸을 채워보자.

    과정 Ⅱ에서 $Q = \Delta U + W$를 적용하면 ㉠은 $\dfrac{E}{3}$이다. (**ㄴ 맞음**)

    과정 Ⅲ에서 $Q = \Delta U + W$을 적용하면 빈칸(W)이 $-\dfrac{2}{9}E$임을 알 수 있다.

    따라서 기체가 한 번 순환하는 동안 한 일은 과정 Ⅰ과 Ⅲ에서 $E - \dfrac{2}{9}E = \dfrac{7}{9}E$이다. (**ㄷ 맞음**)

정답 : ㄱ

1. 열 출입을 가장 먼저 확인하자. A→B, D→A 과정은 열을 흡수하는 과정이고,
   B→C, C→D 과정은 열을 방출하는 과정임을 알 수 있다.
   (등적 과정과 등압 과정의 성질을 통해) **(ㄴ 틀림)**

   각 과정에 대해 $Q = \Delta U + W$를 적용하면,
   흡수한 열량은 A→B 과정에서 200J이고 D→A 과정에서 50J이다.
   즉 전체 과정에서 열기관이 총 흡수한 열량은 250J이다.

2. 이제 부피 변화를 살펴보자.
   기체가 외부와 일을 주고받는 과정은 A→B 과정과 C→D 과정밖에 없다.
   이때 A→B 과정에서 기체는 외부에 80J만큼 일을 하고,
   C→D 과정에서 기체는 외부로부터 40J만큼 일을 받는다.
   즉 전체 과정에서 열기관이 외부에 총 한 일은 80J − 40J = 40J이다.

3. $Q_1 = W + Q_2$에서 열기관이 방출한 열량(Q_2)이 210J임을 알 수 있다.
   표를 보면 과정 B→C, C→D에서 방출한 열량이 각각 110J, (㉠+40)J임을 알 수 있다.
   둘을 합쳐 210J이 되기 위해서는 ㉠ = 60임을 알 수 있다. **(ㄱ 맞음)**

4. 열기관의 열효율은 $e = \dfrac{W}{Q_1} = \dfrac{40\text{J}}{250\text{J}} = \dfrac{4}{25}$ 이다. **(ㄷ 틀림)**

   대략적인 열기관 모형은 다음과 같이 그릴 수 있다.

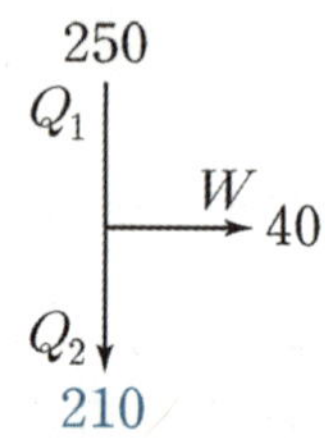

20 23년 3월 교육청 11번

정답 : ㄱ, ㄴ, ㄷ

1. C→A는 등온 과정이므로 C는 A와 온도가 같고, D→A는 단열 과정이므로 D는 A보다 온도가
   낮다. 따라서 기체의 온도는 C에서가 D에서보다 높다. **(ㄱ 맞음)**

2. (가), (나) 모두 A→B 과정에서만 열을 흡수하므로 흡수한 열량은 (가)와 (나)가 서로 같다.
   또한, 그래프의 면적을 확인하면 한 일이 (나)에서가 (가)에서보다 크다.

   따라서 열효율은 (나)의 열기관이 (가)의 열기관보다 크고, **(ㄴ 맞음)**
   기체가 한 번 순환하는 동안 방출한 열은 (가)에서가 (나)에서보다 크다. **(ㄷ 맞음)**

21 24학년도 6월 평가원 8번

정답 : ㄷ

1. Ⅰ은 등온 팽창 과정이므로, 열을 흡수한다. **(ㄱ 틀림)**

2. 열기관이 한 번 순환하는 동안 기체의 내부 에너지 변화량은 0인데 Ⅰ, Ⅲ이 등온 과정이므로,
   Ⅱ, Ⅳ에서 내부 에너지 변화량의 합이 0인 것을 알 수 있다.

   따라서 Ⅱ에서 기체의 내부 에너지 감소량은 Ⅳ에서 기체의 내부 에너지 증가량과 같다. **(ㄴ 틀림)**

3. 열기관이 한 번 순환하는 Ⅰ→Ⅱ→Ⅲ→Ⅳ 과정에서

   흡수한 열량은 Ⅰ, Ⅳ에서 각각 $3E_0$, $2E_0$이므로 총 $5E_0$이고,
   기체가 한 일은 Ⅰ, Ⅲ에서 각각 $+3E_0$, $-E_0$이므로 총 $2E_0$이다.

   따라서 열기관의 열효율은 0.4이다. **(ㄷ 맞음)**

정답 : ㄱ, ㄷ

1. 상황을 더욱 잘 판단하기 위해, 주어진 그래프를 $P-V$ 그래프로 바꾸어 생각하자.

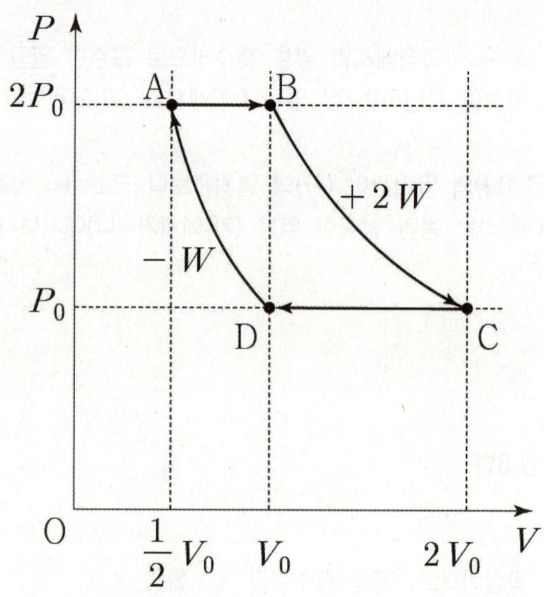

B→C 과정은 등온 팽창 과정이다.
따라서 이때 기체는 외부에 한 일 $2W$만큼 열량을 흡수한다. (ㄱ 맞음)

2. A→B, C→D 과정에서 온도의 증가, 감소량이 서로 같다.
따라서 기체의 내부 에너지의 증가, 감소량도 서로 같다. (ㄴ 틀림)

3. A→B, C→D 과정에서 각각 기체가 외부에 한 일과 외부로부터 받은 일이
$2P_0V_0$으로 같으므로, 열기관이 한 번 순환하는 동안 기체가 외부에 한 일은 $2W-W=W$이다.

열효율이 0.2이므로 기체가 한 번 순환하는 동안 흡수한 열량은 $5W$이다.
이때 B→C 과정에서 흡수한 열량이 $2W$이므로,
A→B 과정에서 기체가 흡수한 열량은 $3W$이다. (ㄷ 맞음)

정답 : ㄴ

1. 상황을 더욱 잘 판단하기 위해, 주어진 그래프를 $P-V$ 그래프로 바꾸어 생각하자.
   열기관의 열효율이 0.25임을 활용해 대략적 열기관 모형도 다음과 같이 그려볼 수 있다.

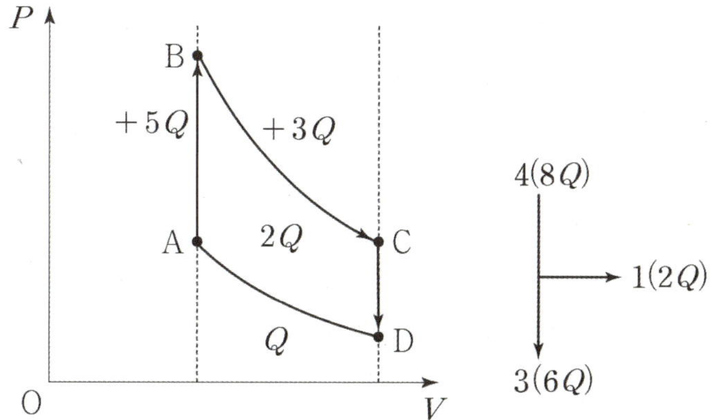

B→C 과정은 등온 팽창 과정이므로, 기체의 압력은 B에서가 C에서보다 크다. **(ㄱ 틀림)**

2. A→B, C→D 과정은 모두 등적 과정이므로 기체가 방출한 열량과 내부 에너지 변화량이 같다.
   이때 A→B, C→D 과정에서 기체의 온도 변화량이 같으므로, 내부 에너지 변화량 역시 같다.
   따라서 C→D에서 기체가 방출한 열량은 A→B에서 흡수한 열량과 같은 $5Q$이다. **(ㄴ 맞음)**

3. B→C 과정은 등온 팽창 과정이므로, 이때 기체가 흡수한 열량 $3Q$는 기체가 한 일과 같다.
   열기관이 한 번 순환하는 동안 외부에 한 일이 $2Q$이므로,
   D→A 과정에서 기체가 외부로부터 받은 일은 Q이다. **(ㄷ 틀림)**

정답 : ㄱ, ㄴ, ㄷ

1. B→C 과정은 등온 과정이므로, 한 일은 흡수한 열량 Q_2와 같다. **(ㄱ 맞음)**

2. A→B, C→D 과정은 내부 에너지 변화량이 서로 같다.
   등적 과정인 C→D 과정은 내부 에너지 변화량이 방출한 열량 Q_3와 같으므로,
   A→B 과정에서 열역학 제1법칙 식을 쓰면 $Q_1 = W_1 + Q_3$이다. **(ㄴ 맞음)**

3. A→B→C에서 흡수한 열량은 $Q_1 + Q_2$이고, C→D→A에서 방출한 열량은 $Q_3 + Q_4$이다.

따라서 열기관의 열효율은 $1 - \dfrac{Q_3 + Q_4}{Q_1 + Q_2}$이다. **(ㄷ 맞음)**

25 **24년 3월 교육청 19번**

정답 : ㄱ, ㄷ

1. 열효율이 0.25이므로, A→B 과정에서 열을 흡수하고 C→D 과정에서 열을 방출한다면 $Q = 9Q_0$이고 기체의 상태 변화는 ㄱ과 같다.

2. A→B 과정에서 열을 방출하고 C→D 과정에서 열을 흡수한다면 $Q = 16Q_0$이고 기체의 상태 변화는 ㄷ과 같다.

26 **24년 4월 교육청 10번**

정답 : ㄱ, ㄷ

1. 단열 압축할 때 기체의 온도는 증가한다. 따라서 기체의 내부 에너지는 A에서가 D에서보다 크다. **(ㄱ 맞음)**

2. 열효율이 0.2이고, 한 번 순환하는 동안 C→D 과정에서만 열을 방출하므로 열기관 모형을 다음과 같이 그릴 수 있다.

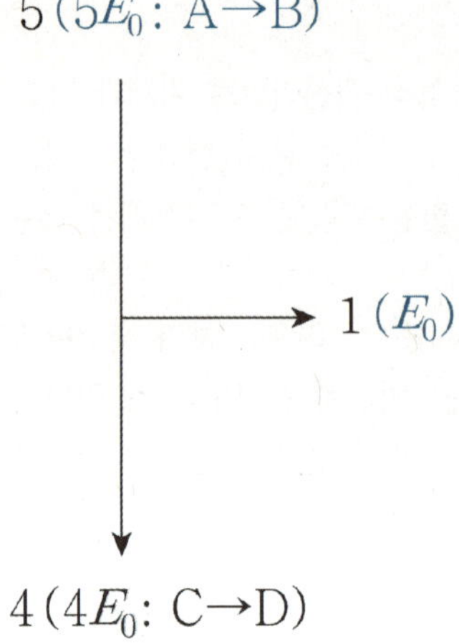

3. A→B 과정에서 흡수한 열량은 $5E_0$이다. **(ㄴ 틀림)**

4. 기체가 한 번 순환하는 동안 외부에 한 일은 E_0이다. D→A 과정에서 기체가 받은 일은 E_0이므로, B→C 과정에서 기체가 한 일은 $2E_0$이다. **(ㄷ 맞음)**

정답 : ㄱ

1. 압력-내부 에너지 그래프가 나와 있으므로, 문제 조건을 통해 다음과 같이 압력-부피 그래프를 그릴 수 있다.

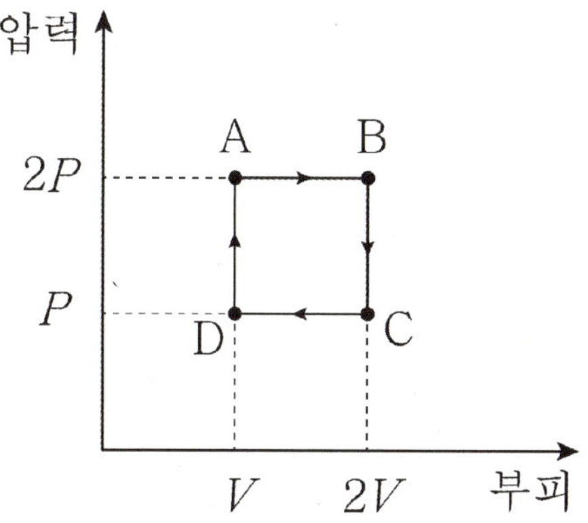

기체의 부피는 B에서가 A에서보다 크다. **(ㄱ 맞음)**

2. C→D 과정에서 기체가 외부로부터 받은 일을 W라 하면, 그래프에서 기체가 한 번 순환하는 동안 외부에 한 일 역시 W이다. 또한, 문제 조건에 따라 B→C 과정에서 기체의 내부 에너지 감소량은 $2U = 3W$이다.

따라서 $Q = \Delta U + W$를 B→C 과정, C→D 과정에 각각 적용하면 다음과 같다.

B→C: $Q_{\mathrm{BC}} = -2U = -3W$

C→D: $Q_{\mathrm{CD}} = (-U) + (-W) = -\dfrac{5}{2}W$

즉, 기체가 방출하는 열량은 $Q_{\mathrm{BC}} < Q_{\mathrm{CD}}$이다. **(ㄴ 틀림)**

3. 기체가 한 번 순환하는 동안 외부에 방출한 열량은 B→C, C→D 과정에서 방출한 열량의 합인 $\dfrac{11}{2}W$이다. 기체가 한 번 순환하는 동안 외부에 한 일이 W이므로, 총 흡수한 열량은 $\dfrac{13}{2}W$이다.

따라서 열기관의 열효율은 $\dfrac{2}{13}$이다. **(ㄷ 틀림)**

Chapter

07

특수 상대성 이론

07 특수 상대성 이론

01 15년 7월 교육청 5번

정답 : ㄱ

1. 철수의 관성계에서 빛 검출기는 정지해 있으므로, 광원에서 나온 빛은 광원과 빛 검출기의 **고유 길이**를 시간 t_1동안 이동한다. 영희의 관성계에서 광원과 빛 검출기 사이 **거리가 수축**되고, **빛 검출기가 빛으로부터 도망가는 상황**에 광원에서 검출기까지 빛이 시간 t_2동안 이동한다.

   영희의 관성계처럼 길이 수축과 도망이 겹치는 상황에서는, **길이 수축의 정도보다 광속에 가까운 속력으로 도망가 벌어지는 정도가 더 크다.** 이에 따르면 $t_1 < t_2$임을 쉽게 판단할 수 있다. **(ㄱ 맞음)**

2. L_2는 L_1의 수축 길이이므로 $L_1 > L_2$이다. 빛이 이동한 거리와 실제 거리를 구분하자!! **(ㄴ 틀림)**

3. 영희의 관성계에서 광원에서 출발한 빛이 검출기까지 이동하는 동안, 검출기는 빛에 대해 도망가는 중이다. 따라서 영희가 측정한 거리인 L_2보다는 더 큰 거리를 이동해야지 비로소 빛 검출기에 도달할 수 있게 된다. 따라서 $L_2 < ct_2$이므로 $\dfrac{L_2}{t_2} < c$이다. **(ㄷ 틀림)**

☞ ㄱ선지 엄밀한 판단

빛 검출기 대신에 거울이 세워져 있고 거울에서 반사된 빛이 광원에 도달하는 상황을 생각해보자. 이때 영희의 관성계에서 거울에 반사된 빛이 광원에 도달하는 데 걸린 시간을 t_3이라 하면, 영희의 관성계에서 길이가 수축되고 빛에 대해 광원이 마중 나오기까지 하니까 $t_3 < t_1$임은 자명하다.

빛이 왕복하는 시간에 대해 철수가 측정한 고유 시간은 영희가 측정한 팽창 시간보다 작을 것이다. 즉, $2t_1 < t_2 + t_3$이다. 그런데 영희의 관성계에서 광원과 거울을 왕복하는 빛에 대해, 거울이 도망갈 때 측정한 시간이 t_2이고 마중 나갈 때 측정한 시간이 t_3이므로 $t_2 > t_3$임이 자명하다.

따라서 우리는 t_1, t_2, t_3 중에서 t_3이 가장 작은 값임을 알 수 있다.
이를 앞에서 찾은 $2t_1 < t_2 + t_3$에 대입하면 $t_3 < t_1 < t_2$임을 정확히 판단할 수 있다. **(ㄱ 맞음)**

02 16학년도 수능 6번

정답 : ㄱ

1. 점 p, q는 A에 대해 정지해 있으므로, A가 측정한 p와 q 사이의 거리 L은 고유 길이이다.
   A에 대해 움직이고 있는 B가 측정한 p, q 사이의 길이가 $0.9cT$이므로, 이는 수축된 길이이다.
   따라서 $L > 0.9cT$이다. (ㄱ 맞음)

2. 양성자는 B와 같은 속도로 움직이므로,
   T는 양성자의 관성계에서 p가 양성자를 지나고 q가 양성자를 지날 때까지 걸리는 시간이다.

   따라서 고유 시간이 T이므로, 시간 팽창에 의해 A가 측정한 p에서 q까지 양성자가 이동하는 데
   걸린 시간은 T보다 크다. (ㄴ 틀림)

3. 양성자의 정지 질량(m_0)이 0이 아니므로, 정지 에너지 $m_0 c^2$은 0이 아니다. (ㄷ 틀림)

03 16학년도 9월 평가원 6번

정답 : ㄱ, ㄴ, ㄷ

1. (가)에서 T_1은 빛이 A에서 출발하여 B에서 반사된 후 돌아올 때까지 걸린 고유 시간이다.
   (나)에서 T_2는 A가 우주선을 지나고 B가 우주선을 지나는 시간 간격을 영희가 측정한 고유
   시간이다.
   (다)에서 T_3은 민수와 민희의 관성계에서 우주선이 A를 지나고서부터 B를 지날 때까지의 시간이다.

2. A와 B 사이의 거리를 s라고 하면 (가)에서 철수가 측정한 T_1동안 빛이 이동한 거리는 $2s$이다.
   $s = vt$에 의해서 $2s = c \times T_1$이므로, $s = 0.5cT_1$이다. (ㄱ 맞음)

3. $0.7cT_2$는 영희가 측정한 A와 B 사이의 거리로 수축된 길이이다. (A,B에 대하여 영희가
   운동하므로) 따라서 ㄱ에서 확인한 A와 B 사이의 고유 길이인 $0.5cT_1$보다 짧다. (ㄴ 맞음)

4. 민수와 민희의 시계는 중점에서 보았을 때 서로 같은 시각을 가리키도록 맞춰 놓았고, 둘은 A와
   B에 대하여 정지해 있으므로 T_3은 우주선이 A에서 B까지의 고유 길이만큼 이동하는 시간이다.
   따라서 A와 B 사이의 고유 길이는 여기에다가 우주선의 속력을 곱해준 $0.3cT_3$이다. (ㄷ 맞음)

   조금 다른 관점으로도 생각해보자. 실은 민수와 민희는 서로를 정지한 것으로 보기 때문에,
   동일한 관성계로 보아도 무방하다.

   예를 들어, 민수 없이 민희 혼자서 우주선이 A를 지날 때와 B를 지날 때 시각 차이를 측정해도
   T_3이 나온다는 말이다. 따라서 A, B에 대하여 정지한 관측자인 민희가 측정한 길이 $0.3cT_3$은
   고유 길이이다. (ㄷ 맞음)

정답 : ㄴ

1. 철수의 관성계에서 P, R가 운동하므로, 철수가 측정한 P와 R 사이의 거리는 수축된 길이이고
   $2L$보다 작다. 또한 운동 방향과 수직인 방향의 길이는 수축하지 않기 때문에,
   철수가 측정한 O와 Q 사이의 거리는 고유 길이 L이다.
   따라서 P와 R 사이의 거리는 O와 Q 사이의 거리의 2배보다 작다. **(ㄱ 틀림)**

2. 철수의 관성계에서 광원에서 출발한 빛에 대해 P는 도망가고 R는 마중 나온다.
   따라서 O에서 출발한 빛은 P보다 R에 먼저 도착한다. **(ㄴ 맞음)**

3. 영희 입장에선 빛이 O에서 출발하여 O로 도착하는 사건이 동일한 장소에서 일어난다.
   따라서 영희가 관측할 때 빛이 O와 Q를 왕복하는 데 걸리는 시간이 고유 시간 $\dfrac{2L}{c}$이다.

   철수 입장에선 빛이 O에서 출발하여 O로 도착하는 사건이 다른 장소에서 일어난다.
   따라서 철수가 측정한 시간은 팽창 시간이므로 고유 시간인 $\dfrac{2L}{c}$보다 크다. **(ㄷ 틀림)**

4. 다른 관점으로 ㄷ 선지를 해석해 볼 수도 있다.
   빛은 시간 $\dfrac{2L}{c}$ 동안 $2L$만큼 이동할 것이고, 이는 O와 Q사이를 수직으로 왕복하는 거리이다.
   그런데 철수의 관성계에서는 O와 Q가 움직이므로, 빛은 수직이 아닌 대각선 경로를 따라
   움직이게 된다. 따라서 빛이 이동한 거리가 $2L$보다 크므로, 걸린 시간도 $\dfrac{2L}{c}$보다 크다. **(ㄷ 틀림)**

정답 : ㄱ

1. 두 막대는 영희에 대해 정지해 있으므로, 영희가 측정한 P, Q의 길이 L_1, L_2는 고유 길이이다.
   길이의 수축 정도는 상대 속도의 크기가 클수록 큰데, 영희의 관성계에서는 민수가 탄 우주선이
   철수가 탄 우주선보다 속력이 빠르다. 따라서 L_1보다 L_2가 많이 수축하는데, 이때 수축한 길이가
   같으므로 고유 길이는 $L_2 > L_1$이다. **(ㄱ 맞음)**

2. 운동 방향과 수직인 방향의 길이 수축은 일어나지 않으므로, 철수가 측정한 Q의 길이는 L_2이다.
   민수의 관성계에서 Q가 수축한 길이가 철수의 관성계에서 P의 수축한 길이와 같으므로, 당연히
   철수가 측정하면 P가 Q보다 짧다. **(ㄴ 틀림)**

3. 영희의 관성계에서 민수의 속력이 철수의 속력보다 빠르므로, 민수의 시간이 철수의 시간보다 더
   느리게 흐른다. **(ㄷ 틀림)**

 17학년도 수능 7번

정답 : ㄱ, ㄴ

1. 두 우주선의 높이가 동일하므로 이를 h라고 하면 $t_A = t_B = \dfrac{2h}{c}$이다. **(ㄱ 맞음)**

2. 영희에 대해 민수는 $0.5c$의 속력으로 이동하므로,
   영희가 측정할 때 민수의 시간은 영희의 시간보다 느리게 간다. **(ㄴ 맞음)**

3. 민수가 측정할 때 t_A동안 멀어진 A와 B 사이의 거리는 $0.5c \times t_A$이고,
   영희가 측정할 때 t_B동안 멀어진 A와 B 사이의 거리는 $0.5c \times t_B$이다. $t_A = t_B$이므로
   이 둘은 서로 같다. **(ㄷ 틀림)**

 17년 4월 교육청 10번

정답 : ㄱ

1. 영희에게는 $+y$방향으로 운동하는 것으로 측정되는 빛을 철수가 보면,
   진행 방향이 $+x$쪽으로 치우친다.
   따라서 기차의 방향은 ⓑ임을 알 수 있다. 도착점이 출발전보다 $+x$방향에 있으므로
   빛이 이동하는 동안 기차의 진행 방향이 $+x$이기 때문이다. **(ㄱ 맞음)**

2. 운동 방향과 수직인 성분의 길이는 수축되지 않으므로,
   철수가 측정한 광원과 검출기 사이의 거리는 L이다. **(ㄴ 틀림)**

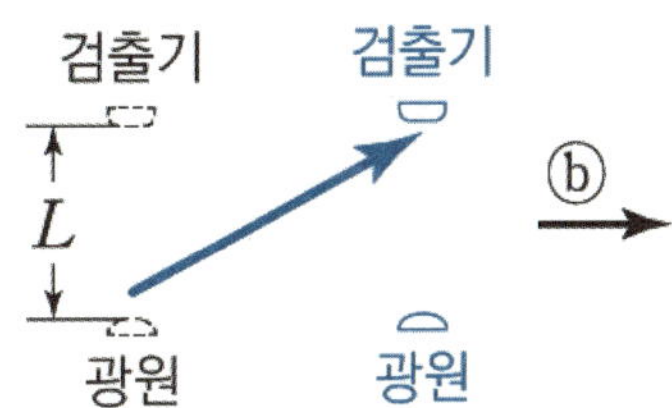

3. 위 그림에서 확인할 수 있듯이 철수가 측정한 빛의 진행 거리는 L보다 크므로,
   빛의 속력이 c로 일정한 것을 이용하면 철수가 측정한 빛이 광원에 도달하는 데 걸리는 시간은
   $\dfrac{L}{c}$보다 크다. **(ㄷ 틀림)**

 18학년도 수능 7번

정답 : ㄴ

1. 문제에서 뮤온의 고유 수명이 t_0이라고 하였으므로,
   지표면의 관찰자가 본 뮤온의 수명은 팽창된 시간이 된다. **(ㄱ 틀림)**

2. 관찰자에 대한 뮤온의 속력이 빠를수록 시간이 지연되므로, 뮤온의 수명도 늘어난다.
   따라서 B가 지표면에 닿는 순간 붕괴하는 뮤온임을 알 수 있다.
   A보다 수명이 길기 때문이다. **(ㄴ 맞음)**

3. $0.99ct_0$는 뮤온 B의 좌표계에서 측정한 생성지점에서 지표면까지의 거리이다.
   이는 h의 수축된 길이이므로, 관찰자가 측정할 때 고유 길이 h는 $0.99ct_0$보다 크다. **(ㄷ 틀림)**

09 **19학년도 6월 평가원 9번**

정답 : ㄱ, ㄷ

1. A에 대해서 우주 정거장 P와 Q가 운동한다.
   따라서 A에서 관측한 P와 Q 사이의 거리는 수축 길이이고, 고유 길이인 6광년보다 짧다.
   (ㄱ 맞음)

2. A의 관성계에서, P와 Q 사이 거리는 6광년보다 수축된 길이이다.
   따라서 6광년보다 작은 거리를 $0.6c$의 속력으로 이동하는 데 걸리는 시간은 10년보다 작다.
   (ㄴ 틀림)

3. P에서 관측할 때 A가 P를 지나는 순간부터 Q를 지나는 순간까지 6광년의 거리를 $0.6c$로
   이동하는 데 걸리는 시간은 10년, 우주 정거장 Q의 빛 신호가 P에 도달하기까지 6광년의 거리를
   광속 c로 빛 신호가 이동하는 데 걸리는 시간은 6년이다.

   따라서 P에서 관측할 때, A가 P를 지나는 순간부터 Q의 빛 신호가 P에 도달하기까지 총합
   16년이 걸린다. **(ㄷ 맞음)**

정답 : ㄷ

1. 검출기에서 관측할 때 광자 A와 입자 B는 점 p를 동시에 지나 A가 B보다 1년 먼저 도달한다고 하였으므로, 검출기에서 측정할 때 입자 B가 점 p에서 검출기까지 이동하는 데 걸린 시간은 5년이다.

   검출기에 대해 정지한 관성계에서 측정할 때 입자 B는 점 p에서 검출기까지 4광년을 5년 동안 이동하므로, 입자 B의 속력은 $0.8c$임을 알 수 있다.

2. B와 같은 속도로 움직이는 관성계는 B의 관성계로 보아도 무방하다. 따라서 B의 관성계에서 측정한 점 p와 검출기 사이의 거리는 수축된 길이이므로 고유 길이인 4광년보다 짧다. (ㄱ 틀림)

3. B의 관성계에서, p가 B를 지나는 순간부터 검출기가 B에 도달할 때까지 걸리는 시간은 고유 시간이다. 따라서 팽창된 시간인 5년보다 짧다. (ㄴ 틀림)

4. 검출기에 대한 입자 B의 속력이 $0.8c$이므로, 입자 B에 대한 검출기의 속력은 $0.8c$이다. (ㄷ 맞음)

정답 : ㄱ

관찰자 A가 관측할 때, 광원에서 출발한 빛이 P, Q, R에 도달할 때까지의 빛의 경로는 다음과 같다.

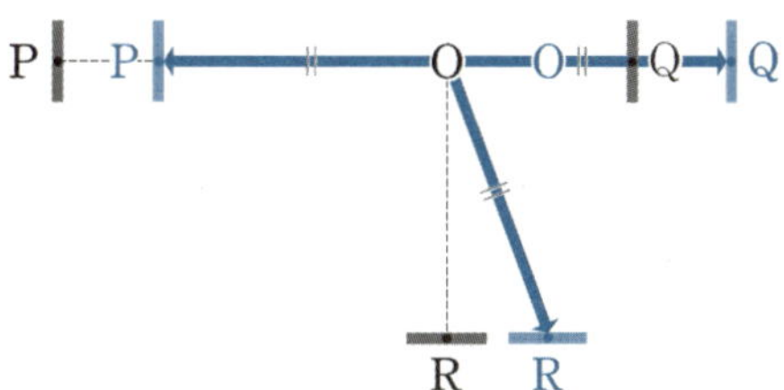

1. 광원에서 발생한 빛에 대해 P는 마중 나오고 Q와 R는 도망가는데, 이때 Q가 R보다 더 빠르게 도망간다. (빛이 O에서 Q로 이동할 때 빛의 이동 경로와 도망가는 경로가 일치하기 때문이다.)

   광원에서 출발한 빛이 세 검출기에 도달하는 데 걸리는 시간이 모두 동일하므로, 빛의 이동 거리가 모두 동일하다. 따라서 위 그림처럼 빛의 이동 거리와 관성계의 이동을 함께 생각하여 P, Q, R의 초기 위치를 표시해 주면 $L_Q < L_R < L_P$임을 판단할 수 있다. (ㄴ 틀림)

2. $L_P + L_Q$는 검출기 P에서 Q까지의 고유 길이이고, A가 측정한 P와 Q 사이의 거리는 수축 길이이다. 따라서 A가 측정할 때 P와 Q 사이의 거리는 $L_P + L_Q$보다 작다. (ㄱ 맞음)

3. B에 대해서 A가 운동하므로, B가 측정할 때 A의 시간은 B의 시간보다 느리게 흐른다. (ㄷ 틀림)

12 20학년도 6월 평가원 12번

정답 : ㄴ, ㄷ

1. 문제 상황에서 B는 자기 관성계 기준으로 1년 주기로 빛을 보낸다. 따라서 이는 고유 시간이고, A가 측정한 B의 빛 신호 발생 주기는 팽창된 시간이므로 1년보다 크다.

   그런데 A는 B로부터 멀어지는 중이므로, A가 빛 신호를 **"수신"**하기까지 걸리는 시간은 A가 측정한 **빛 신호 발생 주기**(B가 측정한 고유 시간 1년에서 팽창된 시간)보다도 더 커야 한다. 따라서 A가 B의 신호를 수신하는 시간 간격은 1년보다 크다. **(ㄱ 틀림)**

   상황을 요약하면 다음과 같다.

1년=B가 측정한 B의 신호 발신 간격 (고유 시간)	<	A가 측정한 B의 신호 발신 간격 (팽창 시간)	<	A가 측정한 A의 신호 수신 간격 (고유 시간)	<	B가 측정한 A의 신호 수신 간격 (팽창 시간)

2. 지구에서 행성까지의 거리는 A가 측정할 때 수축 길이이므로, 고유 길이인 7광년보다 작다. **(ㄴ 맞음)**

3. B가 측정할 때, 상대적으로 운동하는 A의 시간은 B의 시간보다 느리게 흐른다. **(ㄷ 맞음)**

> **comment**
>
> 학생분들이 이 문제를 통해서 **"수신"**과 **"관측(측정)"**은 다른 의미라는 것을 알아갔으면 한다.
>
> **"관측(측정)"**은 동일한 운동 상태의 관성계라면 중 어떤 곳을 기준으로 생각해도 똑같다.
> 사건의 전달 시간을 고려하지 않기 때문이다.
>
> 그러나, **"수신"**의 경우는 사건의 발생 이후, 수신받는 곳까지 사건의 정보가 전달되는 시간을 꼭 고려해야 한다.
>
> 교육과정이 개정된 21학년도 평가원부터는 **"A가 관측(측정)한다"**라는 식의 표현이 나오지 않고, **"A의 관성계에서"**라는 표현으로 전부 대체되었다.
>
> 어렵게 생각할 것 없이, 둘을 동일한 표현으로 생각하면 된다.

13 20학년도 9월 평가원 7번

정답 : ㄴ, ㄷ

1. 진공에서 빛의 속력은 항상 c로 일정하다. **(ㄱ 틀림)**

2. 우주선 A, B에서 광원과 검출기 사이의 고유 길이는 서로 같으므로,
   관찰자의 관성계에서 속력이 더 빠른 우주선 B에서 길이 수축이 더 크게 일어난다.
   따라서 광원과 검출기 사이의 거리는 A에서가 B에서보다 크다. **(ㄴ 맞음)**

3. 관찰자의 관성계에서,
   빛에 대해 마중 나오는 A와 B의 검출기 중 B의 검출기가 더 빨리 마중 나온다.
   즉, 관찰자가 측정할 때 B는 A보다 검출기와 광원 사이 거리도 짧은데(길이 수축) 심지어 검출기가
   더 빨리 마중 나가기까지 하는 것이다.
   따라서 광원이 검출기까지 도달하는 데 걸린 시간은 A에서가 B에서보다 크다.
   (A가 오래 걸린다.) **(ㄷ 맞음)**

14 19년 10월 교육청 5번

정답 : ㄱ

1. C의 관성계에서 우주선 A가 $0.9c$의 속력으로 $9L$만큼 이동할 때,
   B는 v의 속력으로 $8L$만큼 이동했다.
   따라서 $v = 0.8c$이다. **(ㄱ 맞음)**

2. C의 관성계에서 P와 Q 사이의 거리는 고유 길이이고,
   $\overline{PQ}$와 나란한 방향으로 진행하는 우주선의 속력은 A가 B보다 크다.
   따라서 A가 B보다 $\overline{PQ}$의 길이 수축이 더 많이 일어난다. **(ㄴ 틀림)**

3. C에서 측정할 때 B가 O에서 출발하여 P에 도달하는 데 걸리는 시간이 $\dfrac{10L}{c}$이다.

   여기서 B가 O에서 출발하는 사건과 P에 도달하는 사건은 서로 다른 장소에서 일어났으므로,
   $\dfrac{10L}{c}$는 B가 측정하는 고유 시간의 팽창된 시간이다.

   즉, B에서 측정한 O가 B를 지난 후 P가 B를 지날 때까지 걸리는 시간은 $\dfrac{10L}{c}$보다 작다.

   (ㄷ 틀림)

정답 : ㄱ, ㄴ, ㄷ

1. 광원과 거울 사이의 거리는 우주선에서 측정할 때 고유 길이이고,
   우주 정거장에서 측정할 때 수축 길이이다. 따라서 $L_0 > L_1$이다. **(ㄱ 맞음)**

2. 우주선에서 관측할 때, $L_0 = ct_0$이므로 $t_0 = \dfrac{L_0}{c}$이다. **(ㄴ 맞음)**

3. 우주 정거장의 관성계에서, 신호가 **광원에서 거울까지** 가는 동안은 **거울**이 빛에 대해 **도망가고**,
   빛 신호가 **거울에서 광원까지** 되돌아가는 동안에는 **광원**이 빛에 대해 **마중 나온다.**

   빛이 이동하는 데 걸리는 시간은 한쪽이 마중 나올 때가 도망갈 때보다 더 짧다.
   따라서 $t_1 > t_2$이다. **(ㄷ 맞음)**

정답 : ㄱ, ㄴ

1. 한 장소에서 동시에 일어나는 두 사건은 관성계에 상관없이 동시에 일어난다. **(ㄱ 맞음)**

2-1. P의 관성계에서 A, B에서 발생한 빛은 P에 동시에 도달했으므로,
   Q가 관측할 때도 동시에 도달해야만 한다.
   그런데 Q의 관성계에서 P는 A에서 방출된 빛에 대해서는 마중 나가고,
   B에서 방출된 빛에 대해서는 도망가는 중이다.

   즉, 위 그림과 같이 B에서 방출된 빛이 A에서 방출된 빛보다 더 먼 거리를 이동해야 한다.
   따라서 B가 A보다 빛을 먼저 방출해야 양쪽 빛이 동시에 P에 도달할 수 있다. **(ㄴ 맞음)**

2-2. ㄴ 선지를 '동시의 반대가 먼저다'를 활용해 해결할 수도 있다.
   문제 상황에서 A와 B에서 **사건이 동시에 발생했다**고 보는 관성계는 P이다.
   따라서 Q의 관성계에서는 **P의 운동 방향의 반대에서 일어난 사건이 먼저 발생**하므로,
   B가 먼저 폭발한다. **(ㄴ 맞음)**

3. P의 관성계에서 A와 P 사이의 거리, B와 P 사이의 거리는 크기가 같은 고유 길이이다.
   Q의 관성계에서 측정한 A와 P 사이의 거리, B와 P 사이의 거리는 고유 길이에 대해서 같은
   비율로 수축한 길이이므로 서로 같다. **(ㄷ 틀림)**

17 20년 7월 교육청 18번

정답 : ㄱ, ㄴ, ㄷ

1. B가 측정할 때 광원 P와 Q에서 동시에 발생한 빛이 검출기 R에 동시에 도달하였다.
   따라서 B가 측정한 R, Q 사이의 거리와 R, P 사이의 거리는 같다.
   즉, 둘의 고유 길이는 같다.

   한 장소 동시성에 의해, A가 관측할 때 P와 Q에서 발생한 빛은 R에 동시에 도달할 것이므로
   이에 주목하여 A가 관측할 때 빛의 이동 경로를 그려보면 다음과 같을 것이다.

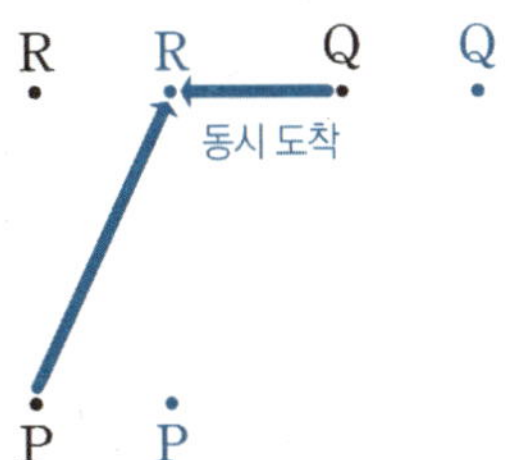

2. 이때 R와 Q 사이의 거리는 수축 길이, R와 P 사이의 거리는 고유 길이라서 안 그래도 Q에서
   R까지 거리가 더 짧은데 심지어 R는 Q에서 발생한 빛에 대해 마중 나간다.
   따라서 P보다 Q에서 빛이 늦게 방출되어야만 두 빛은 동시에 도달할 수 있다. **(ㄹ 틀림)**

   혹은 A의 관성계에서 두 빛의 발생 시점이 동시라고 생각하는 B의 운동 방향이 오른쪽이므로,
   P와 Q중 왼쪽(B의 운동 방향의 반대)에 있는 P에서 빛이 먼저 방출된다고 판단해도 무방하다.

3. 진공에서 빛의 속력은 언제나 c이다. **(ㄱ 맞음)**
   B가 측정할 때 A는 운동하므로, A의 시간은 B의 시간보다 느리게 흐른다. **(ㄴ 맞음)**

4. 운동 방향에 수직인 성분의 길이는 수축되지 않으므로, A가 측정할 때 P와 R 사이의 거리는
   고유 길이이다. 하지만 운동 방향과 나란한 R과 Q 사이의 거리는 수축된 길이로 측정된다.
   따라서 A가 측정할 때, P와 R 사이의 거리는 Q와 R 사이의 거리보다 길다. **(ㄷ 맞음)**

18 21학년도 9월 평가원 11번

정답 : ㄱ, ㄴ

1. 진공에서 빛의 속력은 언제나 c이다. **(ㄱ 맞음)**

2. 운동 방향에 수직인 성분의 길이에는 수축이 일어나지 않는다. 따라서 A의 관성계에서 광원과
   거울 사이의 거리는 B의 관성계에서의 거리와 같은 L이다. **(ㄴ 맞음)**

3. A는 B에 대해 운동하므로, B가 측정할 때 A의 시간은 B의 시간보다 느리게 흐른다. **(ㄷ 틀림)**

19 20년 10월 교육청 7번

정답 : ㄱ, ㄷ

1. 우주 정거장의 관성계에서, 우주선이 P에서 방출한 빛은 3년 후 Q에 도달한다.
   따라서 우주선이 P에서 Q까지 이동하는 데 걸리는 시간은 5년이고, 우주선의 속력은 $0.6c$이다.
   또한 우주선의 관성계에서는 우주 정거장, P, Q 모두의 속력이 $0.6c$로 관측될 것이다. **(ㄱ 맞음)**

2. 우주선의 관성계에서 P와 Q 사이의 거리는 고유 길이인 3광년보다 수축된 길이로 측정될 것이다.
   (ㄴ 틀림)

3. 우주선의 관성계에서 우주 정거장은 운동하므로,
   우주 정거장의 시간이 우주선의 시간보다 느리게 흐른다. **(ㄷ 맞음)**

20 22년 4월 교육청 9번

정답 : ㄱ, ㄷ

1. p와 검출기 사이 거리는 A의 관성계에서는 고유 길이이고, B의 관성계에서는 수축 길이이다. **(ㄱ 맞음)**

2. q에서 방출된 빛이 검출기에 도달할 때까지,
   A의 관성계에서는 q에서 방출된 빛에 대해 검출기가 가만히 정지해 있지만 B의 관성계에서는
   검출기가 빛에 대해 도망가는 중이다.
   따라서 빛이 검출기에 도달할 때까지 걸린 시간은 A의 관성계에서가 B의 관성계에서보다 짧다.
   (ㄴ 틀림)

3-1.
   B의 관성계에서 빛이 p, q에서 동시에 방출되었다.
   A의 관성계에서 '빛이 동시에 방출되었다'고 관측하는 B의 운동 방향이 오른쪽이므로,
   A는 p와 q 중 B의 운동 반대 방향인 왼쪽에 위치한 p에서 빛이 먼저 방출되었다고 생각할
   것이다. **(ㄷ 맞음)**

3-2.
   문제에서 B의 관성계에서 p, q에서 방출된 빛이 검출기에 동시에 도달한다고 했다.
   이는 한 장소 동시성이므로, A의 관성계에서도 두 빛은 검출기에 동시에 도달해야 한다.
   A의 관성계에서 검출기는 p에 대해서 도망가고,
   q에 대해서 약간 비스듬히(느리게) 도망가는 중이므로,
   두 빛이 검출기에 동시에 도달하기 위해서는 빛이 p에서가 q에서보다 먼저 방출되어야 한다.
   (ㄷ 맞음)

정답 : ㄱ, ㄴ, ㄷ

1. A의 관성계에서 P보다 Q에 먼저 빛이 도달했으므로,
   광원과 P 사이보다 광원과 Q 사이의 고유 길이가 더 짧은 것을 알 수 있다.
   그런데 B의 관성계에서는 광원으로부터의 고유 길이가 더 긴 P에 빛이 먼저 도달했으므로,
   P는 빛에 대해 마중 나가고 Q는 도망가는 것을 알 수 있다.
   따라서 B의 관성계에서 우주선의 운동 방향은 $+x$방향이다. **(ㄱ 맞음)**

2. B의 관성계에서 광원과 P 사이의 거리는 수축 길이이므로, 고유 길이보다 작다. **(ㄴ 맞음)**

3. A의 관성계에서 광원에서 발생한 빛이 R까지 진행하는 동안 R은 빛에 대해 가만히 정지해 있다.
   이에 비해 B의 관성계에서는 R이 빛에 대해 비스듬히 도망간다.
   따라서 B의 관성계에서 빛이 광원에서 R까지 가는 데 걸린 시간은 A가 측정한 t_0보다 크다.

   (ㄷ 맞음)

정답 : ㄱ, ㄷ

1. B의 관성계에서, A는 움직이는 중이므로 A의 시간이 B의 시간보다 느리게 보인다. **(ㄱ 맞음)**

2. A의 관성계에서 정지해 있는 기준선 P, Q에 우주선의 양 끝인 X, Y가 동시에 도달했다.
   따라서 A의 관성계에서 PQ 사이의 고유 길이와 XY 사이의 수축된 길이가 같다는 걸 알 수 있다.
   B의 관성계에서 보았을 때는 PQ 사이가 수축되어 보이고 XY 사이가 고유 길이이므로,
   B의 관성계에서 XY 사이 거리는 PQ 사이 거리보다 크다. **(ㄴ 틀림)**

3. A의 관성계에서 'P가 X를 지나는 사건'과 'Q가 Y를 지나는 사건'이 동시에 일어난다.
   따라서 B의 관성계에서 A의 운동 반대 방향에서 일어난 'P가 X를 지나는 사건'이 먼저 발생함을
   알 수 있다. (동시의 반대가 먼저다.) **(ㄷ 맞음)**

23 23년 3월 교육청 13번

정답 : ⑤

① 진공에서 빛의 속력은 항상 c이다. **(틀림)**

② A의 관성계에서, r와 s 사이의 거리는 ct_0보다 크다. **(틀림)**

③ B의 관성계에서, p와 q 사이의 거리는 ct_0보다 작다. **(틀림)**

④ B의 관성계에서, A의 시간은 B의 시간보다 느리게 간다. **(틀림)**

⑤ B의 관성계에서, 빛이 r에서 s까지 진행하는 데 걸린 시간은 t_0보다 크다. **(맞음)**

24 23년 4월 교육청 9번

정답 : ㄴ

1. A와 B 사이의 거리는 P의 관성계에서 측정했을 때 수축된 길이이고,
   Q의 관성계에서 측정했을 때는 고유 길이이다. **(ㄱ 틀림)**

2. C와 검출기 사이 거리는 P, Q가 동일하게 측정하지만,
   C에서 검출기까지 빛이 진행할 때 P의 관성계에서는 검출기가 상대적으로 도망간다.
   따라서 C에서 방출된 빛이 검출기에 도달하는 데까지 걸리는 시간은
   P의 관성계에서가 Q의 관성계에서보다 오래 걸린다. **(ㄴ 맞음)**

3. P의 관성계에서 A, B에서 빛이 동시에 방출된다.
   따라서 Q의 관성계에서는 P의 운동 반대 방향, 즉 오른쪽의 B에서 빛이 먼저 방출된다.
   (동시의 반대가 먼저다.) **(ㄷ 틀림)**

25 24학년도 6월 평가원 9번

정답 : ㄱ, ㄷ

1. A의 관성계에서, 움직이는 B의 시간은 A의 시간보다 느리게 간다. **(ㄱ 맞음)**

2. B의 관성계에서 P에서 A까지의 거리는 길이 수축에 의해 L보다 짧은데,
   빛이 P에서 A까지 도달하는 동안 A는 빛을 마중나가기까지 한다.

   따라서 걸린 시간은 $\dfrac{L}{c}$보다 작다. **(ㄴ 틀림)**

3. A의 관성계에서 P, Q에서 빛이 동시에 방출된다.
   따라서 B의 관성계에서는 A의 운동 반대 방향,
   즉 오른쪽의 Q에서 빛이 먼저 방출된다. (동시의 반대가 먼저다.) **(ㄷ 맞음)**

26 24학년도 9월 평가원 6번

정답 : ㄴ

1. A의 관성계에서, 움직이는 B의 시간은 A의 시간보다 느리게 간다. **(ㄱ 틀림)**

2. A의 관성계에서 측정한 우주선의 길이 L_1은 고유 길이에 대해 수축된 길이이다.
   B의 관성계에서 측정한 우주선의 길이는 고유 길이이므로, L_1보다 길다. **(ㄴ 맞음)**

3. B의 관성계에서 P에서 Q까지의 거리는 길이 수축에 의해 L_2보다 짧은데,
   빛이 P에서 Q까지 도달하는 동안 Q는 빛을 마중나가기까지 한다.

   따라서 걸린 시간은 $\dfrac{L_2}{c}$보다 작다. **(ㄷ 틀림)**

정답 : ㄴ, ㄷ

1. A와 X의 관성계에서 각각 측정한 B의 길이는 모두 수축된 길이이지만,
   A의 관성계에서 본 B의 속력이 더욱 크다.
   따라서 A가 측정한 B의 길이보다 X가 측정한 B의 길이가 크다. **(ㄱ 틀림)**

2. 한 점에서 동시에 발생한 두 사건은 한 장소 동시성이므로, 모든 관성계에서 동시에 일어난
   사건으로 관찰된다.
   따라서 어떤 관성계에서 보더라도 a와 b는 O에 동시에 도달한다. **(ㄴ 맞음)**

3. X의 관성계에서, A, B에서 빛이 동시에 방출된다.
   따라서 A의 관성계에서는 X의 운동 반대 방향,
   즉 오른쪽의 Q에서 빛 b가 먼저 방출된다. (동시의 반대가 먼저다.) **(ㄷ 맞음)**

Chapter

08

전기력

01 15학년도 6월 평가원 9번

정답 : ㄱ, ㄴ, ㄷ

1, p와 q에서 임의의 양(+)전하가 받는 합력의 방향이 다른 것을 보아, 두 지점 사이에 평형점이 있는 것을 알 수 있다. 이때 평형점이 A와 B 외부에 있으므로, A와 B의 전하량의 종류는 반대인데, A가 음(−)전하이므로 B는 양(+)전하이다. (ㄱ 맞음)

2. 평형점으로부터의 거리는 B가 A보다 멀다. 따라서 A의 전하량의 크기는 B보다 작다. (ㄴ 맞음)

3-1. A와 B의 평형점이 A의 왼쪽에 있으므로, r에 C를 놓게 되면 C에 작용하는 전기력 방향은 B의 영향만을 받게 된다. 따라서 C가 받는 전기력의 방향은 $+x$방향이고, ㄷ을 이렇게도 해결할 수 있다. (ㄷ 맞음)

3-2. r에 임의의 양(+)전하 C를 두면, A는 C를 $-x$방향으로 당기고 B는 C를 $+x$방향으로 민다. 그런데 C와의 거리는 B가 A보다 가까우면서, 전하량도 B가 A보다 크므로 C가 받는 전기력의 방향에 B가 A보다 더 큰 영향을 미친다. B와 C의 전하의 부호가 양(+)전하로 같으므로, C가 받는 전기력의 방향은 $+x$방향이다. (ㄷ 맞음)

02 15학년도 수능 9번

정답 : ㄱ

1. A와 C가 만드는 평형점이 p이므로 A와 C의 전하의 부호는 반대이고, 평형점으로부터 C가 A보다 멀기 때문에 전하량의 크기는 C가 A보다 크다.

2. A와 B가 만드는 평형점이 q이므로 A와 B의 전하의 부호는 반대이고, 평형점으로부터 A가 B보다 멀기 때문에 전하량의 크기는 A가 B보다 크다. 따라서 전하량의 크기는 C > A > B이다.
(ㄱ 맞음)

3. B와 C의 전하의 부호는 같은데, D가 받는 B와 C에 의한 전기력의 방향이 $+x$방향이므로 B, C는 모두 양(+)전하이다. 따라서 B, C와 전하의 부호가 반대인 A는 음(−)전하이다. (ㄴ 틀림)

4. 점 p에 D를 놓았을 때, A와 C에 의해 D가 받는 합력은 0이다. 따라서 D가 받는 전기력은 B가 D에 작용하는 전기력이므로, D가 받는 전기력의 방향은 $-x$방향이다. (ㄷ 틀림)

03 16년 4월 교육청 10번

정답 : ㄴ, ㄷ

1. (가)에서 A와 B의 평형점이 A와 B 외부에 있으므로 A와 B의 전하의 부호는 반대이다.
   (ㄱ 틀림)

   이때 평형점으로부터 A가 B보다 멀리 있으므로, 전하량의 크기는 A가 B보다 크다.

2. (나)에서 A와 C의 평형점이 A와 C 내부에 있으므로 A와 C의 전하의 부호는 같다.
   이때 평형점으로부터 C가 A보다 멀리 있으므로, 전하량의 크기는 C가 A보다 크다.
   따라서 전하량의 크기를 비교하면 $C > A > B$이다. **(ㄷ 맞음)**

3. (나)에서 $x = 2d$지점에 양$(+)$전하 D를 두었을 때,
   D로부터 C가 A보다 가까운데 C의 전하량의 크기가 A보다 크다.
   따라서 D가 받는 전기력의 방향은 C의 영향을 받아 $-x$방향이 된 것이므로,
   C는 양$(+)$전하이다. **(ㄴ 맞음)**

04 16년 7월 교육청 11번

정답 : ㄱ, ㄴ, ㄷ

1. B와 C의 전하의 부호가 반대인 것 이외에 부호를 결정할 수 있는 조건이 없으며,
   〈보기〉의 선지에서도 직접적인 부호의 종류를 묻고 있지 않다.
   따라서 이 경우는 적당히 B와 C의 부호를 임의의 서로 다른 부호로 설정하면 된다.

2. B를 양$(+)$전하, C를 음$(-)$전하라 하고,
   (반대로 해도 상관없다.) 평형점을 찾기 위해 어떤 양$(+)$전하 D를 c에 두었다고 가정하자.
   그러면 B와 C에 의해 D가 받는 합력의 방향은 오른쪽일 것이다.

   이때 전체의 평형점이 c에 위치하기 위해서는 D로부터 가장 멀리 떨어진 A가 D를 B와 C의
   합력만큼의 세기로 당겨야 한다.
   따라서 A의 전하량의 크기가 가장 큰 것과 A가 음$(-)$전하인 것을 알 수 있다. **(ㄱ, ㄴ 맞음)**

3. A가 받는 전기력의 방향이 왼쪽인 것이 문제에 나와 있고,
   A가 C보다 전하량의 크기가 크면서 B와 더 가까이 있으므로
   B가 받는 전기력의 방향도 왼쪽임을 알 수 있다.

   따라서 A, B, C 전체를 하나의 계로 잡았을 때,
   점전하끼리 작용하는 모든 내부력의 합력이 0이 되기 위해서는 C에 작용하는 전기력의 합력의
   방향이 오른쪽이 되어야만 한다. **(ㄷ 맞음)**

05 17년 7월 교육청 9번

정답 : ㄴ, ㄷ

1. (가)에서 A와 B는 부호가 서로 다르므로, 평형점은 둘의 외부에 있다. **(ㄱ 틀림)**

2. (나)의 $x = 3d$에 양$(+)$전하 D를 두었을 때, A가 D에 가하는 전기력의 방향은 $+x$방향이다.
   B와 C는 D와 떨어진 거리가 같은데 C의 전하량이 더 크므로, D에 작용하는 B와 C 둘의
   합력의 방향은 $+x$방향이다.
   따라서 D에 작용하는 전기력의 방향은 $+x$방향이다. **(ㄴ 맞음)**

3. (가)에서 $x = 4d$에 점전하 C를 추가하면 (나)가 된다. (변화량 풀이를 쓰는 것이다.)
   점전하 E가 양$(+)$전하일 때와 음$(-)$전하일 때 모두,
   (가)에서 E에 작용하는 전기력의 방향과 (나)에서 C가 E에 가하는 전기력의 방향이 일치하므로
   (가)의 $x = 4d$에 점전하 C를 추가하면 점전하 E의 부호에 관계없이 항상 E가 받는 전기력의
   크기는 커진다. **(ㄷ 맞음)**

06 18년 10월 교육청 10번

정답 : ㄱ

1. p와 q에 위치한 임의의 양$(+)$전하가 받는 합력의 방향이 반대이므로,
   평형점이 p와 q 사이에 있음을 알 수 있다.
   따라서 A와 B의 전하의 부호는 같다. **(ㄴ 틀림)**

2. p에 위치한 임의의 양$(+)$전하가 받는 합력의 방향에는 A가 B보다 더 큰 영향을 미친다.
   따라서 A는 음$(-)$전하이고, A와 B의 부호는 같으므로 B도 음$(-)$전하이다. **(ㄱ 맞음)**

3. r에 위치한 임의의 양$(+)$전하를 A와 B 둘 다 $-x$방향으로 당긴다. **(ㄷ 틀림)**

07 19학년도 9월 평가원 8번

정답 : ㄴ, ㄷ

1. A와 B가 만드는 평형점이 q이므로,
   A와 B의 전하의 부호가 반대이며 A의 전하량의 크기가 B보다 큰 것을 알 수 있다. **(ㄴ 맞음)**

2. p로부터 A가 B보다 가까운데 A의 전하량이 B보다 크기 때문에,
   p에 양$(+)$전하를 두게 되면 그 전하가 받는 전기력의 방향에 A가 B보다 더 큰 영향을 미친다.

   따라서 그 양$(+)$전하가 받는 전기력의 방향은 $-x$방향이고,
   A와 양$(+)$전하 사이 척력이 작용한 것을 알 수 있다. 즉 A는 양$(+)$전하이고,
   A와 B의 부호는 반대이므로 B는 음$(-)$전하이다. **(ㄱ 틀림)**

3. 임의의 양$(+)$전하가 받는 전기력의 방향은 평형점 q를 기준으로 역전된다.
   어떤 움직이는 양$(+)$전하 C가 q에서 출발해 B에 한없이 가까워지면,
   C가 받는 전기력의 방향에 B가 A에 비해 엄청나게 큰 영향을 미치므로
   이때 C가 받는 전기력의 방향은 $-x$방향이다.
   이때 C가 다시 q를 지나 r로 이동했을 때를 생각해보면,
   q를 기점으로 전기력의 방향이 역전되기 때문에 r에서 C가 받는 전기력의 방향은 $+x$방향이다.

   (ㄷ 맞음)

08 19년 9월 고2 교육청 15번

정답 : ㄱ, ㄴ, ㄷ

1. B의 전하의 부호와는 관계없이 B에 작용하는 전기력이 0이 되려면,
   C는 전하량의 크기가 Q보다 작은 양$(+)$전하여야 한다. **(ㄴ 맞음)**

2. 마찬가지로 C에 작용하는 전기력이 0이므로,
   B도 전하량의 크기가 Q보다 작은 양$(+)$전하여야 한다. **(ㄱ 맞음)**

   따라서 B와 C는 전하량의 크기가 동일한 양$(+)$전하이고, 둘 사이엔 척력이 작용한다. **(ㄷ 맞음)**

정답 : ㄱ, ㄴ, ㄷ

1. A와 C의 전하량의 크기가 같으므로,
   만약 A가 양($+$)전하라면 A와 C가 만드는 평형점의 위치가 $x = 0$이 된다.
   이렇게 되면 B에 의해 전체 평형점의 위치가 $x = 0$인 것에 모순이 생기므로 A는 음($-$)전하이다.
   (ㄱ 맞음)

2. $x = 0$에 임의의 양($+$)전하 D를 두고, 이때 C가 D를 밀어주는 힘을 F라 하자.
   A와 C가 D에 가하는 전기력의 합력은 $-x$방향의 $2F$만큼이므로,
   B가 D를 $+x$방향으로 밀어주는 힘의 크기가 $2F$임을 알 수 있다.
   D로부터 떨어진 거리는 C가 B의 3배인데, D에 가하는 힘의 세기는 B가 C의 2배이다.

   따라서 쿨롱 법칙에 의해 전하량의 크기는 C가 B의 $\dfrac{9}{2}$배이다. **(ㄴ 맞음)**

3. A를 $x = d$로 옮긴다는 말은 $x = -3d$의 A가 사라지고 $x = d$에 A가 다시 생긴다는 뜻이다.
   원래부터 D가 $x = 0$에 있었다고 잠시 생각해보자.
   그러면 A를 옮기면서 D를 $-x$방향으로 원래 당기던 힘이 사라지고,
   $+x$방향으로 당기는 힘이 새로 생긴 셈이다. 따라서 $+x$방향으로 전기력이 강해지게 된다.
   그런데 A가 이동하기 전 원래 D에 작용하던 전기력의 세기가 0이므로,
   A가 이동한 후 D에 작용하는 전기력의 방향은 $+x$방향이다. **(ㄷ 맞음)**

정답 : ④

1. B가 받는 전기력이 0인데 A와 B 사이 거리는 d, B와 C 사이 거리는 $2d$이다.
   따라서 C의 전하량이 A의 전하량의 4배임을 알 수 있다.

2. 이때 A가 B를 미는 힘을 f라 하면, 작용 반작용에 의해 B가 A를 미는 힘 역시 f이고,
   B가 받는 전기력이 0이므로 C가 B를 미는 힘도 f이다.

3. 문제에 따르면 C가 A를 미는 힘이 f보다 큰데 C는 A보다 B와 더 가까이 있다.
   따라서 B는 더 가까이 있으면서 받는 힘의 크기는 A보다 더 작으므로,
   B의 전하량의 크기가 A보다 작음을 알 수 있다.

11 21년 3월 교육청 19번

정답 : ㄴ

1. (가)에서 C가 받는 전기력이 0이므로, A와 B가 만드는 평형점에 C가 위치한다.
   따라서 A는 양(+)전하임을 알 수 있고, A의 전하량의 크기는 B의 4배이다. **(ㄱ 틀림)**

2. (가)에서 전체 점전하에 작용하는 합력이 0인 것을 활용하면, B에 $+x$방향 전기력이 작용하므로
   이를 상쇄하기 위해 A에 $-x$방향으로 전기력이 작용해야 한다. **(ㄴ 맞음)**

3. A가 B에 가하는 전기력이 $-x$방향인데, B는 $+x$방향으로 전기력을 받는다.
   따라서 C가 B에 가하는 전기력이 $+x$방향이고, C의 전하량이 A보다 크다는 것을 알 수 있다.

   (나)에서 B와 D가 만드는 평형점에 A가 위치한다. 따라서 D의 전하량의 크기는 B의 4배이므로,
   A와 같다. C의 전하량이 A보다 크므로, 전하량의 크기는 C가 D보다 크다. **(ㄷ 틀림)**

12 21년 4월 교육청 19번

정답 : ④ $\dfrac{17}{9}$

1. (가)→(나)에서 C가 B로부터 $+x$방향으로 멀어질 때, $+x$방향으로 B에 작용하는 전기력의 세기가
   증가했다. 따라서 C는 B를 $-x$방향으로 밀어주는 것을 알 수 있다. 따라서 C는 양(+)전하이다.

2. C가 B를 $1d$ 떨어진 거리에서 미는 힘을 f라 하고 (가)→(나)의 과정에서 B에 작용하는 전기력의
   변화를 살펴보자. 그러면 B의 $-x$방향에서 f가 사라지고 $\dfrac{1}{9}f$이 새롭게 생겼으므로,

   B에는 $\dfrac{8}{9}f$의 전기력이 $+x$방향으로 새롭게 생긴 셈이 된다.

   (가)→(나)에서 B에는 $+x$방향으로 F가 추가되었으므로, $f = \dfrac{9}{8}F$이다.

3. (가)에서 C가 B에 작용하는 전기력은 $-x$방향으로 $\dfrac{9}{8}F$인데, B에 작용하는 합력이 $+x$방향으로

   F이다. 따라서 A가 B에 작용하는 전기력은 $+x$방향으로 $\dfrac{17}{8}F$임을 알 수 있다.

   (가)에서 A와 C가 B로부터 떨어진 거리는 같으므로, B에 작용하는 전기력의 세기 비가 곧
   전하량 크기의 비이다.

   따라서 정답은 ④ $\dfrac{Q_A}{Q_C} = \dfrac{17}{9}$이다.

13 21년 7월 교육청 18번

정답 : ② $-2Q$

1. 전체 점전하가 받는 전기력의 합력은 0이다. 따라서 C는 $-x$방향으로 $5F$의 전기력을 받는다.
   점전하 A, B, C 중에서 B가 받는 전기력이 가장 세므로,
   A가 B에 작용하는 전기력의 방향과 C가 B에 작용하는 전기력의 방향이 같아야 한다.
   따라서 C는 음$(-)$전하이다.

2. A와 B의 전하량이 $+Q$로 같으므로, C의 전하량을 $-XQ$라고 하자.
   이때 A와 B가 $1d$ 떨어진 상황에서 서로에게 작용하는 전기력을 f라 하면,
   A(또는 B)와 C가 $1d$ 떨어진 상황에서 서로에게 작용하는 전기력은 Xf일 것이다.

3. 그러면 A에 작용하는 전기력은 $F = f - \frac{1}{4}Xf$이고, C에 작용하는 전기력은 $5F = \frac{5}{4}Xf$이다.
   (전기력의 크기가 가장 작은 둘을 비교하는 것이 편하기 때문에, A와 C를 비교하자.)

   정리하면 $F = f - \frac{1}{4}Xf = \frac{1}{4}Xf$이므로, $X = 2$이다.
   따라서 C의 전하량은 $-2Q$이다.

14 21년 10월 교육청 13번

정답 : ㄱ, ㄴ

1. A와 B는 전하의 부호가 다르므로, 평형점이 존재한다면 둘의 외부에 있을 것이다.

2. 평형점을 경계로 더 큰 영향력을 행사하는 전하가 역전된다.
   (나)에서 P의 위치가 d_1일 때를 기준으로 P의 전기력 방향에 영향을 미치는 전하가 변하는 것을
   통해, A와 B가 만드는 평형점이 $x = d_1$에 위치하고 **(ㄷ 틀림)** 전하량의 크기는 A > B임을 알 수
   있다. **(ㄴ 맞음)**

3. (나)의 그래프를 보면 P의 위치가 $x = d_2$일 때 $F_A > F_B$이다.
   이때 P에 작용하는 전기력의 방향은 $+x$방향이므로, P는 양$(+)$전하임을 알 수 있다. **(ㄱ 맞음)**

정답 : ㄴ

1. (가)와 (나)에서 P가 받는 전기력이 모두 0인데,
   <u>B가 P에 작용하는 전기력 방향이 (가)와 (나)에서 반대이다.</u>
   따라서 P가 받는 전기력이 0이 되기 위해서는 <u>A와 C가 P에</u> 작용하는 전기력 합력의 방향이
   (가)와 (나)에서 반대여야 한다. (A＋C가 B와 평형을 이루어야 하기 때문) **(ㄱ 틀림)**

2. A와 C가 P에 작용하는 전기력 합력의 방향이 (가)와 (나)에서 반대라는 건,
   A와 C 사이에 둘의 평형점이 존재한다는 말과 같다.
   따라서 C가 양(＋)전하임을 알 수 있다. **(ㄴ 맞음)**

3. A와 C가 전하량의 크기가 같은 양(＋)전하인데 P가 (가), (나)에서 힘의 평형을 이루기 위해서는
   B가 양(＋)전하여야 한다.

   이제 A, C가 d만큼 떨어진 P에 작용하는 전기력의 크기를 F라 하고,
   B가 d만큼 떨어진 P에 작용하는 전기력의 크기를 f라 하자.

   (가)에서 $F = f + \dfrac{1}{9}F$이고, $f = \dfrac{8}{9}F$이다.

   따라서 전하량의 크기는 A가 B보다 큰 것을 알 수 있다. ($F > f$이기 때문) **(ㄷ 틀림)**

**** 대칭성을 활용**해서 ㄱ, ㄴ을 해결할 수도 있다.

1. 문제 상황에서 (가)와 (나)의 P를 통해, A, B, C가 만드는 힘의 평형점이 $x = 0$에 대해 대칭인
   것을 알 수 있다.
   따라서 A, B, C는 정확히 $x = 0$에 대해 대칭이 되어야만 한다.
   따라서 C는 A와 동일한 양(＋)전하이다. **(ㄴ 맞음)**

2. A, C가 P에 작용하는 전기력의 합력은 B가 P에 작용하는 전기력과 평형을 이룬다.
   B가 P에 작용하는 전기력의 방향은 (가)와 (나)에서 반대이므로,
   A와 C가 P에 작용하는 전기력의 합력의 방향도 (가)에서와 (나)에서가 반대이다. **(ㄱ 틀림)**

16 22년 4월 교육청 18번

정답 : ㄱ

1. (가)에서 B에 작용하는 전기력이 0이므로, A와 C의 평형점에 B가 위치함을 알 수 있다.
   평형점이 둘 사이에 있고 평형점으로부터 떨어진 거리가 2 : 1이므로,
   A와 C의 부호가 같고 전하량의 크기가 4 : 1임을 알 수 있다.

2. (가)에서 (나)로 변하는 상황을 살펴보자. C를 오른쪽으로 움직였더니, B에 $+x$방향 전기력이
   생겼다. 따라서 (가)에서 C가 B에 $-x$방향 전기력을 작용하고 있었다는 걸 알 수 있고,
   이를 통해 C가 양$(+)$전하라는 것도 알 수 있다. **(ㄱ 맞음)**

3. A와 C의 부호가 같으므로 A도 양$(+)$전하이다. 따라서 (나)에서 A에 작용하는 전기력 방향은
   $-x$방향이고, B와 C에 작용하는 전기력 방향은 $+x$방향임을 알 수 있다. 전체 계의 전기력의
   합이 0이 되어야 하므로, A에 작용하는 전기력의 크기는 B와 C에 작용하는 전기력의 크기의
   합과 같다. **(ㄴ 틀림)**

4. A와 B가 d만큼 떨어진 C에 작용하는 전기력 크기를 각각 F, f라 하면, 이 둘의 비율이 A와
   B의 전하량 비율일 것이다.

   문제 마지막 줄에서 C에 작용하는 전기력 크기가 (가)에서가 (나)에서의 2배라고 했으므로,
   방금 정한 상댓값을 활용해 C에 작용하는 전기력의 크기 식을 써보면
   $$\left(\frac{1}{9}F + f\right) = 2\left(\frac{1}{16}F + \frac{1}{4}f\right)$$ 이다.
   이를 풀면 $F = 36f$이므로, A의 전하량이 B의 36배임을 알 수 있다. **(ㄷ 틀림)**

17 22년 10월 교육청 17번

정답 : ②

1. (나)에서 $x = d$에 $-x$방향으로 가까워질수록, C가 받는 전기력이 $+x$방향으로 강해진다.
   따라서 B와 C의 전하량 부호가 같다는 걸 알 수 있다.
   또한, (나)를 보면 $x > d$인 곳에서 A와 B의 평형점이 있으므로, A와 B의 전하의 부호가 다른
   것을 알 수 있다.

   이 문제에서는 정확한 부호를 결정할 수 없고 점전하 간에 서로 작용하는 힘의 방향만을 묻고
   있으므로, 임의로 점전하 부호를 정해주어도 된다.
   따라서 우리는 A, B, C의 점전하 부호를 각각 양(+), 음(−), 음(−)으로 생각하자.
   (B, C의 부호가 같고 A만 반대이다. 반대로 해도 괜찮다.)

2. 이제 C를 $x = 2d$에 고정하고 B를 움직이는 상상을 해보자. A와 C는 전하량 부호가 각각
   양(+), 음(−)으로 반대이므로 둘 사이에는 평형점이 존재하지 않는다.
   즉, $0 < x < 2d$에서 B가 받는 <u>전기력의 방향이 항상 $-x$방향으로 일정하다.</u>

   또한 A와 C의 전하량 크기가 같으므로 x에 따른 F_{B}의 그래프가 A와 C의 중간 지점인
   <u>$x = d$에 대해 대칭</u>임을 알 수 있다. 이에 맞는 그래프를 찾아보면 **정답이 ②**임을 알 수 있다.

18 23년 3월 교육청 18번

정답 : ㄱ

1. A, C의 전하량 부호가 동일하므로, 둘 다 양(+)전하일 때와 음(−)전하일 때를 살펴보자.
   만약 둘 다 음(−)전하라면, (나)에서 D가 음(−)전하인데, 이때 (가)에서 A의 전기력 방향이
   $+x$방향인 것에 모순이 생긴다.

   따라서 A와 C는 모두 양(+)전하임을 알 수 있고, **(ㄱ 맞음)**
   (나)에서 D도 양(+)전하임을 알 수 있다.

2. (가)에서 C에 작용하는 전기력이 0이다.
   이때 A는 C에 $+x$방향 전기력을, B와 D는 C에 $-x$방향 전기력을 작용하므로,
   둘이 상쇄됨을 알 수 있다. 따라서 A의 전하량의 크기는 B에 비해 매우 크다. **(ㄴ 틀림)**

3. (가)에서 (나)로 변하는 상황을 살펴보면 C에게 $-x$방향 전기력을 작용하는 B가 사라지므로,
   (나)에서 C에는 $+x$방향 전기력이 작용할 것이다.

   이때 (나)의 전체 계 (A + C + D)에 작용하는 전기력의 합이 0이므로, A에 작용하는 $-x$방향
   전기력의 세기는 C, D에 작용하는 $+x$방향 전기력 세기의 합과 같다. **(ㄷ 틀림)**

19   23년 4월 교육청 19번

정답 : ㄱ, ㄴ

1. C가 $x = 2d$에 위치할 때, A와 B에 작용하는 전기력의 합이 0이다.
   이때 전체 계 $(A + B + C)$에 작용하는 전기력의 합이 0이 되려면,
   C에 작용하는 전기력이 0이어야 한다.
   즉 A, B의 평형점이 $x = 2d$인 것이다.

   따라서 A와 B는 전하량의 부호는 같고, 크기는 $1 : 4$이다.

2. C가 $x = 3d$에 위치할 때, A에 작용하는 전기력이 0이다.
   따라서 이때 A는 B, C의 평형점에 위치함을 알 수 있다.
   즉 B와 C의 전하량의 부호는 반대이고, 크기는 $4 : 1$임을 알 수 있다.

   종합하면 A, B는 음$(-)$전하이고, **(ㄱ 맞음)**
   전하량의 크기는 $A : B : C = 1 : 4 : 1$이다. **(ㄴ 맞음)**

3. C를 $x = 2d$에 고정할 때 B, C가 A에 작용하는 힘의 크기를 각각 f_1, f_2라 하면
   $F = f_2 - f_1$이다.

   이때 A가 C에 작용하는 전기력의 크기는 C가 A에 작용하는 힘의 크기 f_2와 같고,
   이는 $f_2 = f_1 + F$이므로 F보다 크다. **(ㄷ 틀림)**

정답 : ① $\dfrac{1}{36}F$

1. (가)→(나)에서 A, C의 위치만을 바꾸었을 때 B에 작용하는 전기력이 $0 \to +F$로 변했다.

   따라서 (가)에서 A, C가 B에 작용하는 전기력은 $-\dfrac{F}{2}$이고,

   D가 B에 작용하는 전기력은 $+\dfrac{F}{2}$인 것을 알 수 있다.

2. A, C가 B에 작용하는 전기력의 방향이 $-x$방향이므로,
   A는 B를 끌어당기는 것을 알 수 있다.
   따라서 A, B의 전하량 부호는 서로 반대이다.

   A를 양$(+)$전하, B를 음$(-)$전하라 가정하자.

   (가)에서 A, C가 B에 작용하는 전기력이 $-\dfrac{F}{2}$,

   D가 B에 작용하는 전기력이 $+\dfrac{F}{2}$가 되려면 C의 전하량 부호에 따라 다음 표와 같이 D의

   전하량을 알아낼 수 있다.

A	B	C	D
$+2Q$	$-Q$	$+Q$	$+4Q$
$+2Q$	$-Q$	$-Q$	$+12Q$

   그런데 C의 전하량이 $+Q$인 경우에는,
   (가)에서 A에 작용하는 전기력의 방향이 $+x$방향이 되어 조건에 모순이 생긴다.
   따라서 C의 전하량은 $-Q$이고, D의 전하량은 $+12Q$임을 알 수 있다.

3. (가)에서 D가 B에 작용하는 전기력의 세기가 $\dfrac{F}{2}$이므로 $\dfrac{F}{2} = k\dfrac{12Q^2}{4d^2}$, 즉 $\dfrac{F}{6} = k\dfrac{Q^2}{d^2}$이다.

   거리 d만큼 떨어진 전하량이 Q인 전하끼리 작용하는 전기력의 세기를 f라 하면,

   $f = \dfrac{F}{6}$인 것이다.

   따라서 (가)에서 B, C, D가 각각 A에 작용하는 전기력은 $+2f$, $+\dfrac{1}{2}f$, $-\dfrac{8}{3}f$이고,

   A에 작용하는 전기력은 $-\dfrac{1}{6}f = -\dfrac{1}{36}F$이다.

정답 : ㄱ, ㄴ

1. (가)에서 B가 받는 전기력이 0인데 A, C까지의 거리가 같으므로,
   A, C는 전하의 종류와 전하량의 크기가 같다. **(ㄱ 맞음)**

2. (가)→(나)에서 B가 C에 가까워짐에 따라 C가 받는 전기력의 방향이 $+x$방향에서 $-x$방향으로
   변했다. 즉 B가 C를 당기므로, B는 A, C와 다른 종류의 전하임을 알 수 있다.
   따라서 A와 B 사이에는 서로 당기는 전기력이 작용한다. **(ㄴ 맞음)**

3. (가)에서 A는 $-x$방향으로 크기가 F_1인 전기력을 받는다.
   (가)→(나)에서 B가 A로부터 멀어지므로,
   (나)에서 A는 $-x$방향으로 크기가 F_1보다 큰 전기력을 받는다. 조건에서 $F_1 > F_2$이므로,
   (나)에서 A가 받는 전기력의 크기는 F_2보다 크다. **(ㄷ 틀림)**

정답 : ㄱ

1. C가 음(−)전하라면, (가)에서 A가 C에 작용하는 전기력의 방향이 $-x$방향이므로 B는 C에
   $+x$방향의 전기력을 작용해야 한다. 따라서 B는 음(−)전하여야 한다. 이렇게 되면 (나)에서 C의
   전기력 방향이 $-x$방향이 되므로 모순이다. 따라서 C는 양(+)전하이다. **(ㄱ 맞음)**

2. (나)에서 A는 C에 $-x$방향 전기력을 작용한다. 그런데 C에 작용하는 전기력의 합이
   $+x$방향이므로, B는 C에 $+x$방향 전기력을 작용하는 것을 알 수 있다. 즉, B는 음(−)전하이다.

3. (가)와 (나)에서 A에 작용하는 전기력의 방향이 $-x$방향으로 같다면, (나)에서 B가 A를
   $-x$방향으로 당기는 힘이 C가 A를 $+x$방향으로 미는 힘보다 크게 된다. 이때 (가)에서 B가
   A를 $+x$방향으로 당기는 힘이 C가 A를 $-x$방향으로 미는 힘보다 크게 되어, (가)에서 A에
   작용하는 전기력의 방향이 $+x$가 된다. 즉 모순이 발생하였으므로, (가)와 (나)에서 A에 작용하는
   전기력의 방향은 $+x$방향임을 알 수 있다. **(ㄴ 틀림)**

4. (나)에서 A, C에 작용하는 전기력의 방향은 모두 $+x$방향이다. 계 A, B, C의 전체 전기력의
   합은 0이므로, B에 작용하는 전기력의 방향은 $-x$방향이고 세기는 A, C에 작용하는 전기력의
   세기의 합과 같다. **(ㄷ 틀림)**

정답 : ㄴ

1. A, B가 d만큼 떨어진 P에 작용하는 힘을 F_1, C, D가 d만큼 떨어진 P에 작용하는 힘을 F_2라 하자. P가 $x=4d$에 있을 때 A, B가 P에 작용하는 전기력의 합은 $+x$방향으로 $\dfrac{3}{16}F_1$이고, C, D가 P에 작용하는 전기력의 합은 $-x$방향으로 $\dfrac{3}{64}F_2$이다. 이때 P에 작용하는 전기력은 0이므로, $4F_1 = F_2$이다. 즉 전하량의 크기는 C, D가 A, B의 4배이다. **(ㄱ 틀림)**

2. P가 $x=d$에 있을 때, (A+B)와 (C+D)는 모두 P에 $-x$방향으로 전기력을 작용한다. 따라서 이때 P에 작용하는 전기력의 방향은 $-x$방향이다. **(ㄴ 맞음)**

3. P가 $x=10d$에 있을 때, (A+B)와 (C+D)는 모두 P에 $+x$방향으로 전기력을 작용한다. 따라서 이때 P에 작용하는 전기력의 크기는 (C+D)가 P에 작용하는 전기력의 크기인 $2F_2$보다 크다.

   P가 $x=6d$에 있을 때, (A+B)는 P에 $+x$방향, (C+D)는 P에 $-x$방향으로 전기력을 각각 작용한다. 따라서 이때 (A+B)와 (C+D)가 P에 작용하는 전기력은 서로 상쇄되어, P에 작용하는 전기력의 크기는 $2F_2$보다 작을 수밖에 없다.

   즉, P에 작용하는 전기력의 크기는 $x=6d$에 있을 때가 $x=10d$에 있을 때보다 작다. **(ㄷ 틀림)**

정답 : ㄱ

1. 1. (나)에서 A, B의 평형점에 C가 위치한다. 평형점이 A와 B의 내부에 있으므로 둘의 부호가 같은 것을 알 수 있고, 평형점으로부터 떨어진 거리가 1 : 1이므로 둘의 전하량의 크기가 같은 것을 알 수 있다. 따라서 전하량의 크기는 A = B > C이다. **(ㄱ 맞음)**

2. (가)에서 A, C에 작용하는 전기력의 크기가 같으므로, 방향에 따라 상황을 살펴보자. 만약 A, C에 작용하는 전기력의 방향이 서로 반대라면, (A + B + C)에 작용하는 전기력의 합이 0이 되어야 하므로 B에 작용하는 전기력이 0이 된다. 즉, A와 C의 전하량의 크기와 부호가 같아야 하므로 전하량의 크기가 A > C라는 조건에 모순이 발생한다.

3. 따라서 (가)에서 A, C에 작용하는 전기력의 크기와 방향은 서로 같다.

   전하의 부호가 결정되지 않는 문제이므로, 임의로 A, B가 양(+)전하라 가정하자.
   B의 전하량의 크기가 C보다 큰데 A와 더 가까이 있으므로, A에 작용하는 전기력의 방향은 B의 영향을 받는다. 즉, A에는 $-x$방향의 전기력이 작용한다.

   문제 조건에 따라 C에도 $-x$방향의 전기력이 작용해야 한다. 따라서 C는 음(−)전하이고, A와 C 사이에는 서로 당기는 전기력이 작용한다. **(ㄴ 틀림)**

   또한, (가)에서 A에는 $-x$방향의 전기력이, B에는 $+x$방향의 전기력이 작용한다. **(ㄷ 틀림)**

Chapter

09

자기장과 전자기 유도

01 17학년도 9월 평가원 9번

정답 : ㄱ

1. A와 B사이 평형점 p가 둘의 중점에 있으므로,
   A, B에 흐르는 전류의 세기와 방향은 모두 같다. **(ㄱ 맞음)**

2. A, B가 q에 만드는 자기장의 방향은 x축의 수직 아래 방향이므로 q에서 자기장이 0이 되려면
   C에 흐르는 전류의 방향이 ⊙이어야 한다. **(ㄴ 틀림)**

3. A, C가 p에 만드는 자기장의 방향은 x축의 수직 아래 방향으로 같다.
   따라서 A, C가 p에 만드는 자기장의 방향은 x축의 수직 아래 방향이다.

4. q에 A, B, C가 만드는 자기장이 0인데, 여기서 B를 제거하면 A와 C가 만드는 자기장의 방향
   을 알 수 있다. B는 q에 x축의 수직 아래 방향 자기장을 만들고 있었으므로,
   이를 제거하면 q에 A와 C가 만드는 자기장의 방향은 x축의 수직 위 방향이 된다. **(ㄷ 틀림)**

02 17학년도 수능 12번

정답 : ㄱ, ㄴ, ㄷ

1. Q는 A, B의 평형선 위에 위치한다. 따라서 평형선이 A, B의 내부에 있으므로 둘의 전류의 방향
   은 같고, Q와의 거리는 A가 B의 2배이므로 전류의 세기는 A가 B의 2배이다. **(ㄴ 맞음)**

2. P에서 자기장의 방향은 A의 영향을 더 크게 받는다.
   따라서 P에서 자기장의 방향이 ⊙방향이기 위해서 A에는 $-y$방향으로 전류가 흘러야 한다.

   (ㄱ 맞음)

3-1. A, B가 R에 만드는 자기장의 방향은 모두 ⊙방향이다.
   따라서 R에서 자기장의 방향은 P에서와 같다. **(ㄷ 맞음)**

3-2. P에서 R까지 시선을 움직이면 평형선과 B를 지나므로, 자기장의 방향은 두 번 바뀐다.
   따라서 R에서 자기장의 방향이 P에서와 같다. **(ㄷ 맞음)**

03 18학년도 9월 평가원 8번

정답 : ㄱ, ㄴ

1. A와 B가 만드는 평형선은 y축이므로, p에서 자기장의 세기는 0이다. **(ㄱ 맞음)**
   또한 각각 평형선 기준으로 더 가까운 도선의 영향을 더 크게 받으므로,
   q와 r에서 자기장의 방향은 각각 ⊙, × 방향이다. **(ㄴ 맞음)**.

   (혹은, '전류에 의한 자기장의 방향은 도선과 평형선을 기점으로 바뀌므로
   q-도선A-평형선-도선B-r에서 방향이 3번 바뀌기 때문에 ㄴ은 맞다'라고 볼 수도 있다.)

2. A, B에 흐르는 전류의 세기가 같으므로 s에서 전류에 의한 자기장의 방향은 s와 더 가까운 도선
   이 결정한다. A가 더 가까우므로, s에서 자기장의 방향은 ⊙이다. **(ㄷ 틀림)**

04 18학년도 수능 5번

정답 : ㄱ, ㄴ, ㄷ

1. B는 p에 $+y$방향 자기장을 만드는데, A와 B가 함께 만드는 자기장의 방향이 $-y$방향이므로
   A에 흐르는 전류의 방향은 ⊙방향이다. **(ㄱ 맞음)**

2. A가 p와 q에 만드는 자기장의 세기는 같지만,
   p에서는 A와 B가 만드는 자기장의 방향이 반대이므로
   서로 상쇄되는 반면 q에서는 서로 보강해준다.
   따라서 전류에 의한 자기장의 세기는 p에서가 q에서보다 작다. **(ㄴ 맞음)**

3. r와의 거리는 A가 B의 3배이므로,
   B의 전류의 세기가 고정된 상황에서 r에서 전류에 의한 자기장의 방향이 변하기 위해서는
   A의 전류의 세기가 B의 3배 이상이 되어야 한다.
   그런데 A의 전류의 세기는 언제나 B의 3배 이하이므로,
   r에서 전류에 의한 자기장의 방향은 t_1일 때와 t_2일 때가 같다. **(ㄷ 맞음)**

05 21년 3월 교육청 14번

정답 : ① $\dfrac{4}{3}$

1. (가)→(나)를 보면, 원점 O에서 Q가 멀어졌는데 자기장의 방향이 반대로 변했다.
   이를 통해 자기장의 방향을 (가)에서는 Q가, (나)에서는 P가 결정하는 것을 알 수 있다.

2. 이제 (가)와 (나)의 원점 O에서 자기장의 세기가 같다는 식을 써주면,

   $B_Q - B_P = B_P - \dfrac{1}{2}B_Q$ 에서 $\dfrac{B_Q}{B_P} = \dfrac{4}{3}$ 이다.

06 21년 4월 교육청 11번

정답 : ㄱ, ㄷ

1. O에서 Q에 의한 자기장 방향은 당연히 ×방향이다. (ㄱ 맞음)

2. P에 ㉠방향으로 I_0의 전류가 흐를 때 P, Q가 O에 만드는 자기장이 정확하게 상쇄되어 사라진다.
   따라서 이때 P는 O에 ◉방향 자기장을 만들어야 하므로, ㉠은 반시계 방향이다. (ㄴ 틀림)

3. Q에 전류 I가 흐를 때 원점 O에는 B_0의 자기장이 형성된다.
   또한 P에 전류 I_0가 흐를 때도 원점 O에는 B_0의 자기장이 형성된다.
   표의 세 번째 줄 상황에서는 P와 Q가 O에 각각 세기가 $2B_0$, B_0인 자기장을 ×방향으로 만드는
   중이므로, ㉡은 이를 합친 $3B_0$이다. (ㄷ 맞음)

07 22년 3월 교육청 16번

정답 : ㄱ

1. B와 C의 평형선이 q를 지나고, A와 C의 평형선이 r를 지난다.
   즉 q, r에서의 자기장은 각각 A, B가 만든 자기장과 같다.
   따라서 q와 r에서 자기장의 세기는 서로 같다. (ㄱ 맞음)

   또한 q에 A는 ◉방향 자기장을 만들고, r에 B는 ×방향 자기장을 만들고 있다. (ㄴ 틀림)

2. A, B, C가 모두 p에서 ◉방향 자기장을 만들고 있다.
   따라서 p에서 자기장의 세기는 세 도선이 만드는 자기장 세기를 합친 값과 같을 것이다.
   문제에서 이미 A가 p에 자기장을 B_0만큼 만든다 하였으므로,
   p에서 자기장의 세기는 적어도 B_0보다는 크다는 것을 알 수 있다. (ㄷ 틀림)

08 22년 4월 교육청 19번

정답 : ㄱ, ㄴ, ㄷ

1. 표에서 a지점을 보자.

   Q에 흐르는 전류의 세기가 I_0에서 $2I_0$가 되면,

   a에서 ⊙방향 자기장의 세기가 B_0만큼 늘어나는 것을 알 수 있다.

   따라서 Q에 $+y$방향으로 전류가 흐른다. **(ㄱ 맞음)**

   b에서 Q의 전류의 세기를 I_0만큼 늘려도 자기장의 세기가 B_0만큼 늘어날 것이므로,

   ㉠는 B_0이고 세기 I_0인 전류가 d 떨어진 곳에 만드는 자기장 세기가 B_0임을 알 수 있다.

   (ㄴ 맞음)

2. 이번에는 Q에 흐르는 전류의 세기를 고정한 채 a→b를 생각해보자.

   ⊙방향 자기장이 $2B_0$만큼 사라지는 것을 알 수 있다.

   이때 자기장 변화는 R가 만드는 것이므로,

   R에 $+x$방향으로 세기 I_0의 전류가 흐르는 것을 알 수 있다.

   a에 Q, R가 만드는 자기장이 ⊙$2B_0$이므로, P가 a에 만드는 자기장은 ⊙B_0이다.

   따라서 P에 흐르는 전류의 세기는 I_0이다. **(ㄷ 맞음)**

09 22년 7월 교육청 17번

정답 : ㄱ, ㄴ, ㄷ

1. A, B가 만드는 전류의 방향에 대해서는 하나로 결정되지 않고, 문제에서 묻고 있지도 않다.

   따라서 A의 전류의 방향을 임의로 정해볼 수 있겠다.

   A에 ⊙방향으로 전류가 흐른다고 가정하자.

   그러면 A는 a에 $-x$방향으로, b에 $+x$방향으로 자기장을 만들게 된다.

   그런데 A와 B가 a, b에 만드는 자기장의 세기는 a > b이고,

   방향이 a = b이라 했으므로 B에는 A보다 더 강한 세기의 전류가 ⊙방향으로 흘러야 한다.

   (ㄱ 맞음) (ㄴ 맞음)

2. a는 A와 가깝고 B와 먼 데 비해서 c는 B와 가깝고 A와 멀다.

   따라서 전류의 세기가 B가 A보다 큰 것을 생각하면,

   A와 B의 전류에 의한 자기장의 세기는 c에서가 a에서보다 큰 것을 알 수 있다. **(ㄷ 맞음)**

정답 : ㄱ, ㄷ

1. 자기장의 세기는 도선으로부터 거리에 반비례하고 전류의 세기에 비례하므로,
   (가)에서 Q의 전류에 의한 자기장의 세기는 P의 전류에 의한 자기장의 세기의 3배이다. **(ㄱ 맞음)**

2. (가)→(나)에서 Q를 제거했을 때 a에서 자기장의 방향이 반대로 변했다.
   따라서 P, R의 전류에 의한 자기장의 방향은 xy평면에서 수직으로 나오는 방향이다. **(ㄴ 틀림)**

3. a에서 P, Q의 전류에 의한 자기장은 각각 $+B_0$, $-3B_0$이므로, 문제 조건을 만족하기 위해
   R의 전류에 의한 자기장은 $+B_0$이다. **(ㄷ 맞음)**

정답 : ① $\frac{1}{4}B_0$

1. 전류의 세기와 방향이 A와 B, C와 D에서 각각 서로 같은데, q에서 자기장의 세기가 0이다.

   q로부터 A, C가 대칭, B, D가 대칭적으로 있으므로 조건을 만족하기 위해서는
   A와 C의 전류의 세기는 같고, q에 만드는 자기장의 방향은 반대임을 알 수 있다.

   (B와 D도 마찬가지로 전류의 세기는 같고 q에 만드는 자기장의 방향은 반대이다.)

2. A가 d만큼 떨어진 곳에 만드는 자기장의 세기가 B_0이고, 전류의 세기는 모든 도선이 같다.
   따라서 C, D가 q에 만드는 자기장의 세기는 각각 $\frac{1}{4}B_0$, $\frac{1}{2}B_0$이고 방향은 서로 반대이다.
   즉 C, D가 q에 만드는 자기장의 합의 세기는 $\frac{1}{4}B_0$이다.

3. 따라서 C, D에 흐르는 전류의 세기가 두 배가 된다면 q에는 자기장이 $\frac{1}{4}B_0$만큼 변하게 된다.
   이때 원래 q에서의 자기장이 0이었으므로,
   q에서 A, B, C, D의 전류에 의한 자기장의 세기는 $\frac{1}{4}B_0$이 된다.

정답 : ② $B_0, \, 8B_0$

1. 자기장이 종이면에서 수직으로 나오는 방향을 양(+)의 방향이라 하면,
   C가 p, q에 만드는 자기장을 각각 $+B_C$, $-B_C$라 할 수 있다.

   그리고 A, B가 p, q에 만드는 자기장의 합을 각각 임의로 $+B$, $+\dfrac{1}{2}B$라 하자.

   그러면 p에서 $B+B_C=3B_0$이고, q에서 $+\dfrac{1}{2}B-B_C=0$이다.

   두 식을 연립하면 $\underline{B=2B_0}$, $\underline{B_C=B_0}$임을 알 수 있다.

2. 즉 $(A+B)$와 C는 p에 각각 $+2B_0$, $+B_0$의 자기장을 만든다.

   이때 $(A+B+C+D)$가 p에 만드는 자기장의 세기가 $5B_0$인데,
   D는 p에 음$(-)$의 방향 자기장을 만들어야 하므로 D가 p에 만드는 자기장은 $\underline{B_D=8B_0}$이다.

정답 : ③ $9I_0$

1. A, B에 흐르는 전류의 세기와 방향이 전부 정해지지 않았다. 이럴 때는 도선을 경계로 자기장의
   방향이 변하는 것을 이용해 임의로 자기장을 설정해야 한다.

   xy평면에서 수직으로 나오는 방향의 자기장을 양$(+)$으로 하자.

2. A, B가 d만큼 떨어진 곳에 만드는 기본 자기장의 세기를 각각 B_A, B_B라 하자. A가 A의 오른
   쪽에, B가 B의 위쪽에 만드는 자기장의 방향을 양$(+)$의 방향으로 하자. (A, B의 전류의 방향을
   각각 $-y$, $+x$라 가정한 것이다.)

   A, B에 의해 p, q에 만들어지는 자기장은 각각 $\left(\dfrac{B_A}{2}-B_B\right)$, $\left(\dfrac{B_A}{3}+B_B\right)$이다.

3. 전류 I_0가 흐르는 도선이 d만큼 떨어진 곳에 만드는 자기장의 세기를 B_0라 하자. C는 p, q에 각
   각 양$(+)$의 방향으로 $5B_0$, $\dfrac{5}{2}B_0$의 자기장을 만든다.

   따라서 $\dfrac{B_A}{2}-B_B+5B_0=0$, $\dfrac{B_A}{3}+B_B+\dfrac{5}{2}B_0=0$이다. 정리하면 $B_A=-9B_0$이다.
   즉 A에 흐르는 전류의 세기는 $9I_0$이다.

   (또한, 가정했던 자기장의 세기가 음수가 나왔으니 A에 흐르는 전류의 방향은 가정했던 방향의 반
   대인 $+y$방향인 것을 알 수 있다.)

정답 : ㄱ, ㄷ

1. A가 d만큼 떨어진 곳에 만드는 자기장의 세기를 B라 하고, xy평면에 수직으로 들어가는 방향의 자기장을 음$(-)$의 방향이라 하자. A, B에 흐르는 전류의 방향이 반대이므로, $(A+B)$가 q, r에 만드는 자기장의 세기는 $3B$로 같다. 따라서 C가 q에 만드는 자기장의 세기는 $3B$이고, $I_C = 3I_0$ 이다. **(ㄱ 맞음)**

2. A의 전류의 방향에 따라 B, C에 흐르는 전류의 방향이 결정된다.
   A$(+x$방향$)$, B$(-x$방향$)$, C$(+y$방향$)$ 혹은 A$(-x$방향$)$, B$(+x$방향$)$, C$(-y$방향$)$이다. 따라서 두 가지 케이스를 확인하여 문제를 해결하자.

3. A, B, C가 p에 만드는 자기장의 세기는 각각 B, $\frac{2}{3}B$, $3B$이다. 만약 A의 전류의 방향이 $-x$ 방향이라면 p에서의 자기장 방향이 양$(+)$의 방향이 되어 표의 조건에 모순이 생긴다.

   따라서 도선들의 전류의 방향이 A$(+x$방향$)$, B$(-x$방향$)$, C$(+y$방향$)$임을 알 수 있고, A, B, C가 p에 만드는 자기장은 각각 $+B$, $-\frac{2}{3}B$, $-3B$이다. **(ㄴ 틀림)**

4. p에 만들어진 자기장의 세기를 통해 $\frac{8}{3}B = B_0$임을 알 수 있다. r에 A, B, C가 만드는 자기장 은 각각 $-B$, $-2B$, $+B$이므로, r에서 A, B, C에 의한 자기장의 세기는 $2B = \frac{3}{4}B_0$이다.

(ㄷ 맞음)

15 24년 7월 교육청 15번

정답 : ㄱ, ㄴ, ㄷ

1. 점 p에서 A, B, C에 흐르는 전류에 의한 자기장은 0이기 때문에, p에서 B에 흐르는 전류에 의한 자기장이 xy평면으로 들어가는 방향임을 알 수 있다. 즉 B에는 $+y$방향으로 유도 전류가 흐른다. **(ㄱ 맞음)**

2. xy평면에서 수직으로 나오는 자기장의 방향을 양$(+)$의 방향이라 하자. 문제 조건에 따라 전류 I_0 가 흐르는 도선이 d만큼 떨어진 곳에 만드는 자기장의 세기는 $4B_0$이고, 이를 통해 A, B, C의 d 만큼 떨어진 곳에 만드는 기본 자기장의 세기를 $4B_0$, $8B_0$, B_C라 할 수 있다.

   A, B, C가 p에 만드는 자기장은 각각 $+B_0$, $-2B_0$, $+\dfrac{B_C}{2\sqrt{2}}$이다. 이들의 합이 0이므로, $B_C = 2\sqrt{2}\,B_0$이다. 기본 자기장의 세기가 $A : C = 1 : \dfrac{\sqrt{2}}{2}$이므로, $I_C = \dfrac{\sqrt{2}}{2}I_0$이다. **(ㄴ 맞음)**

3. A, B, C가 q에 만드는 자기장은 각각 $+4B_0$, $-8B_0$, $-2B_0$이다. 따라서 q에서 A, B, C에 흐르는 전류에 의한 자기장의 세기는 $6B_0$이다. **(ㄷ 맞음)**

16 18학년도 6월 평가원 9번

정답 : ㄷ

1. 1초일 때와 5초일 때, 자석은 그대로 있는데 원형 도선의 운동 방향이 서로 반대이다.
   따라서 원형 도선 내부에 생기는 자기 선속의 변화가 반대이므로, 흐르는 유도 전류의 방향도 서로 반대이다. **(ㄱ 틀림)**

   (직접 구해볼 수도 있다. 1초일 때는 원형 도선이 자석의 N극에 가까워지는 중이므로, 자석을 밀어내기 위해 원형 도선의 아랫면이 N극을 띤다. 5초일 때는 원형 도선이 자석의 N극으로부터 멀어지는 중이므로, 자석을 당기기 위해 원형 도선의 아랫면이 S극을 띤다. 따라서 두 경우에 원형 도선에 흐르는 유도 전류의 방향은 서로 반대이다.)

2. 3초일 때 도선은 정지해 있으므로, 도선 내부에 자기 선속의 변화가 생기지 않는다.
   따라서 이때 유도 전류는 흐르지 않으므로,
   원형 도선에 흐르는 유도 전류의 세기는 3초일 때가 5초일 때보다 작다. **(ㄴ 틀림)**

3. 5초일 때 원형 도선과 자석은 서로 멀어진다.
   따라서 도선과 자석 사이에 서로 당기는 방향으로 자기력이 작용힌다. **(ㄷ 맞음)**

정답 : ㄴ, ㄷ

1. 금속 고리가 없었다면 (가)에서 자석은 p부터 q까지 등가속도 운동을 했을 것이다.
   그러나 금속 고리가 추가되면서 자석에 세기가 변하는 자기력이 운동 반대 방향으로 작용하기 때문에, (가)에서 자석은 p에서 q까지 등가속도가 아닌 '그냥 가속도 운동'을 한다. **(ㄱ 틀림)**

2. 자석이 q를 지날 때 자석에 작용하는 자기력의 방향은 (가)에서와 (나)에서 둘 다 자석의 운동 반대 방향이다. **(ㄴ 맞음)**

3. 금속 고리에 가까워지는 자석의 극이 (가)에서는 S극, (나)에서는 N극으로 서로 반대이므로, 금속 고리에 유도되는 전류의 방향도 반대이다. **(ㄷ 맞음)**

정답 : ㄱ, ㄴ

1. 솔레노이드에 유도되는 기전력의 크기는 유도 전류의 크기와 비례한다.

   따라서 자석이 p를 지날 때가 q를 지날 때보다 전구의 밝기가 더 밝은 것을 통해, 솔레노이드에 유도되는 기전력의 크기는 자석이 p를 지날 때가 q를 지날 때보다 큼을 알 수 있다. **(ㄱ 맞음)**

2. 자석이 솔레노이드 내부를 운동 방향의 변화 없이 쭉 통과하면, 전구에 흐르는 전류의 방향은 자석이 들어가기 전과 후가 서로 반대이다. **(ㄴ 맞음)**

3. 자석은 p와 q를 지날 때 솔레노이드로부터 운동 반대 방향으로 자기력을 받는다.
   이는 비보존력이므로, 자석의 역학적 에너지는 p에서가 q에서보다 크다. **(ㄷ 틀림)**

정답 : ⑤

1. 주어진 그래프는 (마)의 상황이므로, 이를 먼저 쳐다보자.
   이때는 자석을 S극을 아래로 한 채 p − n 접합 다이오드가 연결된 회로가 감긴 코일 중심부에
   떨어뜨린다.

   이 상황에서 도선에 전류가 흐르기 위해서는 코일의 위쪽에 N극이 유도되어야 하므로,
   이때는 자석이 코일 아래를 지날 때만 전류가 흐른다.
   이를 나타낸 것이 문제에 주어진 그래프이다.

2. 이제 (다)를 보면, 자석의 극이 (마)와 반대로 되어있다.
   또한 자석을 p − n 접합 다이오드가 없는 일반 회로가 감긴 코일에 떨어뜨리므로,
   자석이 코일을 통과하기 전후로 전류가 다 흐를 것이고 전류−시간 그래프는 양(+)의 값과 음(−)의
   값을 다 갖고 있을 것이다.

   (일반적인 상황에서 자석이 코일을 지나기 전후로 유도 전류의 방향은 반대가 되기 때문이다.)

3. (다)에서는 자석의 극이 (마)와 반대로 되어있기 때문에,
   (다)의 그래프에는 (마) 그래프를 뒤집은 꼴이 겹쳐져야 한다.
   이에 해당하는 건 ⑤번 경우밖에 없음을 알 수 있다.

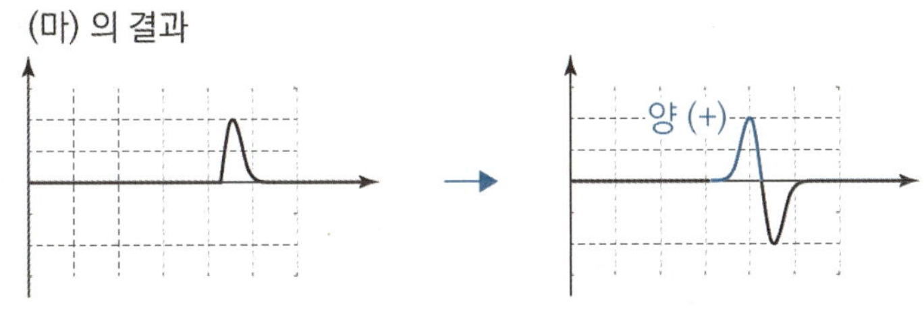

정답 : ㄴ, ㄷ

1. 자석을 N극을 아래로 하고 금속 고리에 떨어뜨리면, p를 지날 때는 자석을 밀어내기 위해 금속 고리의 위쪽이 마치 N극처럼 변한다. 따라서 이때 유도 전류는 ⓑ방향으로 흐른다. **(ㄱ 틀림)**

2. 문제 조건에 따르면, 고리에 흐르는 유도 전류의 세기는 자석이 p를 지날 때가 q를 지날 때보다 작다. 자석이 더 빠르게 움직일수록 유도 전류가 세지므로, 자석이 p를 지날 때의 속력은 자석이 q를 지날 때의 속력보다 작다. **(ㄴ 맞음)**

3, 자석이 q를 지날 때, 고리는 자석의 운동을 방해하기 위해 당기는 자기력을 작용한다. 따라서 이때 고리에 흐르는 유도 전류의 방향은 ⓐ방향이다. **(ㄷ 맞음)**

정답 : ㄱ

1. 금속 고리가 자석 A부터 B까지 이동하는 동안, 금속 고리에 흐르는 유도 전류의 방향이 일정하다. 이 말은, 금속 고리가 똑같이 운동하는 상황에서 A만 있을 때와 B만 있을 때의 금속 고리에 흐르는 유도 전류의 방향이 같다는 말이다.

따라서 금속 고리에 문제 속 화살표 방향으로 전류를 흘리기 위해서는, 자석 A의 오른쪽과 자석 B의 왼쪽이 N극이어야 함을 알 수 있다. **(ㄱ 맞음) (ㄴ 틀림)**

2. 금속 고리를 통과하는 자기 선속이 일정하다면, 유도 전류는 흐르지 않는다. 따라서 금속 고리를 통과하는 자기 선속은 일정하지 않다. **(ㄷ 틀림)**

정답 : ㄴ

1. $t = 0.5$초일 때, 종이면에 들어가는 자기장 영역에 금속 고리가 들어가는 중이므로 (들/들)의 상황이다. 따라서 금속 고리에는 반시계 방향으로 유도 전류가 흐른다. **(ㄱ 틀림)**

2. $t = 2$초일 때 고리 내부를 지나는 자기 선속이 변하지 않아, 유도 전류가 흐르지 않는다. **(ㄴ 맞음)**

3. $B \cdot l \cdot v$에서 B와 v는 일정한데, l의 크기는 $t = 3.5$초일 때가 $t = 0.5$초일 때의 2배이다. 따라서 금속 고리에 흐르는 전류의 세기는 $t = 0.5$초일 때가 $t = 3.5$초일 때보다 작다. **(ㄷ 틀림)**

23   18학년도 9월 평가원 11번

정답 : ㄱ

1. 1초일 때, 영역 II에서 ×방향 자기 선속이 감소하므로,
   도선 내부에 ×방향 자기장을 만들기 위해 유도 전류는 시계 방향으로 흐른다. **(ㄱ 맞음)**

2. 단위 시간당 도선 내부를 지나는 자기 선속의 변화가 3초일 때와 5초일 때가 같으므로,
   3초일 때와 5초일 때 전류의 세기와 방향은 모두 같다. **(ㄴ 틀림)**

3. 1초일 때 영역 I의 자기장 세기 감소율과 5초일 때 영역 I의 자기장 세기 감소율이 같다.
   그런데 영역 I, II에 걸쳐 있는 도선의 면적이 1 : 2이므로, 도선에 1초일 때와 5초일 때 흐르는
   유도 전류의 세기 비는 2 : 1이다. **(ㄷ 틀림)**

24   19학년도 6월 평가원 12번

정답 : ㄱ, ㄷ

1. P 내부의 자기 선속은 변하지 않으므로, P에는 유도 전류가 흐르지 않는다. **(ㄱ 맞음)**

2. Q는 ×방향 자기장 영역으로 들어가는 중이고 (들/들), R는 ⊙방향 자기장 영역에서 나오는 중이다
   (나/나). 따라서 둘의 유도 전류의 방향은 둘 다 반시계 방향이다. **(ㄴ 틀림)**

3. Q와 R의 유도 전류의 세기를 구하기 위해 $B \cdot l \cdot v$를 이용하면, l, v는 같으므로
   B의 크기만 비교하면 된다. 따라서 R의 유도 전류의 세기가 Q의 2배이다. **(ㄷ 맞음)**

25 19학년도 수능 15번

정답 : ㄷ

1. 유도 전류가 시계 방향으로 흐르는 이유는,
   ⊙방향 자기 선속의 증가 혹은 ×방향 자기 선속의 감소를 방해하기 위한 것이다.
   따라서 이 문제에서 부호가 양(+)인 자기장의 세기가 증가할 때 원형 도선의 유도 전류는 시계 방향으로 흐른 것을 통해, ⊙방향 자기장의 부호가 양(+)임을 알 수 있다.

   t_2일 때를 보면 ⊙방향 자기 선속이 사라지고 있으므로, 이를 방해하기 위해선 유도 전류가 반시계 방향으로 흐른다. **(ㄱ 틀림)**

2. t_3일 때 자기장의 부호가 음(−)이므로 자기장의 방향은 ×방향이다. **(ㄴ 틀림)**

3. 단위 시간당 도선 내부 자기 선속의 변화율,
   즉 (나)의 자기장-시간 그래프에서 기울기 절댓값이 t_2일 때가 t_4일 때보다 작다.
   따라서 유도 전류의 세기는 t_2일 때가 t_4일 때보다 작다. **(ㄷ 맞음)**

26 20학년도 9월 평가원 13번

정답 : ㄴ, ㄷ

1. 모든 영역의 자기장이 종이면에 수직으로 들어가는 방향으로 형성되어 있다.
   따라서 P가 $x = 1.5d$를 지날 때는 (들/들)의 상황이므로 반시계 방향 유도 전류가 흐른다.

   (ㄱ 틀림)

2. P가 $x = 1.5d$를 지날 때의 속력은 $x = 4.5d$를 지날 때보다 더 빠르다.
   따라서 $B \cdot l \cdot v$를 이용해 유도 전류의 세기를 비교하면
   P가 $x = 1.5d$를 지날 때가 $x = 4.5d$를 지날 때보다 크다. **(ㄴ 맞음)**

3. P가 $x = 2.5d$를 지날 때는 (들/들)의 상황이고, $x = 3.5d$를 지날 때는 (들/나)의 상황이다.
   따라서 두 경우에 유도 전류의 방향은 서로 반대 방향이다. **(ㄷ 맞음)**

정답 : ㄱ, ㄴ, ㄷ

1. P에 흐르는 유도 전류는, 도선 내부 자기장 변화를 방해하는 방향의 자기장을 만든다.
   P의 내부에는 ⊗방향 자기장이 감소하는 중이므로,
   P의 유도 전류는 P의 중심에 수직으로 들어가는 방향의 자기장을 만든다. **(ㄱ 맞음)**

2. Q의 왼쪽인 영역 I에서 자기장의 변화와,
   Q의 오른쪽인 영역 II에서 자기장의 변화가 그 정도는 같고 방향이 반대이다.
   따라서 Q의 내부 전체를 따졌을 때 자기 선속의 변화가 없기 때문에,
   Q에는 유도 전류가 흐르지 않는다. **(ㄴ 맞음)**

3. P와 Q는 면적이 절반이 ⊗방향 자기장 영역 I에 존재한다.
   하지만 P는 나머지 절반에 자기장이 없는 것에 비해 Q는 나머지 절반이 ⊗방향 자기장 영역 II
   에 있으므로, 내부를 통과하는 자기 선속의 크기는 Q에서가 P에서보다 크다. **(ㄷ 맞음)**

정답 : ㄷ

1. t_0일 때 II의 세기만 증가한디.
   따라서 이때 유도 전류는 반시계 방향으로 흐른다. **(ㄱ 틀림)**

2. t_0일 때와 $3t_0$일 때 II의 변화는 일정하지만,
   $3t_0$일 때는 I의 변화도 고려하면 유도 전류의 세기는 t_0일 때보다 $3t_0$일 때 더 크다. **(ㄴ 틀림)**

3. 전류가 반시계 방향으로 흐르기 때문에, A는 n형 반도체이다. **(ㄷ 맞음)**

29 23년 4월 교육청 18번

정답 : ㄱ, ㄴ, ㄷ

1. p가 $x = 9d$일 때, 만약 (나/들)의 상황이라면 도선에 유도 전류가 시계 방향으로 흐를 것이다.
   하지만 유도 전류가 반시계 방향으로 흐르므로, (나/나)의 상황으로 볼 수 있다.

   따라서 영역 Ⅱ의 자기장은 종이면에서 수직으로 나오는 방향이고, 세기는 $B > B_0$이다. **(ㄱ 맞음)**

2. p가 $x = 5d$일 때, 도선은 (나/들)의 상황이다. 따라서 도선에 유도 전류는 반시계 방향으로
   흐르고, ㉠은 '$-y$'이다. **(ㄴ 맞음)**

3. 상대 자기장의 크기는 영역 Ⅰ과 Ⅱ 사이가 Ⅱ와 Ⅲ 사이보다 크다.
   따라서 p에 흐르는 유도 전류의 세기는 p가 $x = 5d$를 지날 때가 $x = 9d$를 지날 때보다 크다.

   (ㄷ 맞음)

30 23년 7월 교육청 15번

정답 : ㄴ

1. $t = t_2$일 때 금속 고리는 들어가는 자기장 영역에서 나가는 중이다.
   즉 (들/나)의 상황이므로, 고리에는 시계 방향으로 유도 전류가 흐르게 된다.
   이때 LED에서 빛이 방출되므로 A는 n형 반도체이다. **(ㄱ 틀림)**

2. $t = t_1$일 때는 고리를 통과하는 자기 선속의 변화가 없다.
   즉, 금속 고리에 유도 전류가 흐르지 않으므로 LED에서 빛이 방출되지 않는다. **(ㄴ 맞음)**

3. LED에서 빛이 방출될 때 운동 에너지가 빛 에너지로 변환되므로,
   금속 고리의 운동 에너지는 $t = t_3$일 때가 $t = t_1$일 때보다 작다. **(ㄷ 틀림)**

31 24년 4월 교육청 18번

정답 : ㄱ, ㄷ

1. 자기장이 없는 영역을 영역 O라 하자. 금속 고리의 점 p가 $x = 5d$를 지날 때, 고리 내부 자기장의 변화는 고리가 O→Ⅱ로 진입할 때와 같다. 이때 (나/들)의 상황이므로, 고리에는 시계 방향의 유도 전류가 흐른다.

고리가 $x = 8d$를 지날 때, 고리 내부 자기장의 변화는 고리가 Ⅰ→Ⅲ으로 진입할 때와 같다. 이때 시계 방향의 유도 전류가 흐르기 위해서는 (들/나)의 상황이 되어야 하므로, Ⅰ에는 ×방향으로 Ⅲ보다 큰 세기의 자기장이 형성된 것을 알 수 있다. **(ㄱ 맞음) (ㄴ 틀림)**

또한, p가 $x = 5d$를 지날 때와 $x = 8d$를 지날 때 p에 흐르는 유도 전류의 세기가 같기 위해서는 Ⅰ과 Ⅲ의 상대 자기장 세기가 Ⅱ의 자기장 세기와 같아야 한다.

즉, $B_{\mathrm{I}} - B_{\mathrm{III}} = B_{\mathrm{II}}$이다.

2. p가 $x = 2d$를 지날 때는 고리가 O→Ⅰ로 진입할 때이고, $x = 11d$를 지날 때는 고리가 Ⅱ→O로 진입할 때이다. 앞서 $B_{\mathrm{I}} > B_{\mathrm{II}}$을 확인했으므로 p에 흐르는 유도 전류의 세기는 p가 $x = 2d$를 지날 때가 $x = 11d$를 지날 때보다 큰 것을 알 수 있다. **(ㄷ 맞음)**

Chapter

10

전반사

01 14학년도 수능 16번

정답 : ㄱ, ㄴ

1. 코어 쪽에서 클래딩 방향으로 입사된 빛에서 전반사가 일어났기 때문에, $n_1 > n_2$임을 알 수 있다.

(ㄱ 맞음)

2. 빛이 법선과의 멀리 떨어진 정도는 공기에서가 코어에서보다 크기 때문에,
단색광의 속력은 공기에서가 코어에서보다 크다. (ㄴ 맞음)

3. n_2를 작게 하면 코어와 클래딩 사이 굴절률의 차가 더 커지므로, 임계각은 작아진다. 공기에서의
입사각이 i_m일 때 코어와 클래딩 사이에서 임계각이 되는데, 임계각이 줄어들면 자연스럽게 i_m은
커진다. (ㄷ 틀림)

(※ 임계각이 줄어들면 코어와 클래딩의 경계면 쪽으로 빛의 진행 방향이 눕는 느낌을 생각해주면
좋다.)

4. ㄷ을 반대로 생각해보자.
i_m이 클수록 코어와 클래딩 사이에서 전반사가 잘 일어나고, n_2가 줄어들면 전반사가 잘 일어난다.
따라서 n_2가 줄어들 때 i_m이 커진다고 볼 수 있다. (ㄷ 틀림)

02 14년 4월 교육청 16번

정답 : ㄱ

1. (나)에서 전반사가 일어난 것으로 보아, A의 굴절률이 B보다 큰 것을 알 수 있다. (ㄱ 맞음)

2. 임계각보다 큰 각으로 빛을 입사하면 전반사가 일어난다.
따라서 (가)에서 전반사가 일어나지 않은 것으로 보아, A와 B 사이 임계각은 θ_1보다 크다.

(ㄴ 틀림)

3. 빛이 굴절률이 작은 매질에서 굴절률이 큰 매질로 향할 때는 절대 전반사가 일어날 수 없다. (ㄷ 틀림)

03 15학년도 9월 평가원 13번

정답 : ㄴ, ㄷ

1. (가)에서 빛이 A를 지날 때보다 B를 지날 때 법선에서 더 멀리 떨어져 있으므로, $v_1 < v_2$이다.

(ㄱ 틀림)

2. 빛이 A를 지날 때 속력이 B를 지날 때보다 더 작으므로, (나)의 클래딩은 B, 코어는 A이다.

(ㄴ 맞음)

3. (나)의 코어와 클래딩 사이에서 전반사가 일어났지만 (가)의 A, B 사이에선 전반사가 일어나지 않은 것으로 보아 A, B 사이의 임계각을 i_c라 하면 $\theta_1 < i_c < \theta_2$이다. (ㄷ 맞음)

04 16학년도 9월 평가원 13번

정답 : ㄴ

1. (가)에서 $\theta_1 < \theta_2$인 것을 보아 빛이 A를 지날 때가 B를 지날 때보다 법선으로부터 멀리 떨어져 있음을 알 수 있다. 따라서 굴절률은 A가 B보다 작다. (ㄱ 틀림)

2. 굴절률 대소를 비교하면 클래딩은 A, 코어는 B임을 알 수 있다. (ㄴ 맞음)

3. (가)에서 B에서 A로의 입사각이 $73.5°$일 때 전반사가 일어나지 않은 것으로 보아, 임계각이 $73.5°$보다 큰 것을 알 수 있다. (나)에서는 입사각 θ_3일 때 전반사가 일어났으므로 $73.5° < \theta_3$이다. (ㄷ 틀림)

05 17학년도 6월 평가원 14번

정답 : ㄱ, ㄷ

1. 단색광 A가 매질 Ⅰ에서 Ⅱ로 향할 때 전반사가 일어났다. 따라서 굴절률은 Ⅰ > Ⅱ이고, 이것을 문제 조건과 결합하면 굴절률은 Ⅰ > Ⅱ > Ⅲ임을 알 수 있다. 따라서 속력의 대소는 굴절률과 반대이므로, A의 속력은 Ⅰ < Ⅱ이다. (ㄱ 맞음)

2. (가)에서 0보다 크고 θ_i보다 작은 입사각으로 A를 입사시키면, θ_i일 때보다 Ⅰ과 Ⅱ의 경계에서 입사각이 커진다. 따라서 전반사가 일어난다. (ㄴ 틀림)

3. (가)에서 Ⅰ과 Ⅱ의 굴절률 차보다 (나)에서 Ⅰ과 Ⅲ의 굴절률 차가 더 크기 때문에 (나)에서 임계각이 (가)에서보다 작다.

따라서 (가)에서 전반사가 일어난 것을 보면, Ⅰ로 (가)에서와 같은 입사각으로 입사시킨 (나)에서 또한 A는 Ⅰ과 Ⅲ의 경계에서 무조건 전반사한다. (ㄷ 맞음)

정답 : ㄱ, ㄷ

1. B에서 C로 입사할 때 입사각이 35°이므로 A와 B사이 굴절각은 55°이다. 따라서 법선으로부터 빛의 진행 방향이 B가 A보다 멀리 있으므로, 굴절률은 A > B이다.

2. 단색광이 A에서 B로 입사할 때 입사각인 45°가 임계각보다 컸다면 전반사가 일어났을 것인데, 전반사가 일어나지 않은 것으로 보아 임계각은 45°보다 크다. **(ㄱ 맞음)**

3. B에서 C로 향할 때 전반사가 일어났으므로, 단색광의 속력은 B < C이고 굴절률은 B > C이다.
(ㄴ 틀림)

4. 굴절률의 크기를 전체적으로 비교하면 A > B > C이다. **(ㄷ 맞음)**

정답 : ⑤ $n_C > n_A > n_B$

1. 단색광이 A에서 B를 향할 때 경계면에서 전반사가 일어났으므로 굴절률은 A > B이다.

2. 단색광이 A에서 C를 향할 때 경계면에서 전반사가 일어나지 않았는데, 법선으로부터 떨어진 정도를 비교하면 A에서가 C에서보다 멀다. 따라서 굴절률은 C > A이다.

따라서 정답은 ⑤ $n_C > n_A > n_B$이다.

정답 : ㄴ

1. 법선으로부터 멀리 떨어진 정도가 C에서 가장 멀기 때문에,
A, B, C 중 C에서 속력이 가장 빠르다.

2. A, C 사이에서 꺾이는 정도가 B, C에서보다 작은 걸 보면 C와의 속력 차이는 B에서가 A에서 보다 크다. 따라서 매질에 따른 X의 속력을 비교하면 C > A > B이다. **(ㄱ 틀림)**

3. X가 A에서 C로 진행하며 θ의 입사각으로 입사할 때,
전반사가 일어나지 않는 것으로 보아 임계각은 θ보다 크다. **(ㄴ 맞음)**

4. 클래딩에서 단색광의 속력은 코어에서보다 빨라야 한다.
따라서 클래딩에 A를 사용한 광섬유의 코어로 C를 사용할 수 없다. **(ㄷ 틀림)**

정답 : ㄴ

1. 임계각보다 큰 각으로 입사할 때 전반사가 일어나므로, 전반사가 일어나는 범위는 Ⅱ이다. **(ㄱ 틀림)**

2. 공기와의 임계각이 A는 $42°$, B는 $34°$이므로 B가 더 작다. 임계각이 작다는 건 공기와의 굴절률 차이가 더 크다는 말이므로, 전반사가 일어난 것으로 미루어보아 공기의 굴절률이 가장 작은 것을 이용하면 굴절률은 $B > A > 공기$ 이다. **(ㄴ 맞음)**

3. 코어의 굴절률은 클래딩보다 크므로, A와 B로 광섬유를 만든다면 B를 코어로 사용해야 한다.

(ㄷ 틀림)

10 20년 4월 교육청 17번

정답 : ㄱ, ㄴ

1. (가)에서 법선으로부터 P가 떨어진 정도는 공기에서가 A에서보다 멀기 때문에, 굴절률은 $공기 < A$이다.
또한 빛이 A에서 C로 향할 때 전반사가 일어났으므로 굴절률은 $A > C$이다. **(ㄱ 맞음)**

2. (나)에서 법선으로부터 P가 떨어진 정도는 공기에서가 B에서보다 멀기 때문에, 굴절률은 $공기 < B$이다.

또한 공기에서 입사할 때 빛이 꺾인 정도가 (가)에서보다 (나)에서 더 큰 것을 보아 공기와의 굴절률 차는 B에서가 A에서보다 크다. 따라서 $공기 < A < B$이다.
따라서 굴절률을 정리하면 $C < A < B$이다.

A, C에서보다 B, C에서 굴절률의 차가 더 크기 때문에 임계각은 더 작다.
따라서 (가)와 (나)에서 같은 입사각으로 C에 입사했는데 (가)에서 전반사가 일어났으므로 (나)에서도 P는 B와 C의 경계면에서 전반사한다. **(ㄴ 맞음)**

3. 코어의 굴절률은 클래딩보다 크므로, 코어에 A를 사용한 광섬유의 클래딩으로 B를 사용할 수 없다. **(ㄷ 틀림)**

11 21학년도 6월 평가원 16번

정답 : ㄱ, ㄴ

1. 같은 입사각 θ일 때 A, B에선 전반사가 일어나지 않았고
   A, C에선 전반사가 일어났기 때문에 A와 B의 속력 차가 A와 C의 속력 차보다 작다.

2. 법선으로부터 거리는 P가 B를 지날 때가 A를 보다 멀기 때문에 P의 속력은 A에서가
   B에서보다 작다. **(ㄱ 맞음)**
   또한 P가 A에서 C를 향할 때 전반사가 일어났으므로 A에서의 빛의 속력은 C에서보다도 작다.

3. θ로 입사했을 때 전반사가 일어난 것을 보아, θ는 A와 C 사이의 임계각보다 크다. **(ㄴ 맞음)**

4. A와 C 사이 임계각이 A와 B 사이 임계각보다 작으므로 A와의 속력 차이는 C가 B보다 크고,
   P의 속력은 A < B < C이다. 그러므로 굴절률은 A > B > C이고, 코어의 굴절률은 클래딩보다
   커야만 하므로 C를 코어로 사용한 광섬유에 B를 클래딩으로 사용할 수 없다. **(ㄷ 틀림)**

12 20년 7월 교육청 14번

정답 : ㄱ, ㄷ

1. 액체의 종류에 관계없이 굴절각이 같은 상황이므로,
   광선 역진의 원리를 이용하는 것이 편리하다는 것을 알 수 있다.

2. 그렇게 되면 공기에서 액체 매질을 향해 동일한 입사각 $60°$으로 입사하는 것인데,
   이때 꺾이는 정도가 물 < A < B이므로 공기와의 속력 차이도 물 < A < B이다.
   광선이 법선으로부터 떨어진 정도를 확인하면 공기에서 속력이 가장 빠르기 때문에,
   속력을 정리하면 B < A < 물 < 공기이다. **(ㄱ 맞음)**

3. 따라서 굴절률은 A < B이다. **(ㄴ 틀림)**

4. 빛이 공기와 액체를 지날 때의 속력의 차이가 커질수록 임계각은 작아지는데,
   공기와의 속력 차이가 물 < A < B임을 앞에서 이미 알았다.
   따라서 임계각은 A일 때가 B일 때보다 크다. **(ㄷ 맞음)**

정답 : ㄱ, ㄷ

1. 단색광 P가 A에서 C로 향할 때 전반사가 일어났으므로 굴절률은 A > C임을 알 수 있다.
   (ㄱ 맞음) 따라서 이를 문제 발문의 조건과 결합하면 굴절률은 C < A < B이다.

2. 빛이 A에서 B로 진행할 때, 굴절률이 A < B이므로
   P가 법선으로부터 멀리 떨어진 쪽은 A라는 것을 알 수 있다.
   따라서 $\theta_A > \theta_B$이다. (ㄴ 틀림)

3. B에서 C로 빛이 입사할 때, 빛이 A를 지날 때보다 A와 B의 경계면에서의 법선에 더 가까워진
   방향으로 진행할 것이므로 A에서 C로의 입사각보다 큰 입사각으로 입사하게 된다.

4. B와 C의 굴절률 차가 A와 C의 굴절률 차보다 크기 때문에 임계각은 더 작다.
   정리하면 B에서 C로 향할 때 A에서 C로 향할 때보다 임계각은 작고 입사각은 크다.
   따라서 B와 C의 경계면에서 P는 전반사한다. (ㄷ 맞음)

정답 : ㄱ, ㄴ, ㄷ

1. 법선으로부터 단색광의 경로가 A에서가 B에서보다 멀리 떨어져 있다.
   따라서 매질의 굴절률은 A < B이다. (ㄱ 맞음)

2. p보다 q에서 빛의 입사각이 크다.
   따라서 둘 중 한 곳에서만 전반사가 일어난다면 q에서 일어날 것이다. (ㄴ 맞음)

3. p에서는 경계면에서 반사되는 빛과, 반사되지 않고 굴절되는 빛이 있다.
   이에 비해 q에서는 굴절되어 나가는 빛 없이 모든 빛이 온전히 전반사가 일어난다.
   따라서 p에서 반사된 X의 세기는 q에서 반사된 Y의 세기보다 작다. (ㄷ 맞음)

15 21년 4월 교육청 14번

정답 : ㄱ

1. P가 A에서 C로 진행할 때 법선으로부터 P의 경로를 살펴보면, A에서보다 C에서 더 멀리
   떨어져 있다. 따라서 P의 속력은 A < C이다. **(ㄴ 틀림)**

2. A가 입사각 $50°$로 B, C에 입사할 때 B에서만 전반사가 일어났으므로 각 매질의 굴절률을
   비교하면 A > C > B임을 알 수 있다. **(ㄱ 맞음)**

3. 두 매질의 굴절률의 차가 클수록 임계각은 작아진다.
   따라서 B와 C 사이 임계각은 적어도 A와 B 사이 임계각인 $45°$보다는 클 것을 유추할 수 있다.

   그림을 보면 P가 A에서 C로 진행할 때 굴절각이 최소한 $50°$보다는 큰 것을 확인할 수 있고,
   따라서 C에서 B로 진행할 때 입사각은 최소한 $40°$보다는 작을 것이다.

   임계각은 $45°$보다 큰데 입사각이 $40°$보다 작으면, 절대 전반사는 일어날 수 없다. **(ㄷ 틀림)**

16 21년 7월 교육청 16번

정답 : ㄱ

1. P가 A에서 B로 진행할 때 경로를 보면, A에서가 B에서보다 법선으로부터 멀리 떨어져 있다.
   따라서 P의 속력은 A에서가 B에서보다 빠르고, 파장은 속력과 비례한다. **(ㄱ 맞음)**

2. 그림을 보면 A에서 B로 진행하는 빛의 굴절각과 B에서 C로 진행하는 빛의 입사각은 항상 같다.

   P가 A에서 B로 진행하는 입사각이 θ일 때 굴절각이 B와 C 사이 임계각과 같은 i_c이고,
   이때 입사각을 θ보다 작게 하면 당연히 굴절각도 i_c보다 작아질 것이다.

   따라서 θ가 작아지면 P는 B와 C의 경계면에서 전반사하지 않는다. **(ㄴ 틀림)**

3. P가 B에서 C로 입사각 i_c로 진행하면 굴절각이 $90°$이고, 광선 역진의 원리를 적용해서 P가
   B에서 A로 입사각 i_c로 진행하는 걸 생각하면 굴절각이 $\theta(< 90°)$일 것이다.

   따라서 B로부터 P가 같은 입사각으로 입사할 때 꺾이는 정도가 A에서보다 C에서 더 크므로,
   P의 속력은 A에서보다 C에서 더 빠른 것을 알 수 있다.

   따라서 클래딩에 A를 사용한 광섬유의 코어로는 C를 사용할 수 없다. **(ㄷ 틀림)**

17 22학년도 9월 평가원 15번

정답 : ㄷ

1. 단색광이 Ⅰ→Ⅱ, Ⅲ→Ⅱ로 갈 때 모두 Ⅱ를 지날 때 법선으로부터 가장 멀리 떨어져 있다.
   따라서 굴절률은 Ⅱ가 제일 작다는 걸 알 수 있다.

   또한 같은 입사각으로 입사했지만 Ⅰ→Ⅱ에서는 전반사가 일어나지 않았고,
   Ⅲ→Ⅱ에서는 전반사가 일어났다. 이를 통해 임계각은 Ⅲ→Ⅱ에서가 Ⅰ→Ⅱ보다 작다는 걸 알 수
   있다. **(ㄷ 맞음)**

   임계각은 두 매질 간의 굴절률 차가 클수록 작아지므로,
   굴절률 차를 구하면 매질 Ⅱ와 Ⅲ 사이가 제일 클 것이다. 이를 이용해 굴절률을 비교하면
   Ⅱ < Ⅰ < Ⅲ이다. **(ㄱ 틀림)**

2. 빛이 Ⅲ→Ⅱ로 진행할 때 전반사가 일어났으므로,
   반대로 진행할 때는 절대 전반사가 일어날 수 없다. **(ㄴ 틀림)**

18 22년 3월 교육청 10번

정답 : ㄴ

1. P가 Y에서 Z로 진행할 때 법선에서 더 멀어지므로,
   매질에서 빛의 속력은 Z > Y임을 알 수 있다. **(ㄱ 틀림)**

2. Z에서 X로 진행하는 동안 전반사가 일어났으므로, 굴절률은 Z가 X보다 크다. **(ㄴ 맞음)**

3. 매질 당 빛의 속력을 정리하면 X > Z > Y이므로,
   빛이 <u>X에서 Y</u>로 진행할 때가 Y에서 Z로 진행할 때보다 <u>더 꺾이는</u> 것을 알 수 있다.

   따라서 θ_0에서 더 꺾인 θ_1(X와 Y사이 굴절각)이,
   θ_0에서 덜 꺾인 <u>$90° - \theta_1$</u>(Y와 Z사이 입사각)보다 더 작게 된다.
   정리하면 $\theta_1 < 90° - \theta_1$이므로, $\theta_1 < 45°$이다. **(ㄷ 틀림)**

19 22년 4월 교육청 15번

정답 : ㄱ, ㄷ

1. B에서 A로 진행하는 빛이 전반사하므로, 매질에서 빛의 속력은 A > B이다. (ㄱ 맞음)

2. 앞서 본 18번(22년 3월 교육청 10번)과 굉장히 유사하다. 임계각이 θ이므로,
   A에서 B로 진행할 때의 굴절각 $(90° - \theta)$는 θ보다 작아야 한다.
   따라서 $\theta > 45°$ 이다. (ㄴ 틀림)

3. 굴절률이 A가 C보다 크다고 했으므로, 빛의 속력은 C > A > B이다.
   따라서 A와 B에서보다 B와 C 사이에서 임계각이 더 작고,
   단색광은 B와 C의 경계면에서 전반사한다. (ㄷ 맞음)

20 22년 10월 교육청 16번

정답 : ㄱ, ㄴ

1. 매질 A와 B에 관계없이, 단색광은 옆면과 윗면의 중심을 지난다.
   즉, 옆면에서 단색광의 굴절각과 윗면에서 단색광의 입사각이 항상 고정인 상황이다.

   따라서 윗면에서의 입사각이 똑같은데,
   A에서는 전반사가 일어났고 B에서는 전반사가 일어나지 않았으므로 굴절률이
   $n : 공기 < B < A$임을 알 수 있다. (ㄱ 맞음)

2. 옆면에서 굴절각이 같은데, 공기에서 A로 진행할 때가 공기에서 B로 진행할 때보다 빛이 많이
   꺾인다. 따라서 $\theta_1 > \theta_2$이다. (ㄴ 맞음)

3. 굴절률이 A가 B보다 크므로, A와 B로 광섬유를 만들 때 코어는 A를 사용해야 한다. (ㄷ 틀림)

21 23년 3월 교육청 14번

정답 : ㄴ

1. (가)에서 전반사가 일어났으므로, Y와 Z 사이의 임계각은 θ_1보다 작다. (ㄱ 틀림)

2. (나)에서 빛은 Z→Y에서가 Y→X에서보다 크게 굴절하므로, 굴절률은 X > Z이다. (ㄴ 맞음)

3. 빛이 여러 개의 매질을 통과할 때, 중간 매질은 처음 입사각과 마지막 굴절각에 관여하지 않는다.
   따라서 언제나 $\theta_1 > \theta_0$이므로, (나)에서 P를 θ_1보다 큰 입사각으로 Z에서 Y로 입사시키더라도
   P는 Y와 X의 경계면에서 전반사할 수 없다. (ㄷ 틀림)

22 23년 4월 교육청 14번

정답 : ㄴ

1. (가)에서 P가 법선으로부터 떨어진 정도는 A가 B보다 크다. 따라서 P의 파장은 A에서가
   B에서보다 길다. (ㄱ 틀림)

2. (나)에서 B와 A 사이의 임계각$(> \theta_2)$은 B와 C 사이의 임계각 θ_1보다 크다.
   굴질률 사이가 많이 날수록 임계깃은 직아지므로, 굴절률은 B > A > C이다. (ㄴ 맞음)

3. 굴절률 차이를 감안할 때, A와 C 사이의 임계각은 B와 C 사이의 임계각 θ_1보다는 크다.
   따라서 (나)에서 P는 A와 C의 경계면에서 전반사하지 않는다. (ㄷ 틀림)

정답 : ㄱ

1. X가 A→B로 입사할 때, 법선으로부터 거리는 A에서가 B에서보다 멀다. 즉, 매질에 따른 빛의 속력은 B < A 이다. 또한 Y가 A→C로 입사할 때, 법선으로부터 거리는 C에서가 A에서보다 멀다. 즉 매질에 따른 빛의 속력은 A < C이고, 정리하면 매질에 따른 빛의 속력은 B < A < C이다.

   매질에 따른 빛의 속력 차이는 A-B에서보다 B-C에서가 더 크다. 따라서, 임계각은 A와 B 사이에서보다 B와 C 사이에서가 더 작다. **(ㄷ 틀림)**

2. Y가 A→C로 입사하는 과정에서, 입사각은 θ_0이고 굴절각은 $(90\degree - \theta_0)$이다. 이때 굴절각이 입사각보다 크므로, $(90\degree - \theta_0) > \theta_0$이고, $\theta_0 < 45\degree$이다. **(ㄱ 맞음)**

3. p에서 X의 굴절각은 A→B로 입사할 때의 입사각인 θ_0와 같다. 그림을 통해, p에서 X의 굴절각인 θ_0는 Y의 입사각보다 작은 것을 확인할 수 있다. **(ㄴ 틀림)**

Chapter

11

파동의 간섭

01 11학년도 수능 17번

정답 : ㄱ, ㄷ

1. 파동의 두 지점의 위상 관계가 정확히 같은 상태로 돌아오는 데 걸린 최소 시간이 t_0이므로, 수면파의 주기가 t_0임을 알 수 있다. 따라서 $t_0 = \dfrac{1}{f_0}$이다. **(ㄱ 맞음)**

2. 진폭이 y_0인 파동의 두 지점 높이 차이가 진폭의 두 배이므로 A가 마루일 때는 B가 골임을 알 수 있다. **(ㄷ 맞음)**

3. 만약 d가 λ_0의 정수 배라면 A와 B는 위상이 정확히 같을 수밖에 없다. 그런데 A가 마루일 때는 B가 골이어야 하므로 이는 모순이다. **(ㄴ 틀림)**

02 20년 3월 교육청 16번

정답 : ④ 20cm/s

1. (가)에서 파동의 매질 A에서의 파장은 2cm, B에서의 파장은 4cm임을 알 수 있다.

2. (나)에서 매질 A를 지나는 파동의 주기는 0.2s임을 알 수 있는데,
   파동의 주기는 매질이 바뀌어도 변하지 않으므로 B에서 역시 파동의 주기는 0.2s이다.

3. 따라서 B에서 파동의 속력을 구하면 $\dfrac{4\text{cm}}{0.2\text{s}} = 20\text{cm/s}$이다.

03 12학년도 9월 평가원 16번

정답 : ㄱ, ㄴ

1. 물결파의 진동수는 2Hz이며 속력은 20cm/s이므로, 파장은 10cm이다. **(ㄱ 맞음)**

2. 같은 위상으로 발생시킨 두 파동의 경로차가 반파장(5cm)이므로, P에서 상쇄 간섭이 일어난다.
   (ㄴ 맞음)

3. S_1, S_2에서 P까지 물결파의 경로차가 5cm인 상황에서 만약 물결파의 파장이 2cm라면, 경로차가 반파장의 5배(홀수 배)가 된다. 따라서 상쇄 간섭이 일어난다. **(ㄷ 틀림)**

04 20년 3월 교육청 15번

정답 : ㄱ

1. A, B, Q, P가 정사각형의 꼭짓점에 놓여 있고 선분 $\overline{PQ}$의 중점인 점 O를 기준으로 P와 Q가 대칭이므로, A와 B로부터 파동의 경로차는 P에서와 Q에서가 같다. 따라서 Q에서는 P에서와 마찬가지로 상쇄 간섭이 일어난다. **(ㄱ 맞음)**

2. P에서는 상쇄 간섭이 일어나고, O에서는 보강 간섭이 일어나므로 소리의 세기는 다르다. **(ㄴ 틀림)**

3. 일직선상에서 보강 간섭과 상쇄 간섭은 항상 번갈아 일어난다.

   중점인 O에서 보강 간섭이 일어나고 P와 Q에서 상쇄 간섭이 일어나므로, 둘 사이에 보강 간섭이 일어나는 지점은 홀수 개다. **(ㄷ 틀림)**

   (예를 들어, 보강-상쇄-보강-상쇄-보강 이런 식으로 중심에 대해 양쪽이 대칭이므로 이 경우에는 P와 Q 사이에 항상 보강 간섭이 홀수 개 존재한다.)

05 20년 4월 교육청 14번

정답 : ④

P에서는 보강 간섭이 일어나고, Q에서는 상쇄 간섭이 일어난다.
이를 바탕으로 진폭이 A보다 큰 ㄴ이 P임을, ㄷ이 Q임을 알 수 있다.

따라서 정답은 ④이다.

06 20년 7월 교육청 13번

정답 : ㄴ, ㄷ

1. A, B의 파장은 4cm이고, B의 가장 왼쪽 부분이 1초 동안 4cm만큼 이동했으므로 속력은 4cm/s이다. 발문에서 A와 B의 속력이 같다고 했으므로 A의 속력은 4cm/s이다. **(ㄱ 틀림)**
   따라서 주기는 1초이다. **(ㄴ 맞음)**

2. 주기가 1초이므로 $t = 2$초일 때 $x = -5\,\text{cm}$에서 A의 변위는 $+1\,\text{cm}$이다.

   B의 속력이 4cm/s이고 진행 방향이 $-x$방향이므로, $t = 2$초일 때 $x = -5\,\text{cm}$에서 B의 변위는 $t = 0$초일 때 $x = +3\,\text{cm}$에서의 변위와 같다. 즉 $+2\,\text{cm}$이다.

   따라서 $t = 2$초일 때 $x = -5\,\text{cm}$에서 변위의 크기는 $3\,\text{cm}$이다. **(ㄷ 맞음)**

정답 : ㄱ

1. 그래프를 보면 파동의 주기가 $\dfrac{1}{500}$초이고, 역수를 취하면 진동수 ㉠은 $500\,\mathrm{Hz}$이다. (ㄱ 맞음)

2. 소리의 세기가 가장 작은 곳에서는 소리가 상쇄 간섭한다. 따라서 ㉡에서 간섭한 소리의 위상은 서로 반대이다. (ㄴ 틀림)

3. 상쇄 간섭하던 두 파동 중 하나를 없애면, 진폭이 상쇄 간섭할 때에 비해 커질 것이다. 따라서 (라)의 결과는 X이다. (ㄷ 틀림)

08 21년 4월 교육청 15번

정답 : ㄱ, ㄴ, ㄷ

1. 물결파의 실선에서 실선 혹은 점선에서 점선까지의 가장 짧은 거리가 한 파장이다. 따라서 파장은 $2\,\mathrm{cm}$이다. (ㄱ 맞음)

2. (나) 그래프를 보면 P가 마루에서 마루까지 2초가 걸리는 걸 확인할 수 있다. 따라서 이 파동의 주기는 2초이다.

   파장이 $2\,\mathrm{cm}$이고 주기가 2초인 파동의 속력을 구하면 $\dfrac{2\mathrm{cm}}{2\mathrm{s}}=1\mathrm{cm/s}$이다. (ㄴ 맞음)

3. (나)를 보면 골에서 파동의 변위는 $-2\,\mathrm{cm}$이고, 앞서 말했듯이 물결파의 주기는 2초이다. 따라서 점 Q는 0초일 때와 2초일 때 모두 골에 위치할 것이고, 이때 변위는 $-2\,\mathrm{cm}$이다. (ㄷ 맞음)

09 21년 4월 교육청 16번

정답 : ㄴ

1. 표를 보면 O에서 소리는 보강 간섭했으므로, O에서 중첩된 두 소리의 위상은 같다. (ㄱ 틀림)

2. 표를 보면 P에서 소리는 상쇄 간섭했으므로, S_1, S_2로부터 P까지의 경로차가 소리의 반파장의 홀수배임을 알 수 있다.

   O에서 $-x$방향으로 $1\mathrm{m}$만큼 떨어진 지점을 Q라 하면, 대칭성에 의해 P와 Q에서 S_1과 S_2로부터의 경로차가 동일할 것이다. 따라서 Q에서도 P에서와 마찬가지로 S_1, S_2에서 발생한 소리가 상쇄 간섭한다. (ㄴ 맞음)

3. 원래 O에서 중첩된 두 소리의 위상이 같았으므로, 그중 하나의 위상을 반대로 하면 상쇄 간섭이 일어난다. (ㄷ 틀림)

10 22학년도 6월 평가원 1번

정답 : ④

1. 감마 엑스 자 가 적 마 라 순서대로 그림에 대입해보자.
   그러면 A는 엑스선, B는 적외선, C는 마이크로파임을 알 수 있다.

2. 체온을 측정하는 건 열과 관련이 있고, 열과 관련 있는 전자기파는 적외선이다.
   따라서 (가)는 적외선(B)이다.

   전자레인지는 마이크로파가 이용된다. 따라서 (나)는 마이크로파(C)이다.
   공항 수하물 내부를 투시하는 건 엑스선과 관련이 있다. 따라서 (다)는 엑스선(A)이다.

11 22학년도 6월 평가원 15번

정답 : ㄴ

1. 두 스피커로부터 떨어진 거리가 같은 $x = 0$에서 보강 간섭이 일어나므로, 두 스피커에서 나온 소리
   의 위상이 같다. 보강 간섭과 보강 간섭 사이 거리는 파장이 짧아질수록 가까워진다.
   따라서 소리의 진동수가 f_2일 때보다 f_1일 때 파장이 더 짧아야 한다.

   매질이 변하지 않는 한 파동의 속력은 일정하므로,
   진동수와 파장이 반비례하기 때문에 $f_1 > f_2$임을 알 수 있다. (ㄱ 틀림)

2. 소리의 진동수가 f_1일 때 $x = 0$과 $x = 2d$에서 보강 간섭이 일어난다.
   보강 간섭과 상쇄 간섭은 일직선상에서 번갈아 일어나므로,
   이 사이에서 무조건 상쇄 간섭이 일어난다. (ㄴ 맞음)

   (※ 소리의 진동수가 f_1일 때 $x = 0$으로부터 첫 번째 보강 간섭이 일어난 지점이 $x = 2d$이므로,
   둘 사이에 상쇄 간섭이 딱 한 번만 일어난다는 것도 알 수 있다.)

3. 파동의 진동수는 파원에서 나올 때 이미 결정되므로, 매질이나 간섭에 상관없이 일정하다. (ㄷ 틀림)

12 22학년도 9월 평가원 9번

정답 : ㄷ

1. 물결파의 밝은 부분에서 밝은 부분 사이, 혹은 어두운 부분에서 어두운 부분 사이 최소 거리가 한 파장이다.
   따라서 매질 A를 지날 때보다 B를 지날 때 파동의 파장이 더 짧다.

   파동의 속력은 진동수와 파장을 곱해 구할 수 있는데, 파동의 진동수는 매질에 관계없이 일정하다.
   따라서 (가)에서 파동의 속력은 B에서가 A에서보다 작다는 것을 알 수 있다. **(ㄱ 틀림)**

2. (나)에서 매질 I, II 사이에 접선을 긋고 이에 법선을 그으면,
   아래 그림과 같이 빛이 매질 I을 지날 때보다 II를 지날 때 경로가 법선에서 더 멀리 있음을 알 수 있다.

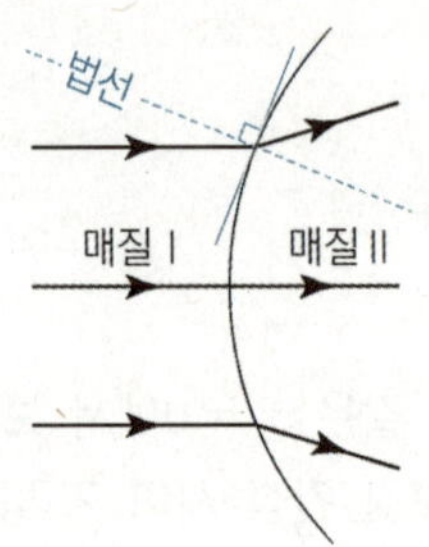

   따라서 매질 II에서 파동의 속력이 더 빠르므로 II는 A 이다. **(ㄴ 틀림)**

3. 진동수는 매질에 관계없이 일정하므로, 파동의 속력은 파장과 비례한다. **(ㄷ 맞음)**

13 23학년도 6월 평가원 10번

정답 : ①

파동의 속력이 2m/s인데 파장이 2m이므로, 주기가 1s임을 알 수 있다.
따라서 $x = 7\text{m}$에서 파동의 변위는 처음에 위로 상승하다가,
1초 주기로 다시 돌아오는 그래프일 것이다.
따라서 정답은 ①이다.

14 23학년도 수능 8번

정답 : ㄴ, ㄷ

1. (나)에서 파동의 주기가 2s이다. 따라서 진동수는 0.5Hz이다. **(ㄱ 틀림)**
   $t = 0$직후에 지점 P의 파동은 위로 올라가고, Q에서는 내려간다.
   따라서 (나)는 Q에서의 파동의 변위를 나타낸 것이다. **(ㄴ 맞음)**

2. 파동의 파장은 매질 A에서 4cm이고, B에서 2cm이다.
   따라서 파장이 2:1이므로, 파동의 진행 속력은 A에서가 B에서의 2배이다. **(ㄷ 맞음)**

15 23년 3월 교육청 8번

정답 : ④

1. (가)를 통해 Ⅱ에서 파동의 파장이 2cm인 것을 알 수 있고,
   (나)에서 파동의 주기는 2초임을 알 수 있다. 즉, Ⅱ에서 파동의 속력은 1cm/s이다.

2. 따라서 $x = 10$cm에서 파동은 $t = 2$초일 때부터 양$(+)$의 방향으로 진동하기 시작한다.
   옳은 선택지는 ④이다.

16 23년 7월 교육청 9번

정답 : ㄴ, ㄷ

1. (나)에서 파동의 주기가 2초이다. 따라서 진동수는 0.5Hz이다. **(ㄱ 틀림)**

2. (가)에서 파동의 진행 방향을 살펴보면, 법선에서 B가 A보다 더 가까운 것을 알 수 있다.
   따라서 (가)에서 입사각이 굴절각보다 작다. **(ㄴ 맞음)**

   즉, 파동의 속력은 B에서가 A에서보다 빠르다.

3. A의 파장이 10cm, 주기가 2초이므로 속력은 5cm/s이다.
   따라서 B에서 파동의 진행 속력은 A의 속력인 5cm/s보다 크다. **(ㄷ 맞음)**

정답 : ㄴ

1. A에서 파장은 2cm이고 파동의 진행 속력은 1cm/s이므로, 파동의 주기가 2초임을 알 수 있다. 파동의 주기는 매질과 관계없이 변하지 않으므로, B에서 파동의 주기 역시 2초이다. 이때 B에서 파장은 4cm이므로, B에서 파동의 진행 속력은 2cm/s이다. **(ㄱ 틀림)**

2. 파동의 주기가 2초이기 때문에, P에서 파동의 변위는 $t = 0$일 때와 $t = 2$초일 때가 같다.

(ㄴ 맞음)

3. 만약 파동의 진행 방향이 $+x$방향이라면, $t = 1$초일 때 Q에서 매질의 운동 방향은 $+y$방향이 되어 문제 조건과 모순이다. 따라서 파동의 진행 방향은 $-x$방향이다. **(ㄷ 틀림)**

정답 : ㄱ, ㄴ, ㄷ

1. (가)를 통해 P는 보강 간섭이, Q는 상쇄 간섭이 일어나는 지점인 것을 확인할 수 있다. 따라서 (나)는 P에서의 변위를 나타낸 것임을 알 수 있다. **(ㄱ 맞음)**

2. P에서 0.2초의 주기로 두 파동의 마루가 중첩된다. 즉 파동의 주기가 0.2초이므로, 진동수는 5Hz이다. **(ㄴ 맞음)**

3. 선분 $\overline{S_1S_2}$에서 상쇄 간섭이 일어나는 지점은 2개인데, 파원부터 상쇄 간섭이 일어나는 점 각각 사이의 중점을 세보면 보강 간섭이 일어나는 지점의 개수는 3개인 것을 알 수 있다. (보강 간섭과 상쇄 간섭은 번갈아 나타난다.) **(ㄷ 맞음)**

Chapter

12

광전 효과와 물질의 이중성

01 13학년도 수능 16번

정답 : ㄱ

1. 단위 시간당 방출되는 광전자 수는 단색광의 세기에 관계되는데,
   B가 A보다 세기가 더 세기 때문에,
   단위 시간당 방출되는 광전자 수는 B일 때가 A일 때보다 많다. (ㄱ 맞음)

2. 일함수가 E_0인 상황에서 광전자의 최대 운동 에너지가 $5E_0$로 같은 걸 보아 단색광 A와 B의
   에너지 hf는 모두 $6E_0$로 같고, 따라서 파장도 같다. (ㄴ 틀림)

3. C를 비추었을 때 광전자의 최대 운동 에너지가 $2E_0$인 것을 보아,
   단색광 C의 광자 1개의 에너지는 $3E_0$이므로 진동수는 A가 C의 2배이다. (ㄷ 틀림)

02 14학년도 수능 14번

정답 : ㄱ, ㄴ, ㄷ

1. 문제에서 주어진 대로 해석하면 B < 판 < A이다. (ㄱ 맞음)

2. 문턱 진동수 이상의 진동수를 지닌 빛의 세기가 세질수록 방출되는 광전자의 개수가 많아진다.
   (ㄴ 맞음)

3. 문턱 진동수 이상의 진동수를 지닌 빛의 진동수가 커질수록,
   방출되는 광전자의 최대 운동 에너지가 커진다. (ㄷ 맞음)

03 15년 3월 교육청 17번

정답 : ㄱ, ㄴ

1. 파장이 $A < B < C$인 상태이므로,
   진동수를 크기순으로 나타내면 $C < B < A$이다. **(ㄱ 맞음)**

2. 이때 B를 비추면 광전자가 방출되고 C를 비추면 광전자가 방출되지 않으므로,
   금속판의 문턱 진동수가 B와 C 사이에 있음을 알 수 있다.
   이를 다시 진동수의 크기순으로 나타내면 '$C <$판$< B < A$'이고,
   따라서 A를 비추면 금속판에서 광전자가 방출된다. **(ㄴ 맞음)**

3. 금속판에 B와 C를 동시에 비출 때와 B만 비출 때 방출되는 광전자의 최대 운동 에너지는 변함이
   없다. **(ㄷ 틀림)**

04 16년 3월 교육청 7번

정답 : ㄴ

1. 전류가 발생했다는 것은 금속판에서 광전자가 방출됐다는 뜻이므로,
   A는 어떤 금속판에서도 광전자를 방출시키지 못했고,
   B는 모든 금속판에서 광전자를 방출시켰다는 것을 알 수 있다.

   이를 바탕으로 우린 단색광들의 진동수를 $A < C < B$로 비교할 수 있다.
   파장은 진동수와 반비례하므로, 파장은 B가 A보다 짧다. **(ㄱ 틀림)**

2. 이제 금속판 P와 Q의 문턱 진동수를 저 사이에 끼우자.
   C를 보면 P의 문턱 진동수보단 진동수가 높지만, Q보단 낮다.
   따라서 진동수는 $A < P < C < Q < B$임을 알 수 있다. **(ㄴ 맞음)**

3. ㄷ은 "단색광의 세기를 증가시키면 금속판에서 광전자가 방출된다."와 같은 의미이므로 틀렸다.

   (ㄷ 틀림)

정답 : ㄱ

1. 금속판 P에 단색광 A, B를 동시에 비추었지만 광전자가 방출되지 않았다.
   이를 통해 진동수를 비교하면 A < P, B < P임은 확정할 수 있고, A와 B는 비교할 수 없다.
   또한 C를 P에 비추었을 때 광전자가 방출되었으므로, P < C까지 확정할 수 있다. **(ㄴ 틀림)**

2. Q는 A, B를 동시에 비출 때와 B, C를 동시에 비출 때 모두 광전자가 방출되었다.
   이를 통해, Q의 문턱 진동수는 A와 B의 진동수 중 적어도 하나보단 작다는 사실과
   Q < P < C인 것을 알 수 있다. **(ㄱ 맞음)**

3. 방출되는 광전자의 최대 운동 에너지는 진동수가 가장 큰 단색광의 에너지에서 Q의 일함수를 뺀
   값이다.
   따라서 A, B, C 중에서 진동수가 가장 큰 단색광인 C를 포함한 빛을 비출 때, Q에서 방출되는
   광전자의 최대 운동 에너지가 가장 크다. **(ㄷ 틀림)**

정답 : ㄱ

1. 단색광 A, B의 진동수는 일정하고 세기만 변하는 상황이다.

2. A만 비추고 있는 t_1에서 광전자가 방출되지 않고,
   A와 B를 동시에 비추는 t_2에서 광전자가 방출되는 것으로 보아 진동수는 'A < 판 < B'임을 알 수
   있다. **(ㄱ 맞음)**

3. B의 세기와 광전자의 최대 운동 에너지는 무관하다. **(ㄴ 틀림)**
   또한 A만 비추는 t_4에선 t_1와 마찬가지로 광전자가 방출되지 않는다. **(ㄷ 틀림)**

   (혹은, ㄷ을 "단색광의 세기를 증가시키면 금속판에서 광전자가 방출된다."와 같은 의미이므로
   틀렸다고 볼 수도 있다.)

07 19년 7월 교육청 14번

정답 : ㄱ

1. 먼저 A, B, C의 진동수를 비교하면 C < B < A임을 알 수 있다. 그리고 P에 B를 비추었을 때는 광전자가 방출되는데, C를 비추었을 때는 광전자가 방출되지 않았으므로 B와 C 사이에 P가 있는 것도 알 수 있다. 이를 정리하면 진동수는 C < P < B < A이다.

2. A를 P에 비추면 광전자가 방출되고, (ㄱ 맞음) 파장은 진동수와 반비례하므로 $\lambda_B < \lambda_C$이다.

(ㄴ 틀림)

3. ㄷ은 "단색광의 세기를 증가시키면 금속판에서 광전자가 방출된다."와 같은 말이므로 틀렸다. (ㄷ 틀림)

08 19년 10월 교육청 14번

정답 : ㄴ

1. 파장이 λ인 빛의 진동수를 f라 하자. 그럼 B의 문턱 진동수는 f보다 작고, A는 f보다 큰 것을 알 수 있다. 이를 정리하면 A와 B의 문턱 진동수의 크기는 B < f < A이다. (ㄴ 맞음)

2. A의 문턱 진동수가 f보다 큰데, 파장이 ㉠일 때 A에서 광전자가 방출되었다. 따라서 파장이 ㉠일 때 빛의 진동수가 f보다 큼을 알 수 있으므로 ㉠은 λ보다 작다. (ㄱ 틀림)

3. 최대 운동 에너지는 비춰주는 빛의 파장(진동수)에만 영향을 받고, 빛의 세기와는 관계가 없다. 따라서 ㉡은 $2E$이다. (ㄷ 틀림)

09 20학년도 수능 6번

정답 : ㄱ

1. 금속판 A에 X를 비추면 광전자가 방출되고, Y를 비추면 광전자가 방출되지 않는다. 이를 통해 진동수를 비교하면 Y < A < X임을 알 수 있다. (ㄱ 맞음) 또한 B에 Y를 비추었을 때 광전자가 방출되었으므로, 전체적으로 다시 한번 정리하면 B < Y < A < X이다.

2. X를 A에 비추었을 때 광전자의 최대 운동 에너지가 E_0인데, 빛의 에너지인 hf는 언제나 W와 E_K보다 크다는 걸 우린 앞에서 이미 배웠다. 따라서 ㄴ을 바로 틀린 말이라 판단할 수 있다. (ㄴ 틀림) (굳이 계산하자면, A의 일함수를 W_A라 할 때 $hf_X - W_A = E_0$이다.)

3. ㄷ은 "단색광의 세기를 증가시키면 금속판에서 광전자가 방출된다."와 같은 의미이므로 틀렸다.

(ㄷ 틀림)

10 20년 3월 교육청 13번

정답 : ㄱ

1. A, B 둘 다 금속판에서 광전자를 방출시킨다. 그리고 $E_a > E_b$이므로
   진동수를 비교하면 'A > B > 판'임을 알 수 있다. (ㄱ 맞음)

2. 광전자의 운동 에너지가 클수록 광전자의 속력이 빠르다. 광전자의 속력이 빠를수록 운동량이
   커지고, 운동량이 커질수록 물질파 파장은 짧아지므로, 물질파 파장은 a가 b보다 짧다. (ㄴ 틀림)

3. B의 세기와 E_b는 관계가 없다. (ㄷ 틀림)

11 21학년도 9월 평가원 12번

정답 : ㄱ, ㄴ, ㄷ

1. 전자 현미경은 자기장을 이용한 자기 렌즈를 통해 전자선을 제어하고 초점을 맞춘다. (ㄱ 맞음)

2. 물질파 파장은 운동량과 반비례한다. 전자의 질량은 일정하므로,
   전자의 속력이 클수록 운동량이 크고 물질파 파장은 짧아진다. (ㄴ 맞음)

3. 전자 현미경에서, 전자의 속력이 클수록 분해능이 더 좋다. (ㄷ 맞음)

12 21년 4월 교육청 17번

정답 : ㄴ, ㄷ

1. 전자의 운동량과 물질파 파장은 반비례한다. (ㄱ 틀림)

2. 전자 현미경은 광학 현미경보다 분해능이 좋다. 만약 그렇지 않다면,
   굳이 전자를 이용해 현미경을 만들 이유가 없다. (ㄴ 맞음)

3. 주사 전자 현미경(SEM)은 시료 표면의 3차원 구조를,
   투과 전자 현미경(TEM)은 시료의 2차원 단면 구조를 관찰하는 데 쓰인다. (ㄷ 맞음)

13 22학년도 9월 평가원 12번

정답 : ㄱ, ㄷ

1. 초록색 빛을 비추었을 때 광전자가 방출되었지만, 빨간색 빛을 비추었을 때는 광전자가 방출되지 않았다.
   따라서 금속판의 문턱 진동수를 f_0라 하고 초록색 빛과 빨간색 빛의 진동수를 각각 $f_초$, $f_빨$이라 하면 $f_빨 < f_0 < f_초$로 진동수 크기를 비교할 수 있다. (ㄷ 맞음)

2. 전자의 운동량과 물질파 파장이 반비례하므로,
   광전자의 속력이 커지면 광전자의 물질파 파장은 줄어든다. (ㄱ 맞음)

3. 간섭 무늬의 밝은 부분은 형광판에 부딪히는 광전자의 수가 많을수록 밝다.
   초록색 빛의 세기를 감소시키면 금속판에서 튀어나오는 광전자의 수가 감소하므로,
   형광판의 밝은 부분의 밝기가 전보다 더 어두워질 것이다. (ㄴ 틀림)

14 22년 3월 교육청 14번

정답 : ㄴ

1. B보다 A로 촬영했을 때 같은 물체가 더욱 선명히 보인다.
   따라서 분해능이 더 좋은 A가 전자 현미경, B가 광학 현미경인 것을 알 수 있다. (ㄱ 틀림)

2. X는 전자 현미경 A로 촬영한 사진이다. 따라서 물질의 파동성을 이용하였다. (ㄴ 맞음)

3. 박테리아는 X, Y에서의 물체보다 크기가 작다.
   따라서 전자 현미경으로 박테리아를 촬영하려면 속력이 더욱 빠른 전자를 활용하여야 한다.
   속력이 빠르면 파장이 짧아지고, 분해능이 좋아지기 때문이다. (ㄷ 틀림)

15 23학년도 9월 평가원 4번

정답 : ㄱ

1. 진동수가 f_a, f_b인 빛 중 하나만이 광전자를 방출한다는 말은,
   둘 중 하나만이 금속판의 문턱 진동수보다 크다는 뜻이다.
   (가)에서 $f_a > f_b$이므로, 진동수가 f_a인 빛을 금속판에 비출 때 광전자가 방출된다. **(ㄱ 맞음)**

2. 진동수가 f_b인 빛은, 전자가 $n=3$에서 $n=2$로 전이할 때 방출하는 빛이다.
   따라서 진동수가 f_b인 빛은 가시광선이다. **(ㄴ 틀림)**

3. 진동수가 $f_a - f_b$인 빛은 진동수가 f_b인 빛보다도 작다.
   따라서 진동수가 $f_a - f_b$인 빛을 금속판에 비출 때 광전자가 방출되지 않는다. **(ㄷ 틀림)**

16 23년 4월 교육청 16번

정답 : ㄴ

1. (가)에서 B만 광전자를 방출시키고, (나)에서는 A, B 모두 광전자를 방출시킨다.
   이를 토대로 금속판의 문턱 진동수와 빛의 진동수를 비교하면, $Q < A < P < B$이다.

2. A의 진동수는 P의 문턱 진동수보다 작다.
   따라서 (가)에서 A의 세기를 아무리 증가시켜도 광전자는 방출되지 않는다. **(ㄱ 틀림)**

2. Q의 문턱 진동수와 빛의 진동수의 차이는, A가 B보다 작다.
   따라서 (나)에서 방출된 광전자의 최대 운동 에너지는 A를 비추었을 때가 B를 비추었을 때보다
   작다. **(ㄴ 맞음)**

3. 문턱 진동수는 P가 Q보다 크기 때문에,
   B를 비추었을 때 방출되는 광전자의 최대 운동 에너지는 (가)에서가 (나)에서보다 작다.

   이때 $E \cdot m \cdot \lambda^2$은 항상 일정하다는 걸 생각하면,
   파장은 운동 에너지와는 반대로 (가)에서가 (나)에서보다 크다는 걸 알 수 있다. **(ㄷ 틀림)**